热塑性弹性体改性及应用

◎ 曹艳霞　王万杰　编

化学工业出版社
·北京·

该书首先对热塑性弹性体的种类、结构与性能、改性方法和基本原理进行了概述，然后对苯乙烯系热塑性弹性体、聚烯烃类热塑性弹性体、聚氨酯热塑性弹性体、聚酯热塑性弹性体及聚酰胺热塑性弹性体的改性方法、应用实例进行了详细论述；最后简要介绍了热塑性硅弹性体、热塑性氟弹性体及丙烯酸类热塑性弹性体的研究及应用现状。

本书适用于塑料生产单位的工程技术人员和管理人员，同时也适用于家电、汽车、电子、通信等行业的工程技术人员、设计人员和高等院校师生。

图书在版编目(CIP)数据

热塑性弹性体改性及应用/曹艳霞．王万杰编．—北京：化学工业出版社，2014.4（2023.7 重印）
ISBN 978-7-122-19832-7

Ⅰ.①热…　Ⅱ.①曹…②王…　Ⅲ.①热塑性-弹性体-改性　Ⅳ.①TQ334

中国版本图书馆 CIP 数据核字（2014）第 032142 号

责任编辑：赵卫娟　仇志刚　　文字编辑：徐雪华
责任校对：蒋　宇　　装帧设计：韩　飞

出版发行：化学工业出版社（北京市东城区青年湖南街 13 号　邮政编码 100011）
印　　装：北京科印技术咨询服务有限公司数码印刷分部
710mm×1000mm　1/16　印张 16¾　字数 334 千字　2023 年 7 月北京第 1 版第 4 次印刷

购书咨询：010-64518888　　售后服务：010-64518899
网　　址：http://www.cip.com.cn
凡购买本书，如有缺损质量问题，本社销售中心负责调换。

定　　价：88.00 元

前言

热塑性弹性体，又称热塑性橡胶，兼具传统硫化橡胶的高弹性和热塑性塑料的热塑加工性，被誉为第三代合成橡胶，在世界各地取得了极为迅猛的发展，已成为当今最受关注的弹性体材料。热塑性弹性体的改性及其性能的提高是拓宽其应用领域的重要途径，一直伴随着热塑性弹性体工业的发展而发展。但是目前，在国内较系统、较全面介绍该领域研究内容、现状及应用进展的书籍甚少。

在查阅了大量国内外相关资料的基础上，本书详细介绍了几种目前应用较为广泛的热塑性弹性体的改性研究及应用状况，包括苯乙烯类、聚烯烃类、聚氨酯类、聚酯类、聚酰胺类及乙烯-乙酸乙烯酯等热塑性弹性体的化学改性、共混及填充改性、阻燃及抗静电改性、发泡改性；简单介绍了有机硅、有机氟、丙烯酸酯类热塑性弹性体的结构、性能及生产应用；涵盖了该领域的理论研究、开发应用的前沿与最新进展。

本书由郑州大学曹艳霞和王万杰主编，参与编写的还有姜俊青（郑州大学）、赵书华（漯河市水务管理中心）。感谢贾润礼老师在图书编写和审稿过程中给予的帮助。另外，对所有支持和关心本书编写和出版的人员表示深深的谢意，并感谢国家自然科学基金委员会的支持。受编者相关知识水平所限，书中内容与行文方面若有欠妥之处，敬请读者不吝赐教。

编者

2014年1月

目 录

第7章 热塑性聚酰胺弹性体的改性及应用 237

第8章 其他类型的热塑性弹性体 244

第 1 章

热塑性弹性体简介

热塑性弹性体（thermoplastic elastomer，TPE），又称热塑性橡胶（thermoplastic rubber，TPR），是指在常温下具有交联橡胶的性质，在高温下又可以像热塑性树脂一样进行塑化成型的高分子材料。图 1.1 说明了传统硫化橡胶和热塑性弹性体与可加工流体之间转变的区别。传统硫化是一个固化过程，在加热条件下发生，速度比较缓慢，这是不可逆的化学反应过程。相反，TPE 从流体可加工的状态到固态橡胶制品的转变过程是快速、可逆的，这种转变可在 TPE 熔体冷却时发生，也可在 TPE 溶液的溶剂挥发后发生，是一种物理变化过程[1]。因此，在工业化生产中，TPE 可以用传统塑料加工设备如注塑成型、挤出成型、吹塑成型、压延成型、T-Die 流延成型等方法进行加工；TPE 亦可以直接溶于一定溶剂中直接作胶黏剂使用；TPE 无需硫化，因此减少了生产周期，使橡胶工业生产流程缩短了 1/4，节约能耗 25%～40%，提高效率 10～20 倍，堪称橡胶工业中又一次材料和工艺技术革命。TPE 具有密度低、可重复利用、制品硬度范围广等优点，已成为取代部分橡胶、塑料的环保节能型材料，在发展循环经济中显示了重要的作用。目前，TPE 用量占橡胶总消耗量的 10%，应用范围横跨橡胶与塑料两大领域，用途涉及除轮胎外的从传统产品到高新技术产品的各个方面，几乎涵盖了现在合成橡胶与合成树脂的所有领域，如图 1.2 所示的 TPE 在聚合物材料领域所处的位置及典型性能特点。

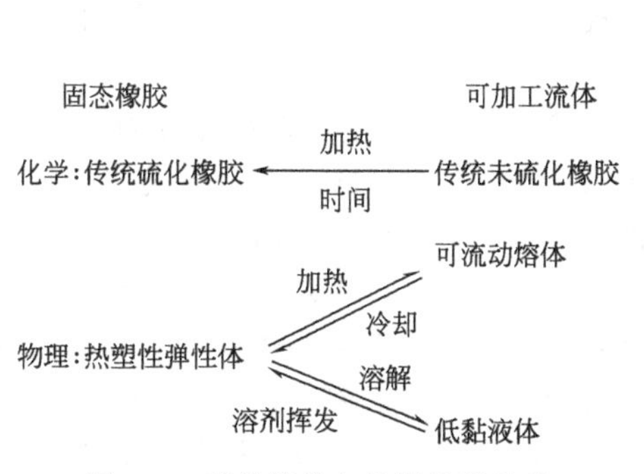

图 1.1　硫化橡胶与热塑性弹性体转变过程比较

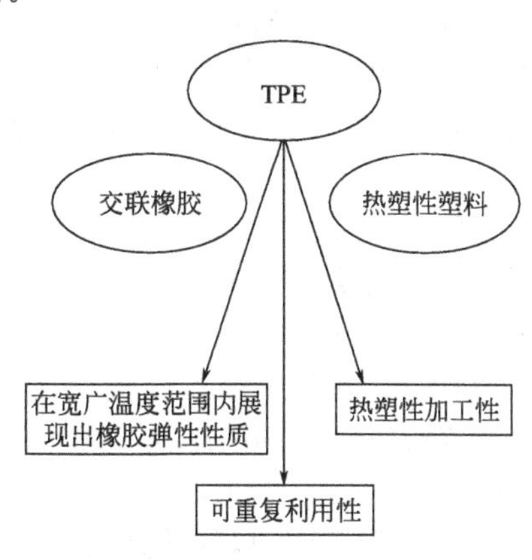

图 1.2　TPE 在聚合物材料领域所处的位置及典型性能特点[3]

据弗里多尼亚集团的最新研究报告称，全球TPE需求量预计将以年均6.3%的速度增长，到2015年将达到560万吨。汽车行业的发展推动了全球TPE需求量的快速增长。亚太地区将继续成为TPE最大的市场，并引领TPE消费量的快速增长，到2015年亚太地区TPE消费量将占全球TPE消费量的近1/2。我国TPE消费量在全球位列第一，未来几年还将继续强劲增长，年均增速为8%；印度TPE消费量也将以近2位数的增速增长；由于经济缓慢复苏，北美和西欧TPE需求量将有所增大[2]。

TPE虽然日益得以广泛应用，但同时也存在着诸多问题。例如，TPE出现的共同问题是弹性、压缩变形、抗蠕变性能和耐热性不如同类化学交联型橡胶好，并且价格较高，熔融加工性也有待提高。为提高TPE的性能，拓宽其应用领域，对其进行多重改性一直伴随着TPE工业的发展，是TPE研究与应用领域中最活跃的课题之一，研究内容十分广泛。

本章介绍热塑性弹性体的发展历史、分类、结构与性能及主要加工方法。

1.1 热塑性弹性体的分类及发展历史

1.1.1 热塑性弹性体的分类

根据不同的分类方法，TPE有不同的类型[4]。按生产方法TPE大致可分为两大类，一类是化学合成型热塑性弹性体，主要是由不同化学组分的嵌段组成，其大分子链通常具有ABA或（AB)$_n$结构，是纯的共聚物；另一类是共混型热塑性弹性体，通常由弹性体和塑料通过机械共混方法制备，又分为简单共混型和动态硫化型，是共混型聚合物。

按照TPE构成组分中对性能影响较大的链段种类进行分类，可将TPE分为苯乙烯类（TPS)、聚烯烃类（TPO)、聚氨酯类（TPU)、聚酯类（TPEE)、聚酰胺类（TPAE)、有机硅、有机氟及丙烯酸酯类等，这是工业和商业上习惯的分类方法，也是文献资料中广泛使用的分类方法。其中TPS是目前最大的一类热塑性弹性体，其次是TPO，两者的产耗量已占到全部TPE的50%和30%左右。

另外，GB/T 22027—2008/ISO 18064：2003[5]将热塑性弹性体分为7大类，分别为苯乙烯类（styrenic thermoplastic elastomer，TPS)、聚烯烃类（olefinic thermoplastic elastomers，TPO)、热塑性硫化胶（thermoplastic rubber vulcanizate，TPV)、氨基甲酸乙酯类（urethane thermoplastic elastomers，TPU)、聚酰胺类（polyamide thermoplastic elastomer，TPA)、共聚多酯类（copolyester thermoplastic elastomer，TPC)、未分类的其他TPE（由除TPA、TPC、TPO、TPS、TPU和TPV以外的其他组分或结构组成，简称TPZ)。该国标也主要依据TPE中链段种类进行分类和命名，但是与惯用分类方法不同之处在于，在这个国标中TPO定义为由聚烯烃和通用橡胶混合物组成，混合物中橡胶互不交联

或少量交联。也就是说，它定义的 TPO 并不包括聚烯烃类 TPV，而它所称的 TPV 另外单独定义为热塑性硫化胶。考虑到目前工业应用广泛的 TPV 多属聚烯烃类，为叙述方便，本书仍按惯用分类方法，将聚烯烃类 TPV 归属到 TPO 范畴内（除非特别注明），将其他类型 TPV 归属到相应 TPE 内，例如聚酰胺型 TPV 归属为聚酰胺热塑性弹性体。

需要指出的是，TPE 的分类与命名方法虽已有 ISO 及国标，然而随着 TPE 行业快速的发展，被研制出的许多新型 TPE 并没有标准化的命名，如有机硅 TPE、有机氟 TPE 等。另外，TPE 的来源多是共聚聚合物，这些共聚物通常带有各自的名称，如 TPS 又被称为苯乙烯嵌段共聚物（styrenic block copolymer，SBC），聚酯类（TPEE/TPC）又被称为共聚醚酯热塑性弹性体（copolyester-ether elastomer，COPE），聚酰胺类（TPAE/TPA）又被称为共聚酰胺类热塑性弹性体（copolyamide elastomer，COPA）。再加上各大生产公司对不同 TPE 的命名，甚至可能有独立的厂标名称，以及各种文献资料中出现的 TPE 名称，使得各类 TPE 的英文简称让人眼花缭乱。方便起见，本书尽可能采用 TPE 的惯用名称：苯乙烯类（TPS）、聚烯烃类（TPO）、聚氨酯类（TPU）、聚酯类（TPEE）、聚酰胺类（TPAE）、有机硅、有机氟及丙烯酸酯类。

1.1.2 热塑性弹性体的发展历史

氨基甲酸乙酯类 TPE，常称之为热塑性聚氨酯（thermoplastic polyurethane elastomer，TPU），被认为是最早商业化的热塑性弹性体。1958 年 Schollenberger 等首先报道试制成功，1960～1970 年间欧美公司陆续有小批量生产。如美国的 Mobay 化学公司生产的 TPU 商品牌号为“Texin”，美国的 B. F. Goodrich 公司生产的牌号为“Estane”，以后英、日两国也合办进行生产。

1963 年美国 Phillips 石油公司首次生产出另一种 TPE，牌号为“Solprene”，它是采用阴离子溶液聚合方法得到苯乙烯-丁二烯-苯乙烯的三嵌段共聚物，即 SBS。紧接着 Phillips 石油公司，在 1965 年美国 Shell 化学公司用阴离子三步聚合法，同样生产出了 SBS，并且还增加了另一品种 SIS，即苯乙烯-异戊二烯-苯乙烯三嵌段共聚物，商品牌号“Kraton”。至此，TPE 受到广泛的重视，被看作是是橡胶工业领域的新希望。1967 年，Phillips 石油公司生产出另一种苯乙烯类嵌段共聚物：星型（放射型）嵌段弹性体。与线型 SBS 相比较，它有良好的成型加工性能，改善了高温性能和抗冷流现象，降低了成品收缩率等，其商品牌号为“Solprene®”。

由于线型 SBS 或 SIS 弹性体中间嵌段存在双键而容易老化，美国 Ohio 州于 1974 年又投产了一种新产品，牌号为“Kraton G”。它是 SBS 进行选择加氢的产物，以 SEBS 来表示，由于橡胶链段的饱和性，产品不容易老化，同时提高了使用温度。20 世纪 80 年代日本 Kuraray 公司开发了以茂金属为催化剂的 SIS 低压加氢工艺，以SEPS来表示，1990年SEPS实现工业化。

聚烯烃热塑性弹性体（TPO）研发工作持续了整个20世纪60年代，由美国Uniroyal化学公司首先开发的热塑性聚烯烃橡胶，于1971年正式投产，其商品牌号“TPR”。类似的，杜邦公司也出现了一种叫“Somel”的热塑性橡胶。这些聚烯烃类TPE，大都是应用特级的三元乙丙橡胶（EPDM）与热塑性聚烯烃塑料的简单机械混合物，并且大部分是与聚乙烯（PE）或聚丙烯（PP）的二元混合物。1973年出现了动态部分硫化的TPO，特别是在1981年美国Mansanto公司开发成功以“Santoprere”命名的完全动态硫化型的TPO之后，性能又大为改观，最高使用温度可达120℃。这种动态硫化型的TPO英文名称为Thermoplastic Vulcanizate，简称为TPV，类似的产品如1985年丁腈橡胶/PP型TPV，商品名为“Geolast®”。荷兰DSM公司于1987年推出了EPDM/PP TPV，日本也实现了该产品的工业化生产。

随着弹性体生产技术的飞速发展，研制出了反应器合成型TPO（RTPO）。目前反应器合成嵌段共聚物型TPO的典型产品有两种，一种是乙丙橡胶（EPR）/PP嵌段共聚物。生产方法一般是在丙烯聚合反应器中先生成均聚丙烯，再逐步通入乙烯、丙烯，生成PP和EPR的嵌段共聚物，该法生产的TPO的橡胶质量分数可达60%以上，性能优越。反应器合成型TPO另一种类型则是茂金属聚烯烃弹性体，这是由美国DOW化学公司使用“限制几何构型”茂金属催化剂（CGC）合成的乙烯-辛烯共聚物。1994年后，美国DuPont DOW Elastomers公司生产了两类这种乙烯-辛烯共聚物，一类商品名为“Engage”、辛烯含量大于20%（质量分数），称之为聚烯烃弹性体（polyolefin elastomer，POE）；另一类商品名为“Affinity”、辛烯含量小于20%，称之为聚烯烃塑性体（polyolefin plastomer，POP）。此类TPO以茂金属催化剂催化聚合而成，因不需混掺的成本且易控制聚合度及接枝率，因此在性能及价格上较传统TPO（简单共混型TPO）具竞争力。欧美国家现今已经开始使用反应器直接制备热塑性聚烯烃逐渐替代传统TPO。

共聚多酯类TPE，即TPC，常称之为聚酯型热塑性弹性体（thermoplastic polyester elastomer，TPEE）也是在20世纪60年代开始研发，杜邦公司于1972年推出市场化的TPEE，商品名为“Hytrel®”。此类弹性体有很好的力学性能，抗水解，抗化学腐蚀，尤其是抗油性能优良，使用温度范围宽广，可在－70～150℃之间使用。此后，Toyobo、DSM、LG CHEM、GE、Hechst Celanese、Goodyear、Montedison、Eastman化学和四川晨光科新塑胶有限责任公司等先后将TPEE商业化，目前应用较为广泛。

与TPS类、TPO类、TPU类及TPEE类TPE相比，聚酰胺热塑性弹性体（TPA，又常称之为TPAE）的开发较晚，属于新型TPE。1979年由德国休斯公司首先开发并引入市场，商品名为“Diamide PAE”。后来美国Upjohn公司、法国ATO化学公司、瑞士Emser公司、日本酰胺公司、日本油墨公司等相继生产出各种牌号的 TPAE 产品。由于 TPAE 的使用温度可以达到 175℃，并且具有优异的耐热老化性和耐化学品性，因此 TPAE 正在被广泛应用。

除此之外，也陆续开发出了很多其他类型的 TPE，如热塑性硅弹性体及热塑性氟弹性体及热塑性丙烯酸酯类弹性体等。这些弹性体尚未有标准化命名，其性能优异，但生产成本高，商品化的产品也较少，并没有得到广泛应用。

热塑性硅弹性体在 20 世纪 60 年代末 70 年代初已出现，但商品化产品推出较晚。德国 Wacker Chemie 公司最早在德国 Dusseldorf 举行的 K2004 展览会上推出了商品名为“Geniomer”的弹性体，即是由二甲基硅氧烷和尿素发生共聚反应得到的嵌段共聚物型热塑性硅弹性体。另外一种热塑性硅弹性体是动态硫化型产品“TPSiV”，是美国 Dowcorning 公司 Thermo Plastic Silicone Vulcanizate 的简称及注册商标，它是将充分硫化的硅橡胶微粒均匀分散在热塑性材料的连续相中所形成的一种稳定的 TPV 高分子合金。

20 世纪 80 年代，日本先后推出两种化学合成的氟热塑性弹性体，其中大金公司的“Dail Thermoplastic”属于含氟嵌段共聚物，而中央硝子公司的“Ceral soft”属于含氟接枝共聚物。它们的共同点是共聚物中具有含氟橡胶（FKM，软段）弹性相（偏氟乙烯、六氟丙烯及四氟乙烯）和氟树脂（偏氟乙烯、六氟丙烯），通过氟树脂（硬段）结晶性产生物理交联。

丙烯酸酯类热塑性弹性体是至少含有一种柔性丙烯酸酯链段或以聚丙烯酸酯作弹性相、并可进行热塑加工的一类新型热塑性弹性体。日本 Kuraray 公司于 2000 年研制出甲基丙烯酸甲酯-丙烯酸丁酯-甲基丙烯酸甲酯（PMMA-PnBA-PMMA）三嵌段共聚物，具有高透明、高流动性及高透光性。美国 ZEON 化学品公司新推出了丙烯酸酯类 TPV，将丙烯酸酯类橡胶分散在尼龙和/或热塑性聚酯母体树脂中，这种 TPV 具有良好的耐热性和耐化学药品性。

当前世界 TPE 的生产消费已形成以 TPS、TPO（包括 TPV）、TPU 和 TPEE 为中心，包括 TPAE、热塑性硅弹性体及热塑性氟弹性体等在内的消费格局，占橡胶总消耗量的 10%。其中以 TPS 和 TPO 类热塑性弹性体用量最大，约占整个热塑性弹性体用量的 80%左右。

因此，本书将着重介绍用量较大的几类 TPE [依次为 TPS、TPO（TPV）、TPU、TPEE] 以及应用日益增加的 TPAE 的改性及应用状况；对热塑性硅弹性体、热塑性氟弹性体及丙烯酸酯类 TPE 等，由于价格昂贵，应用不广泛，研究内容也有限，故而仅作简单介绍。值得注意的是，这些 TPE 的性能极为优异，具有重要的产业化前景，有的产品已有较大规模的生产并销售，但其生产核心技术均被国外垄断，国内亟待开发具有相关自主知识产权的产品，值得引起业界更多的关注。

另外，除上述嵌段共聚型或共混型 TPE 外，乙烯-乙酸乙烯酯共聚物（ethylene-vinylene acetate copolymer，EVA）也具有 TPE 的性能，在许多场合被称为 EVA 热塑性弹性体。鉴于此，本书亦将对此类乙烯共聚型 TPE 的改性及应用进行简介。实际上，EVA 是一种支化度高的无规共聚物，该共聚物最早是由英国 ICI 公司于 1938 年发表专利，并由美国杜邦公司在 1960 年工业化生产，从 20 世纪 50 年代后期开始，EVA 共聚物的范围有了相当程度的扩大，是一种包含范围很广的热塑性材料，随不同的乙酸乙烯酯（VA）含量，EVA 产品涵盖了从热塑性塑料到弹性体的所有材料[6]。

1.2 热塑性弹性体的结构与性能

1.2.1 热塑性弹性体的结构

各种类型的嵌段共聚物型 TPE 的合成方法尽管不同，具体的结构与性能也可能各异，然而它们之间有着最重要的共同点，即都是嵌段型的共聚物，且大部分为微相分离体系，这使其具有某些共同的力学状态与物理性能。这类体系通常由小部分的硬链段（T_g 或 T_m 高于室温）和大部分软链段（T_g 低于室温）组成。软硬两种嵌段各有各的用处，在这些体系中，硬链段聚集成小的形态结构微区，其作用如同物理交联和填料，软链段则是具有较大自由旋转能力的高弹性链段，提供类似橡胶的弹性和柔软性。之所以能够如此，是因为体系出现了不寻常的两相形态结构，其结构示意图和 TEM 照片分别如图 1.3 和图 1.4 所示。两相形态源自于微观相分离，使得硬链段在软段所形成的弹性相中聚集，从而产生了分散的小硬相微区（10～30nm），即图 1.4 中的球状颗粒。这些微区形成链间有力的缔合，链段间作用力可以是范德华力、氢键或离子键，使之形成具有热可逆约束形式的物理交联。这种物理交联与硫化弹性体中的化学交联有同样的功能。因而 TPE 可获得类似于化学交联弹性体的高强度、高弹性回复性能，如图 1.5 所示，具有 ABA 或 $(AB)_n$ 型结构的 TPE 的拉伸-回复应力应变曲线。

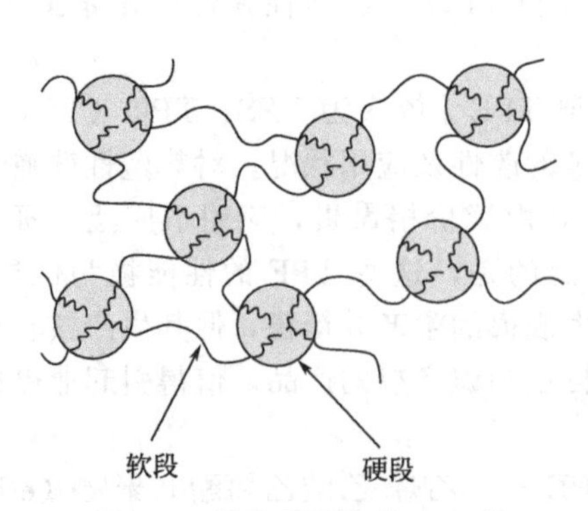

图 1.3 嵌段共聚物型 TPE 的微相分离结构示意图

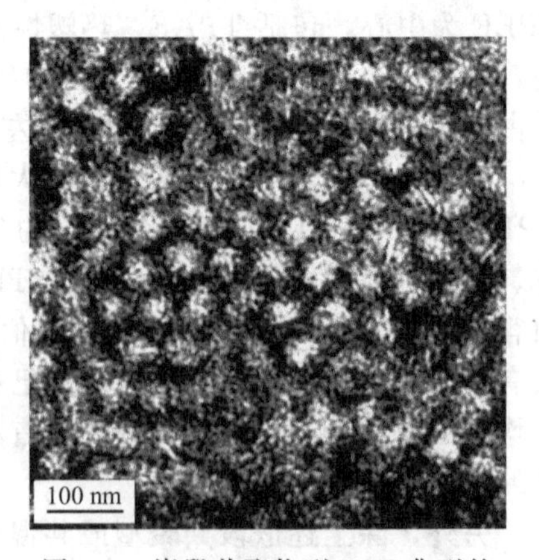

图 1.4 嵌段共聚物型 TPE 典型的微相分离形貌特征（TEM 照片）

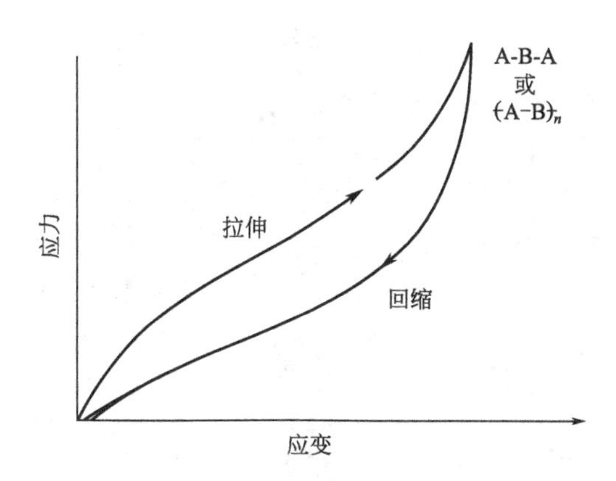

图 1.5 TPE 的应力-应变曲线

TPE 中硬链段微区交联点，与化学硫化弹性体的情况不同，在 T_g 或 T_m 以上时，这种硬微区将变软或熔融，因而可以用熔融加工的方法进行加工。这种玻璃态或晶态的硬嵌段微区另外的作用是使橡胶弹性体增强而产生高强度。原因在于：①硬嵌段微区形成分离相；②硬嵌段微区有理想的大小和均匀性；③软硬链段间的化学键使两相间的黏着力得以保证。

对采用动态硫化法制备的热塑性弹性体而言，弹性相是高度交联的微小橡胶颗粒，硬相通常是热塑性塑料，大量的微小交联橡胶颗粒均匀地分散到少量塑料成分形成的连续的热塑性塑料基体中，其聚集态结构示意图和 SEM 照片分别如图 1.6 和图 1.7 所示，SEM 照片中密集的白色颗粒为交联的橡胶颗粒。大量高度交联的橡胶粒子呈分散相结构，橡胶粒子之间没有化学键接，使 TPV 具有硫化橡胶的高弹性；少量塑料相［如 20%（质量分数)］包覆在交联橡胶粒子周围形成连续相，赋予 TPV 优良的热塑流动性和重复加工性能；交联橡胶粒子内部成分复杂，包含交联剂、填料、增塑剂、防老剂、偶联剂等。相对于传统方法得到的共混体，动态硫化法制备的 TPE 材料的性能得到明显改善。

简单共混法/机械掺混法 TPO 的聚集态结构与上述二者有所不同，在这种共混物中弹性体与塑料相呈现共连续或双相连续形态，如图 1.8 所示。

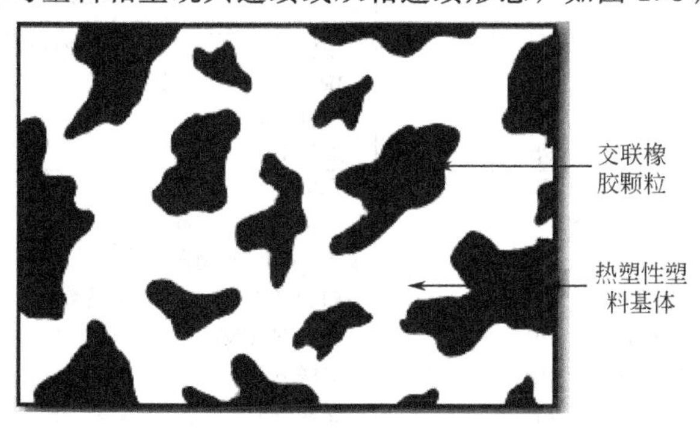

图 1.6 动态硫化型 TPE（TPV）的微观相态结构示意图

图 1.7　动态硫化型 TPE（TPV）断面 SEM 照片

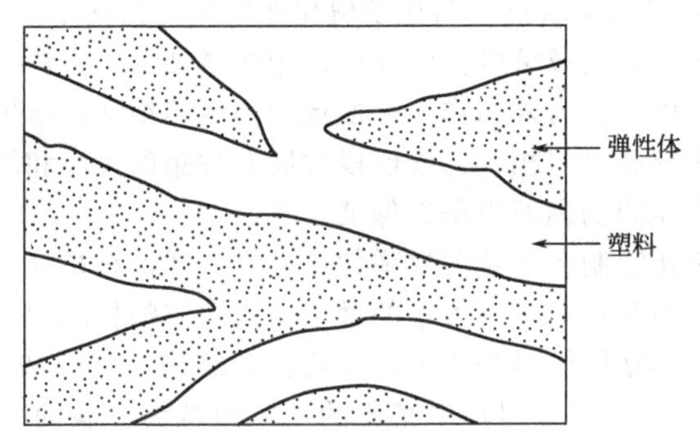

图 1.8　简单共混法 TPO 的微观相态结构示意图

至今人们在进行 TPE 的分子设计时所依赖的热可逆约束形式主要有三种，包括结晶相、玻璃相和离子簇，氢键也是热可逆的约束形式，但一般仅在上述三种形式中起辅助作用。表 1.1 给出了 TPE 主要种类的典型软硬段组成、约束形式及制备方法[7,8]。

表 1.1　TPE 的主要种类组成及合成方法

种类（英文简称）	种类细分	硬段	软段	约束形式	制备方法
苯乙烯类（TPS）	SBS	PS	BR	玻璃化微区	阴离子聚合
	SIS	PS	IR		
	SEBS	PS	加氢 BR		
	SEPS	PS	加氢 IR		
聚烯烃类（TPO）	嵌段 TPO	PP	EPDM	结晶微区	配位聚合
	POE	PE	辛烯链段和结晶被破坏的聚乙烯链段	结晶微区	配位聚合
	简单共混 TPO	PP	EPDM/EP	结晶微区	机械共混
	TPV-PP/EPDM	PP	交联 EPDM	交联 EPDM	动态硫化
	TPV-PP/NBR	PP	交联 NBR	交联 NBR	动态硫化
	TPV-PP/NR	PP	交联 NR	交联 NR	动态硫化
	TPV-PP/IIR	PP	交联 IIR	交联 IIR	动态硫化

续表

种类（英文简称）	种类细分	硬段	软段	约束形式	制备方法
聚氨酯类（TPU）		氨酯结构	聚酯或聚醚	氢键及结晶微区	缩合聚合
聚酯类（TPEE）		酯结构	聚酯或聚醚	结晶微区	缩合聚合
聚酰胺类（TPAE）	嵌段共聚型 动态硫化型	酰胺结构 尼龙	聚酯或聚醚 交联橡胶	氢键及结晶微区 交联橡胶	缩合聚合 动态硫化
有机硅类	嵌段共聚型	聚苯乙烯/聚双酚A碳酸酯/聚芳酯/聚砜	聚二甲基硅氧烷	玻璃化微区/结晶微区	阴离子或缩合聚合
	动态硫化型	PA/TPU	交联硅橡胶	交联硅橡胶	动态硫化
有机氟类	嵌段共聚型 动态硫化型	氟树脂 氟树脂	氟橡胶 交联氟橡胶	结晶微区 交联氟橡胶	乳液聚合 动态硫化
丙烯酸系①	嵌段共聚型 动态硫化型	PMMA PA/TPEE	丙烯酸丁酯 交联丙烯酸酯橡胶	玻璃化微区 交联丙烯酸酯橡胶	阴离子聚合 动态硫化

① 丙烯酸系动态硫化型热塑性弹性体 ACM/PA TPV，也被作为聚酰胺类热塑性弹性体[9]。

1.2.2 热塑性弹性体的性能

表 1.2 给出了几种常见 TPE 的基本性能。从其基本力学性能、密度及使用温度范围看，TPE 物理机械性能跨度范围宽广。

表 1.2 常见热塑性弹性体的基本性能

种类	邵尔硬度范围	相对密度	拉伸强度/MPa	拉断伸长率/%	使用温度范围/℃
苯乙烯类	60A～90A	0.90～0.95	10～28	550～850	−80～60
聚烯烃类	60A～60D	0.87～0.95	7～25	550～980	−50～125
聚氨酯类	70A～75D	1.10～1.28	20～35	300～750	−60～130
聚酯类	35A～72D	1.13～1.19	25～40	350～450	−50～150
聚酰胺类	93A～70D	1.01～1.14	25～50	300～450	−57～170

图 1.9 是不同类型 TPE 的综合性能与成本之间的对比关系。这里综合性能主要考虑的是 TPE 的最高使用温度、耐油性和耐老化性。高性能材料具有较高耐油和烃类流体性和/或较高的上限使用温度及老化温度。图中右上角是高性能材料区域，这些 TPE 多是新型 TPE，包括乙烯-丙烯酸酯橡胶/聚酯或尼龙 TPV（AEM TPV）以及硅橡胶/聚酯或尼龙 TPV（TPSiV）。它们的使用上限温度更高，耐油性更好。需要指出的是，这些新型 TPV 比 TPU、COPE 及 COPA 更软、更具柔韧性。

图 1.10（a）给出的是不同 TPE 的使用温度与耐油性的对比关系，图 1.10（b）是热固性橡胶的性能等级对比关系，二者对比可折射出 TPE 的竞争地位。图 1.10（a）中所示的 AEM TPV 和 TPSiV 处于右上角的位置，它们属于软质

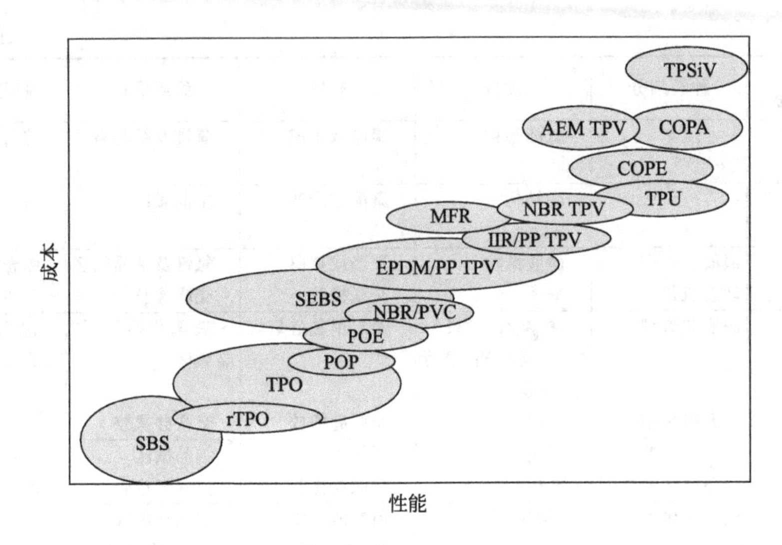

图 1.9 不同 TPE 成本与综合性能之对比

TPSiV—硅橡胶与尼龙或聚酯制成的 TPV；AEM TPV—乙烯-丙烯酸酯共聚物橡胶与尼龙或聚酯制成的 TPV；COPA—热塑性聚酰胺弹性体（TPAE）；COPE—热塑性聚酯弹性体（TPEE）；TPU—热塑性聚氨酯弹性体；NBR TPV—丁腈橡胶与聚丙烯制成的 TPV；MFR—可熔融加工橡胶，是杜邦公司于 20 世纪 80 年代末推向市场的含氯型 TPE（预交联的乙烯-醋酸乙烯橡胶与聚偏氯乙烯共混的热塑性弹性体），注册商标为 Alcryn；IIR/PP TPV—丁基橡胶与聚丙烯制成的 TPV；EPDM/PP TPV—三元乙丙橡胶与聚丙烯制成的 TPV；SEBS—SBS 加氢产品；NBR/PVC—丁腈橡胶/氯乙烯共混物；POE—茂金属催化合金，辛烯含量大于 20%（质量分数）的乙烯-辛烯共聚物；POP—茂金属催化合金，辛烯含量小于 20%的乙烯-辛烯共聚物；TPO—简单共混型聚烯烃热塑性弹性体；rTPO—反应器合成聚烯烃热塑性弹性体；SBS—苯乙烯-丁二烯-苯乙烯共聚型热塑性弹性体。

TPE 中性能优异的材料，应用价值高，但其使用量偏低。位于图中左下角的 rTPO、POP 和 POE 这些新型聚烯烃 TPE 能够满足成本敏感型大批量应用。

硬度是 TPE 的主要性能指标之一，图 1.11 给出了不同类型商业化可用 TPE 的近似硬度范围，并与热固性橡胶进行了对比。可以看出，现有 TPE 的硬度范围已超出热固性橡胶的硬度范围，最显著的差异之一在于 SBC 复合物的硬度可低于现有邵尔 A 硬度计可测范围，其被报道的硬度为邵 A 尔 00 级别。这些类似凝胶的 TPE 具有独特的柔软性。EPDM/PP TPV 的硬度已被延伸至邵尔 A 20 以下，较软的 TPV 在提供柔软性的同时赋予材料高回复性和耐溶剂性。随着反应器合金技术的进步，rTPO 的硬度也扩展到原来不曾有的低硬度范围。其他的质软 TPE 包括：TPV、TPO、MFR、NBR/PVC 和某些 TPU。TPE 应用时强度以及耐磨性的大小也很重要，硬质 TPE 通常有较好的拉伸、撕裂强度和耐磨性；TPU、COPA 和 COPE 的拉伸、撕裂强度优异，TPV、MPR、TPO 和 SBC 具有良好的拉伸、撕裂强度；TPU 和 COPA 的耐磨性最优，MPR、

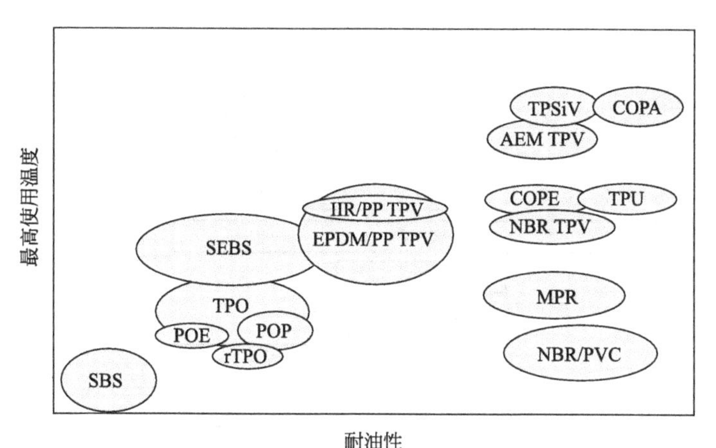

(a) 不同TPE使用温度与耐油性对比

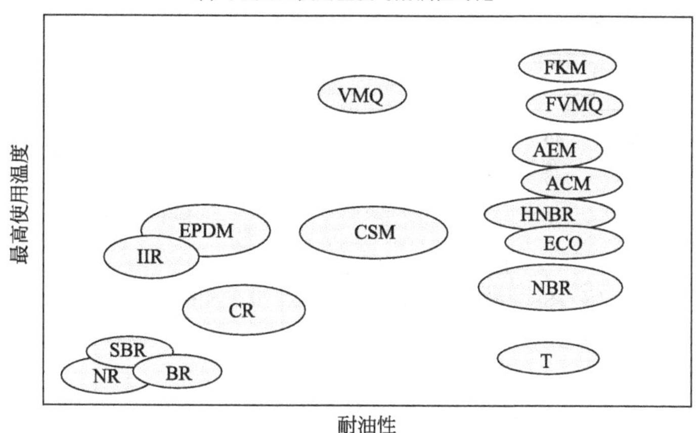

(b) 不同热固性橡胶使用温度与耐油性对比

图 1.10　不同 TPE 和热固性橡胶使用温度与耐油性对比

FKM—氟弹性体；FVMQ—氟硅橡胶；AEM—乙烯-丙烯酸酯橡胶；ACM—聚丙烯酸酯橡胶；HNBR—氢化丁腈橡胶；ECO—氯醚橡胶；NBR—丁腈橡胶；T—聚硫橡胶；VMQ—硅橡胶；CSM—氯磺化聚乙烯；EPDM—三元乙丙橡胶；IIR—丁基橡胶；CR—氯丁橡胶；SBR—丁苯橡胶；BR—顺丁橡胶；NR—天然橡胶。

COPE、TPV、TPO 和 NBR/PVC 等类型 TPE 的耐磨性良好。

作为纯聚合物，嵌段共聚物却具有两相形态，热性能与物理共混物相似，显示出多重热转变行为。例如 SBS 有两个玻璃化转变温度，分别对应于各自的均聚物，而无规共聚物只有一个玻璃化转变温度，如图 1.12 所示。因此可以通过改变嵌段组分制备新型 TPE。例如用高 T_g 的硬链段（如聚砜、聚碳酸酯）和低 T_g 的聚硅氧烷软嵌段制成的 TPE，其使用温度范围更宽，热稳定性更高；而且两嵌段的高度不相容性，可以使其具有理想的平台模量-温度曲线。

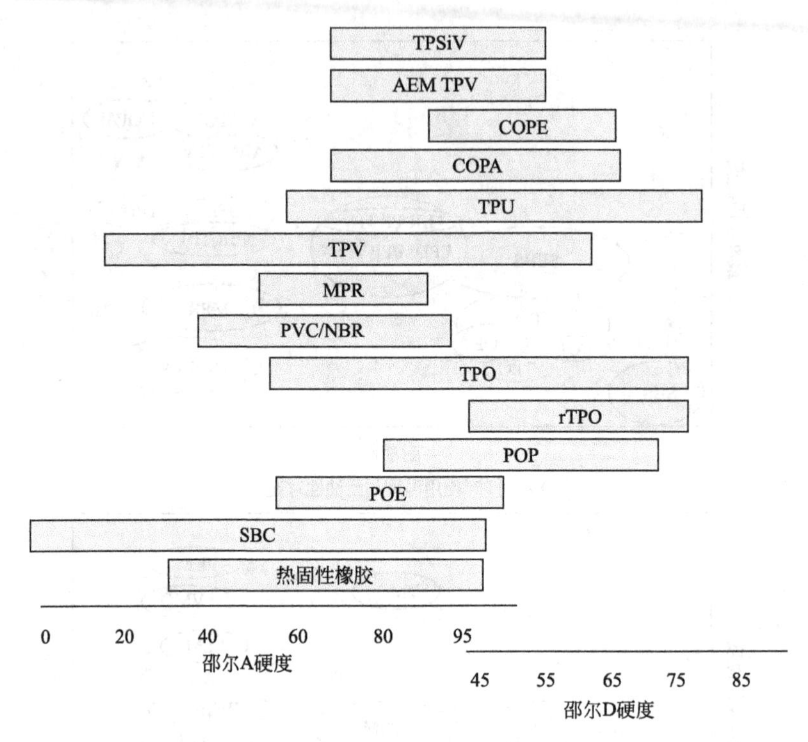

图 1.11 TPE 的硬度范围对比

SBC—苯乙烯系热塑性弹性体；其余同图 1.9

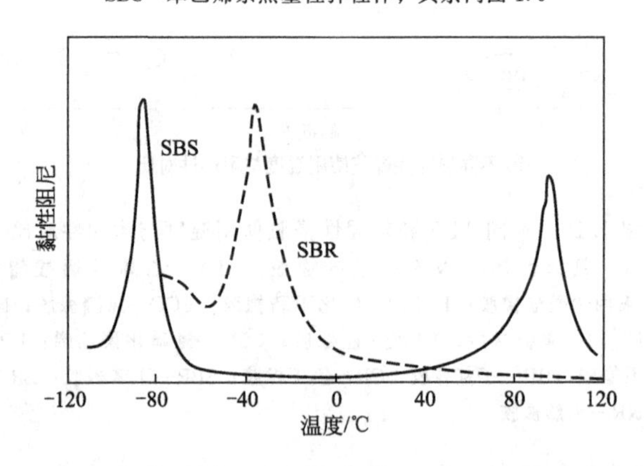

图 1.12 嵌段共聚物 SBS 和无规共聚物 SBR 的黏性阻尼曲线

嵌段共聚物在光学透明度上比均聚物共混物要好得多，由于软硬段间化学键的影响，限制了其相分离的程度，所以 TPE 仅能产生微观的相分离而形成很小的微区结构，这种微区尺寸远小于可见光的波长。因此，嵌段型 TPE 容易产生较好的透明性，即使 TPE 各嵌段的折射率相差很大也有可能透明。例如，有机硅弹性体以及 SBS 等即如此。微区的大小随相对分子量增加而增加，但除非相

图 1.13　商业透明 TPU 颗粒

对分子量很高，一般不会不透明。嵌段共聚型 TPE 中 TPS、TPU、有机硅、丙烯酸酯类等具有好的透明性，TPO 中部分产品的透明性也较好，多数 TPV 不透明。图 1.13 所示为商业透明 TPU 颗粒。

在加工性能上，由于两相嵌段共聚物在熔融时仍然部分地保留了两相形态，因而具有高熔体黏度和弹性，故 TPE 常常需要用较高的加工温度和较高的压力才能加工。

1.3　不同种类热塑性弹性体的组成、性能及加工方法

1.3.1　苯乙烯系热塑性弹性体

1.3.1.1　TPS 的种类[10～12]

TPS 在热塑性弹性体中占有重要地位，是目前世界上产量最大、发展最快的一种热塑性弹性体。TPS 包括以聚苯乙烯链段（用 S 表示）构成硬段、聚丁二烯（用 B 表示）作为软段所形成的嵌段共聚物（SBS）。SBS 有线型和星型两种结构，线型 SBS 结构式如下所示：

$$\left(CH_2\underset{\displaystyle C_6H_5}{CH}\right)_a\left(CH_2CH{=}CHCH_2\right)_b\left(\underset{\displaystyle C_6H_5}{CH}CH_2\right)_c$$

星型 SBS 结构式如下所示：

$$\left[\left(CH_2\underset{\displaystyle C_6H_5}{CH}\right)_a\left(CH_2CH{=}CHCH_2\right)_b\right]_n MY$$

若构成软段是聚异戊二烯（I），则简称为 SIS，其结构式为：

$$\left(CH_2\underset{\displaystyle C_6H_5}{CH}\right)_a\left(CH_2\underset{\displaystyle CH_3}{C}{=}CHCH_2\right)_b\left(CH_2\underset{\displaystyle C_6H_5}{CH}\right)_c$$

上三式中，a，c=50～80，b=20～100，n=3或4，M为Si或Sn，Y为H（0或1）。

SBS和SIS中聚二烯烃段含有的不饱和双键易受到光、热、氧和臭氧的作用而发生热老化、黄变等，使其应用范围受到限制。因此为改进SBS和SIS的耐候性和耐老化性能，还开发了其相应的加氢产品。SBS的加氢产物，其软段相当于乙烯（E）和丁烯（B）共聚物，故称为SEBS。SIS的加氢产物，软段结构相当于乙烯（E）和丙烯（P）的共聚物，简称为SEPS。SEBS聚丁二烯段的加氢度一般要求大于98%，而聚苯乙烯段的加氢度则要求在2%以下。

目前市场上应用的苯乙烯类TPE中苯乙烯含量普遍在14%～40%（质量分数）之间。因为在此范围内PS硬相（塑料相）可以呈球状、棒状或片状分布在连续的橡胶相之间，使TPS具有硫化橡胶的性能。其构型主要以线型为主导，星型和其改性产品用量较少。虽然SIS与SBS的结构相似，但由于其甲基侧基的存在，与SBS相比，SIS具有更多优异的性能。SIS具有模量低、弹性好、熔融黏度低、低温柔软性能好、制胶透明度高、黏性强等优点。但SIS依然存在极性小、不耐热、耐油性、耐溶剂性差等不足。

嵌段共聚物中苯乙烯含量对材料的力学性能有重要影响。随着苯乙烯含量的增加，胶料的拉伸强度和定伸应力增高，伸长率大幅度下降。

1.3.1.2 TPS的性能[13～15]

(1) 物理机械性能

在常温下，SBS具有优良的拉伸强度和弹性（参见表1.3）。与热塑性塑料相比，拉伸后永久变形小，屈挠和回弹性好，表面摩擦大，具有和通用硫化胶相近的摩擦系数。温度升高时则拉伸强度和硬度均下降。表1.4为苯乙烯与丁二烯含量相同时，SEBS与SBS的基本性能对比。二者相比，SEBS拉伸强度比SBS高，拉断伸长率不如SBS。

表1.3 SBS典型物理机械性能①

苯乙烯/丁二烯(质量分数)	30/70	40/60
熔体流动速率(200℃,5kg)/(g/10min)②	2～10	2～10
300%定伸应力/MPa	2.76	4.14
拉伸强度/MPa	20.68	27.59
拉断伸长率/%	750	750
邵尔A硬度		
25℃	73	92
70℃	56	74
100℃	27	41
拉伸强度/MPa		
50℃	5.70	18.71
60℃	4.42	8.62
70℃	3.45	7.42
拉伸300%的永久变形/%	5～10	15～20

① 压缩样品的测定值，试验值随加工方法而有所差异。

② ASTM D 1238。

表 1.4 SEBS 与 SBS 性能比较

项 目	SBS	SEBS
苯乙烯/丁二烯(质量比)	30/70	30/70
300%定伸应力/MPa	2.8	3.9～5.6
拉伸强度/MPa	22.0	28.0
拉断伸长率/%	750	550
T_{g_1}/℃	100	100
T_{g_2}/℃	−90	−52
脆化温度/℃	<−60	<−62

(2) 热性能

由于 SBS 结构中存在着明显两相特征，因而显示出两个玻璃化转变温度，其中较高的玻璃化温度取决于聚苯乙烯嵌段，较低的玻璃化温度取决于聚丁二烯嵌段，因此 SBS 在低温下也能保持一定的柔软性，其最高使用温度可随着聚合配方中 S 组分和 B 组分的不同在一定范围内变化调节。SEBS 的耐热性能优于 SBS。SEBS 的低温玻璃化温度小于−60℃，具有较好的低温性能，而其高温热分解温度在 260℃以上，一般来说 SEBS 软化点为 165℃。在纯氧气氛、180℃下 SEBS 的氧化诱导期达 300min 以上，说明其具有较好耐热分解能力。

(3) 电性能与光性能

SBS 具有良好的绝缘性，体积电阻率高达 $10^{16}\Omega\cdot cm$ 以上。SEBS 具有优良的电性能，介电损耗在 1000Hz 时为 1.3×10^{-4}；体积电阻率 1min 内为 $9\times10^{16}\Omega\cdot cm$；击穿强度高达 39.3MV/m。

SEBS 的苯乙烯微区尺寸不能在可见光范围内观测到，几乎可以制成完全透明的产品，浑浊度很小；SEBS 容易着色，还可以和石蜡油、环烷油、白油与聚丙烯共混制得透明产品，这是因为 SEBS 和油的折射率与聚丙烯晶态相近。

(4) 耐候性、耐化学药品性及透气性

SBS 的耐臭氧、氧和紫外线辐射性能与丁苯橡胶近似；SBS 的耐化学药品性一般，许多烃类（正己烷、燃料油）、酯和酮（丙酮）都能使 SBS 溶解或溶胀，但可以在与水、醇、弱酸和弱碱接触的场合使用。SBS 具有优异的透气性能，其透氧、透二氧化碳性能比高密度聚乙烯高出 1 个数量级。SEBS 的耐候性、耐化学药品性均优于 SBS。SEBS 日照 30 天后拉伸强度保持率为 100%，而 SBS 保持率低于 20%；SEBS 经 630h 臭氧老化而无龟裂，表明 SEBS 具有优异的耐老化性能。

(5) 流变性质

与 SBS 相比，SEBS 两相的溶解度参数相差较大，其相分离结构的结合能相当高，既不会在聚苯乙烯相的 T_g 以上自动解离，也不会在机械外力的作用下解离。SEBS 熔体表现为非牛顿流体，在 260℃依然保持完整的网络结构，当温度低于 260℃时，熔体流动对温度不敏感，这与 SBS 的流动特点相差较大。在实际加工中通常需要加入软化油来提高流动性，这也意味着 SEBS 可以填充较高比例的软化油。

（6）线型和星型 SBS 性能对比

星型嵌段共聚物的门尼黏度比线型嵌段共聚物高得多。星型嵌段共聚物的拉伸强度不论生胶还是填充陶土或填充炭黑，均比线型嵌段共聚物高很多。因此，星型嵌段共聚物更适于高负荷的应用场合。同时，随着温度的升高，线型嵌段共聚物的拉伸强度下降幅度大，而星型嵌段共聚物明显要小，说明星型嵌段共聚物具有更好的耐热性能。星型和线型两种结构聚合物溶液黏度随分子量变化而变化，随着分子量的增高，溶液的黏度增高；在相同分子量的条件下，线型嵌段共聚物较星型嵌段共聚物的溶液黏度高。

（7）SEPS

SEPS 是有“绿色橡胶”美誉的热塑性弹性橡胶 SIS 加氢后的高端环保产品，它能让化妆品级白油增黏，可生产用于做化妆品的凡士林；加入汽车润滑油中，能使其冬天不黏，夏天不稀；还可作为确保通信电缆、光缆防潮、绝缘及信号稳定的填充膏，可广泛用于医疗、电绝缘、食品包装以及复合袋的层间黏合，并在金属与塑料粘接上有独到之处；还可用于眼镜及其他光学材料，具有良好的透明性、柔韧性及抗冲击性。

1.3.1.3 TPS 的加工成型方法[1]

与其他热塑性塑料不同，TPS 很少以纯组分单独使用。与传统的硫化橡胶一样，TPS 经常根据加工性能、物理机械性能的要求来调整配方。TPS 可与其他树脂、传统的弹性体共混，也可以与填料、增塑剂（如油类）、加工助剂、色母粒以及其他组分共混。

TPS 无需像传统橡胶那样在冷开炼机上进行塑炼，这有可能造成它的降解。未填充或者是少量填充的胶料可以在装有混合螺杆的单螺杆挤出机中进行共混。螺杆的长径比 L/D 为 24∶1 时，能够达到很好的分散效果。高填充的胶料最好在密炼机中进行共混，然后喂入挤出机。

在多数 TPS 共混中，树脂和填料最先加入，油类和其他软化剂稍后加入。如果油类的添加量比较大，应当逐步加入以防止转子打滑。大多数排胶温度在 128～160℃范围内；如果加入了 PP，温度可能要提高到 177℃或以上。共混时间随着配方的不同而不同，最典型的是 3～6min。在共混最后阶段使用的挤出机往往都装有造粒设备，可以采用抽条式切粒或者是使用水下切粒系统。

如前所述，在大多数的场合中 TPS 以胶料的形式使用。通常情况下，大多数的胶料加工成型都同熔体加工的标准工艺相似，各种传统的塑料加工工艺技术，诸如开炼、挤出、注射、压延、吹塑及真空成型等均可利用。通常，各种加工工艺都有特定级别的聚合物满足需要，如挤出级、注塑级、溶液加工级等。SBS和SEBS在结构方面有所不同。根据经验，以SBS为基体的胶料通常采用适合聚苯乙烯的加工工艺，而以SEBS为基体的胶料通常采用适合聚丙烯的加工工艺。SBS加工温度一般在150～200℃之间，SEBS则在190～260℃之间；SBS加工时要求剪切速率较低，SEBS加工时要求剪切速率较高；挤出成型时SBS采用低压缩比的螺杆，而SEBS挤出时宜采用高压缩比的螺杆。

(1) 注射成型

注射成型可采用普通的塑料注射机如传统往复式螺杆注射机，也可以采用专门的橡胶注射机。对于SBS加料段温度在65～95℃，喷嘴温度200℃。对于SEBS胶料中等尺寸制件喷嘴温度为225℃，但是大尺寸制件最高可达260℃。温度太低流动性差，产品会因为分子的强烈取向造成各向异性；温度太高则会引起物料分解。注射时间要尽可能短，为此浇口要大，流道和流槽要短。

TPS收缩率小，摩擦阻力大，脱模比较困难，因此在模具设计时应予以注意，例如将模腔边角做成一定坡度和圆弧形，或者注意选择合适的脱模剂。

(2) 模压成型

根据TPS的特点，在模压成型时，共聚物或其胶料最好置于热模具中，温度的选择应使胶料在该温度下在模腔内流动性好，而制品出模时变形不大。为防止制品在出模时受力的作用而产生扭变，在启模前往往需要先行冷却模具，使得温度降至其软化点以下，以防止制品产生弯曲变形。为脱模方便和有利制品的外观质量，往往采用脱模剂，从制品的性能考虑，建议不使用含硅脱模剂。

由于模压的生产效率比较低，主要用于制备测试样条、模型，或者是特殊的制件。

(3) 挤出成型

TPS及其制备的胶料都可以采用一般塑料用挤出机挤出成型，如挤出管材、挤出流延膜等。采用挤出机的螺杆长径比L/D至少在20∶1，最好是24∶1。若使用螺杆螺纹深度大、压缩比低的挤出机，更有利于生产高质量的制品。TPS出模膨胀较低，挤出成型很复杂的制品也只需要用相对简单的挤出口模。

由于SBS链段中含有不饱和的双键，在高温或者是高剪切的情况下容易降解。在挤出的开始阶段为避免其他物料以及长时间停机后的热降解料的污染，很有必要对螺杆进行清理，推荐使用聚苯乙烯来清理。SBS挤出熔体温度范围为148～198℃，不能超过205℃，加料段温度不得超过80℃。沿着挤出机料筒从与加料段相邻区域到模体，温度从148℃逐渐升至198℃，以保证最大产出。

相对于许多工程塑料或者是其他TPE而言，SEBS挤出的优点是优良的热稳定性、抗剪切降解以及熔体快速成型。应用于SBS的许多挤出技术都可以应用在SEBS聚合物及其胶料上，只是螺杆的长径比至少是24∶1，计量段要长且相对浅。挤出熔体温度为190～230℃，熔体温度可高达260℃。加料段温度不得超过80℃。

(4) 吹塑成型

热塑性塑料通用的吹塑机可用于TPS的吹塑成型。其吹塑成型技术与聚乙烯相似，熔体温度SBS为150～200℃，SEBS为190～245℃。在较低温度下，可能会发生熔融断裂，而在较高温度下，则可能发生型坯下垂。因此用间歇快速挤出型坯法能够尽量减小型坯下垂，最适合此类物料。为避免过热以及聚合物的降解通常采用深螺槽低压缩比的螺杆。SBS和SEBS的吹塑成型模具没有什么特殊的要求，采用传统设计的宽度以及普通修模就可以。

(5) 溶液加工

对于制备溶剂型胶黏剂、密封胶以及涂料而言，需要进行溶液加工。聚合物要求能够溶解在多种常见且便宜的溶剂中，溶解速度较快且溶剂易于除去。由于两相的存在，所选的溶剂必须同时对PS硬段和弹性体软段具有溶解性。SBS和SIS的良溶剂有：环己烷、甲苯、甲基乙基酮、乙醚以及苯。还有一些很实用的混合溶剂，如石脑油-甲苯、己烷-甲苯以及己烷-甲苯-酮等。

另外的加工方法是基于嵌段共聚物能够吸收大量的矿物油而仍然表现出有用的性能。与油类和液体共混物共混后的基体树脂可以用于模压成型、注塑成型、浇注成型、旋转模塑等。经过加热熔融后，混合物通常形成柔软的固体状制品。

1.3.1.4 TPS国内外生产及发展状况[16]

美国是生产TPS最早、产量最大和消费最多的国家，其产销量占全球1/4以上。全球最大的TPS生产厂家为美国的里普伍德控股公司，最近改名Kraton聚合物公司（又称科腾公司），以前称为壳牌化学，以Kraton的商品驰名世界。现有5个工厂分布在美国、德国、法国、荷兰和巴西各地，总生产能力达到31万吨/年，美国本土最大工厂为17万吨/年，可称为TPS最具代表性的企业。我国中石化集团将旗下的巴陵、燕山和茂名统合起来有24万吨/年，位居世界第二，巴陵石化也是仅次于美国里普伍德俄亥俄州工厂的又一大型企业。意大利埃尼化学和德国巴斯夫以15万吨/年和14万吨/年位居世界第3、4位，日本旭化成和台湾奇美实业以12万吨/年并列第5位，日本在美国的BS/FS排名第7，比利时阿托菲纳和美国阿克化学并列第8，我国台湾李长荣化学位居第10位。十大TPS企业的生产能力占到世界的70%以上。中国大陆和台湾地区的TPS合计起来，设备能力已达到57.4万吨/年，同美欧一起在世界上处于三甲地位。

40年来，世界TPS生产技术和产品不断改进，现已发展到第四代。作为第一代的SBS，产业化几十年久盛不衰，广泛用于鞋类底材、沥青改性剂和树脂并用等，成为制鞋和铺路行业的主导材料。以异戊二烯取代丁二烯嵌段共聚的第二代TPS-SIS，更接近IR或NR的性能，因而已扩展到各类胶黏剂和密封剂，特别是热熔性感压黏合剂的最佳材料。产业化以来，以年均6%～7%的速度快速增长，目前世界 1/3 的厂家均有 SIS 生产。巴陵石化公司新建的国内最大规模、年产 6 万吨特种热塑性弹性体项目 SIS 单元装置生产线一次投料于 2012 年 8 月 9 日开车成功，产出合格成品。

为了改进 SBS 和 SIS 在耐热性、耐天候老化性、耐磨和耐油性方面存在的问题，20 世纪 90 年代以来又出现了第三代 TPS 的饱和型 SBS 和 SIS，即将其中的丁二烯、异戊二烯进行加氢反应，生成聚乙烯-聚丁烯（EB）和聚乙烯-聚丙烯（EP），而后嵌段形成 S-EB-S 和 S-EP-S 的结构形态，称为 SEBS 和 SEPS。目前，SEBS 在克拉顿（里普伍德）、埃尼、旭化成等公司都已批量生产。国内巴陵石化年产 2 万吨 SEBS 装置为国内首套具有自主知识产权的同类装置，国内市场占有率达六成以上。作为热塑性弹性体 SIS 的“升级版”，SEPS 自 20 世纪 80 年代末实现工业化生产。目前只有美国克拉顿公司、日本可乐丽公司及 Zeon 化学公司 3 家企业生产各牌号产品，全球年产销量约 13 万吨。由于国内尚无工业化的 SIS 加氢装置，我国 SEPS 产品全部依赖进口，年用量约 3 万吨。巴陵石化将建国内首套 SEPS 工业化装置，该项目采用中石化具有自主知识产权建设 1 套年产 2 万吨 SEPS 工业化装置。

近些年来，SEBS 和 SEPS 又从线型聚合物发展到星型聚合物，进一步增加流动性和黏合性，并提高刚性和纵横收缩的一致性，更适用于多种工程塑料的重叠注塑，成为良好的树脂塑料改性剂。另外，日本 JSP 开发出在 SEBS 的 EB 部分导入苯乙烯的第四代 TPS-SSEBS，又进一步大幅度改善其耐热温度。可乐丽开发了 TPS 与 TPU 结合的聚合物，进一步提高了抗冲击、耐热和耐油性能。

新的 SEBS 和 SEPS 有着良好的充模性和再生性，更适于制造复杂的部件。主要目标是代替有毒性的 PVC，制造玩具、包装、医疗器械配件、赛车轮胎和建筑材料，特别是与人体健康密切相关的领域，如医用部件、软质玩具以及与 TPU 竞争用于奶嘴、医用导管和电脑键盘衬垫等产品。最近还利用 TPV 动态硫化技术，生产 TPS-TPV 以解决 TPS 在耐切割性、耐裂口性和耐热变形等方面存在的严重问题，进一步改善 TPS 现存的缺点，扩大其使用范围。

1.3.2　聚烯烃类热塑性弹性体[17～22]

1.3.2.1　TPO 的种类、性能及国内外生产情况

聚烯烃类热塑性弹性体（TPO）是由橡胶相和聚烯烃相构成的热塑性弹性体。其中橡胶相一般为乙丙橡胶（EPDM）、乙烯和 α-烯烃共聚物（POE）、丁腈橡胶（NBR）、丁基橡胶（IIR）等，聚烯烃组分主要为聚丙烯（PP）和聚乙烯（PE）。目前应用较多的为 POE/PP、EPDM/PP 类。TPO 自 20 世纪 70 年代美国、欧洲、日本开始批量生产以来，技术不断创新，新的 TPO 品种不断涌现，使橡胶工业与塑料工业的结合大大向前迈进了一步。TPO 的发展经历了简单机械共混（简单共混 TPO）、动态硫化共混（包括全部交联和部分交联）、反应器

直接合成（RTPO 或 R-TPO，包括嵌段 TPO 和 POE）等几个阶段，其中动态交联型的 TPO 称之为 TPV。目前这几个阶段的产品由于性能和应用领域的不同，在市场中共同存在。

（1）简单共混法 TPO

简单共混是开发最早、技术最成熟的 TPO 生产工艺，所生产的产品中橡胶含量（质量分数）在 20%～40%，是 TPO 中产量最大的一类，目前约占 TPO 总量的 50%左右，主要用于汽车零部件（如保险杠、仪表板、方向盘、门板等）和家用电子电器部件等行业。

20 世纪 60 年代初，美国 Du Pont 公司及 Goodrich 公司在聚丙烯（PP）中掺入非硫化的部分结晶型乙丙胶，通过简单机械共混制备出热塑性弹性体。这种部分结晶链段，由于分子间凝聚力很大，显示出硬段的性质，起到了物理“交联”作用。物理“交联”点在加热时呈现塑性行为，具有流动性，因而可以用热塑性塑料加工工艺进行成型加工；而聚合物中的弹性橡胶链段，借助于物理“交联”作用，表现出类似硫化橡胶的性能。

用光学显微镜可观察到上述简单共混物呈现共连续或双连续形态（参见图 1.8）。高分子量的 EPDM 和 PP 在强烈混合条件下会形成双连续相，再通过调节黏度比值及共聚物的组成，可在相当宽的共混体积比（80/20～20/80）范围内保持两相的连续性，超过此范围则呈现明显的海岛结构。对于要求以橡胶特性为主的 TPO 则不仅要求乙丙橡胶要有足够的用量，而且应具有较高的生胶强度，因而通常使用具有较长聚乙烯链段或较高分子量的特种乙丙橡胶。即使如此，由于共混物中的乙丙橡胶未交联，所以当其含量较高时，共混物的流动性大大下降，难以制得柔软品级材料，且强度及耐介质等性能亦有很大局限性。

机械掺混法制得的 EPDM/PP 共混物的性能见表 1.5。

表 1.5　EPDM/PP 共混物的性能

胶种	EP-9	EP-10	EP-11	EP-12	EP-14	EP-16
屈服强度/MPa	9.99	11.10	9.99	8.96	8.13	7.58
拉断伸长率/%	90	220	130	130	100	110
邵尔 A 硬度	90	91	89	83	85	88

注：乙丙橡胶用量为 100 份，聚丙烯为 Eastman Chemicals 公司产品，牌号为 Tentite 4241，用量为 50 份。

目前，简单共混 TPO 多为 PP/EPDM 和 PP/POE 的共混物，其中某些 TPO 产品中 EPDM 被部分或轻度交联。世界范围内这类生产企业较多，从技术及规模来看，排名靠前的生产厂家主要是：Advanced Composites、埃克森美孚、利安德巴塞尔公司在美国排名前三；西欧主要是 Vita 和 Ferro 公司；日本排名前三位的是三井化学公司、住友化学公司和三菱化学公司。

国内简单共混 TPO 生产企业主要是国外大企业在国内建立的工厂。主要生产企业包括北京聚菱燕、日本三井化学、日本住友化学、广东金发、杰事杰新材料、Besell公司等。简单共混TPO在我国虽已有较大规模的生产，但因采用机械共混法，不仅性能较差，而且所用的聚烯烃弹性体几乎全要靠进口。

(2) 动态硫化法TPV

动态硫化的一般定义为弹性体与热塑性聚合物在热塑性塑料的熔点之上并在高剪切力作用下，均匀熔融混合过程中的硫化或交联的过程。

① 部分动态硫化共混

橡胶组分经部分动态硫化，具有少量交联结构，其强度、压缩永久变形、耐热、耐溶剂、抗疲劳性、极限力学性能以及加工性能等较机械掺混法制备的TPO有很大提高，且不需用部分结晶型的“专用级”乙丙橡胶为原料即可制备橡胶组分质量分数大于50%的柔软品级材料，其性能远远优于热塑性树脂，压缩变形可控制在40%以下，使用温度可达100～120℃。美国Uniroyal公司于1972年建成使用该技术的工业化生产装置，生产商品名为TPR系列橡胶产品(产品性能见表1.6)。

表1.6 TPR1000/2000系列的典型性能

性能	Uniroyal TPR 1600	Uniroyal TPR 1700	Uniroyal TPR 1800	Uniroyal TPR 1900	Uniroyal TPR 2800
密度/(kg/m³)	880	880	880	880	880
邵尔A硬度	67	77	88	92	87
拉伸强度/MPa	4.5	6.6	9.7	12.8	9.0
拉断伸长率/%	230	200	210	230	150
100%定伸应力/MPa	3.5	5.5	8.6	12.8	8.6
拉断永久变形/%	10	20	25	50	30
压缩永久变形/%					
23℃×22h	25	30	35	40	30
70℃×22h	45	50	64	70	70
弯曲模量/MPa	10.3	18.6	69	241.3	55.2
磨耗/(g/1000转)	0.6	0.3	0.3	0.4	0.3

注：按照ASTM试验法测定。

美国AES公司、荷兰DSM公司和日本三井化学等公司普遍采用该法工业化生产TPO，Monsaton公司采用电子射线辐照使动态硫化胶的基体（树脂相）在成型后交联，进一步提高了产品的耐热性、力学和电气性能。

② 全动态硫化共混　完全硫化的EPDM/PP共混物是将EPDM和PP以及硫化剂在适当的温度和剪切力作用下熔融共混，其中橡胶组分被高度硫化交联，同时在剪切力作用下形成1～5μm的细小粒子，分散在聚丙烯树脂中（参见图1.6和图1.7)。TPV具有特殊的海-岛相态结构，生产出的TPV中，橡胶组分质量分数高达60%～80%，由于橡胶组分已被充分交联，制品的强度、弹性、耐热性及抗压缩永久变形性较简单共混TPO有很大提高。同时，耐疲劳、耐化

学品以及加工稳定性有明显改善，而且橡塑共混比可在较大范围内变更，使材料在性能上有更大调节余地，综合性能优于三元乙丙硫化橡胶，且加工较容易，能以较低的生产成本制得可替代热固性硫化橡胶的制品，有较强的竞争优势。

TPV与简单共混的TPO形态不同，简单共混TPO在相当宽的橡塑比范围内，只要适当调节橡胶塑料的黏度比值，即可呈现共连续相形态；而TPV则是微米级高度硫化交联的橡胶离子分散在聚烯烃母体中，呈现海岛形态。橡塑共混物中的橡胶组分经轻度或部分硫化交联，即可显著改善共混物的永久变形，但只有在动态完全硫化的情况下，才能大幅度改进共混物的力学性能、耐疲劳性能、耐流体侵蚀性及耐油性、较高温度下的使用性能以及挤出口型膨胀性能。动态完全硫化与动态部分硫化共混胶的差别可从表1.7看出。典型EPDM/PP的TPV产品Santoprene部分牌号的力学性能如表1.8所示。Santoprene的使用温度范围为－60～135℃，其使用温度及耐油性介于CR、EPDM和CSM之间，应力应变性能随硬度的降低更接近传统的硫化胶，动态性能可达相应硫化胶的水平，无须补强剂，相对质量比一般硫化胶轻10%～40%，可反复加工5～6次。

表1.7 Uniroyal TPR-1700（部分硫化）与Santoprene101-80性能对比

性　能	TPR-1700	Santoprene101-80
邵尔A硬度	77	80
拉伸强度/MPa	6.6	11.3
拉断伸长率/%	200	520
压缩永久变形(23℃,168h)	30(23℃,22h)	29

表1.8 Santoprene部分牌号的物理机械性能

性能参数	201-55	201-64	201-73	201-80	201-87
邵尔A硬度	55	64	73	80	87
密度/(g/cm³)	0.97	0.97	0.98	0.97	0.96
拉伸强度 P/MPa	4.4	6.9	8.3	11.0	15.9
拉断伸长率/%	330	400	375	450	530
撕裂强度/(kN/m)	7.3	10.2	13.3	13.1	23.3
脆化温度/℃	－60	－60	－63	－63	－61
相对介电常数	—	2.40	—	2.46	2.46
体积电阻率/Ω·cm	—	3.3×10^{14}	—	2×10^{14}	2.4×10^{14}
介电强度/(kV/mm)	—	31	—	28.6	28.6
介质损耗 $\tan\delta$	—	6×10^{-4}	—	9×10^{-4}	1.2×10^{-3}

TPV性能范围宽广，硬度范围从邵尔25A～50D，应用温度范围从－60～140℃。低硬度TPV（邵尔A95以下）性能更接近于橡胶，高硬度TPV（邵尔A95以上）性能更接近于韧性塑料；同物理交联型TPE（如SBS）相比，TPV中的橡胶相属于化学交联，因此TPV具有优良的耐热性能和耐老化性能。此外，TPV制品还具有良好的外观手感及气味。TPV消费量约占TPO总量的23%左右，在汽车行业可用于汽车密封条（部分替代EPDM）、天窗导管、玻璃

导槽等。目前世界TPV的主要供应商有：AES公司（隶属于埃克森美孚公司）和DSM公司、三井化学公司、住友化学公司和三菱化学公司等。TPV在我国还处于小规模生产阶段，产品系列和质量与国外品牌仍有差距，国内消费主要依靠进口。国内主要生产企业包括山东道恩集团、南京金陵奥普特高分子材料有限公司等。

（3）反应型TPO

反应型TPO是在聚烯烃反应器中直接合成的一种烯烃类热塑性弹性体（R-TPO或RTPO）。目前主要包括两种：POE和嵌段TPO（后者也称为原位TPO）。目前RTPO的消费量约占TPO总量的27%左右。

POE是随着近年茂金属催化技术发展而新开发的一种新型聚合物，是乙烯与其他α-烯烃（如辛烯和丁烯）的共聚物，可在聚乙烯生产线上生产。聚乙烯链段本身是结晶的，但由于辛烯的介入，破坏了部分聚乙烯的结晶，辛烯链段和结晶被破坏的聚乙烯链段共同形成弹性的无定形区（橡胶相），赋予共聚物良好的弹性和优异的透明性；同时辛烯的存在位置和含量是可控的，使分子中保留了可以结晶的乙烯相，在常温下结晶而作为物理交联点，在高温下结晶相受热熔融，使共聚物具有塑性。与传统聚合方法制备的聚合物相比，一方面它有很窄的相对分子质量和支链分布，因而具有优异的物理机械性能和良好的低温性能。又由于其分子链是饱和的，所含叔碳原子相对较少，因而又具有优异的耐热老化和抗紫外性能。窄的相对分子质量分布使材料在注射和挤出加工过程中不易产生翘曲。

共聚单体含量越高，POE的弹性越高。目前POE的共聚单体含量一般在20%～40%。POE可替代大量的通用产品使用，如乙丙橡胶、EVA、TPS和PVC等。POE是一种优异的塑料抗冲改性剂，目前在简单共混型TPO的生产中几乎完全替代了EPDM（只有少量耐低温冲击性要求高的才用EPDM）。POE主要用于改性增韧PP、PE和PA；在汽车工业方面POE用于制作保险杠、挡泥板和垫板等；在电线电缆工业上POE用于耐热性和耐环境性要求高的绝缘层、护套等；在工业上POE用于制胶管、输送带和模压等制品；除此之外POE还在医疗器械、家用电器和文体用品等方面都有应用。世界POE的生产厂家主要有Dow化学公司、LG化学公司、埃克森美孚公司等。POE国内还没有企业生产。

嵌段TPO是在特殊的聚丙烯反应器中生产的，是共聚型PP。一般聚丙烯中橡胶含量在10%～22%时的共聚聚丙烯被称作抗冲共聚物；而当橡胶含量超过22%时，产品已经具有了真正的弹性性质，这种共聚聚丙烯即称为反应型TPO，即嵌段TPO。目前乙烯含量在55%或更高水平的嵌段TPO产品也已商业化。另外还可在体系中加入少量的其他共聚单体，如丁烯和辛烯，以提高其不饱和度而可以进行硫化。

在许多性能方面嵌段TPO都已经超过其他传统TPO，是苯乙烯嵌段共聚型TPE的真正替代物。从硬度和制造方面看，这种材料的物理性能、加工性能及多功能性能大大增强；从特殊力学性质看，与传统的TPO相比有更高的拉伸强度、撕裂强度和伸长率。另外，嵌段 TPO 的邵尔硬度范围很宽，从个位数到 90 以上。与广泛使用的苯乙烯类 TPE 相比，嵌段 TPO 显示出优良的压缩变形及耐老化性能、耐化学性及可加工性，撕裂强度和拉伸强度达到相同或更高水平。在美观方面，嵌段 TPO 的产品表面光滑，具有丝质手感，特别适合用于软质感手柄和表面。即使是非常软的配方，也不会有黏性或吸尘性，依然适合化妆品、个人护理用品和其他消费用品。嵌段 TPO 可直接用于最终制品的制造如汽车零部件，也可以作为柔韧剂代替 POE 等用于 PP 改性。近些年随着汽车安全气囊标准的制定，其用量逐步增大。嵌段 TPO 主要应用在汽车上，也可用于建筑业和其他领域。嵌段 TPO 可以替代很多软质聚合物，如 TPS、EVA、软质 PVC、TPV、软质聚烯烃和部分交联的弹性体等。其中利安德巴塞尔公司（Hifax™）、美国 INEOS 公司（T00G-00）、埃克森美孚公司（Exxtral®）、日本三菱化学公司（Newcon®）在嵌段 TPO 生产上是领先者。

高乙烯含量的嵌段 TPO 产品主要利用聚丙烯装置生产，国外供应商也主要是聚丙烯的供应商。目前我国生产的共聚 PP 产品中乙烯含量最高在 15%左右，橡胶含量约 30%或稍高；乙烯含量 22%以上的产品还没有生产，某些装置的乙烯含量可达更高，但尚无商业化产品问世。

2003 年，Exxon Mobil Chemical（埃克森美孚化学）公司推出一种商品名为 Vistamaxx 的新型丙烯系 TPE。它是丙烯与乙烯的无规共聚物，含有至少 70%（摩尔分数）的丙烯，且含有少量等规丙烯链段结晶，起着弹性体网络结节点的作用。这种 TPE 又被称为 P-E 聚合物或丙乙胶以区别于市场上已有的聚烯烃弹性体如乙丙橡胶、POE 等。表 1.9 是 Vistamaxx 性能与其他类似产品的性能对比结果。

表 1.9　Vistamaxx 与其他类似产品性能对比表

性　能	Vistamaxx	乙丙橡胶	等规聚丙烯	聚烯烃塑性体 POP
密度/(g/cm^3)	0.86～0.89	0.86	0.90	0.86～0.91
熔体流动速率/(g/10min)	1～20	1	1～100	1～30
门尼黏度[ML(1+4)100℃]	5～30	20～60	—	1～35
相对分子质量 $\overline{M}_w$	(150～250)×10^3	—	—	—
相对分子质量分布	约 2.0	2～3	2～5	约 2.0
T_g/℃	−20～−30	−50	−5	−30～−60
T_m/℃	40～160	—	165	35～105
拉伸强度/MPa	15.2～27.6	5.52～8.28	62.1	2.1～27.6
拉断伸长率/%	100～1500	600～1300	50	600～1000
弹性回复/%	80～97	20～30(估计)	—	80～90(估计)

同一年，Dow 化学公司利用专有的 INSITE™ 技术和液相工艺，并结合全新的催化剂技术推出了一系列多用途的特殊丙烯-乙烯共聚物产品：VERSIFY™ 塑性体和弹性体。它具有独特的分子结构，是通过 Symyx 公司的新型催化剂和

Dow 的单活性中心催化剂的联合作用来实现的。与传统技术相比，INSITE™技术催化剂聚合的共聚物更均匀，可以产生窄分子量的共聚单体分布可控的共聚物。其均匀性使得 VERSIFY™塑性体和弹性体拥有优异的和可以充分预见的物理机械性能。使得其在弹性、柔韧性、光学、密封性和耐热性，以及柔软度方面均比以往的丙烯-乙烯共聚物有所改进。

2006 年，Dow 化学使用新一代催化技术“链穿梭催化技术”合成了一种乙烯和辛烯的嵌段共聚物（olefin block copolymers），Dow 将这种聚合物材料命名为 INFUSE™ OBC。OBC 合成过程中使用了两种催化剂，一种用于催化链增长反应形成聚乙烯嵌段，另一种催化剂用于催化链增长反应形成聚辛烯嵌段。二乙基锌这类化合物作为“链穿梭剂”不停地使聚合反应在两种链增长过程中切换。因而通过改变“链穿梭剂”的浓度等办法可以实现可控聚合，得到嵌段长度、嵌段数量不同的聚合物，从而得到结构和性能各异的 OBC 弹性体。

OBC 与使用茂金属催化技术合成的乙烯-辛烯无规共聚物聚烯烃弹性体（POE）相比，由于其特殊的嵌段结构因而有更高的熔融和结晶温度，出色的耐磨性。OBC 加工时能快速成型，无论室温还是高温下，都具有更好的弹性恢复和压缩形变。另外与苯乙烯类热塑性弹性体（TPS）相比，OBC 在相近弹性和柔软的配方中有更低的成本，高温性能和耐候性更佳，密度更小。而与乙酸乙烯酯共聚物（EVA）相比，OBC 的弹性、耐热性和压缩形变都更高，密度小，无气味。与动态硫化胶（TPV）相比，OBC 加工性能更好，成本更低。OBC 被认为可以广泛应用于管材、密封条、薄膜、泡沫、汽车零部件和鞋类等领域。

1.3.2.2 TPO 的加工成型方法

TPO 表现出显著的非牛顿流体特性，在较宽范围内黏度与剪切速率服从幂律关系，在模压或压延成型、挤出、吹塑直到注射成型中均有良好的加工性能。如在低剪切速率下的高熔融黏度，为挤出和吹塑制品提供了必要的熔体强度，确保了制品的尺寸稳定性。对于注射制品，因高注射剪切速率下黏度低，注模迅速完全。模注满后，由于剪切速率降低而使黏度大大增加，制品很容易从模中取出。对于厚零件也能在极短的注射成型周期完成，而不产生大的变形。但 TPO 熔融黏度较高，特别是 TPV 成型加工温度也比一般热塑性弹性体为高。TPV 熔体的黏度随温度变化不大，在较宽的加工温度范围内，可实现熔体流动的均匀性。TPO 模口膨胀率低且均匀，大大简化了对挤出和吹模口型的调整。但是由于大多数 TPV 有一定的吸湿性，为了避免少量水分对生产的影响，应在 60～90℃下干燥 2～3h。应避免其与相对湿度高的环境接触，如果在停机较长的时间之后，在重新开始操作之前，应当把挤塑机筒内所存留的原料排出。

（1）注射成型

一般来说，用来加工热塑性塑料的注射机和橡胶用注射机都可以用来进行

TPO 的注射成型。不过，针对聚烯烃热塑性弹性体熔融黏度较高的特点，在加工条件上要作适当变更，特别是对动态全硫化型 TPV。在加工时，需应用较大的注料嘴、注料口、流道和浇口，还需要采用高的注射压力和较快的注射速率，以提高充模速度和减少飞边，此后在较高的压力下有一个短的保持时间，使之足以将浇料口冻结。如采用往复式螺旋注射机能够达到熔融均匀和较高压力，因而对加工 TPO 更为适宜。注射压力的选择取决于热塑性弹性体的类型以及模具和制品的要求。对高黏度的 TPO，甚至可以采用高达 103.4MPa 的注射压力；对于低黏度 TPO，可以采取 3.45MPa 的注射压力。用提高注射温度的办法，可以适当降低注射压力。对高黏度的热塑性弹性体，宜采用螺杆长径比较小（低于 10：1）和压缩比也小（1.0～1.5）的螺杆注射机。

(2) 挤出成型

由于聚烯烃热塑性弹性体熔融黏度大，建议采用熔融均匀、生产效率高的有混合环或沟槽结构的挤出机。压缩比一般为 2.0～3.5，螺杆长径比可为 16：1～24：1，甚至更大比例的挤出机。如果需要用筛网组合，可用 20～60 网目的筛网。最好将熔体温度保持在规定范围的下限，使挤塑产品的质量最优。

(3) 压延成型

聚烯烃热塑性弹性体可以采用压延成型工艺进行薄板和薄膜制品的成型加工。对于 TPV 热塑性弹性体而言，要求胶料的温度高于 177℃。这样就必须对压延机各辊温进行有效的控制。采用压延机还可以进行聚烯烃热塑性弹性体与织物的涂胶胶布制品的加工。

(4) 吹塑成型

聚烯烃热塑性弹性体所用的挤出成型加工条件同样适用于吹塑成型。它可以在注射吹塑或挤出吹塑设备上进行吹塑成型。聚烯烃热塑性弹性体良好的挤出性能和热的延展性能，是进行吹塑成型的必要条件。严格控制坯料加工温度是保证加工精确度的重要一环。推荐吹塑成型的工艺条件是机头温度 210～220℃；模腔温度 210～230℃。

1.3.3 热塑性聚氨酯弹性体

1.3.3.1 TPU 的主要组成[1,23]

依化学结构，TPU 属 $(AB)_n$ 型嵌段共聚物。TPU 分子链结构示意图如图 1.14 所示。软段通常由聚酯或聚醚链段构成，常用的有聚酯多元醇、聚醚多元醇、聚碳酸酯二醇、聚硅氧烷二醇以及两端带有羟基的聚己内酯（PCL）、聚乳酸（PLLA）、端羟基聚丁二烯（HTPB）等。聚氨酯硬段包括分子链中的氨基甲酸酯和扩链剂部分，常用的有多种二异氰酸酯及聚脲等。由于组成软段及硬段的单体种类众多，可以缩聚成硬度在 75～97A 和 50～80D 范围内的各种性能和用途的 TPU。既可制成高模量的特种塑料，也可制成高弹性的橡胶；可制成薄膜、也可制成纤维，这是目前 TPE 中唯一能做到的一个品种。因此，人们常将 TPU 视为通用型、跨越工程型的兼有多工艺加工和多样性用途的 TPE。

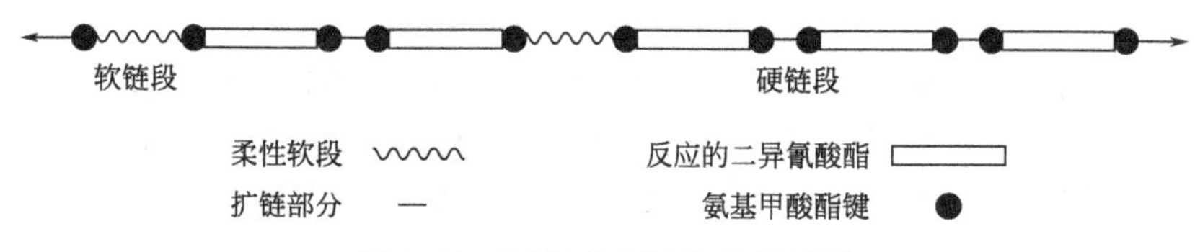

图 1.14 TPU 分子链结构示意图

由于 TPU 硬段在极性和界面性质等方面与软段不相容，因而 TPU 容易形成一种微观相分离结构，硬段通常具有很强的极性，之间易形成氢键。另外，硬段的结晶也会导致相分离，由于相分离所产生的微区结构是 PU 成为热塑性弹性体的根本原因。一般来说，软段形成连续相，赋予 TPU 以弹性，而硬段则起着物理交联点和增强填料的作用。受热至熔点或被溶剂溶解时，这种物理交联点消失，可以用热塑性加工技术进行加工或形成均一溶液，冷却或溶剂挥发后，软硬段重新相分离形成交联网络，从而恢复弹性。

1.3.3.2 TPU 的分类

TPU 按不同的标准进行分类。按软段结构可主要分为聚酯型和聚醚型，它们分别含有酯基、醚基和丁烯基；按硬段结构分为氨酯型和氨酯脲型，它们分别由二醇扩链或二胺扩链获得。

按合成工艺分为本体聚合和溶液聚合。在本体聚合中又可按有无预反应分为预聚法和一步法：预聚法是将二异氰酸酯与大分子二醇先行反应一定时间再加扩链剂生成 TPU；一步法二异氰酸酯与大分子二醇和扩链剂同时混合反应生成 TPU。溶液聚合是将二异氰酸酯先溶于溶剂中再加入大分子二醇令其反应一定时间最后加入扩链剂生成 TPU。

按制品用途可分为异型件（各种机械零件）、管材（护套、棒型材）和薄膜（薄片、薄板），以及胶黏剂、涂料和纤维等。

1.3.3.3 TPU 的性能[1]

（1）力学性能

TPU 具有优异的物理机械性能，如拉伸强度、伸长率都较高。TPU 的软、硬段配比可以在很大范围内调整，因此 TPU 的硬度范围相当宽，从邵尔硬度 60A～80D，并且在整个硬度范围内具有高弹性；硬度不同，其拉伸强度也不尽相同，从 20MPa 到 70MPa。TPU 的耐磨性最为突出，因此，TPU 经常用来制造鞋底和电缆护套。TPU 的抗撕裂性很好，长期压缩永久变形率低也是 TPU 的显著优点。

TPU 与化学交联的聚氨酯的热机械性能有本质区别。当 TPU 受应力作用时，发生取向，导致原有氢键破坏，并在适当位置形成新的氢键。正因为如此，TPU才表现出拉伸强度、撕裂强度、伸长率、永久变形都较高的特点。

TPU中不含有任何增塑剂，可以与其他材料如ABS、聚碳酸酯制成层压材料。

许多商品TPU都是聚酯型的，聚酯型TPU的耐磨性、抗撕裂性以及拉伸和撕裂强度都优于聚醚型TPU。通过特殊方法合成的聚醚酯型TPU具有更为优异的性能，它同时具有聚醚型和聚酯型热塑性聚氨酯的性能，可用作消防水管、电缆护套和薄膜等的生产。

(2) 热性能

TPU使用温度范围广泛，大多数制品可在－40～80℃范围内长期使用，短期使用温度可达120℃。TPU大分子链段结构中的软段决定了其低温性能。聚酯型TPU低温性、柔顺性不如聚醚型TPU。TPU的低温性能决定于软段的玻璃化转变起始温度和软段的软化温度。其玻璃化转变范围依赖于硬段的含量和软、硬段的相分离程度。随着硬段含量的增加和相分离程度的下降，软段的玻璃化转变范围也相应加宽，这将导致低温性能变差。若采用与硬段相容性较差的聚醚作为软段，则可提高TPU的低温柔性。当软段的相对分子量增加或TPU经退火处理后，软、硬段的不相容程度也会提高。在高温下，主要由硬链段来维持其性能；并且产品的硬度越高，其使用温度越高。此外，高温性能除了与扩链剂的用量有关外，也受扩链剂种类的影响。例如，采用1,4-二（羟基乙氧基）苯作为扩链剂所得TPU的使用温度高于由1,4-丁二醇或1,6-己二醇作扩链剂制得的TPU。二异氰酸酯的类型对TPU的高温性能也有影响，不同二异氰酸酯和扩链剂作为硬段所得TPU表现出不同的熔点。

(3) 耐水性

在室温下，TPU可以在纯水中使用几年，且其性能没有明显的变化。但在80℃条件下，即使仅在水中浸泡几周，其力学性能便会受到很大的影响。TPU的水解稳定性与软段的结构有关，聚酯型TPU用碳化二亚胺进行保护后，耐水解性有所提高，聚醚酯型TPU和聚醚型TPU在高温下的耐水解性要好于聚酯型TPU。

随着TPU硬度的增加，由于硬段具有憎水性，因此其水解稳定性也变得越来越好。

(4) 耐油、耐溶剂性

TPU的耐油性能（如矿物油、柴油、润滑油）优异。非极性溶剂如己烷、庚烷、石蜡油对于极性聚氨酯几乎没有任何作用，甚至在高温条件下，聚氨酯在非极性溶剂中的溶胀也很小。TPU在氯代烃、芳香烃（如甲苯）中会严重溶胀，且溶胀程度取决于聚氨酯的结构。聚酯型的比聚醚型溶胀要小，硬质的比软质溶胀小。某些极性溶剂如四氢呋喃、丁酮或*N*,*N*-二甲基甲酰胺能够部分或完全溶解 TPU。例如，软质全热塑性聚氨酯可以溶解在丁酮/丙酮混合溶剂中，作为黏合剂使用。

(5) 耐紫外光性和耐微生物性

以芳香类异氰酸酯为原料制备的 TPU 在紫外光作用下会泛黄，但对性能的影响很小，加入紫外光吸收剂可以减轻黄变现象。聚酯型软质 TPU 与潮湿的土壤长时间接触，会被微生物侵蚀，而聚醚型软质或硬质 TPU 以及聚醚酯型 TPU 或聚酯型硬质 TPU 通常不会受到微生物侵蚀。

1.3.3.4 TPU 的加工[1,24]

(1) 熔融方法

TPU 商品一般为颗粒状，并采用防潮包装，可用与通用热塑性树脂相同的技术和设备加工，如注射成型、挤出成型、吹塑成型和压延成型，TPU 也可以用发泡成型的方式加工。TPU 容易吸湿，加工前务必干燥。TPU 混炼物的最高水分含量推荐值为 0.03%。对于典型的注射模塑和挤压成型的材料，可使用干燥剂在 105℃的温度下干燥 2～4h。但是，由于存在各种不同品种的 TPU，建议参阅并遵照相应的 TPU 干燥条件，勿让经干燥后的 TPU 暴露在空气中达 30min 以上，以免其从大气中吸收水分。TPU 的黏度很敏感于温度的变化，加工中对温控的精度要高。

① 注塑成型　先使 TPU 颗粒在加热过程中完成塑炼、注射和顶出三道加工工序，然后将制品脱模。TPU 注塑推荐使用螺杆式注射机，最小压缩比和长径比（L/D）分别为 2.5∶1 和（16～20）∶1 较好，模具内温度应尽量保持均匀，以免制品翘曲变形。

② 挤出成型　先将 TPU 颗粒在挤出机中加热塑化成黏流体，并在加压下使熔融的 TPU 从口模中连续挤出后冷却。可连续生产管材、棒材、板材、型材等制品。

③ 吹塑成型　在挤出或注塑条件下，借助于气体压力使闭合在模具中的 TPU 热熔型坯吹胀形成中空制品，用于生产 TPU 材质的全掌、半掌鞋底气垫，软管、球、气囊等中空制品。

④ 压延成型　TPU 先塑化熔融，熔融物从两个以上相向旋转辊筒（通常采用四辊压延机）缝隙中通过，可连续生产厚度为 0.08～1.52mm 的片材或薄膜。由配料、塑化、向压延机供料、压延、牵引、冷却、收卷和切割等几道工序组成。

⑤ 发泡成型　在 TPU 热塑性模塑过程中，可加入二氧化碳、氮气等惰性气体或超临界流体而制得 TPU 发泡材料。物理发泡法所用的物理发泡剂成本相对较低，尤其是二氧化碳和氮气的成本低，又能阻燃、无污染，因此应用价值较高；而且物理发泡剂发泡后无残余物，对发泡塑料性能的影响不大。但是它需要专用的注塑机以及辅助设备，技术难度很大。在 TPU 混炼过程中，可加入化学

发泡剂，如偶氮二甲酰胺、碳酸氢盐等，利用挤出、注塑或模压过程中加热使化学发泡剂分解而制得 TPU 发泡材料。

(2) *溶液加工*

TPU 的溶液加工是将 TPU 溶于适当溶剂中，采用涂刷、喷涂或浸渍工艺进行加工的方法。溶解 TPU 的溶剂和稀释剂有酯类、酮类、环醚、酰胺、氯代烃等，比较常用的有丙酮、甲乙酮、四氢呋喃、二氧六环、*N*,*N*-二甲基甲酰胺和二甲基亚砜等。TPU 溶液主要用于涂料、黏合剂、人造革及合成革。

制备 TPU 溶液在密闭容器中进行，TPU 颗粒在溶剂中经搅拌缓慢溶解。完全溶解的时间取决于 TPU 的种类、固含量、所用溶剂、温度以及搅拌速度等因素。通常，TPU 溶液的固含量可达 15%。

1.3.3.5 TPU 生产及发展状况[25]

国外 TPU 生产厂家以美日欧为主，已达 30 余家之多，品种牌号十分丰富。德国 Bayer、BASF，英国 ISI（已被 Huntsman 收购）、Anchor 等重点着眼于以制鞋为主，美国的 Lubrizol、DDE、Mobay 和日本的 Elastoran Polyurethane 等以汽车机械部件为主，均共同向医药卫生等其他领域扩张。国外主要 TPU 生产厂商参见表 1.10。

表 1.10　TPU 主要品种牌号及其生产公司

型号	主要组分	生产公司
Eastane 系列	聚酯型、聚醚型 阻燃型	美国 Goodrich 公司（现为 Lubrizol 公司业务）
Texin 系列	聚酯型、聚醚型，PU/PC 共混型	美国 Mobay 公司
Pellethane 系列	聚酯型、聚醚型、阻燃型	美国 Dow 公司
Desmopan 系列	聚酯型、聚醚型	德国 Bayer 公司
Elastollan 系列	聚酯型、聚醚型 玻纤增强型	德国 BASF 公司
Pandex 系列	聚酯型、聚醚型 不黄变 TPU，溶液型 TPU	大日本油墨公司

美国路博润（LUBRIZOL）公司收购美国诺誉（NOVEN）公司。诺誉是全球知名的 TPU 制造商，尤其在 TPU 高档产品如：医疗、薄膜、氨纶和特种管材等方面，在全球占有 10 亿美元 TPU 潜在市场优势。德国拜耳（Bayer）公司收购台湾优得公司。台湾优得（Ure-Tech Co.）公司是中国台湾知名的 TPU 制造商，在中国大陆占有较大的 TPU 市场份额。德国 Bayer 是全球知名的聚氨酯原料和产品大型跨国公司，其中 TPU 产品也是该公司强项，Bayer 并购优得后，在亚太地区 TPU 市场将大大加强。

我国 TPU 的快速发展已成为 TPE 和 PUE（聚氨酯弹性体）的一个亮点。中国大陆 TPU 消费量已接近全球消费量的一半。国外跨国公司纷纷在中国大陆投资建厂。

美国诺誉已在上海松江建成了年产5000吨TPU生产线。（一期）主要用于生产TPU薄膜等高档产品，二期扩大到1万吨/年。

德国BASF在上海浦东已建成年产5000吨生产线，主要用于提供国内生产熔纺氨纶用TPU切片。烟台万华聚氨酯股份有限公司目前TPU产能已达到2万吨/年，是目前国内最大的TPU生产企业。河北保定已建成年产1万吨TPU生产线。福建晋江已建成年产7000吨生产线。另外，江苏南通、上海联景等也建成适当规模的生产线。

台湾三晃、高鼎、日胜等台资企业，也纷纷在中国大陆扩建TPU生产线。目前国内TPU已形成大陆产品、台湾省产品、欧美产品三足鼎立的局面。

1.3.4　聚酯热塑性弹性体[26]

热塑性聚酯弹性体（thermoplastic polyester elastomer，TPEE）是一种含聚酯硬段和聚醚软段的（AB）$_n$型嵌段共聚物。TPEE具有突出的强度和耐热性，其物理、化学性能优良，是一种综合性能优异的工程塑料弹性体[27]。

1.3.4.1　TPEE的结构特征

TPEE是一种由高熔点、高硬度结晶性短链聚酯（如PBT等）硬链段和无定形的长链聚醚（如聚乙二醇醚、聚丙二醇醚、聚丁二醇醚等）或聚酯（如聚己内酯等脂肪族聚酯）软链段共聚而成（AB）$_n$型嵌段共聚物，其结构式如图1.15所示。结晶的聚酯硬链段聚集成结晶微区，分散于由软段聚醚或软段聚酯构成的连续相中，结晶相起到物理交联作用，受热时结晶微区被破坏，并呈熔体流动性，冷却后重新形成结晶微区，具有可逆性。TPEE的微相分离结构与TPU类似。结晶相硬段赋予聚合物强度和可塑性，无定形软段赋予聚合物弹性。改变两相的相对比例，可以调整聚合物的硬度、弹性、熔点、耐化学性和气密性。增加硬链段比例可提高产物的硬度、模量、强度、耐热性及耐油性；增加软链段的比例则能提高产物的弹性、低温屈挠性，但耐热性、耐油性及机械强度变差。软、硬链段的种类、长度和含量对TPEE的性能均有影响。

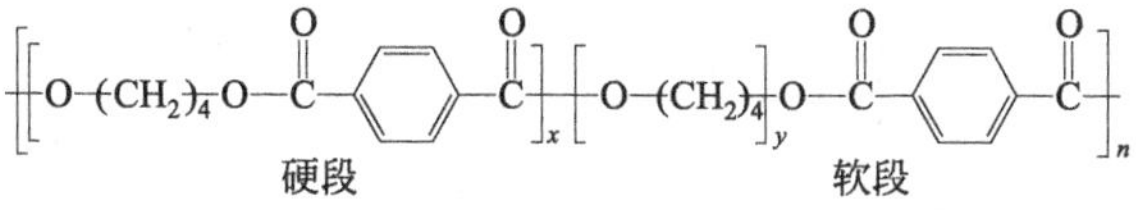

$$\left[\left[O-(CH_2)_4-O-\overset{O}{\overset{\|}{C}}-C_6H_4-\overset{O}{\overset{\|}{C}}\right]_x\left[O-(CH_2)_4\right]_y O-\overset{O}{\overset{\|}{C}}-C_6H_4-\overset{O}{\overset{\|}{C}}\right]_n$$

硬段　　　　软段

图1.15　TPEE的结构式

目前，商品化的TPEE树脂有多种不同的软硬段结构，硬段有聚对苯二甲酸丁二酯、聚对苯二甲酸丙二酯等，软段有聚四氢呋喃醚、聚乙二醇、环氧乙烷改性的聚丙二醇等，可以合成多种结构、性能各异的嵌段共聚酯。以聚对苯二甲酸丁二酯为硬段、聚四氢呋喃醚为软段的嵌段共聚物具有优异的综合性能而成为这一类产品的主流，且该类产品的应用领域也最为宽广；而以聚乙二醇为软段的聚醚酯共聚物由于具有降解产物酸性低、生物相容性好、不易引起受体组织炎症反应、价廉易得等优点主要用作生物材料；另外，可用聚对苯二甲酸丙二酯替代聚对苯二甲酸丁二酯、用聚丙二醇替代聚四氢呋喃醚，降低了聚酯弹性体的成本，可在中等性能要求的场合使用[28]。

1.3.4.2 TPEE的性能[29]

(1) 力学性能

TPEE是一种具有优异综合性能的工程弹性体，强度高，回弹性好，抗蠕变、冲击和屈挠疲劳性及耐磨性能均很好，如表1.11所示。TPEE的力学性能与其组成有密切关系，随着聚合物中硬段含量的增加，产品硬度、密度、熔点、软化点、弯曲模量和拉伸强度提高，而拉断伸长率和回弹性则相应降低。通过对软硬段比例的调节，TPEE的硬度可在27～80（邵尔D）范围内变化，其弹性和强度介于橡胶和塑料之间。与其他热塑性弹性体（TPE）相比，在低应变条件下，TPEE模量比相同硬度的其他热塑性弹性体高。当以模量为重要的设计条件时，用TPEE可缩小制品的横截面积，减少材料用量。

表1.11 部分牌号TPEE的物理机械性能

性能	Hytrel			Pelprene			Lomod	
	4057	4767	5557	P-40B	P-55B	S-2001	B0121	B0220
密度/(g/cm³)	1.15	1.15	1.19	1.07	1.15	1.24	1.18	1.19
熔点/℃	163	199	208	180	176	206	206	210
邵尔D硬度	40	47	55	31	44	55	40	47
拉伸强度/MPa	23	22	32	16	30	37	13	16
伸长率/%	600	550	390	820	700	610	500	380
弯曲弹性模量/MPa	61	110	214	23	77	190	80	120
悬臂梁缺口冲击强度(23℃)/(J/m)	不断	不断	不断	不断	不断	不断	不断	不断
撕裂强度/(kN/m)	99	108	230	78	115	158	—	—
回弹率/%	65	60	50	81	74	60	—	—
压缩永久变形(70℃,22h)/%	—	—	—	49	53	61	—	—
Taber磨耗(CS-17mg)/千次	14	15	18	20	15	12	18	16
热变形温度/℃	60	80	109	—	—	107	—	—
脆化温度/℃	<−65	<−65	<−65	<−65	<−65	<−65	—	—

TPEE具有极高的拉伸强度。与聚氨酯（TPU）相比，TPEE压缩模量与拉伸模量要高得多，用相同硬度的TPEE和TPU制作同一零件，前者可以承受更大的负载。在室温以上，TPEE弯曲模量很高，而低温时又不像TPU那样过于坚硬，因而适宜制作悬臂梁或扭矩型部件，特别适合制作高温部件。TPEE低温柔顺性好，低温缺口冲击强度优于其他TPE，耐磨耗性与TPU相当。在低应变

条件下，TPEE 具有优异的耐疲劳性能，且滞后损失少，这一特点与高弹性相结合，使该材料成为多次循环负载使用条件下的理想材料，齿轮、胶辊、挠性联轴节、皮带均可采用。

(2) 热性能

TPEE 具有优异的耐热性能，硬度越高，耐热性越好。TPEE 在 110～140℃ 连续加热 10h 基本不失重，因而 TPEE 的使用温度非常高，短期使用温度更高，能适应汽车生产线上的烘漆温度（150～160℃），并且它在高低温下力学性能损失小。TPEE 在 120℃以上使用，其拉伸强度远远高于 TPU。此外，TPEE 还具有出色的耐低温性能。TPEE 脆化温度低于－70℃，并且硬度越低，耐寒性越好，大部分 TPEE 可在－40℃下长期使用。由于 TPEE 在高、低温时表现出的均衡性能，它的工作温度范围非常宽，可在－70～200℃使用。

(3) 耐化学介质性

TPEE 的耐油性极好，在室温下能耐大多数极性溶剂（如酸、碱、胺及二醇类化合物），但不耐卤代烃（氟里昂除外）及酚类。其耐化学品的能力随其硬度的提高而提高。TPEE 对大多数有机溶剂、燃料及气体的抗溶胀性能和抗渗透性能良好，其燃油渗透性仅为氯丁橡胶、氯磺化聚乙烯、丁腈橡胶等耐油橡胶的 1/300～1/3。但 TPEE 耐热水性较差，添加聚碳酰亚胺稳定剂可以明显改善其抗水解性能。在 TPEE 分子链中的 PBT 硬段引进苯基-β-萘衍生物 PEN，可以获得耐水性和耐热性更好的 TPEE。

(4) 耐候性与耐老化性

TPEE 在水雾、臭氧、室外大气老化等条件下，化学稳定性优良。在氧浓度大、光照强度较大和湿度较大的条件下同样可以长时间使用而不降解，在强度较大的紫外光照射条件下，才开始老化降解，应用中只需加入一些炭黑等屏蔽助剂，即可有效避免降解老化，酚类防老剂和苯并三唑型紫外光屏蔽剂并用，能够有效地起到防护紫外光老化。

(5) TPV（TPO）、TPU、TPEE 的主要性能对比[26]

对 TPV（TPO）、TPU、TPEE 的主要性能进行比较，可以看出三者之间的优劣及各自的特点，结果见表 1.12。可以看出，TPV（TPO）、TPU 的综合性能明显不如 TPEE。特别值得一提的是，TPEE 的高低温性能特别突出，有很好的耐热性；低温柔顺性好，低温冲击强度高。在低应变条件下，TPEE 的弹性模量比相同硬度的其他热塑性弹性体高，具有优异的耐疲劳性；压缩弹性模量与拉伸弹性模量比 TPU 高得多，在室温以上，TPEE 弯曲弹性模量很高，而低温时又不像 TPU 那样过于坚硬；耐酸碱性优于 TPV（TPO）；就弹性而言，TPEE 的弹性高于 TPU 约 20%。从性能上来讲，TPEE 最大的问题是柔软性不足，耐热水性差，而且价格较高。

表 1.12 TPV(TPO)、TPU、TPEE 的主要性能比较

项目	TPV(TPO)	TPU	TPEE
密度	较小	较大	适中
柔软性	一般～良	一般～较差	一般
力学性能	一般	优	最优
耐压缩变形性	一般～良	优	良
耐热性	良	一般	优
低温特性	优	一般～良	优
使用温度范围	－50～150℃	－35～150℃	－70～180℃
耐溶剂性	较差	较优	较优
耐寒性	优	一般	较优
耐候性	优	一般	优良
耐化学药品性	良	一般	优
耐热水性	良	较差	较差
加工性	良	一般	优良
价格	较低	中等	较高

1.3.4.3 TPEE的加工成型[30]

TPEE具有优良的热塑性和熔融稳定性，因而加工性能良好，可用挤出、注射、吹塑、旋转模塑及熔融浇注成型。加工前需干燥（80～120℃，6～8h），以保证含水量不高于0.1%。在低剪切速率下，TPEE熔体黏度对剪切速率不敏感，而在高剪切速率10^2～$10^3 s^{-1}$下，熔体黏度随剪切速率升高而下降。TPEE熔体对温度十分敏感，在10℃变化范围内，其熔融黏度变化几倍至几十倍，成型时应严格控制温度。

(1) 注射成型

注塑级TPEE流动性好，即熔体流动速率大，适用于注塑及共混改性。为得到温度均匀一致的熔融物，最好采用往复式螺杆型注射机，槽深为渐变式，推荐的压缩比（3.0～3.5）：1，螺杆长径比（15～20）：1；注射压力80～120MPa，采用慢中速注射。成型周期：TPEE结晶速度快，模内冷却时间短，冷却时间还与TPEE的硬度有关，硬度高可适当短些。

(2) 挤出成型

TPEE的熔体黏度不太高，且随温度变化大，所以挤出温度宜设在比熔点略高的范围内（黏度可高些），或选用低熔体流动速率的牌号。可用普通塑料挤出机将TPEE挤出加工成片材、管材、棒材和包覆线等。采用一般渐变式螺杆，长径比≥24：1，压缩比为（2.5～4）：1，挤出机最好有三个加热区。

(3) 吹塑成型

吹塑成型要求树脂具有较高的熔体黏度和熔融强度。TPEE的熔体黏度通常不太高，吹塑成型需要特殊牌号的TPEE。

(4) 其他成型工艺

TPEE还适用于旋转成型和熔融浇注成型等工艺。熔融黏度较低的TPEE粉

料，在低剪切速率下，可采用旋转成型方法制备厚薄均匀的中空制品。如用旋转成型工艺加工球、小型充气无内胎轮胎等。熔融浇注成型则有加工费用低、产品尺寸稳定性好的优点。

1.3.4.4　TPEE的生产及发展情况[31,32]

在国外，1972年由美国Du Pont公司和日本东洋纺织公司率先将TPEE研制开发成功并商品化，商品名分别为Hytrel和Pelprene。随后Hochest-Celanese、GE、Eastman、AKZO等十余家公司也相继开发生产出各种牌号的TPEE产品，专利文献中也多有报道。总的来说，在共聚物的合成方法方面变化不大，只是在原料的分子质量、配比、共聚物结构等方面作一些变更以赋予产品某些特定的性能。

聚酯-聚醚型TPEE是通用型TPEE，耐热性、耐低温性、耐化学性能和加工性能较平衡，通过调节硬、软段比例，邵尔D硬度可在28～80之间变化。特种TPEE一般都是针对通用型TPEE的缺陷或特种用途进行改进而出现的。如东洋纺公司的PELPRENE，P-type是其第一代通用型TPEE，在此基础上开发出了第2、3和4代产品。其中第4代TPEE可耐175℃高温（前3代只能耐150℃高温），可替代耐高温型橡胶产品，如硅像胶、丙烯腈橡胶等，主要用于汽车发动机零件。表1.13为国外各大生产商TPEE产品的组成及应用。

表1.13　国外各大生产商TPEE的组成及应用

生产商	商品名	分类	组　成	应　用
韩国LG化学	KEYFLEX	注塑级 挤出级	PBT和PTHF的嵌段共聚物	电缆电线护套、电子元件、控制键、手机天线、手表带、门把手、气囊壳体、防尘罩等
韩国SK化学	SKYPEL	—	—	电线电缆护套、鞋底鞋垫、把手等
意大利RADICI	HERAFLEXE	—	—	—
美国杜邦	HRTREL	—	聚酯和聚二醇醚嵌段共聚物	汽车部件、电子电器元件、办公家具、运动用品等
	HYTREL RS	—	聚酯和聚丙二醇醚嵌段共聚物	
	AMITEL	AMITEL-P	PBT和PTHF的嵌段共聚物	通用型，用作汽车零部件、电子元件、运动休闲产品、鞋底等
荷兰帝斯曼		AMITEL-E	PBT和PEO-PPO的嵌段共聚物	具有优良的耐高温性，低温时也表现出色，透气性优异，适合制成需要整体透气性薄膜的产品，如鞋用内衬、建筑用薄膜和各种医用衣物等
		AMITEL-U	聚酯和脂肪族聚酯嵌段共聚物	适用于需要在150℃下工作、工作时间超过3000h的零部件，如电线电缆和波纹管

续表

生产商	商品名	分类	组成	应用
美国 TICONA	RITEFLEX	—	聚酯和聚醚嵌段共聚物	汽车车身、减震部件、气缸元件、鞋底、电子元件、聚合物改性
		P-型	聚酯和脂肪族聚醚嵌段共聚物	通用型，耐热性、耐低温性、耐化学性和加工性能较平衡
日本东洋纺	PELPRENE	S-型	聚酯和脂肪族聚酯嵌段共聚物	优越的抗热老化性能和耐候性，用于汽车发动机部件
		C-型	—	耐高温性优良，可用于汽车发动机零件

中国科学院化学研究所20世纪70年代就开始研究TPEE，随后原化工部晨光化工研究院（国家结构工程塑料工程技术研究中心）从1985年开始研发，2002年，四川晨光科新塑胶有限责任公司正式成立，先后开发出硬段均为PBT，软链段分别为四氢呋喃聚醚（高性能级-H系列）、环氧丙烷聚醚（通用级-T系列）以及脂肪族聚酯和聚醚酯（共混改性级-C系列）的3个系列20余个牌号的TPEE产品。目前商品名为SUNPRENE的TPEE包括高性能级（注塑）、挤出级、吹塑级、改性级、玻纤增强级和阻燃级（环保，UL94-V0级）等，硬度范围从邵尔D30～75。近年来，TPEE需求越来越旺盛，国内许多公司都已参与TPEE的开发。北京市化学工业研究院建立了千吨级TPEE生产线，开发出了适合汽车防尘罩、安全气囊盖板等高性能要求的“Kaifa”牌TPEE产品。但总体来说，国内TPEE种类少、规模小、价格高、质量不稳定，远远不能满足国内市场需求。

此外，各大公司也正致力于TPEE合金化技术的研究开发。TPEE与PVC、ABS、PBT等共混复合改性合金，有的已获得实际应用，有的还正在研发中。GE公司用TPEE和PBT共混复合制成的新品种，可代替PU、RIM制作汽车外装材料。用TPEE和含乙烯基的硅橡胶在有机过氧化物存在下进行熔融捏合，可获得改性硅橡胶；取1～30份改性硅橡胶加入到100份TPEE中在进行熔融捏合，可制得具有良好脱模性和耐磨性的TPEE新产品。

1.3.5 聚酰胺热塑性弹性体

1.3.5.1 TPAE的化学组成

TPAE是由高熔点结晶性的聚酰胺硬段和非结晶性的聚酯或聚醚软段缩合聚合而成的$(AB)_n$型嵌段共聚物。软链段为聚乙二醇（PEG）、聚丙二醇（PPG）、聚四氢呋喃二元醇（PTMG），硬链段可选用PA6、PA66、PA11、PA12和PA612及芳香族聚酰胺等，也可是两者相互交替共缩聚产物，软硬组分的比例可在90∶10到10∶90的范围内变化。TPAE按构成硬段的聚酰胺类型可分为尼龙6系、尼龙66系、尼龙12系等。在已商品化的TPAE中，尼龙12系最为常见。

因嵌段型 TPAE 较高的价格限制了其应用和消耗，共混型 TPAE 越来越受到关注。选择性能优异的工程塑料聚酰胺（PA）作为塑料基体与橡胶进行动态硫化，可制得性能优异的共混型 PA 类热塑性弹性体（TPAE）。目前，PA 与橡胶共混制得的 TPV 中，商品化且应用较多有 PA/丁腈橡胶（NBR）、PA/三元乙丙橡胶（EPDM）和 PA/丁基橡胶（IIR）TPV。

1.3.5.2 TPAE 的性能[33]

TPAE 的性能取决于硬段（聚酰胺）和软段（聚醚、聚酯或聚碳酸酯）的化学组成及链段的长度。硬段的组成和分子量决定了产物的熔点、强度、模量、硬度等性能；软段则影响产品的低温屈挠性和耐化学药品性。通常聚酯软段的耐溶剂性和热氧稳定性较好，聚醚软段则有良好的低温性和水解稳定性，而聚碳酸酯软段在潮湿环境下有更好的耐老化性能。在已商品化的 TPAE 中，尼龙 12 系最为常见。它具有优异的耐腐蚀性和良好的加工性能。

(1) 力学性能

因为生产 TPAE 所能使用的原料和配比多种多样，故它们的性质很难简单地进行归纳。例如其弯曲模量可从 2300psi 到 53600psi（1psi＝6894.76Pa），邵尔硬度的范围可从 60A 到 75D。表 1.14 给出的是 TPAE 的典型力学性能。TPAE 的初始模量大大高于其他相同硬度的 TPE，在同样的硬度范围内，它们在低延伸条件下比 TPU 有更高的拉伸模量。由于 TPAE 的模量较高，承载力较大，因此在相同载荷条件下，它的永久形变较小。与 TPU 类相比，它们的耐磨性更高，摩擦系数小；但由于 TPAE 的硬段微区比较容易变形，当伸长率较大时（20%），拉伸永久形变较大，这与 TPEE 相似。总体来说，其拉伸强度及低温冲击强度高，柔软性好，弹性回复率高，在达－40～0℃的低温环境下，仍能保持冲击强度和柔韧性不发生变化；屈挠性变化小，有良好的耐磨性；同时具有高度的抗疲劳性能。

表 1.14 TPAE 典型的性能

编号	硬度	T_m/℃	拉伸强度/MPa	伸长率/%	弹性模量/MPa
1	25D	148	34.1	640	14.5
2	35D	152	38.6	580	19.3
3	40D	168	39.3	390	89.7
4	55D	168	50.3	430	20.0
5	63D	172	55.9	300	339
6	70D	174	57.2	380	460

(2) 热性能

TPAE 热稳定性良好，是一类适宜于在高温下使用的热塑性弹性体。在其他种类的热塑性弹性体甚至已经不能进行测试的高温条件下，TPAE 仍能保持很好的拉伸性能；最高使用温度可达 175℃，并可在 150℃下长期使用，较 TPU 的长期最高使用温度 100℃要高很多。

(3) 电性能

TPAE 表现出高的抗电强度和高抗电弧电阻，因此可用于导线和电缆的护套及电器的外壳。加入相应的稳定剂可生产抗静电和 EMI 屏蔽系列产品。

(4) 耐化学腐蚀性

TPAE 的耐化学性在很大程度上依赖于它的硬组分。通常，越硬的弹性体受溶剂影响越小。与尼龙一样，弹性体能耐大多数的脂肪烃和芳烃，但对氯代溶剂比较敏感，它们的吸水性低于尼龙。TPAE 的吸水性与共聚时采用的软段不同有关，其变化范围为 1.2%～100%。高吸水性的产物可去除静电，耐化学药品性和耐候性优异。

(5) 耐候性

除室外制品受紫外线辐射外，在使用荧光灯的室内制品也受到一定程度的紫外线辐射。TPAE 在紫外光照下易发生氧化降解，伴随着降解过程，还会出现黄变现象。在制备黑色制品时，加入 0.5%～3%的炭黑可以有效地遮蔽紫外线。对于白色或浅色制品，可加入紫外线吸收剂如取代苯并三唑或将取代苯并三唑与磷酸酯共用。2,2,6,6-四甲基-4-哌啶醇的衍生物，或它的 *N*-甲基衍生物在白色或浅色制品中能有效防止光降解，但这些衍生物都会给材料的抗老化性带来损害，即使同时加入抗氧剂也难以弥补此缺点。为防止环境污染，需要制取能够光降解的制品时，可加入荧光增白剂来加快光降解速率。

(6) 加工性能

TPAE 的熔体稳定性很好，可以在常规条件下进行加工。但如果加工温度过高，时间过长，例如用熔体浇注法填充大模具时，需加入少量的带环氧基团的聚合物来提高熔体的稳定性。TPAE 在其生产设备中易于成型加工，易脱模，溢料少，可采用注射、挤出、吹塑及旋转模塑工艺进行熔融加工，加工制品包括型材、电线护套、薄膜等。TPAE 的加工条件范围比 TPU 宽，熔体强度大，且在加工过程中不像 TPU 那样有氢键的解离和再形成。由于加工温度决定于硬段的熔点，应根据 TPAE 硬段的种类适当调整各区的温度。可加工成型复杂的制件，热熔接性良好。与聚酰胺和聚酯类聚合物相似，TPAE 中吸收的水分在很高的加工温度下会使聚合物链发生水解而断链，导致相对分子量下降，因此在加工之前必须干燥，将其水分含量降到 0.02%以下。加料斗始终用干燥氮气进行吹扫，以保持较低的环境湿度。

1.3.5.3 TPAE 的生产及发展情况

TPAE 由于比 TPEE 的价格贵，用途受到限制，生产消费量不过是 TPEE

的1/10，全球只有1万吨。生产厂家也仅有德国HULS公司、美国Dow化学公司和Upjohn公司、瑞士Emser、法国Ato化学公司、日本油墨化学工业公司等几家企业。它同TPEE一样，主要用于汽车、机械等方面的消声齿轮，还有高压软管以及登山靴、滑雪板等体育用品。进一步降低TPAE的成本、进行TPAE改良型品种，高性能比和高功能化技术及新用途的开发研究是TPAE今后重要的发展方向。

1.3.6 其他类型的热塑性弹性体

热塑性硅弹性体包括嵌段共聚型含硅TPE和动态硫化型含硅TPV。德国Wacker-Chemie公司推出了Geniomer系列单相硅-尿素共聚物。在该共聚物中，硅相作为软段（占90%）贡献弹性，尿素相作为硬段贡献强度和耐热性。道康宁公司研制的商品名为TPSiV的含硅TPV，结构为交联的硅橡胶颗粒分散在尼龙或其他工程热塑性塑料基体里。

近年来，有机硅类TPE在美国发展较快，有Dow Corning公司研发的聚苯乙烯与聚二甲基硅氧烷的嵌段共聚物，General Electric公司研制的聚双酚A碳酸酯与聚二甲基硅氧烷的嵌段共聚物，以及Union Carbide公司开发的聚芳酯、聚砜与聚二甲基硅氧烷的嵌段共聚物等。具有耐低温、绝缘、耐天候、耐臭氧等一系列优良特性，用于各种无需补强硫化的橡胶制品。

热塑性氟弹性体（thermoplastic fluoroelastomers）是日本大金工业公司开发成功的嵌段共聚物，由含氟硬段和软段组成，可用一般模压工艺成型。有机氟类TPE乃系利用氟碳化物乳液聚合而得的氟橡胶（A）与氟树脂（B）组合形成的B-A-B型嵌段聚合物。它保留了氟橡胶和氟树脂的耐热性、耐油性、耐化学药品性和耐天候性等长处，为TPE中性能最高、价格最贵的材料。由于有机氟类TPE不需硫化，现已成为食品和医疗方面理想的材料。

嵌段共聚物型热塑性丙烯酸酯类弹性体的合成研究已有多年历史，但工业化的少有报道，只有日本可乐丽公司成功商业化生产该款产品。其推出的名称为KURARITY的“LA-polymer”丙烯酸三嵌段共聚物，是由丙烯酸丁酯（BA）和甲基丙烯酸甲酯（MMA）在铝锂基催化剂作用下发生阴离子活性聚合制得的产品，是一类兼具MMA的透明性和耐候性以及BA的弹性和附着性的热塑性弹性体。目前国内市场已有三种牌号出售。这种TPE熔体黏度低，加工时无需增塑剂，具有和PMMA类似的透明性，适合注塑、挤出，重要用途是生产LED导光膜。

美国Zeon化学品公司新推出的硫化热塑性弹性体是在该公司的硫化丙烯酸酯类弹性体Hy Temp基础上开发的新产品，Hy Temp具有高耐热性和耐化学品性。在150℃下与流动燃油、传动装置流体和润滑油接触1500h后仍保持极好的物性，硬度仍维持在邵尔A70～90的范围。该产品容易成型，可以用注塑、挤出和吹塑法加工，应用包括汽车用轴承密封、传动装置密封元件、各种套管、护罩、行李箱和空气导管。

EVA是由无极性的乙烯单体与强极性的乙酸乙烯单体共聚而成的热塑性树脂，是一种支化度高的无规共聚物。EVA的性能主要取决于共聚物中VAc含量和熔体流动速率（MFR）。VAc含量和MFR的不同，EVA的物理性能、化学性能和加工性能也不同。

随VAc含量增加，EVA结晶度将逐渐降低；在一定VAc含量下，部分乙烯链段仍能结晶，成为TPE的硬相；EVA具有TPE的特性是因为在聚合物分子链内存在有结晶的聚乙烯链段。当VAc含量继续增大到40%～50%时，共聚物成为完全的无定形结构；另外，随VAc含量增加，共聚物的极性增加，使共聚物的许多性能发生变化，如结晶度、硬度、软化点、刚性、拉伸强度、耐化学品性、耐热变形能力等性能均降低，而抗环境应力开裂性、渗透性、摩擦系数等均增大，与其他聚合物的掺混相容性增强，可印刷性增强。

另外，VAc含量增加会使链转移反应增多，从而导致分子量分布变宽，和其他聚合物一样，分子量分布变宽主要影响熔体的流动性，这是由于分子量分布较宽的聚合物中长链比短链更容易相互缠结，结果长链分子吸收大部分形变能量而表现出较高的弹性响应。这种由于分子量分布不同而产生的黏度/剪切关系可能会对加工和应用时选择EVA有一定的影响[6]。

不同VAc含量的EVA，其性能和用途也不一样。当VAc含量为5%～20%，除了主要用途为注射成型、挤压吹膜外，还可用于改性PE、与非极性橡胶（NR、SBR、BR、EPDM橡胶等）共混；10%～25%的EVA主要用于制造交联发泡制品、发泡鞋底，或与橡胶并用制造仿皮革鞋底、透明鞋底等；VA含量超过30%时，EVA的性能类似橡胶；当VA含量为40%～50%时，EVA还可以用过氧化物使分子间发生交联；通常高VAc含量、高MFR的EVA主要用途为制造鞋用EVA热熔胶和涂料等；PVC改质则常用VAc含量为60%～90%的EVA树脂[34]。

EVA加工采用注射、挤出和吹塑等方法成型。EVA热具有较好的拉伸强度和冲击强度，常用于制备板材、汽车零件、软管、电线和电缆的包覆材料、鞋底以及食品包装膜等[35]。

参考文献

[1] G. 霍尔登，N. R. 莱格，R. 夸克等主编．热塑性弹性体．傅志峰等译．北京：化学工业出版社，2000.

[2] 朱永康．2015年世界热塑性弹性体消费量将达560万吨．橡胶科技市场，2011，(12)：41.

[3] PTS Thermoplastic elastomers guide. Plastic Technologie Service，2007，10.

[4] 金广泰等．热塑性弹性体．北京：化学工业出版社，1983.

[5] GB/T 22027—2008/ISO 18064：2003.

[6] 杨钢，李启成，李雅明等．乙烯-乙酸乙烯酯共聚物（EVA）的性能及应用．胶体与聚合物，2009，27（3）：45-46.

[7] 王国全，王秀芬编著．聚合物改性．北京：中国轻工业出版社，2000.
[8] K. E. Kear. Developments in Thermoplastic Elastomers. Shrewsbury: Smithers Rapra Publishing, 2003.
[9] 邱贤亮，游德军，岑兰等．聚酰胺类热塑性弹性体的研究进展．橡胶工业，2012，59（3）：187-191.
[10] 何琴玲，林中祥．不同种类苯乙烯系热塑性弹性体对热熔压敏胶性能影响．化学与黏合，2010，32（5）：14-16.
[11] 钱伯章，朱建芳．苯乙烯类热塑性弹性体的发展现状和市场分析(一). 橡胶科技市场，2007，（3）：15-17.
[12] 钱伯章，朱建芳．苯乙烯类热塑性弹性体的发展现状和市场分析(二). 橡胶科技市场，2007，（4）：7-10.
[13] 巴陵石化有限责任公司石油橡胶部．SEBS 应用手册，2004.
[14] Jiri George Drobny. Handbook of Thermoplastic Elastomers. NY :William Andrew Publishing, 2007.
[15] http://wenku. baidu. com/view/ce97e7f6ba0d4a7302763a7c. html.
[16] 于清溪．热塑性弹性体的发展(一). 橡胶科技市场，2006，（8）：1-3.
[17] 张勇，张虹．TPS 及 TPO 类热塑性弹性体．世界橡胶工业，2009,36（8）:27-32.
[18] 关颖．热塑性聚烯烃弹性体技术及市场分析．化工技术经济，2005, 23(7): 44-49.
[19] 丁雪佳，徐日炜，余鼎声．茂金属聚烯烃弹性体乙烯-辛烯共聚物的性能与应用．特种橡胶制品，2002，23（4）：18-22.
[20] 杨秀霞，吕晓东，高春雨．烯烃类热塑性弹性体国内外发展状况．当代石油化工，2012，（12）：16-18.
[21] 宁英男，邹海潇，董春明等．聚烯烃类热塑性弹性体研究进展．化工生产与技术，2011，18（6）：48-51.
[22] 吕立新．反应器聚合方法制备聚烯烃类热塑性弹性体技术进展．中国塑料，2006，20（12）：1-9.
[23] 郭锦棠，刘冰．热塑性聚氨酯生物材料的合成及表面改性进展．高分子通报，2005, (6): 43-50.
[24] 张振江，石雅琳，苏丽丽，等．热塑性聚氨酯微孔弹性体发泡工艺综述．洛阳师范学院学报，2011, 30（11）: 42-45.
[25] 黄茂松．热塑性聚氨酯弹性体技术与市场发展近况．新材料产业，2007, (10): 33-36.
[26] 肖勤莎，罗毅．热塑性聚酯弹性体．弹性体，1998，8（4）: 46-52.
[27] 德禧．热塑性弹性体的现状和发展．塑料，2004，33(2): 49-50.
[28] 朱笑初，徐新民，钱志国等．热塑性弹性体在汽车安全气囊系统中的应用及性能特征．工程塑料应用，2007,35（9）: 49-51.
[29] 爱兰．热塑性聚酯弹性体的研究．金山油化纤，2004，（4）：45-50.
[30] 佟裕廷，彭树清，王晓青．热塑性聚酯弹性体．塑料工业，1996，（5）: 79-81.
[31] 何晓东．热塑性聚酯弹性体研究进展．粘结，2011，（2）：80-82.
[32] 刘丽华，张晓静．热塑性聚酯弹性体的发展现状和应用．纺织导报，2011,（3）: 59-60.
[33] 许雯靓，宋文川．热塑性尼龙弹性体研究进展．粘结，2011，（11）: 84-88.
[34] http://www. bestmotion. com/magaz/files.
[35] 徐青．乙烯-醋酸乙烯酯共聚物的生产技术与展望．石油化工，2013, 42（3）：346-351.

第2章

热塑性弹性体改性原理及方法

TPE是一类兼具橡胶和塑料优异性能的高分子材料，广泛应用于当今社会生活和生产的多个领域。随着新技术的发展，促进了TPE性能的不断优化和提升，应用领域不断拓展，尤其是汽车和医疗领域需求强劲。因其优越的综合性能，相对简单的成型工艺，而获得了迅猛的发展。然而，TPE又有诸多需要克服的缺点，如其耐热性不好，高温抗蠕变性能差，生产成本相对较高等。实际上，虽然多数TPE不用添加助剂就能够使用，但是在很多场合下为得到所需要的加工性能和使用性能，或者为了降低成本等，TPE常与其他树脂、弹性体、填料以及增塑剂等共混使用，这实质上就是对TPE的改性。有时候，最终共混物中TPE的含量可能低于50%。如果希望获得TPE不具备的某些功能性时，如抗静电、阻燃等，则更需要有针对性地对TPE进行功能化改性。

总之，TPE改性后或使TPE材料固有性能得以大幅度提高，或被赋予新的功能，可能因此延长TPE材料的使用寿命，进一步拓宽TPE的应用领域，提高TPE的工业应用价值。

作为高分子材料中的一大品种，高分子材料的改性方法与原理同样适用于TPE。但TPE本身已然是多相多组分高分子材料，当采用类似方法改性时，这种组分与结构的复杂性可能使其改性效果异于其他高分子材料；换言之，改性TPE材料结构与性能的关系更为错综复杂。当采用某种方法改善其某一种性能时，可能引起其他性能较大的变化。例如纯的SEBS加工性能差，虽然加入填充油能改善其加工性能，但产品的拉伸强度与硬度同时降低。因此在改性实践中，要防止TPE有价值的性能受过多影响，在相互矛盾的效应中求得综合平衡。再如，用填料改性TPE，不但加入填料的体积分数很重要，而且它们在软硬相当中以及两相界面间的分布、分散极大的影响着TPE材料的性能，这就需要综合考虑TPE各组分性质、填料性质以及加工方式、条件等对材料结构的影响。

TPE改性的方法很多，常用的总体上可以划分为化学改性、共混改性与填充增强改性。事实上，TPE材料的阻燃性与抗静电性等功能性的实现往往也是通过上述改性方法实现的，鉴于这些功能性TPE特殊的性能和专门的应用，本章将分类概述。另外，TPE发泡材料的性能优异，应用日益增多，因此除上面几种改性方法外，本章也简要介绍 TPE 的发泡原理及基本方法。

2.1 化学改性[1,2]

聚合物化学改性是借化学反应大分子组成中引入少量别种性质的片段以定向改变聚合物的性质，但在改性过程中必须保留被改性聚合物的特性。聚合物的化学改性可以在聚合物的合成阶段实施，也可以直接在聚合物加工成相应制品过程中实施。这两种改性方法有明显区别，在于在混合阶段改性时机械化学反应具有重要作用。

化学改性是聚合物改性的重要方法之一，主要包括聚合物大分子与低分子化合物之间的反应、接枝共聚反应、交联反应、互穿聚合物网络等。

2.1.1 聚合物与低分子化合物反应

在聚合物加工前或加工中采用有反应能力的低分子化合物改性的方法具有重要意义，即通过聚合物主链反应或侧基反应对已知聚合物进行改性，使聚合物具有新的特性。如双烯类弹性体溶液和胶乳的环氧化改性就属于这种方法。在弹性体中引入环氧基可以大大改善橡胶的综合性能，尤其是黏结特性。环氧化天然橡胶早已工业化，制造含胺芳基的合成聚异戊二烯是工业上合成异戊橡胶的重要改性方法。聚合物与低分子化合物的反应还包括加氢、羟基化、氢卤化、磺化、氯磺化、卤化、环化、辐射改性、用偶氮二甲酸反应、腈反应、臭氧反应、硫代化合物反应等，这些改性方法中有些还处于研究阶段或工业试验阶段。下面举例说明几个重要的以聚合物与低分子化学反应改性为基础的工业化产品。

2.1.1.1 氯化反应

聚合物经过适当的化学处理可以发生取代反应，并在分子链上引入新基团，这类反应的典型代表是聚乙烯的氯化：

$$\sim\sim CH_2—CH_2\sim\sim \xrightarrow[-HCl]{Cl_2} \sim\sim CH_2—\underset{\large Cl}{\underset{|}{CH}}—CH_2—CH_2\sim\sim$$

氯化聚乙烯性质与氯含量有关，随氯含量的变化其性质可呈现从塑料到弹性体的变化。

氯化聚合物由于在分子中加入了氯，使其分子的饱和度进一步提高，其分子链结构中不含双键，氯原子呈无规则分布，分子无序排列，分子间缔合力很低，基本为低结晶或无结晶聚合物。耐候、耐水、耐腐蚀、防火等性能得到提高，使氯化聚合物具有良好的黏附性能和硬度。

2.1.1.2 磺化反应

在分子链上引入新基团的另一重要的实际应用例子是聚苯乙烯的功能化，聚苯乙烯芳环上易发生各种取代反应（硝化、磺化、氯磺化等），可被用来合成功能高分子、离子交换树脂以及在聚苯乙烯分子链上引入交联点或接枝点。特别重要的是聚苯乙烯的氯甲基化，由于生成的苄基氯易进行亲核取代反应而转化为许多其他的功能基。

H_2SO_4 → SO_3H

$ClCH_2OCH_3$ / $ZnCl_2$ → CH_2Cl —NR_3→ $CH_2\overset{+}{N}R_3\overset{-}{Cl}$ —NaOH→ $CH_2\overset{+}{N}R_3\overset{-}{O}H$

2.1.1.3 缩醛化反应

聚醋酸乙烯酯本身除可用作塑料和涂料外，还可醇解成维纶纤维的主要原料聚乙烯醇。用碱作催化剂，聚醋酸乙烯酯用甲醇醇解可制得聚乙烯醇。

$$\sim CH_2-CH(O-C(=O)-CH_3)\sim \xrightarrow[\triangle]{NaOH/CH_3OH} \sim CH_2-CH(OH)\sim + CH_3-C(=O)-O-CH_3$$

聚乙烯醇配成热水溶液，经纺丝、拉伸，即成结晶性纤维。晶区不溶于沸水，但无定形区却亲水，能溶胀。经缩甲醛化后，则不溶于水。因此，维纶纤维的生产往往由聚醋酸乙烯酯的醇解、聚乙烯醇的纺丝、热拉伸、缩醛等工序组成。聚乙烯醇和醛类反应，形成聚乙烯醇缩醛。

$$\sim CH_2-CH(OH)-CH_2-CH(OH)\sim \xrightarrow[-H_2O]{RCHO} \sim CH_2-CH-CH_2-CH\sim \text{（两个 O 经 CH—R 相连成环）}$$

2.1.1.4 环氧化反应

利用双键与过氧酸的化学反应，可在大分子链上引入环氧基团，这种改性可以赋予聚合物高反应活性基团，拓宽其应用领域。

$$\sim CH_2-CH=CH-CH_2\sim + R-C(=O)-O-OH \longrightarrow CH_2-\underset{\backslash O /}{CH-CH}-CH_2\sim + RCOOH$$

2.1.1.5 加氢反应

热塑性弹性体 SBS 兼具橡胶和塑料的一系列优异性能，但分子链中段是含有双键的聚丁二烯，易被氧化而使性能变差。

近年来使用有机镍和烷基铝催化加氢方法可对中段进行控制加氢，其产物不但可似 SBS 一样具橡胶弹性，亦可像塑料一样热塑性加工，还显著地提高了热加工稳定性和耐老化性能。

2.1.1.6　环化反应

某些聚合物受热时，通过侧基反应可能环化。例如聚丙烯腈热解环化成梯形结构。最后在 1500～3000℃下加热，析出碳以外的所有元素，形成碳纤维。

$$\sim CH_2-\underset{\underset{CN}{|}}{CH}-CH_2-\underset{\underset{CN}{|}}{CH}-CH_2-\underset{\underset{CN}{|}}{CH}-CH_2-\underset{\underset{CN}{|}}{CH}-CH_2\sim \longrightarrow$$

N　N　N

2.1.1.7　硝化反应和醚化反应

纤维素有三个活泼的羟基，是一种多元醇化合物，经化学反应后主要形成纤维素酯和纤维素醚两大类纤维素衍生物。如铜氨纤维和黏胶纤维，硝化纤维和醋酯纤维等。

2.1.2　接枝共聚反应

所谓接枝，就是指大分子主链上通过可反应的基团或自由基结合位点，适当地接上支链或功能性的侧基，所形成的产物称接枝聚合物。通过接枝，可将两种性质不同的聚合物接到一起，接枝共聚物保留了主链聚合物的基本性能，同时体现支链聚合物的性能。它们的综合性能与支链的性质、数量、支链的平均链长和分布、支链在主链上的分布等因素有关。

接枝是改善聚合物材料性能的一种简单而行之有效的方法，已成为近代高聚物改性的基本方法之一。采用接枝聚合物对聚合物改性的主要优点在于：接枝共聚物这种杂交类型不同于共混物，它是单一的化合物，可以发挥每一个组分的特性，而不是它们的平均性质。接枝共聚物有一个主要特性是容易和相应的均聚物共混，可以改善聚合物之间的相容性，例如 SEBS 接枝共聚物可用于增韧尼龙；在聚合物表面接枝改性，对吸水、抗静电、黏结、渗透、生物相容、阻燃性等有明显改善，而对材料力学性能、热稳定性没有影响。

接枝聚合反应按接枝点和支链的产生方式分为三类：第一类是先在大分子链上形成活性点，再引发另一单体聚合而长出支链，即"graft from"法；第二类是带有活性官能团的大分子主链和末端带有能与之反应的基团的另一大分子作用，从而嫁接上支链，即"graft onto"法；第三类是带有双键端基的低聚物自身进行加成反应，或与乙烯基单体共聚，得到接枝聚合长链，即"graft through"法。三种方法如图 2.1 所示。

接枝反应的首要条件是要有接枝点。各种聚合机理的引发剂都能为接枝共聚提供活性种，而后产生接枝点。活性点处于链的中间，聚合后才能形成接枝共聚物。接枝方法大致有两类：聚合法和偶联法。

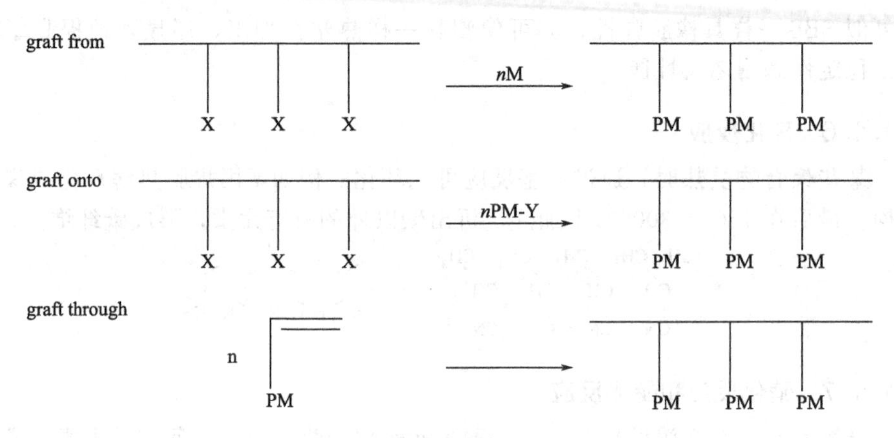

图 2.1 三类接枝聚合方法示意图

聚合法是使第二单体在聚合物主链活性点上聚合形成支链的方法，包括大单体法、引发剂法、链转移法、辐射聚合法、光聚合法及机械法等，见表2.1。偶联法是利用主链大分子的侧基官能团与带端基的聚合物反应的方法。例如在液氨中用 $NaNH_2$ 为引发剂进行负离子聚合可得到末端为氨基的聚苯乙烯预聚物，然后与含有异氰酸酯侧基的甲基丙烯酸甲酯共聚物反应，即可形成接枝共聚物。

表 2.1 聚合法制备接枝聚合物

方　法	机　理
引发剂法	用自由基聚合引发剂或与主链大分子有关的氧化还原反应引发体系，在主链形成自由基。也可在主链上形成阳离子或阴离子引发中心
大单体法	预先制得端基带可反应基团的预聚体，然后与其他单体一起共聚合，可以获得结构明确的接枝共聚物
链转移法	在主链上引入 SH 等易发生链转移的基团
辐射聚合法	预辐射处理法和同时辐射处理法
光聚合法	增加光敏剂或将光敏基团引入主链大分子
机械力化学法	利用摩擦力来切断主链或侧链来产生自由基

2.1.3 交联改性

聚合物在热、光、辐射或交联剂的作用下，分子链间以化学键连接起来构成三维网状或体型结构的反应，称为交联。线型聚合物材料经过适度交联，在力学性能、弹性、尺寸稳定性、耐溶剂性及热稳定性等方面均有所改善，所以交联反应常被用于聚合物材料的改性。交联键的多少，常根据应用需要来控制。该法的优点在于可在聚合物加工成型过程中实施，具有很好的可操作性。

2.1.3.1 交联反应的方法

(1) 硫化

硫化是交联反应的常用方法。狭义硫化是指用硫或硫化物使橡胶转变为适量交联的网状聚合物材料的化学过程。利用过氧化物、重氮化合物、硒碲及金属氧化物使橡胶交联的化学反应也称为硫化。不仅如此，广义的硫化是指由化学因素或物理因素引起聚合物交联的统称。

含双键的弹性体，多用硫或含硫有机化合物交联。硫化时常加进促进剂，并辅以金属氧化物和脂肪酸等活化剂，目的是增加硫化速度和硫的利用效率。硫化促进剂主要是硫有机化合物如四甲基秋兰姆二硫化物等。研究结果表明使用促进剂和活化剂可大大提高硫的利用率。

(2) 过氧化物交联法

许多线型聚合物材料主链大分子中不含双键，无法用硫来交联，可以与过氧化异丙苯等过氧化物共热而交联。过氧化物受热分解成自由基，夺取大分子中的氢，形成大分子自由基，而后偶合交联。

(3) 高能辐射交联

高能辐射下，使聚合物材料大分子链产生自由基，从而发生交联反应，有时还有脱基团的反应发生。一般规律是双取代的碳链聚合物以断链为主，而其他大多数聚合物则以交联为主，包括饱和聚合物材料和不饱和聚合物材料。

高能辐射源包括：加速电子、X 射线、β 射线，γ 射线、原子反应堆混合射线等。

高能辐射交联过程可能伴随聚合物材料的断链，以哪一类反应为主的决定因素尚未完全清楚，但在许多情况下聚乙烯、聚苯乙烯、氯化聚乙烯、聚二甲基硅氧烷主要发生交联反应。

(4) 硅烷交联

20 世纪 60 年代研制成功硅烷交联技术。该技术是利用含有双键的乙烯基硅烷在引发剂的作用下与熔融的聚合物材料反应，形成硅烷接枝聚合物材料，该高分子材料在硅烷醇缩合催化剂的存在下，遇水发生水解生成硅醇，硅醇发生缩合反应从而形成网状的交联结构。

(5) 光交联

以光敏剂为引发剂，在光的作用下引发大分子链产生自由基，从而形成交联大分子。引发光源一般用紫外线或激光等。

(6) 离子交联

首先在大分子链上接枝可反应官能团，经 $Zn(OH)_2$ 中和处理后，在大分子链之间形成离子盐桥，将大分子链连接起来形成交联结构。

2.1.3.2 交联对高分子材料性能的影响

交联反应会降低聚合物链间的滑动能力，如果交联密度不太高，非晶态聚合物就变得更有弹性。交联密度增加，拉伸强度也有所增加，但达到一定交联程度后下降。随着交联密度的增加伸长率和溶胀度降低，模量、硬度及玻璃化温度上升。当交联密度很高时，可得到硬度很高的产物。结晶聚合物少量交联后，由于链取向困难而使结晶度和熔点下降，并且变软，弹性增大。交联反应有利于提高使用温度，克服聚合物蠕变行为及应力开裂现象。

2.1.4 互穿聚合物网络

互穿聚合物网络（interpenetrating polymer networks，IPN）是两种聚合物以网络的形式互相贯穿的聚集态结构，在互穿聚合物网络当中至少有一种聚合物是合成交联的，另一种聚合物与前一种聚合物没有共价键结合而是贯穿于前一种聚合物的网络之中。IPN在溶剂中能溶胀不能溶解，且不能蠕变和流动。大多数的IPN是两相系统，橡胶相＋塑料相，能产生或者是高抗冲或者是增强效应，产生哪种效应依赖于连续相。

关于IPN的分类，目前在国际上也不统一，从不同的角度出发可以有不同的分类方法。可根据IPN的制备方法和结构形态等进行分类，见表2.2。

表2.2 IPN的分类

分类依据	类别
合成方法	分步IPN、同步IPN、胶乳IPN、热塑性IPN
网络形态	全-IPN、拟-IPN、半-IPN
网络组分数	二组分IPN、三组分IPN
网络缠结	物理缠结IPN、化学交联IPN、接枝型IPN
网络链组成	聚酯型、环氧树脂型、聚氨酯型、聚醚型
实际应用	阻尼材料、弹性体、涂料、黏合剂、复合材料、功能材料

IPN按制备方法可分为分步IPN、同步IPN（SIN）、胶乳IPN（LIPN）等。

（1）分步IPN

分步IPN是将已经交联的聚合物（第一网络）置入含有催化剂、交联剂等的另一单体或预聚物中，使其溶胀，然后使第二单体或预聚体就地聚合并交联形成第二网络，得互穿聚合物网络。分步IPN常简称IPN。常见的IPN有聚苯乙烯/聚丙烯酸酯IPN，聚氨酯/环氧树脂IPN，聚二甲基硅氧烷/聚苯乙烯IPN等。

（2）同步IPN（SIN）

同步法是将两种或多种单体在同一反应器中按各自聚合和交联历程进行反

应，形成同步互穿网络。当两种聚合物成分是同时生成而不存在先后次序时，生成的IPN称为同步IPN，简记为SIN。例如同步互穿聚合物网络结构的新型化学灌浆材料（PU/EP-IPN）。

（3）胶乳IPN（LIPN）

该技术首先将化合物A做为“种子”胶乳，再投入单体B及引发剂、交联剂，不加乳化剂，先使单体B就地聚合、交联，生成LIPN，LIPN在组织结构上多具有核壳结构。

此外还有半乳胶型互穿聚合物网络（SLIPN），即在上述LIPN加工中使用某种聚合物，不加交联剂，而获得产物。采用乳液聚合的方法可以克服用本体法合成的IPN、SIN难于加工成型的缺点。

（4）互穿网络弹性体（IEN）

由两种线型弹性体胶乳混合在一起，再进行凝聚，交联，如此制得的IPN称为互穿网络弹性体，简称为IEN。之所以称为互穿网络弹性体，是因为两组分都是弹性体的缘故。例如利用交叉渗透交联工艺制备的PU/PMMA互穿聚合物网络弹性体灌浆材料，具有优良的水下固结及固结后弹性体要求的延伸率。

（5）其他

还有一些材料，虽不是纯粹意义上的IPN，但从结构和制备方法上看，也可归入IPN的范畴。热塑性IPN是两种靠物理交联达到双重连续相的聚合物共混物；在热塑性IPN中主要是以微区形式形成互穿网络，这种IPN是亚稳态结构，在一种微区或多种微区内部形成微网络结构，而非以分子尺寸相互混合。与其组分一样，这种IPN是热塑性的，所以称为热塑性IPN。目前研究的最多最活跃的IPN主要有EPDM（三元乙丙橡胶）等橡胶与部分结晶的聚丙烯或聚乙烯机械共混形成的热塑性IPN，聚酯和聚碳酸酯机械共混形成的热塑性IPN。

2.2 共混改性[2,3]

聚合物共混改性，是以聚合物（均聚物或共聚物）为改性剂，加入到被改性的聚合物（称为基体）中，采用合适的加工成型工艺，使两者充分混合，从而制得具有新颖结构特征和性能的改性聚合物的聚合物改性技术。用这种方法制得的改性聚合物称为共混改性聚合物。通常意义上，聚合物共混物是指两种或两种以上聚合物通过物理的或化学的方法共同混合而形成的宏观上均匀、连续的固体高分子材料。

聚合物共混改性是最简单而直接的改性方法。共混改性过程可以在各种加工设备中完成。通过共混技术将不同性能的聚合物共混，可以大幅度提高聚合物的性能，也可以利用不同聚合物在性能上具有的互补性来制备性能优良的新型聚合物材料，还可以实现将价格昂贵的聚合物与价格相对廉价的聚合物共混，在不降低或略微降低前者性能的前提下降低生产成本，因此具有工艺过程简单方便、可操作性强、应用范围广等明显优点，是应用最广的改性方法之一。

共混改性通常有物理共混、化学共混和物理化学共混三种情况。其中物理共混是通常意义上的共混，即聚合物共混改性中大分子链的化学结构没有发生明显的变化，主要是体系组成与微观结构发生变化。化学共混（如 IPN）是化学改性的范畴。物理化学共混则指在共混过程发生某些化学反应，但只要反应比例不大，一般也属于共混改性的研究范围。

2.2.1 共混物的制备方法

制备高分子共混物的方法有物理共混物、共聚-共混法、互穿聚合物网络法。

2.2.1.1 物理共混

物理共混法是依靠物理作用实现共混的方法，工业上又常称之为机械共混法，共混过程在不同种类的混合或混炼设备中完成。大多数聚合物共混物均可用物理共混法制备，在混合及混炼过程中通常仅有物理变化。但因在热和强机械剪切力的作用下混合，有可能使聚合物大分子键断裂，产生大分子自由基，形成少量嵌段共聚物或接枝共聚物，这些共聚物分布于组分间的界面区，使组分间也有少量化学键连接，但这类反应不应成为主体。

以物理形态分类，物理共混法包括粉料（干粉）共混、熔体共混、溶液共混及乳液共混四类。

（1）干粉共混法

将两种或两种以上不同品种的细粉状聚合物在各种通用的塑料混合设备中加以混合，形成均匀分散的粉状聚合物的方法，称为干粉共混法，用此种方法进行高聚物共混时，也可同时加入必要的各种塑料助剂。经干粉混合所得聚合物共混料，在某些情况下可直接用于压制、压延、注射或挤出成型，或经挤出造粒后再用于成型。

干粉共混法的优点是设备简单、操作容易。缺点是所用聚合物主要为粉状，若原料颗粒大，则需采用粉碎设备粉碎。但对许多韧性较大的聚合物，如尼龙、聚碳酸酯等，粉碎相当困难。此类情况就得利用深冷粉碎技术制粉，能耗很大，使成本升高。在实验室小规模制粉，可利用溶剂溶解聚合物，再用非溶剂沉淀的方法实现，由于耗费大量溶剂也难以工业化。另外，干粉混合时，聚合物料温低于黏流温度，物料不易流动，混合分散效果较差。干粉共混聚合物成型后，相畴较粗大，制品的各项物理机械性能受到一定程度的影响，严重者还会造成制品各个部位性能不一致，这种不良影响对于聚合物组分间相容性欠佳的聚合物共混物尤为明显。因此一般情况下，不宜单独使用此法。

（2）熔融共混法

熔融共混，即通常所说的热机械共混，是最具工业应用价值的共混方法。将各聚合物组分在混合设备如双辊混炼机、密炼机、螺杆挤出机中在它们的黏流温度以上均匀混合，制取均匀的高聚物共熔体，然后再冷却、粉碎或造粒的方法，在混合及混炼过程中通常仅有物理变化。但有时由于强烈的机械剪切作用及热效应使一部分高聚物发生降解，产生大分子自由基，继而形成少量接枝或嵌断共聚物，但这类反应不应成为主体。

熔融共混时，共混的聚合物原料在粒度大小及粒度均一性不似干粉共混法那样严格。熔融状态下，聚合物之间容易对流扩散，加之混炼设备的强剪切分散作用，使得混合效果显著高于干粉共混。共混物料成型后，制品内相畴较小。

(3) 溶液共混法

将原料各组分加入共同溶剂中，或将原料高聚物组分分别溶解，再混合，搅拌溶解混合均匀，然后加热蒸发或加入非溶剂共沉淀获得高聚物共混物。溶液共混法运用于易溶高聚物和某些液态高聚物以及高聚物共混物以溶液状态被应用的情况。溶液共混法简便易行、用料少，适合于实验室中基础研究工作。因此法消耗大量溶剂，单从共混角度而言工业意义不大，但可用于工业上一些溶液型涂料或黏合剂的制备。

(4) 乳液共混法

将不同高聚物乳液一起搅拌混合均匀后，加入凝聚剂使异种高聚物共沉淀以形成高聚物共混体系。当原料高聚物为高聚物乳液时（如用两种橡胶胶乳进行共混），或共混物将以乳液形式应用时，此法最有利（如乳液型涂料和黏合剂）。

2.2.1.2　物理/化学共混

兼有物理混合和化学反应的过程，包括反应性共混和共聚-共混。

(1) 反应性共混

以共混设备（挤出机、密炼机等）作为连续反应器，进行单体的聚合或使聚合物与添加剂之间发生化学反应，达到聚合物改性或实现增容的目的。由于化学反应是发生在高温、高压、绝氧及高剪切搅拌的动态状态下，因此特别适合于小分子化合物、低聚物等和聚合物的反应。反应性挤出主要用于聚合物接枝。如：利用反应挤出技术制备不同种类的聚烯烃接枝马来酸酐（PE-g-MAH）或弹性体接枝马来酸酐（EPDM-g-MAH）。

(2) 共聚-共混

共聚-共混是首先制备一种高聚物（高聚物组分Ⅰ），然后将其溶于另一高聚物（高聚物组分Ⅱ）的单体中，形成均匀溶液后再依靠引发剂或热能引发，使单体与高聚物组分Ⅰ发生接枝共聚，同时单体还会发生均聚作用，上述反应产物即高聚物共混物，它通常包含着三种主要高聚物组成，即高聚物Ⅰ，高聚物Ⅱ及以高聚物Ⅰ为骨架接枝上高聚物Ⅱ的接枝共聚物。接枝共聚组分的存在促进了两种高聚物组分的相容。

如ABS树脂的制备方法（之一）：将聚丁二烯橡胶溶于接枝单体（St、AN）混合物中，加入引发剂进行本体聚合。预聚合阶段生成内包含AS树脂和共聚单体的微凝胶体，单体转化率为10%～40%，后聚合阶段橡胶颗粒发生交联。

2.2.1.3 化学共混

化学共混超出通常意义上的混合范畴，实质上是通过化学改性获得物理共混物的方法。此类共混物最典型代表是IPN，其典型的制备过程是先制备一交联聚合物网络（聚合物Ⅰ），将其在含有活化剂和交联剂的第二种单体中溶胀，然后聚合，于是第二步反应所产生的交联聚合物网络与第一种聚合物网络互相贯穿，实现了两种聚合物的共混。在这种体系中，两种聚合物网络之间不存在接枝或化学交联，而是通过各自的交联并互相贯穿使体系强迫相容，其形态结构为两相连续结构。

另一类化学共混物是嵌段共聚物，如SBS、TPU、TPEE、TPAE等合成型热塑性弹性体。它们的主要结构特征是各组分聚合分子链的段落间由化学键连接。嵌段共聚物一般由软段和硬段组成。软段聚集区在较低温度下具有良好的弹性；硬段聚集区由于玻璃化转变或熔点较高形成耐热性好的物理交联点。通过改变软段和硬段的比例，可以生产出从典型的热塑性弹性体→皮革状物→高韧性塑料过程的材料。之所以嵌段共聚物归为共混改性产物，是因为其形态结构与一般的共混聚合物相同，都是多相多组分体系。

2.2.2 改善共混物相容性的方法

聚合物共混改性是高分子材料科学与工程领域最活跃的领域之一，它不仅是聚合物改性的重要手段，更是开发具有崭新性能新型材料的重要途径。物理共混亦称为简单共混。在原材料设计时，往往选用性能差别较大的组分共混。若组分间结合得好，共混体系会呈现出新颖且优良的性能。这与聚合物之间的相容性紧密相关。

聚合物之间的相容性是选择适宜共混方法的重要依据，也是决定共混物形态结构和性能的关键因素。一般共混组分的相对分子量较大，特别对弹性体而言，其混合熵ΔS_m很小，而非极性高分子共混体系的ΔH_m常大于零，很多体系很难满足$\Delta G_m = \Delta H_m - T\Delta S_m \leqslant 0$的热力学相容的必要条件，所以聚合物之间多是不相容或相容性不好的。欲获取体系中各组分所具有的综合性能，则必须解决其相容性问题。改善相容的方法有四种。

(1) 加强基团间的相互作用

在非极性的共混组分中引入极性基团，使分子间作用力增大，则可能因$\Delta H_m < 0$而导致相容性改善。引入极性基团至聚合物链中，可以通过共聚和大分

子化学改性两种方法。如，聚苯乙烯是极性很弱的聚合物，苯乙烯和含强极性—CN基团的丙烯腈共聚后，就能和许多聚合物如聚碳酸酯、聚氯乙烯等形成相容体系。通过共聚引入极性基团，要涉及聚合工艺的改变，比较复杂。采用大分子化学改性的方法相对来说就简便得多，只要将已合成的聚合物进行后反应。如，大分子的氢化、磺化、氯磺化、环氧化和氯化氢加成等。

除了引入极性基团外，在聚合物链中引入少量可形成氢键或离子型基团，加强共混组分间的相互吸引作用，也能提高相容性。如聚苯乙烯与聚丙烯酸乙酯不相容，但把磺酸基引入到聚苯乙烯中，同时把乙烯基吡啶引入到聚丙烯酸乙酯中，则两者构成相容体系，从动态力学谱即可发现由原来的两个玻璃化转变区变成一个玻璃化转变区。

(2) 接枝嵌段共聚共混

在不同的共混组分间建立共价键可提高其相容性，这种方法也属于聚合物后反应的一个类型。如接枝共聚共混，苯乙烯类热塑性塑料通过体系内接枝橡胶进行增韧改性，所达到的抗冲性能远高于简单熔融共混产物或乳液共混产物。其机制在于两组分由于接枝，在两相之间形成一种“桥梁”，把两相紧密地连接起来。

嵌段共聚共混机制也是由于界面间的作用加强而改善了相容性。如嵌段共聚共混制取乙丙橡胶与聚丙烯的共混物，是先将丙烯聚合至转化率为95%以上，再加上乙烯使之形成乙烯-丙烯无规共聚物，这种乙烯-丙烯无规共聚物既可独立存在，又可嵌段在聚丙烯上，可阻碍聚丙烯结晶，这种增韧改性的效果是熔融共混无法达到的。

(3) 添加第三组分增容剂

增容剂的主要功能是降低两相间的界面张力，提高两相的黏结力。增容剂常选用嵌段和接枝共聚物。已有实验表明，嵌段共聚物和其相应均聚物的相容性序列是：二嵌段＞三嵌段＞四臂星型共聚物。对主链为组分B、支链为A的接枝共聚物，只有当均聚物B的相对分子质量小于共聚物主链两支化点间的相对分子质量时，才能有限地溶解。因此，在选用共聚物为增容剂时，一般认为采用二嵌段共聚物效果最好。例如，LDPE/PP简单共混物的拉伸冲击强度很低，甚至比两均聚物的强度都低，但若在共混物中加入含PP和PE嵌段共聚物，其强度可大幅度地提高。

(4) 形成互穿聚合物网络（IPN）

将一种聚合物或两种聚合物各自交联，使两种聚合物结合到一起形成互穿聚合物网络，防止了体系各组分宏观上的相分离。一般的IPN具有连续的结构和较高的分散程度，通过各自的交联并互相贯穿使体系强迫相容。除上述的增容方法外，将两种不相容聚合物共混后进行化学交联也可改善相容性。一般，对于某一特定的共混体系应选何种方法增容，应根据体系的特点和对合金材料的性能要求而定。这方面的理论问题和技术问题尚在进一步的深入了解和探索中。

2.2.3 混合原理

混合是一种趋向于减少混合物非均匀性的操作过程。或者说，混合是在整个系统的全部体积内，各组分在其基本单元没有本质变化的情况下的细化和分布。混合中这种组分非均匀性的减少和组分的细化只能通过多组分的物理运动来完成。

组分的物理运动形式包括分子扩散、涡旋扩散、体积扩散（也称对流混合，convection mixing)。在聚合物加工中，对流混合为主要运动形式。对流混合通过两种机理发生，一是体积对流混合（bulk convection mixing)；二是层流对流混合（laminar convection mixing)。体积对流混合只涉及物料的体积重新排列，而不需要物料连续变形。层流对流混合既涉及物料的体积重新排列，也涉及物料变形。即在层流对流混合中，作为分散相的聚合物粒子或凝聚体在流场产生的黏性拖曳力作用下变形，将大块的固体添加剂破碎为较小的粒子；在流场剪切应力的作用下，粒子进一步减小粒径；但分散相组分破碎时，其比表面积增大，界面能相应增加。反之，若分散相粒子相互碰撞而凝聚，则可使界面能降低。换言之，分散相组分的破碎过程是需要在外力作用下进行的，而分散相粒子的凝聚则是自发的过程。因此，在共混过程中，就同时存在破碎与凝聚这样两个过程。在共混过程初期，破碎过程占主导地位。随着破碎过程的进行，分散相粒子粒径变小，粒子的数量增多，粒子之间相互碰撞而发生凝聚的概率就会增加，导致凝聚过程的速度增加。当凝聚过程与破碎过程的速度相等时，就可以达到一个动态平衡。如图 2.2 所示。

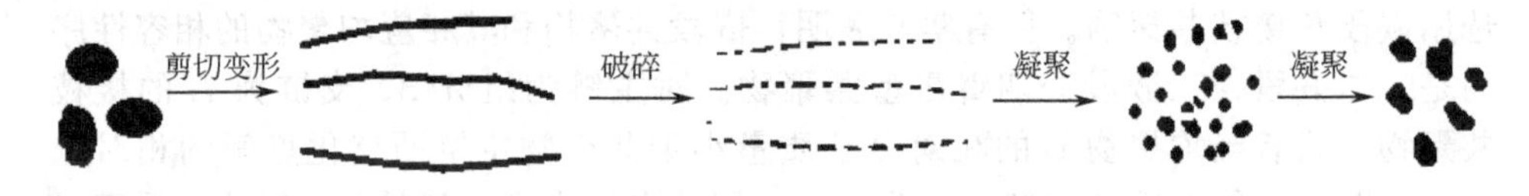

图 2.2　共混中的粒子分散与凝聚过程示意图

2.2.4 共混设备

混合设备是完成混合操作工序必不可少的工具。混合物效果在很大的程度上取决于混合设备的性能。为满足不同的混合要求，出现了各种各样的混合设备。

根据操作方式，混合设备一般可分为间歇式和连续式两大类；根据混合过程特征，可分为分布式和分散式两类；根据混合强度大小，又可以分为高强度、中强度和低强度混合设备。

间歇式混合设备的混合过程是不连续的。全过程主要有三个步骤，即投料、混炼、卸料。如捏合机、开炼机等的混合操作即属于间歇式。

连续式混合设备的混合操作是连续进行的，如挤出机和各种连续混合设备。在其工作过程中有输送、熔融、混合、排料等功能。混合作用主要是在熔融状态下进行的。连续混合设备主要有单螺杆挤出机、双螺杆挤出机、Buss-kneader 行星螺杆挤出机以及由密炼机发展而成的各种连续混炼机。

分布混合设备主要具有使混合物中组分扩散、位置更换，形成各组分在混合物中浓度趋于均匀的能力，即分布混合能力。其主要是通过对物料搅动、翻转、推位作用使物料中各组分发生位置更换，对于熔体则可使其产生大的剪切应变和拉伸应变，增大组分的界面面积以及配位作用等达到分布混合的目的。

分散混合设备主要具有使混合物中组分粒度减少，即分散混合的能力。其主要是通过向物料施加剪切力、挤压力而达到分散目的。

根据混合设备在混合过程中向混合物施加的速度、压力、剪切力及能量损耗的大小，又可分为高强度、中强度、低强度混合设备，强度大小的区分并无严格的数量指标。有时以混合单位重量物料所耗功率来标定混合强度，有时以物料受到的剪切力大小或剪切形变程度来决定混合强度的高低。

2.3 填充与增强改性

单一的 TPE 材料难以实现现代工业多种多样的要求。如，既要 TPE 有好的弹性与强度，又有耐各种介质腐蚀的稳定性；制品既要耐磨、耐老化，又要色泽鲜艳；以及不仅性能良好，而且加工简便、价格低廉等。为了获得综合性能理想的 TPE 材料，大量实践表明，将已有的弹性体通过加入一定量的填充剂，或与其他聚合物在有关添加剂的存在下进行掺混，形成 TPE 共混物，是一类卓有成效的改性方法。如同其他聚合物一样，在 TPE 中加入各种不同填充物可有控制地改变其性能，是 TPE 改性的重要方面。对填充改性而言，通常将填料分为两大类，一类是活性填充剂，它加入到聚合物中能提高聚合物的耐磨耗、模量、拉伸强度、抗撕裂、耐疲劳性能等。另一类是增量型填料，主要目的是降低制品成本而通常无助于材料性能的提高，甚至会导致制品的某些性能明显下降[2~5]。

2.3.1 填料的作用及对填料的要求

2.3.1.1 填料的作用

与塑料填充改性类似，填料添加在 TPE 中所起的作用主要包括以下 3 个方面：①降低成本。由于石油资源的紧缺，导致树脂和石化原料价格上涨，矿物粉体售价低于合成树脂 10～15 倍，适量填充可使塑料成本有所降低。②补强作用。某些填料作为补强剂可提高制品的硬度、强度、尺寸稳定性和热稳定性等物理机械性能。③功能作用。添加某些填料后 TPE 产品具有原先不曾有的特殊功能，如：阻燃性、耐候性、抗静电性、耐油性、电磁功能等。例如，添加石墨可增加 TPE 的导电性、耐磨性。

2.3.1.2 对填料的要求

通常对用作填充改性的填料有以下一些要求：①化学稳定性高，耐热性好，在加工温度不分解，惰性填料对弹性体原有的物理机械性能影响小，活性填料补强作用明显。②与其他加工助剂呈惰性，共混后不发生化学反应。③在弹性体中分散混合性好，不影响加工性能，对设备磨损小。④吸油量小。⑤不含促进弹性体加速分解的杂质。⑥不溶于水、油脂等一切溶剂；不吸潮、不含结晶水（阻燃剂除外）、耐酸耐碱。⑦填料粉体外观色泽均匀、粒径粗细一致。⑧价廉并且来源丰富，每批量填料之间的质量波动要小。

2.3.2 填充改性常用的填料

可用作 TPE 填料的材料有很多，常用的填料有炭黑、白炭黑、$CaCO_3$、滑石粉、高岭土、云母粉、石墨、硅藻土、玻璃微珠、氢氧化铝、氢氧化镁等。

2.3.2.1 立方和球状填料

(1) 炭黑

炭黑是指由液态或气态烃（天然气、石油、油脂）不完全燃烧或热裂解而制取的极细的黑色颗粒，其主要成分为碳，表面有一些活性基团，还含有一些挥发物，微观结构比较复杂。根据制作法不同可以分为炉法炭黑、槽法炭黑、热裂法炭黑以及乙炔炭黑等。炉法炭黑占总产量的70%～80%。槽法炭黑主要用于制备要达到食品和医药管理规定要求的聚合物制品。热裂法炭黑相对最便宜。乙炔炭黑往往在电性能方面有独特之处，故称为导电炭黑。不过目前特殊制造的炉法炭黑也能达到同样的导电性。

炭黑在橡胶工业中大量用作补强剂，能大幅度地提高橡胶制品的物理机械性能；还是最重要的黑色颜料，其遮盖力和着色力极佳；在对颜色没有要求的情况下，炭黑可作为塑料和橡胶的内部抗静电剂使用。

选择炭黑时关键是要注意它的粒子大小和聚集状态以及粒子表面性质。炭黑黑色度或称黑亮度主要取决于颗粒的大小和聚集状态。颗粒越大或因聚集状态使其表面面积减少，炭黑黑色度均减弱。因此如果炭黑是用来着色的话，需要选择粒径尽可能小，结构尽可能高的品种，此时炭黑的防紫外线性能也最佳。

炭黑的颗粒尺寸在10～500μm范围内，单个炭黑粒子是球形的，但数个球状粒子以较强的结合力结合形成聚集体。通常的聚集体呈链状或葡萄状。结构越高，单个炭黑粒子的粒径越小，而聚集状态具有更复杂的层次。粒径小、结构高的炭黑色度和抗紫外线性能好，但在聚合物中的分散困难，它需要更多的聚合物浸润其表面，而且在混炼过程中需要更高的剪切力和更多的能量。

选择炭黑时另一个关键因素是颗粒表面性质。在炭黑粒子的表面往往吸附一些含氧官能团，这可以从炭黑与水混合浆状物的 pH 值上反映出来。为了有利于炭黑在基体聚合物中分散，往往对炭黑粒子表面进行氧化处理，从而得到 pH 值较低的炭黑。这种情况常见于制作色母料。用于改变塑料电性能的炭黑正相反，炭黑在许多场合所起的作用是消除在塑料制品表面的静电荷，从而使塑料制品表面电阻值降低，达到抗静电的目的，如煤矿井下所用塑料抗静电管道。炭黑的粒子在制品表面形成网状链，通过网状链电子可以流动，炭黑粒子表面含氧官能团会起到绝缘的作用，破坏电子的流动，过度的分散可能因剪切作用破坏电子借以流动的网状链。因此使用适宜的浓度（20%以上），高结构、低挥发分、pH 值较高的炭黑，再加上适当的分散加工工艺，就可以得到具有良好导电或抗静电性能的塑料制品。

炭黑可使高聚物分子不因紫外线照射而发生降解的主要机理是炭黑吸收了具有破坏性的辐射能，以及炭黑可以捕获加剧高聚物降解的自由基。将质量分数 2%～3%、粒径为 16～20μm 范围的炭黑均匀分散到聚乙烯中，可使其防自然老化的时间延长至 20 年以上。而不加炭黑的聚乙烯在自然光线下六个月就会老化。

(2) 白炭黑

白炭黑是无定形二氧化硅，其二氧化硅含量在 99%以上，呈白色无定形微细粉状，多孔、比表面积大。由于其价格较高，不能作为一般填料使用。在热固性塑料（如不饱和聚酯树脂）成型加工时有时做触变剂使用，以调节物料黏度和流动性，而在热塑性塑料中主要是用于消光，使塑料制品表面具有亚光效果。在橡胶工业中，白炭黑是优良的补强剂，其补强效果超过任何一种其他白色补强剂，用于白色或彩色橡胶制品。

(3) 碳酸钙

$CaCO_3$分为天然矿石磨碎而成的重质碳酸钙（简称重钙）和用化学法生产的沉淀碳酸钙又称轻质碳酸钙（简称轻钙）。两种天然碳酸钙矿石均来自石灰岩。碳酸钙凭借以下优势在橡胶与塑料加工中广泛用作填料：①价格低廉，普通轻钙数百元一吨；②无毒、无刺激性、无味；③色泽好、白，对其他颜色的干扰小，易着色；④硬度低，对加工设备的磨损轻；⑤化学稳定，属惰性填料，热分解温度为 800℃以上；⑥易干燥，水分易除去，无结晶水。但是由于碳酸钙易被酸分解，故不宜用于耐酸制品中。

一般轻质碳酸钙比重质碳酸钙的纯度高，含无机杂质少，在同样用量下，填充轻质碳酸钙制品的表面划伤性和折弯白化性比填充重质碳酸钙小。轻质碳酸钙的最大特点是有补强作用，可提高制品的冲击强度。为了减少碳酸钙颗粒的凝聚作用，降低颗粒表面能，往往需要对填料表面进行改性处理。通常把经过表面处理的碳酸钙称为活性碳酸钙、活性钙、活化钙等，0.1μm 以下的极细碳酸钙经表面处理后，在橡胶和塑料中的分散性良好，制得的制品表面光泽。

(4) 玻璃微珠

玻璃微珠广泛应用于树脂体系。由于其表面光滑、球状、中空，密度小，使得制品的流动性能好，残留应力分布均匀。玻璃微珠通常被硅烷偶联剂改性以提高其与树脂的界面结合作用，或者表面包覆金属（银或铜）用作导电填料。

2.3.2.2 片状填料

(1) *滑石粉*

滑石是一种含水、层状结构的硅酸盐矿物。在外力作用时，相邻两层之间极易产生滑移或相互脱离，滑石颗粒基本形状是片状或鳞片状。滑石粉的片状结构使得滑石粉填充塑料的某些性能得到较大的改善，滑石粉常被看成是增强型填料。首先滑石粉可以提高填充材料的刚度，改善尺寸稳定性和在高温下抗蠕变的性能。当滑石粉颗粒沿加工时物料流动方向排列时，按最小阻力的原理，其排列基本上都呈片状，由小片连成大片。因而在特定方向上材料刚度的提高是显著的。其次滑石粉可以显著提高填充材料耐热性。另外滑石粉具有润滑性，可减少对成型机械和模具的磨损，但用量多时不利于塑料的焊接。在橡胶工业中，滑石粉主要用作隔离剂和表面处理剂，作为填料多用于耐酸、耐碱、耐热及电绝缘制品中，对硫化无影响。此外，滑石粉无毒，可用于与食品接触的制品。

(2) *云母*

云母的主要成分是硅酸钾铝，按来源和种类不同也可含有不同比例的镁、铁、锂或氟，因此各类云母的化学组成有很大差别。云母的晶型是片状的，其径厚比较大，而且如果能保持到填充聚合物制品加工完仍为大径厚比，其增强效果是十分突出的，云母在塑料中的体积填充分数高时，材料的模量可与铝相当，敲打或落在坚硬的物体表面上时会发出类似金属的声响。云母粉作为聚合物材料的填料，在橡胶中主要用于制造耐热、耐酸、耐碱及高绝缘制品，可直接混入橡胶中，对硫化无影响。可赋予制品优良的电绝缘性、抗冲击性、耐热性和尺寸稳定性，并可提高其耐湿性和抗腐蚀性，但必须在加工过程中妥善保持其薄片的高径厚比，否则其增强的效果就不易达到。

(3) *陶土及高岭土*

陶土是聚合物材料加工中用量较大的填料之一，并稍有补强作用。作为橡胶和塑料的填料，最广泛使用的陶土是高岭土，其组成是含有不同结晶水的氧化铝和氮化硅结晶物，一般为纯高岭土和多水高岭土的混合物。

橡胶和塑料应用的陶土最好是呈平六方片体的高岭土。高岭土的 pH 值一般在 4～5，呈弱酸性，配入橡胶中有延迟硫化的作用。为了消除这一缺欠，可用碱或胺处理将 pH 值调节至弱碱性。但高岭土极易吸潮，在使用前必须加以干燥。高岭土颗粒具有极强的结团倾向，颗粒粒径越小就越显著，为了使高岭土的颗粒在塑料基体中分散，对高岭土要进行表面处理。表面处理也可以有效地抑制其酸性活化点。

在橡胶工业中，高岭土作为半补强填充剂，含高岭土的胶料加工容易，压出物表面光滑，多用于工业橡胶制品，特别是耐油、耐酸碱、耐热制品，也可用于胶鞋、胶带、胶管、胶垫等制品。

2.3.2.3　纤维状填料

在聚合物复合材料中，增强纤维主要用来提高聚合物的强度、模量和硬度。玻璃纤维具有一系列优越的性能，作为聚合物的增强材料效果十分显著。它产量大、价格低廉，是目前应用最为广泛的一类增强纤维。玻璃纤维比有机纤维耐温高，不燃，抗腐，隔热、隔音性好，拉伸强度高，电绝缘性好。但性脆，耐磨性较差。

碳纤维和芳纶纤维是性能优异的增强填料，但因其价格昂贵，主要用于特殊行业，比如航空、航海、军事及医疗领域。

2.3.2.4　纳米级填料

纳米填料是指粒子尺寸在1～100nm范围内的填料。已经被长期广泛应用的炭黑及白炭黑等填料，由于团聚而形成较大尺寸的二次稳定结构，因此，通常不把它们作为纳米级填料看待。

纳米级填料与传统填料相比，因其比表面积大而具有更大的优越性。在聚合物中加入无机纳米填料，诸如纳米黏土、碳纳米管等可使聚合物的力学、介电、光学等性能得到很大程度的提高，并可降低聚合物产品的成本。橡胶纳米填料目前主要用于补强和改善橡胶的力学性能，但它也能给复合材料带来一些新功能，如加速聚合物生物降解，提高热可逆材料的机械稳定性，阻燃，增进聚合物间相容性和导电、抗菌、防辐射等。

具有层状结构的蒙脱土（montmorillonite，简称MMT）是目前最有商业价值和实际应用前景的能制成纳米复合材料的最理想的天然矿物。自日本丰田公司关于PA-6/蒙脱土（MMT）纳米复合材料体系方面所做的开创性工作以来[6,7]，聚合物/黏土纳米复合材料在世界范围内得到了广泛的研究和重视，所研究的聚合物基体包括了聚烯烃、环氧树脂、聚酯、聚酰胺及苯乙烯-丁二烯嵌段共聚物等[8]。通常，聚合物/蒙脱土纳米插层杂化材料的制备方法有三种：熔融插层法、溶液插层法以及单体插层-原位（in-situ）聚合法。前两种方法是将聚合物与蒙脱土（通常为有机改性蒙脱土（OMMT））在熔体或溶液中混合，以获得插层纳米杂化材料；原位聚合法则是将蒙脱土分散在有机单体中，然后引发聚合或缩合反应制得纳米插层杂化材料。

近年来，以聚合物基体、黏土为无机插层主体而制备的聚合物/黏土纳米复合材料，由于其具有比常规聚合物/无机填料复合材料更有优异的性能，如优异的力学、热学性能和气体阻隔性能，而备受各国材料科学家的广泛关注。

2.3.3　填料的选用

填料的种类很多，不同的填料有不同的性能和用途。在选用填料时应注意以下几个方面的问题。

2.3.3.1 填料的粒径、形状及其用量对材料性能的影响

填料粒子的大小对材料的强度、拉断伸长率等力学性能以及制品的表面光泽和手感有很大的影响。为了保证制品的质量，要求采用粒度合适的填料。一般填料粒径越小效果越好，但粒径太小则会因其表面积增大而导致分散困难及吸油量增多，反而使材料的性能变劣，甚至使制品产生不均质性（填料分布不均匀）。至于选用多大粒径的填料合适，则因弹性体的种类、加工方法的不同而不同，不能一概而论。

填料的形状对填充改性效果的影响也较大。一般薄片状、纤维状、板状填料可使塑料的加工性能变差，但力学性能提高；而球状、无定形粉末状填料则可使加工性能优良，但力学性能比纤维状和片状填料差。

一般说来，对于拉伸强度，粉、粒状填料在添加量小时呈上升趋势；但高比例填充时拉伸强度则可能急剧下降，纤维状填料一般可提高材料的拉伸强度。

2.3.3.2 填料的表面性质对材料性能的影响

填料的表面性质取决于颗粒的化学组成、晶体结构、吸附性能等，它影响填料的浸润性、分散性和改性效果等，可通过表面处理剂使之改善。经表面处理的填料，由于与树脂之间的作用力增强，故可提高树脂对其的浸润性，所以能极大地提高制品的力学性能。

2.3.3.3 根据制品用途选择填料

一般来说，若要求制品有较高的拉伸强度，可考虑选用玻璃纤维、碳纤维、合成纤维及其他纤维状填料；强调压缩性能，可选用石棉、云母、玻璃实心微球等；改善耐磨性，可考虑碳纤维、石墨、玻璃珠等；强调电绝缘性，可选择云母、煅烧陶土等；强调导电性，可考虑碳纤维、炭黑、金属粉末和金属纤维等；强调耐热性，可考虑碳纤维、玻璃纤维、石棉、云母、滑石粉等；强调传热性，可考虑金属粉末、金属纤维等。

2.3.3.4 注意填料对弹性体稳定性的影响

无机填料和金属填料中的金属离子对以自由基形式降解的聚合物老化有促进作用，使用时应注意这一点。此外，在选择填料时还应注意填料对材料色泽的影响，填料对加工设备的磨损以及注意复合填料的运用。

2.3.4 填料的改性

填充改性聚合物中所用的填料绝大多数都是无机物，从分子的化学结构和分子的聚集态结构来讲，与有机聚合物材料有很大的差别，难于形成所需要的界面结合，直接复合制出的填充改性聚合物其性能一般满足不了使用要求。要形成所

需要的界面结合，有两条途径：一是对基体树脂进行化学改性，增强其对填料的亲和力；二是对填料进行表面改性，改善其对基体树脂的亲和能力。第二种途径比较简单易行，因此往往采取对填料进行表面处理的方法。

对填料进行表面处理的物质称为表面处理剂。最主要的表面处理剂是偶联剂。偶联剂是一类具有两性结构的物质，它们分子中的一部分基团可与无机表面的化学基团反应，形成化学键合；另一部分基团则有亲有机物的性质，可与有机分子发生化学反应或产生较强的分子间作用，从而将两种性质截然不同的材料牢固地结合起来，改善无机填料在聚合物基体中的分散状态，提高填充聚合物材料的力学性能和使用性能。

经过近二十多年的不断发展，实际改性过程中使用的偶联剂按其化学结构可分为硅烷类偶联剂、钛酸酯类偶联剂、铝酸酯类偶联剂、锆类偶联剂、有机铬偶联剂和复合偶联剂等。

硅烷偶联剂是目前品种最多，用量最大的一类偶联剂。硅烷偶联剂的化学结构式一般以下式表示：$YRSiX_3$。在分子结构中具有两个活性官能团：一个是与硅原子连接的官能团，又称无机端。另一个是与亚烷基连接的官能团。无机端水解后与无机物界面反应，有机端则与有机界面进行作用，因而改进了复合材料组分间的作用。式中有机基 R 系与聚合物分子有亲和力或反应能力的活性官能团，如氨基、巯基、乙烯基、环氧基、氰基、甲基丙烯酰氧基等。X 为能够水解的烷氧基（如甲氧基、乙氧基等）。

作为偶联剂使用时，X 基首先水解形成硅醇，然后再与填料表面上的羟基反应。不同的水解基虽然影响水解速度，但对复合材料的性能影响不大。偶联剂另一端的有机基与树脂反应，形成坚固的化学结合，其反应随树脂的种类而异。

硅烷偶联剂的使用方法有以下几种。其一，直接混合法。在配料中直接加入硅烷偶联剂，是对液体树脂内颗粒状物填料进行偶联改性最简便的方法。其效果取决于操作期间填料对偶联剂的吸附能力。其二，用硅烷偶联剂的有机溶剂溶液处理填料。此方法是将填料与偶联剂的稀溶液混合，然后过滤、干燥。与采用水溶液的情况比较，该法使沉积在填料表面的硅烷偶联剂更接近于单分子层，且干燥时不结块。其三，用偶联剂的水溶液处理填料。用此方法处理诸如玻璃微珠、玻璃纤维类的粗填充填料非常有效，易干燥，且不结块。处理细填料时，需选用喷雾干燥法，以免结成硬块。其四，用干混法处理填料。使用该法是希望高比表面积的填料能以稳定的干粉形式留存大量偶联剂，当其与树脂或其他未处理的填料干混时，就会存在可供迁移的硅烷。硅烷偶联剂在填料表面上的充分分散可能需要几天时间。

钛酸酯偶联剂在热塑性塑料及橡胶等填充体系中可改善加工性、提高填充剂用量与分散性，具有良好的偶联效果，在聚合物基复合材料方面发挥越来越大的作用。应用在橡胶行业，对填料改性可起补强作用，可减少橡胶用量和防老剂用量，提高制品耐磨强度和抗老化能力，其光泽也得到显著提高。

钛酸酯偶联剂可以分为四类：单烷氧基型、单烷氧基焦磷酸酯型、螯合型和配位体型。填充剂的湿含量、形状、比表面积、酸碱性、化学组成等都可影响偶联效果。单烷氧基钛酸酯在干燥或煅烧法填料体系中效果最好，在含游离水的湿填料中效果较差，此时应选用焦磷酸酯型钛酸酯。对于比表面大的湿填料最好选用螯合型钛酸酯偶联剂。

钛酸酯偶联剂和硅烷偶联剂可以并用，产生协同效应，例如用螯合型钛酸酯处理经硅烷偶联剂处理过的玻璃纤维，偶联效果大幅度提高。

另外还有铝酸酯偶联剂、锆类偶联剂等表面处理剂。

除了硅烷偶联剂，非离子型表面处理剂如烷基苯基聚氧乙烯甲基丙烯酸酯、无规聚丙烯、氯化石蜡、高级脂肪酸、聚乙烯蜡等也常用于填料表面改性。

2.3.5 填充改性混合方法

一般有以下两种方式：①粉体直接混入法。此法又分两种方法：直接法是将填料粉体和树脂共混搅拌均匀后，直接送入成型机械加工成产品。造粒法是将填料粉体、树脂和加工助剂共混搅拌均匀后，先送至造粒流水线造出改性塑料树脂后，再送入塑料成型机械加工成产品。优点是操作简便，成本低；缺点是粉尘飞扬，易污染环境。②母料法。按照规定配方将填料粉体、加工助剂、载体共混搅拌均匀后，再送入母料造粒流水线，造出母料粒子，再将母料粒子按需要配比计量均匀混入树脂后，送入成型机械加工成产品。优点是使用方便，无环境污染之虑；缺点是成本高于直接混入法。

2.4 阻燃剂及阻燃方法概述[9~11]

众所周知，对包括TPE在内的高分子材料来说，阻燃性是一个非常重要的指标。从20世纪60年代起，一些工业发达国家开始生产和应用阻燃高分子材料。阻燃高分子材料的生产离不开阻燃剂的应用，阻燃剂是用以提高材料阻燃性，即阻止材料被引燃及抑制火焰传播的助剂。阻燃剂主要用于阻燃合成和天然高分子材料。含有阻燃剂的材料与未阻燃的同类材料相比，前者不易被引燃，能抑制火焰传播，可以防止小火发展成灾难性的大火，大大降低火灾危险，有助于各种制品安全地使用。例如，电视整机的燃烧试验结果证明，如电视机外壳以UL94 V-0级阻燃的HIPS制造时，无论引火源为小粒状燃料，还是家用蜡烛，电视机外壳引燃片刻后，火焰即自行熄灭，外壳仅表面轻微受损或损伤厚度仅20mm。但如电视机外壳以UL94 V-2阻燃级的HIPS制造，则电视机即使接触到小粒状燃料引火源也会燃烧，且火势很快蔓延。

为了使被阻燃基材达到一定的阻燃要求，一般需要加入相当量的阻燃剂，这有时会在一定程度上降低材料的某些性能。因此，人们应当根据材料的使用环境及使用需求，对材料进行适当程度的阻燃，而不能不分实际情况，一味要求材料具有过高的阻燃级别，换言之，应在材料阻燃性及其他使用性能间求得最佳的综合平衡。

此外，在提高材料阻燃性的同时，应尽量减少材料热分解或燃烧时生成的有毒或腐蚀性气体量及烟量，因为它们往往是火灾中最先产生且最具危险性的有害因素。据统计，火灾中的死亡事故，有80%左右是由于有毒气体和烟引起窒息造成的。所以，阻燃技术的重要任务之一是抑烟、减毒，应力使被阻燃材料在这方面优于或相当于未阻燃材料。由于这个原因，目前的抑烟剂总是与阻燃剂相提并论的。也就是说，当代阻燃的含义也包括抑烟。随着现在环保意识的增强，阻燃产品对环境的影响已经成为人们选择阻燃剂的因素之一。为了满足环保要求的同时又保证阻燃效果，世界各国不断地研制开发新型阻燃体系，保证阻燃剂能达到规定的阻燃效率的同时，还要具有良好的物理机械性能、防腐蚀性、低烟性、无毒性和热稳定性等。

2.4.1 常用的阻燃剂

按阻燃剂与被阻燃材料的关系，阻燃剂可分为添加型及反应型两大类。前者与基材及基材中的其他组分不发生化学反应，只是以物理方式分散于基材中。添加型阻燃剂虽然存在对聚合物材料性能影响较大的缺点，但由于使用方便、适用性强，因此已获得广泛应用。反应型阻燃剂或者作为聚合物的单体，或者作为辅助试剂而参与合成聚合物的化学反应，最后成为聚合物的结构单元。反应型阻燃剂具有稳定性好、不易流失、毒性小、对聚合物性能影响较小等优点，可以认为是一类理想的阻燃剂。可惜的是，由于反应型阻燃剂的应用不方便，因此目前实际应用范围还不广，主要用于热固性树脂。此外，还有一类本质阻燃高聚物，它们由于具有特殊的化学结构，即使不经阻燃处理，也具有足够的阻燃性能。这类高聚物是阻燃材料的发展方向之一。但在由于价格过高、制造工艺复杂、品种少，因而应用有限。

按阻燃元素种类，阻燃剂常分为卤系、有机磷系及卤-磷系、氮系、磷-氮系、锑系、铝镁系、无机磷系、硼系、钼系等。前几类属于有机阻燃剂，后几类属于无机阻燃剂。目前工业上用量最大的阻燃剂是卤化物、磷（膦）酸酯、聚磷酸铵、氧化锑、氢氧化铝、氢氧化镁及硼酸锌等。近年来，出现了一类新的所谓膨胀型阻燃剂，它们多是磷-氮化合物的复合物。目前卤系阻燃剂（主要是溴系阻燃剂）是世界上产量最大的有机阻燃剂之一，其产量占总有机阻燃剂的30%以上。近几年来，我国阻燃剂工业发展迅速，增长较快的有氯蜡系列、磷系和无机系等。

2.4.1.1 卤系阻燃剂

卤系阻燃剂主要是含溴和含氯阻燃剂，具有适用面广、用量少、阻燃效能高以及与基体相容性好等优点，相对成本较低。例如溴系阻燃剂的用量在10份

（质量分数）左右时，即可使材料的氧指数达到25%以上，其阻燃效率由此大大提高，这是其他种类的阻燃剂所不能相比的。但卤系阻燃材料燃烧时会产生大量烟雾并释放有毒的、腐蚀性的卤化氢气体，不仅能腐蚀仪器和设备，还会危害人体和环境。因此，卤系阻燃剂不是阻燃剂发展的方向。卤系阻燃剂和氧化锑并用能大大提高聚合物的阻燃效率，但同时使材料的生烟量更高。

卤素阻燃剂中用量最大的是溴系阻燃剂，它们大多在200～300℃下分解，分解时通过捕获高分子材料降解反应产生的自由基，延缓或终止燃烧的链反应，释放出的HBr是一种难燃气体，可以覆盖在材料的表面，起到阻隔表面可燃气体的作用。溴系阻燃剂的合用范围广泛，是目前世界上产量最大的有机阻燃剂之一，主要产品有十溴二苯醚、四溴双酚A、五溴甲苯和六溴环十二烷等。其中十溴二苯醚，简称DBDPO，含溴量高，热稳定性好，分解温度大于350℃，与各种高聚物的分解温度相匹配，因而能于最佳时刻在气相及凝聚相同时起到阻燃作用，不仅添加量小，且阻燃效果好，是溴系阻燃剂中最重要和效果最好的品种。尽管从保护环境和保护人们身体健康角度出发，溴系阻燃剂不是阻燃剂发展的方向，特别是在欧洲对于溴系阻燃剂的使用还存在争议。但由于溴系阻燃剂优异的阻燃性能，许多国家并没有采取措施加以限制，如美国、日本等没有禁止使用十溴二苯醚，欧盟现行的《关于限制在电子电器产品中使用六种有毒有害物质的指令》文件也允许将十溴二苯醚作为例外继续使用。在中国市场，溴系阻燃剂仍旧占最重要的位置。含氯阻燃剂主要是氯化石蜡。

卤系阻燃剂的发展方向是调整现有的卤系阻燃剂产品结构并研发出多溴二苯醚的替代品。现在已经投入使用的主要有十溴二苯基乙烷、溴带三甲基苯基氢化茚，这两种阻燃剂燃烧和热裂解时不产生多溴二苯并二噁烷及多溴二苯并呋喃，对环境友好。十溴二苯基已烷在保证阻燃性的前提下，具有更好的热稳定性和低渗出性，而且可以改善材料的冲击强度，这是其他阻燃剂都无法实现的。含溴聚合物的开发也是卤系阻燃剂的发展方向之一，如含溴聚苯乙烯，具有更加优异的流动性和热稳定性，能很好地分散在材料中。此外，复合型卤系阻燃剂综合各个阻燃剂的优点，用量少，效率高。如美国大湖公司开发的溴-磷阻燃剂，不仅阻燃效果显著，而且可以起到增塑剂的作用，特别适用于聚氨酯发泡材料。

2.4.1.2 磷系阻燃剂

磷系阻燃剂可分为无机磷系阻燃剂和有机磷系阻燃剂。无机磷系阻燃剂主要包括红磷和聚磷酸铵，它们在燃烧时生成磷酸、偏磷酸、聚偏磷酸等，能使聚合物炭化形成炭膜。炭的氧指数（LOI）为65%，聚合物燃烧时若表面能形成炭化层，则此炭化层可阻碍材料降解产生的可燃性气体进一步燃烧，并可阻止氧气进入，从而起到了隔热、隔氧、阻燃作用。

红磷因为仅含有阻燃元素磷，所以比其他磷系阻燃剂的阻燃效率高。在某些情况下，红磷的阻燃效率甚至比溴系阻燃剂还胜一筹。但是红磷易吸湿受潮、易氧化，与树脂相容性差，长期与空气接触会放出剧毒的磷化氢气体，污染环境，干燥的红磷粉尘有爆炸的危险。而且红磷固有的很深的紫红色，也极大地限制了它的使用范围。因此，红磷作为阻燃剂，只有经过表面处理后才有实际的应用价值。对红磷作表面处理最有效的方法是微胶囊化。微胶囊化红磷是利用多种方法使红磷粒子表面包覆上有机或无机膜，包覆使粒子表面的特性发生改变，膜的作用在于调节红磷的溶解、释放、挥发、变色、成分迁移、混合或与其他物质反应的速度和时间，起到“阀门”的隔离控制调节作用，对有毒、有害物质起到隐蔽的作用。已有商品化的微胶囊红磷供应市场。

聚磷酸铵又称多聚磷酸铵或缩聚磷酸铵（简称 APP），1965 年美国孟山都公司首先开发成功。APP 无毒无味，不产生腐蚀气体，吸湿性小，热稳定性高，是一种性能优良的非卤阻燃剂。APP 同时含有磷、氮元素，常被作为有效的膨胀型无机阻燃剂，其阻燃元素含量高，热稳定性好，阻燃效能高，阻燃性能持久。并且 APP 近乎中性，能与其他物质配伍，无毒抑烟，受热分解时可释放出水蒸气、氨气等不燃性气体。APP 作为膨胀型阻燃剂的基础材料，被广泛应用于阻燃领域。随着全球阻燃剂朝着无卤化方向发展，以 APP 为主原料的膨胀型阻燃剂已成为研究开发的热点。

有机磷系阻燃剂，如磷酸酯、磷杂菲、磷腈等，在燃烧时与聚合物基体或其分解产物反应生成 P—O—C 键，形成含磷的炭化保护层，或发生交联反应生成热稳定性好的多芳结构的网状化合物，从而起到阻燃作用[12]。作为阻燃剂应用最多的是磷酸酯和膦酸酯，特别是它们的含卤衍生物，往往还能起到增塑剂的作用。有机磷系阻燃剂的主要缺点是耐热性较差，挥发性较大，恶化塑料的热变形温度。因此，开发磷含量高、分子量大、热稳定性好、低毒性、低生烟量的磷系化合物是有机磷系阻燃剂发展的一个趋势。目前已开发出一些热稳定性好的磷酸酯低聚物和分子量较大的含磷阻燃剂，它们与高聚物相容性好，是阻燃行业热门的产品[13]。

2.4.1.3　氮系阻燃剂

含氮阻燃剂主要包括 3 大类：三聚氰胺、双氰胺、胍盐（碳酸胍、磷酸胍、缩合磷酸胍和氨基磺酸胍）及它们的衍生物，特别是磷酸盐类衍生物。通常认为氮系阻燃剂受热分解后，易放出氨气、氮气、氮氧化物、水蒸气等不燃性气体，不燃性气体的生成和阻燃剂分解吸热（包括一部分阻燃剂的升华吸热）带走大部分热量，极大地降低聚合物的表面温度。不燃气体，如氮气，不仅起到了稀释空气中的氧气和高聚物受热分解产生可燃性气体的浓度的作用，还能与空气中氧气反应生成氮气、水及深度的氧化物，在消耗材料表面氧气的同时，达到良好的阻燃效果。

氮系阻燃剂具有毒性小、腐蚀性小、热分解温度高、与材料中的光稳定剂无冲突、对环境友好等优点。但由于含氮量的限制，导致氮系阻燃剂阻燃效果欠佳，且与热塑性树脂相容性差，不利于在基材中分散，故通常与磷系阻燃剂并用，利用磷-氮的协同效应，制备性能优异的阻燃剂[14]。

2.4.1.4 膨胀型阻燃剂

以磷、氮为主要组成的膨胀型阻燃剂（IFR）在近年来的聚烯烃无卤阻燃研究中取得了较好的成果。其组成主要有三部分：酸源（脱水剂），一般为无机酸或在加热时能在原位生成酸的盐类，如磷酸、APP等；碳源（成炭剂），一般为含碳丰富的多官能团物质，如淀粉、季戊四醇（PER）及其二缩醇；气源（发泡剂），一般多为含氮的多碳化合物，如尿素、蜜胺（MEL）、双氰胺及其衍生物。含IFR的高聚物受热燃烧时，表面生成一层炭质泡沫层，起到隔热、隔氧、抑烟的作用，并防止熔滴产生。可见，IFR为典型的以凝聚相阻燃机理发挥作用的阻燃剂。目前，膨胀阻燃技术已成为非常活跃的阻燃研究领域。膨胀型阻燃剂是一种新型阻燃剂，具有无毒、环境友好、发烟量低等优点，是实现制备高性能无卤阻燃高分子材料的最有希望的途径之一。

近年来值得注意的是三聚氰胺各种衍生物出现在膨胀型阻燃剂的行列里。如磷酸三聚氰胺（MP）、聚磷酸三聚氰胺（MPP）等。

但是，膨胀型阻燃剂阻燃复合材料体系也往往存在明显的缺陷，如膨胀型阻燃剂存在强的吸水性而导致阻燃材料在生产制品尤其是挤出型材时，容易吸水而使其电性能下降；并且，如果阻燃剂表面处理不当或与体系中聚合物基体间的相容性较差时，往往会在制品表面出现析出现象。

2.4.1.5 无机矿物阻燃剂阻燃[15]

由于受到原料成本、技术发展、使用条件等方面的限制，目前大规模应用的矿物阻燃剂主要为氢氧化铝阻燃剂、氢氧化镁（水镁石）阻燃剂。氢氧化铝是世界上用量最大和应用最广的矿物阻燃剂，约占阻燃剂总用量的45%，国内外市场上阻燃剂用氢氧化铝主要是α-三水合氧化铝（ATH，α-$Al_2O_3 \cdot 3H_2O$）。氢氧化镁是继氢氧化铝之后的又一大环保型阻燃剂，与氢氧化铝相比，氢氧化镁的热稳定性更高，分解温度为340℃，约比氢氧化铝高100℃。可用于很多氢氧化铝不适用的热塑性塑料，防止阻燃材料再加入时产生气泡，影响阻燃和力学性能；吸热量比氢氧化铝高约17%；抑烟能力优于氢氧化铝；促进成碳作用优于氢氧化铝。氢氧化镁的粒度比氢氧化铝小，硬度低于氢氧化铝，对设备的磨耗低，有利于延长加工设备的使用寿命。氢氧化镁在生产、使用和废弃过程中均不含有害物质，而且还能中和燃烧过程中产生的酸性与腐蚀性气体，是一种环保型“绿色”阻燃剂。美国是氢氧化镁阻燃剂产量最大、品种最多的国家，我国具有丰富的氢氧化镁资源，但氢氧化镁阻燃剂研究较晚，产量、规模、品种和质量一直明显落后于国际水平。

对无机阻燃剂而言，最大的缺点是其阻燃效率低，通常填充量要达到60%

（质量分数）或以上才能赋予高分子材料较好的阻燃效果。而无机物通常与高分子基体相容性差，大量添加对高分子材料的力学性能、加工性能又会造成很多不良的影响。高分子材料本身优良的力学性能往往被严重破坏，有的甚至达不到使用要求。因此，如何提高无机阻燃剂的阻燃效率，改善无机阻燃的高分子材料的性能仍然是阻燃界的研究热点：①通过表面处理改善阻燃材料的相容性及力学性能。氢氧化镁常用的处理剂有高级脂肪酸及其金属盐类、硅烷偶联剂、钛酸酯偶联剂、硬脂酸偶联剂；②采用合适的无卤阻燃增效剂提高氢氧化镁的阻燃效率。通常选用的无卤阻燃增效剂有红磷、金属氧化物、硼酸锌、有机硅化合物等；③超细化氢氧化镁阻燃剂，控制其晶粒形貌、大小及结晶完整性[16]。

2.4.2 阻燃剂存在的问题

某些常用的添加型阻燃剂，在加工温度下可能会发生少量分解，这一方面限制了某些阻燃剂的使用，另一方面也限制了阻燃聚合物所能采用的加工温度。有很多添加型阻燃剂是填料型的，而为了使聚合物达到所要求的阻燃级别，往往所需的添加量较大，因而难于全部在聚合物基体中均匀分散，这有可能降低阻燃聚合物的某些性能，不良的分散也降低阻燃剂的阻燃效果。将阻燃剂制成母料，或用表面改性剂对阻燃剂进行表面处理，通常可改善阻燃剂在聚合物中的分散情况。

阻燃剂的另一个问题是降低阻燃聚合物的耐光性，而且光稳定剂受阻胺的效果为卤系阻燃剂所恶化。无机阻燃剂也降低受阻酚及硫酯的光稳定化作用。例如，氧化锌就能大大降低这类添加剂的热老化时间。卤系阻燃剂与氧化锑组成的协效系统，虽然能赋予高分子材料很高的氧指数与UL94阻燃级，能满足很多对火灾安全要求严格场所的使用规范，但此系统热裂及燃烧时生烟量大，且产生有毒和腐蚀性气体。当前，人们正致力于减少阻燃剂燃烧时生烟量的研究。

与阻燃聚合物有关的问题还有价格、回收、生态等。一般而言，阻燃聚合物的价格比未阻燃者高，阻燃聚合物的循环再利用可能比未阻燃者困难。尽管使材料阻燃是要付出一定代价的，但权衡阻燃材料在提高防火安全性、减少火灾中人民生命财产的损失及保护环境方面的突出贡献，阻燃仍然是必要和明智的选择。

关于阻燃剂的毒性，目前最引人关注的主要问题有两个：一是20世纪80年代中期已提出的二噁英问题；二是阻燃剂本身的危害性。所谓的二噁英问题是指多溴二苯醚及其阻燃的聚合物在热裂解及燃烧时产生的多溴代二苯并二噁英（PBDD）和多溴代二苯并呋喃（PBDF），涉及此问题的目前还仅限于多溴二苯醚类阻燃剂。在75种工业溴系阻燃剂中，只有很少几种是PBDD和PBDF的前体，而且研究表明，即使是含溴阻燃剂的塑料，经过几次循环加工，其中PBDD和PBDF的含量仍能通过德国二噁英条例，不会对人体健康和生态环境造成影响。含溴塑料和城市垃圾一起焚烧时，也并不增加PBDD及PBDF的生产量。

关于阻燃剂本身的危害性，人们尤为重视。例如，欧盟已对几十种阻燃剂进行危害性评估，至2004年7月，已公布了12种阻燃剂的初步评估结果，其中已确证对环境和人类健康有害的只有五溴二苯醚和八溴二苯醚，即使人们怀疑和担心的十溴二苯醚，则经过全面而详细的评估，均未发现其任何危害作用。鉴于已得到的评估结论，欧盟于2003年1月公布了RoHS指令，要求从2006年7月1日起，在欧盟国家新上市的电子电气产品，其中多溴联苯及多溴（五溴及八溴）二苯醚的含量应低于0.1%。但业内专家指出，目前国际市场上供应的为数极多的阻燃剂和阻燃材料，其中绝大多数尚未发现对人类和环境有何重大影响，可以安全使用。

2.4.3 对阻燃剂的基本要求

一个理想的阻燃剂最好能同时满足下述条件，但这实际上几乎是不可能的，所以选择实用的阻燃剂时，大多是在满足基本要求的前提下，在其他要求间折中求得最佳的综合平衡。

① 阻燃效率高，获得单位阻燃效能所需的用量少，即效能/价格比高。

② 应具备下述生态及环保特点：a. 对人、动物及植物无害；b. 难迁移，即不因蒸发或洗提而从最终产品中释出；c. 热裂或燃烧时释出的有毒及/或腐蚀性气体（包括烟尘）量少；d. 易回收，不恶化或较小恶化机械回收产品的性能；e. 与环境相容，即对环境无害，或能在环境中安全降解。

③ 与被阻燃基材的相容性好，不易起霜。

④ 具有足够的热稳定性，在被阻燃基材加工温度下不分解，但分解温度也不宜过高，以在250～400℃为宜。

⑤ 不致过多恶化被阻燃基材的加工性能和最后产品的物理机械性能和电气性能，在材料阻燃性和实用性间可求得和谐的统一。

⑥ 具有可接受的光稳定性。

⑦ 原料来源充足，制造工艺简便，价格可为用户接受。

随着现在环保意识的增强，阻燃产品对环境的影响已经成为人们选择阻燃剂的因素之一。为了满足环保要求的同时又保证阻燃效果，世界各国不断地研制开发新型阻燃体系，保证阻燃剂能达到规定的阻燃效率的同时，还要具有良好的物理机械性能、防腐蚀性、低烟性、无毒性和热稳定性等。

2.4.4 阻燃性能的表征[17]

由于阻燃材料在火灾中的燃烧行为非常复杂，单一的燃烧测试方法不能完全描述其燃烧性能，因此人们试图通过对阻燃材料测试与表征方法的研究，从多方面更完备地评价阻燃材料的阻燃性能。

传统的测试方法包括燃烧试验法、氧指数法等，随着社会需求的不断提高，新一代的测试仪器锥形量热仪（CONE）发展起来，它能够很好地模拟材料的燃烧行为，对研究材料的阻燃机理有很大的帮助。

燃烧试验法，主要用来测定试样的燃烧广度（炭化面积和损毁长度）、续燃时间和阴燃时间。将一定尺寸的试样，在规定的燃烧箱里用规定的火源点燃 12s，除去火源后测定试样的续燃时间和阴燃时间。阴燃停止后，按规定的方法测出损毁长度。根据试样与火焰的相对位置，可以分为垂直法、倾斜法和水平法。其中常用的是垂直燃烧法，根据材料的燃烧性按规定分为 FV-0、FV-1 和 FV-2 三级，等同于美国 UL94-V0，UL94-V1，UL94-V2 标准，见表 2.3。

表 2.3 UL94V 垂直燃烧测定判别标准

项目	阻燃级别		
	V0	V1	V2
试样数	5	5	5
点燃次数	2	2	2
每次点燃后单个试样最长有焰燃烧时间/s	10	30	30
第二次点燃单个试样最长无焰燃烧时间/s	30	60	60
5 个试样点燃后最长有焰燃烧总时间/s	50	250	250
有无熔滴和熔滴是否引燃棉花	否	否	是
是否燃烧到固定夹	否	否	否

极限氧指数法是常用且现在较为广泛使用的方法。所谓极限氧指数（简称氧指数），是指在规定的实验条件下，在氧、氮混合气体中，材料刚好能保持燃烧状态所需最低氧浓度，用 LOI 表示，$LOI=O_2/(O_2+N_2)\times100\%$。实验在氧指数测定仪上进行。将被夹持的试样垂直放入透明燃烧筒中，筒内有向上的移动氧氮气流，点燃试样上端，随即观察燃烧现象，并与规定的极限比较其持续燃烧时间或燃烧的距离。通过不同氧浓度中一系列试样的实验，可以测得最低氧浓度。氧指数法测得数据准确，重现性好。因此，氧指数法更适合用于工艺过程实验使用。一般认为氧指数＜22％属于易燃材料，氧指数在 22％～27％之间属可燃材料，氧指数＞27％属难燃材料。研究表明，当某种材料的氧指数大于 25％时，该材料不易燃烧，当氧指数大于 27％时，材料具有自熄性。

锥形量热计是 20 世纪 80 年代初开始发展起来的一种新型燃烧测试装置。将试样置于加热器下部点燃，通过测定材料燃烧时所消耗的氧量来计算试样在不同外来辐射热作用下燃烧时所放出的热量。因为材料燃烧时，每消耗 1kg 氧气将放出 13.1MJ 热量。而且对大多数塑料、橡胶及天然材料来说，此值大致是相等的。因而可由此测得材料的释热速率（HRR）。该参数被认为是影响火势发展的最重要的参数，HRR 是单位面积样品释放热量的速率，它是评价火灾危害性最重要的参数之一。HRR 或热释放速率峰值（PHRR）越大，表明燃烧程度越大和越激烈。此外，它可以测量材料燃烧时的单位面积热释放速率、有害气体含量等参数。这些参数的测取对于分析阻燃材料的综合性能，预测材料及制品在火灾中的燃烧行为将是十分有用的。通过上述参数，可研究小型阻燃试验结果与大型阻燃试验结果的关系，并能分析阻燃剂的性能和估计阻燃材料在真实火灾中的危险程度。此外，还可用于测定阻燃聚合物的点燃性。

2.5 抗静电改性[18～20]

在现代工业生产及日常生活中，静电荷的积累往往造成重大的损失和灾难。如纺织工业中，因静电造成的吸力、斥力、电击和放电现象给纤维的生产、加工带来很大危害；在化学、炼油、采矿及军工工业中，由于各种非金属材料的应用，因静电积累造成的危害已有多次报道；在塑料加工、感光材料、印刷业等也常遭到静电干扰；在日常生活中，由于衣着带静电，常使人产生烦恼的电击，放电现象更是屡见不鲜。因此，消除静电荷，防止静电积累已引起越来越多的关注。然而，如果合理地利用这些静电力学作用和物理现象，则可根据静电原理制成多种产品，利用静电来造福人类

由于聚合物的体积电阻率一般高达 $10^{10}\sim10^{20}\Omega\cdot cm$，易积蓄静电而发生危险，在某些特定场合需要使用抗静电聚合物。含有抗静电剂并根据 IEC60093（固体绝缘材料体积电阻率和表面电阻率试验方法）测得体积电阻率小于$10^{10}\Omega\cdot cm$的聚合物称为抗静电聚合物。为使聚合物具有抗静电性，往往在聚合物中加入抗静电剂，或者在聚合物中引入导电填料，因而可以使静电及时泄漏。抗静电聚合物的制备有两种方法，一种是引入抗静电剂，另一种是引入导电填料。

2.5.1 抗静电剂的分类

目前聚合物用抗静电剂多系表面活性剂，可使聚合物表面亲和水分而抗静电，离子型表面活性剂还有导电作用。按其使用方式和化学结构可将其分为不同的类型。按抗静电剂的使用方式的不同，一般可分为外部涂覆型和内部混炼型两种类型。按化学组成的不同，一般可分为表面活性剂型、高分子型和复合型三种类型。

2.5.1.1 按使用方式分类

(1) 外部涂覆型抗静电剂

外部涂覆型是通过适当的溶剂溶解后，通过浸渍、喷涂等方法附着于塑料制品表面。干燥脱除溶剂后的抗静电剂在塑料制品表面形成导电分子层。外部涂覆型多为离子型表面活性剂，以阳离子型应用效果最好，其次为两性型、阴离子型和非离子型。该方法工艺简单，操作方便，抗静电剂用量少，且不受树脂类型、制品形状的限制，也不影响制品的成型和加工性能。但会因摩擦、洗涤而脱失或逸散，耐久性差。

(2) 内部混炼型抗静电剂

内部混炼型是以一定比例均匀添加到树脂内部，借助聚合物分子的链段运动

而向表面迁移，吸收空气中的水分而形成导电层。以非离子型为主，阴离子、阳离子型在一定的制品中也可应用。当塑料制品表面的抗静电剂因摩擦、洗涤等原因而缺失时，内部的抗静电剂分子会继续向外部迁移补充，从而具有较持久的抗静电效果。此类抗静电剂耐久性好，添加量少，但对树脂的种类、加工温度等条件要求高。加工温度太高，会使抗静电剂分解，添加量过大会影响塑料制品的物理性能。

不论外部涂覆型还是内部混炼型，其作用机理都主要是抗静电剂的亲水基吸附空气中的水分子，形成一个单分子导电膜；离子型抗静电剂增加制品表面的离子浓度和表面电导；增加摩擦体间隙之间的介电性能；抗静电剂的电荷中和制品表面电性相反的电荷；增加制品表面的平滑性，降低摩擦系数，减少电荷的产生。

2.5.1.2 按化学组成分类

（1）表面活性剂型抗静电剂

表面活性剂型抗静电剂的分子结构为O-R-W。其中O为亲油基，W为亲水基，R为亲油基与亲水基之间的连接部分。

① 离子型　亲水基团具有电离特性，依据亲水基离子的带电性质，离子型抗静电剂一般分为阳离子型、阴离子型和两性型抗静电剂。阳离子表面活性剂（亲水头为阳离子）主要有各种烷基胺盐、季铵盐和烷基氨基酸盐等，其中以N原子上直接连有疏水基的季铵盐最为典型。阳离子型抗静电剂的抗静电性优异，同时具有杀菌性、柔软性和乳化性等性能，但耐热性差。

阴离子型表面活性剂（亲水头为阴离子），按其亲水基结构的不同，可分为有机羧酸盐、磺酸盐、硫酸酯盐、磷酸酯盐。阴离子型抗静电剂的耐热性和抗静电效果都比较好，但与树脂的相容性较差，影响其透明度。

两性离子表面活性剂（亲水头既含阴离子又含有阳离子）。亲水基在水溶液中产生解离，在有些介质中体现阳离子表面活性剂的特征，在有些介质中体现出阴离子表面活性剂的特征。按亲水基结构不同，可分为咪唑啉型、甜菜碱型、氨基酸型及卵磷脂型。两性型抗静电剂与阳离子型、阴离子型、非离子型抗静电剂有良好的配伍性，它对树脂附着力较强，抗静电效果显著。抗静电效果类似于阳离子型，但耐热性能不如阴离子型。

② 非离子型　非离子表面活性剂（亲水头为一些极性基，如在水中不能解离的羟基或聚氧乙烯醚，即溶入水时不带电），主要有羟乙基烷基胺、脂肪酰胺类、聚氧乙烯类、多元醇酯等。相容性和耐热性能良好，无毒或低毒，可用于食品包装材料，但存在添加量大的问题。可与阳离子型或阴离子型抗静电剂协同使用，抗静电效果更好。

（2）高分子永久型抗静电剂

高分子类抗静电剂具有永久抗静电性能，是近年来抗静电剂研究的热点。一般可分为亲水性高分子型和复合型抗静电剂。

① 亲水性高分子抗静电剂　许多亲水性高分子聚合物自身抗静电效能相对较好且稳定持久。亲水性聚合物在特殊相容剂存在下，经较低的剪切力拉伸后，在基体高分子表面呈微细的筋状，即层状分散结构，而中心部分则接近球状分布。这种"蕊壳"结构中的亲水性聚合物的层状分散状态能有效地降低共混物表面电阻，并且具有永久抗静电性。但当大气湿度低于20%时，将不再表现出抗静电效果。

高分子永久型抗静电剂抗静电效果持久，无诱导期，不易受擦拭、洗涤等条件影响，但添加量较大，价格较高，并且只能通过混炼的方法加入到树脂中。

② 复合型抗静电剂　复合抗静电剂通常指两种或两种以上有机低分子抗静电剂以一定比例应用于制品中。复合抗静电剂是提高抗静电性及平衡其他特性的一个重要途径。目前工业一般应用的复合抗静电剂主要有阴离子-非离子复配体系、阳离子-非离子复配体系、非离子-非离子复配体系。

2.5.2 填充抗静电复合材料

制备抗静电聚合物的另一种方式是在基体聚合物中加入无机导电填料或其他导电聚合物，采用物理或化学方法复合后得到的具有一定抗静电功能，又具有良好力学性能的复合材料。无机填充抗静电材料种类繁多，主要有碳系抗静电材料、金属系抗静电材料及金属氧化物系抗静电材料等。

碳系导电填料主要有炭黑、碳纤维、石墨、碳纳米管，碳系填料的形状、尺寸以及其在聚合物基体中的分布情况是控制聚合物基抗静电复合材料性能的主要因素。表2.4为碳系导电填料的主要性能特点。

表2.4　碳系导电填料的性能

分类	类别	性能特点
炭黑	乙炔炭黑	纯度高、分散性好、导电性好
	炉法炭黑	导电性好
	热裂解炭黑	导电性差、成本低
	槽法炭黑	导电性差、粒子小、着色性好
	导电炭黑	分散性好、导电性好
碳纤维	PAN系碳纤维	导电性好、成本高、难加工
	沥青系碳纤维	导电性差、成本低
石墨	天然石墨	因产地不同而性能差异大
	人工石墨	导电性因生产方法而异
碳纳米管	单壁碳纳米管	导电性好、成本高

炭黑价格低廉，且很少的用量即可使复合材料获得很好的导电性能，故炭黑在聚合物基抗静电复合材料上的应用最广泛。大量研究表明：炭黑粒子的尺寸越小，结构越复杂，炭黑粒子比表面积越大，表面活性基团越少，极性越强，则所制备的抗静电复合材料的性能越好。目前，对炭黑填充聚合物基抗静电复合材料的研究，已从传统的改变炭黑的用量转向通过提高炭黑的质量来提高其导电复合材料的导电性能。如对炭黑进行高温处理，不仅可以增加炭黑的比表面积，而且可以改变其表面化学特性。用钛酸酯偶联剂处理炭黑表面，在改善复合材料导电性能的同时，还能提高熔体流动性和材料的力学性能。另外，新型导电炭黑也在进一步的研究之中。

碳纤维（CF）也是一种较好的导电填料，其导电性介于炭黑和石墨之间，而且其具有高强度、高模量、耐腐蚀、耐辐射、耐高温等多种优良性能。将CF用金属包覆，可提高其导电性，降低其在复合材料中的填充量。如美国已开发出一种高导电性的镀镍CF，其填充的体积分数为12%～67%，密度为1.27～1.64g/cm^3，可用于制备高性能抗静电复合材料。CF具有较高的强度和模量，导电性能优良，用它来代替炭黑或石墨添加到聚合物中制成的抗静电复合材料的综合性能优良，但由于其价格较高，目前CF填充型抗静电复合材料仅限于航空航天等高科技产品中的应用。

石墨的导电性不如炭黑优良，而且加入量较大，对复合材料的成型工艺影响比较大，但能提高材料的耐腐蚀能力。虽然石墨填料来源丰富，价格低廉，作为导电填料在塑料中应用较早，但由于石墨导电性能不稳定，直接将其作为导电填料，填充量较大，致使导电塑料的密度高，力学性能差，因此限定了其应用领域。最近，膨胀石墨的发展有望改善上述问题。

碳纳米管（CNTs）是在一定条件下由大量碳原子聚集在一起形成的同轴空心管状的纳米级材料，它的径向尺寸为纳米数量级，轴向尺寸为微米数量级，属于碳同位素异构体家族中的一个新成员，是理想的一维量子材料。作为导电填料使用，碳纳米管的添加量比其他导电填料要低很多，从而对复合材料的性能影响很小，也可有效避免CNTs成本过高的问题。因此在聚合物中的应用广泛。

除了提高导电性外，低含量的CNTs还能提升材料的导热性。导热性的改善对于材料的加工是有利的，能使材料表面更美观，减少脱落，提高聚合物的力学性能保持率等。因此，CNTs在聚合物中的抗静电应用备受关注。

金属系填料中目前应用较多的是金属粉末（Ag、Cu、Al、Ni等）、金属纤维（铜纤维、铝纤维、不锈钢纤维等）和低熔点合金等。采用金属粉末填充时存在添加量大、易发生热氧化和对基体老化有催化作用等缺点。其较大的加入量对基体的力学性能也产生较大的影响，产品性能不稳定。

采用金属纤维填充时，由于纤维状填料彼此接触概率更大，因此在填充很少的情况下便可获得较高的电导率。一般来说，金属纤维的长径比越大，复合材料的抗静电性能越好。目前，已经产业化的有日本日立化成公司的黄铜纤维，长度

2～15mm，直径 40～120μm，添加量为10%时，电导率可高于10^2S/cm。钟纺公司采用微振动切割技术制备的黄铜纤维，价格更低，添加量更少，电导率可达10^3S/cm。比较常见的还有不锈钢纤维，因其强度高，不易折断，抗氧化性好而受到越来越多的重视。

若用具有低熔点的金属作为导电填料，在聚合物熔融加工条件下，金属处于液态，可以改善聚合物的加工流动性能，而不像固态填料那样使加工性能变坏，在加工过程中强剪切的作用下，液态金属被细化成纳米尺寸的粒子，由于纳米粒子是在聚合物熔体中形成的，在聚合物熔体的包覆和隔离下可以避免金属的氧化。

金属系导电填料的导电性虽然很好，但抗氧化性较差，随着近些年来抗氧化技术的发展，它的开发和应用才逐渐增多。目前对金属系填料的研究关键是如何更好地解决抗氧化和共混过程中金属填料沉降的问题。而使用低熔点的金属作为导电填料，不仅可以改善聚合物的加工流动性能，而且可以避免金属填料被氧化，因此具有广阔的应用前景。

金属氧化物系填料主要有氧化锌（ZnO）、二氧化锡（SnO_2）、氧化铜(CuO)、二氧化硅（SiO_2）等。这类导电填料具有色泽浅、透明度高、性能稳定等优良的物理化学性能，应用前景十分广阔。但是由于其本身的导电性比较差，使用时需要掺杂其他金属来提高导电性。

有机导电聚合物指的是具有共轭 P 键长链结构的高分子，经过化学或电化学掺杂后形成的材料。即从共轭 P 键链上迁出或迁入电子，从而形成自由基离子或双离子。在外加电场的作用下，载流子沿着共轭 P 键移动，从而实现电子的传递，达到消除静电荷的目的。本征型高分子材料除了具有高分子的丰富结构、可加工、密度小等特点之外，还具有金属（高电导率）和半导体性质。目前导电高分子理论及应用研究较多的有聚乙炔、聚噻吩、聚吡咯、聚苯胺等以及它们的衍生物。

2.5.3 抗静电改性时需要注意的问题

如可用多种季铵盐来增加聚合物的电导率，但添加此类抗静电剂的聚合物的体积电阻率对湿度具有明显的依赖性；使用炭黑时，需考虑产品着色及添加大量炭黑后聚合物的力学性能降低问题；抗静电剂的热稳定性问题，对加工温度较高的 TPE 而言特别需要注意，如某些 TPU 的加工温度超过 200℃，由于抗静电剂的热降解而对 TPU 基体产生不利影响；抗静电剂与聚合物的相容性，二者必须具有足够的相容性，不因熔融加工而渗出或蒸发，或者长期使用过程中“迁移”，聚合物的力学性能，如耐磨性或弹性体性质，不会因添加剂而显著受损。

2.6 TPE 材料的发泡[21]

聚合物发泡材料是指以聚合物（塑料、橡胶或弹性体等）为基础而其内部具有无数气泡的微孔材料，也可以视为以气体为填料的复合材料。聚合物发泡材料具有密度低、隔热性优良、隔音效果好及比强度高等优点。它们在家庭日常用品、交通工具、绝缘材料、包装材料、电器、运动设施、电子产品和化学以及纺织等行业中广泛应用。

大多数发泡材料是在特定的聚合体系黏度范围内通过气体发泡制备而得。发泡剂是添加到聚合物基体中，通过加热分解或直接注入提供气体，使聚合物在加工条件下能够形成泡孔结构的助剂类型。因此发泡剂是发泡材料不可或缺的重要加工助剂。根据物质的状态不同，发泡剂有固体、液体和气体3类；依据在发泡过程中产生气体的方式不同，一般分为物理发泡剂和化学发泡剂两大类。从化学组成来看，物理发泡剂和化学发泡剂均涉及有机和无机两类基本物质。

2.6.1　物理发泡剂

物理发泡剂是易气化的物质，在聚合物加工条件下依赖自身物理形态的变化形成气泡，即在聚合物发泡成型前将其加入到树脂中，加热时发泡剂气化，使聚合物发泡。使用物理发泡剂生产泡沫制品，发泡工艺简单，泡沫材料成本低。物理发泡剂又称挥发性发泡剂，一般包括惰性压缩气体、可溶于树脂的低沸点液体或易升华固体。当树脂料受热升华时，它们挥发或升华，产生大量气体，使树脂料发泡。在此过程中，发泡剂仅是物理形态发生了变化，化学组成不变。

惰性压缩气体是常用的物理发泡剂，它们在压力下和物料混合，又于常压下膨胀，使树脂发泡，如空气、氮气、二氧化碳、水等。低沸点液体或易升华固体主要是脂肪烃或卤代烃，如戊烷、己烷、三氯氟甲烷、三氯三氟乙烷等，其中氯氟烃（俗称氟里昂）占有较大的市场份额。近年来有关氟里昂破坏大气臭氧层的问题日益引起关注，全球范围内立法限制使用氯氟烃，要求采用环保性的替代发泡剂。

二氧化碳当温度超过31℃，压力超过7.38MPa时就称为超临界二氧化碳，它能溶解许多有机化合物，而且价廉无毒、易分离。常规状态下，二氧化碳或氮气在熔融树脂中溶解量非常少，不足以用来发泡，但在超临界状态下，二氧化碳或氮气的溶解度和扩散速度将大幅提高，从而完全具备微孔发泡所需的工艺条件，在完善的工艺技术装备配合下，超临界状态气体实现了微孔发泡的完美效果。超临界二氧化碳用于聚合物发泡制品的生产，具有安全性高、环保、成本低等突出优点，可以替代氟氯烃类化合物或低沸点烷烃类发泡剂。TPV/TPE密封条更是微孔发泡注塑成型技术应用全面发展的空间领域。

在注塑、挤出以级吹塑成型工艺中，先将超临界状态的二氧化碳或氮气注入到特殊的塑化装置中，使气体与熔融原料充分均匀混合/扩散后，形成单相混合溶胶：将该溶胶导入模具型腔或口模，使混合溶胶产生巨大的压力降，从而使其内部析出形成大量的气泡核；在随后的冷却成型过程中，溶胶内部的气泡核不断长大成型，最终获得微孔发泡的塑料制品。

在预定背压下熔融塑化树脂，向熔融树脂中定量注入超临界 N_2 或 CO_2；通过进一步混合/扩散后形成均相溶液，并在进入模具型腔之前保持该状态；注射进入到型腔中，通过注射过程中的热力学不稳定性，瞬时形成大量的气泡核；在填充和冷却过程中，气泡长大并被固定，获得微孔发泡制品[22]。

物理发泡微胶囊是一种热膨胀性微胶囊。它外有热塑性壳层，内含低沸点有机溶剂，根据不同的用途直径为 $5\sim100\mu m$ 不等。在技术上外壳称为壁材或囊膜，内含的有机溶剂称为芯材。受热时，囊心液体（低沸点有机溶剂）迅速气化，产生内压力。同时壁材受热软化，在内压力作用下壁材膨胀，体积增大而发泡。当壁材热塑性和芯材气化所产生的压力适当时，微胶囊表现出良好的膨胀性能，一般来说，膨胀后其直径增大到原来的数倍，体积增大到原来的数十倍乃至 100 倍。膨胀后的微胶囊具有相对的形状稳定性，冷却后不回缩。

2.6.2 化学发泡剂

化学发泡剂则是加热时分解放出气体的物质，以化学分解的方式释放一种或多种气体，进而促使聚合物基体发泡。化学发泡剂与物理发泡剂相比，生产的泡沫材料成本相对较高，工艺较复杂，但制得的泡沫制品性能较好。化学发泡剂是通常具有粉状特征的热分解型化学发泡剂。它们能均匀地分散于塑料和橡胶中，在加工温度下迅速分解，产生大量气体，从而使其发泡。无机发泡剂是最早使用的化学发泡剂，主要有碳酸氢钠、碳酸铵、亚硝酸铵等，多用于天然橡胶、合成橡胶及胶乳海绵制品，在塑料中较少采用。其中碳酸氢盐类发泡剂具有安全、吸热分解、成核效果好等特点，发生气体为二氧化碳。无机发泡剂在聚合物中分散性差，因为其应用受到一定的局限。但随着微细化和表面处理等技术的进步，无机发泡剂的应用领域正逐步拓宽。无机发泡剂基于气泡成核剂的功能，在气泡的稳定化、微细化或泡沫可燃性气体老化时间的缩短方面显示出十分有益的作用。另外，对于释放二氧化碳气体的无机发泡剂来说，由于发泡气体在聚合物中扩散速度大，在低发泡注射成型中常有形成刚性表面层的功能，它们与有机发泡剂配合，期待着开发更加广泛的应用领域。

有机发泡剂包括偶氮化合物、肼衍生物、叠氮化合物、亚硝基化合物、三唑类化合物等。其中以偶氮二甲酰胺（AC）、二亚硝基五亚甲基四胺（DPT，俗称发泡剂 H）和 4,4′-氧代双苯磺酰肼（OBSH）的应用最为普遍。现在品种繁多的发泡剂是以这些基本结构的发泡剂为基础复配而成的。

有机发泡剂具有如下特征：①在聚合物中的分散性好，气泡微细且均匀；②分解温度范围较窄，可以控制；③以释放氮气为主，由于氮气在聚合物中扩散速度小，不易从发泡体中逸出。因而发泡效率较高；④有机发泡剂为放热型发泡剂，达到一定温度时急剧分解，发气量比较稳定，可测算发泡剂用量和发泡率的关系，同时放热量过大，容易导致制品内部温度大大超过外部温度，影响制品的应用性能，不利于较厚制品的加工；⑤有机发泡剂多为易燃物。

在偶氮类发泡剂中，AC是世界上应用领域最广、产耗量最大、改性品种最多的有机发泡剂。AC外观为橙黄色结晶粉末，纯品熔点约230℃，在空气中的分解温度高达195～210℃，不助燃，且有自熄性，也是常规化学发泡剂中较稳定的品种之一。其显著特征是能够促进发泡的活化剂范围较宽，选择不同类型活化剂及相应用量可以调制适应不同制品加工需要，分解温度在150～205℃范围的专用品种，这也是发泡剂AC能够赢得市场的重要原因。作为活化剂，许多有机酸盐、金属氧化物、尿素及脲的衍生物、乙醇胺、有机酸和硼砂等，都对发泡剂AC具有不同程度的促进分解作用。

发泡剂AC无毒、无味、不污染、不变色，其应用领域几乎涉及从热塑性塑料到交联橡胶等各个领域。但AC发泡剂也不无弊端，诸如橙黄色外观在不完全分解的情况下容易导致制品着色，分解气体组成中的二氧化碳、氨气问题以及由升华性分解残渣引发的模具污染等。

发泡剂H是亚硝基类发泡剂的代表性品种，外观为淡黄色结晶粉末，纯品在200～205℃下分解，但与某些活化剂配合，发泡温度可调整在110～130℃范围。发泡剂H对无机酸、有机酸等酸性物质极为敏感，室温下接触即能发生剧烈分解甚至着火，同时发泡剂H本身属于易燃物，在燃烧实验中往往伴随分解而发火，并有持续燃烧的倾向，因此贮藏和运输时应特别注意。发泡剂H是仅次于发泡剂AC的第二大有机发泡剂品种，具有发气量大、发泡倍率高、不变色、不污染和价廉等优点。

发泡剂H的有效活化剂为酵素、脲类衍生物和有机酸，活化发泡温度的确定必须考虑其在聚合物混配中的危险性和制品加工的方便性两个方面。为改良尿素衍生物在聚合物中分散性差、吸湿等不足，往往配合使用乙二醇、金属皂及无机盐类物质。需注意的是，发泡剂H的活化不宜在应用前预混，多数情况下与发泡助剂同时配合在聚合物中。

在有机发泡剂中，酰肼类结构品种占有重要地位。其中以芳香族磺酰肼格外突出。其分解温度和发气量低于发泡剂H和发泡剂AC。能定量释放氮气和水蒸气，其残渣多为无毒、无色的烷基或芳基二硫化物和硫代亚砜。OBSH是磺酰肼类发泡剂中产耗量最大的品种，外观为白色微晶粉末，分解温度约160℃，为适应性极广的发泡剂，有“万能发泡剂”之称。OBSH通常很少使用发泡助剂活化，但尿素及其衍生物、胺、有机酸、硬脂酸酯、PVC热稳定剂具有不同程度的活化效能。

然而，单一品种的发泡剂往往很难满足多种聚合物及同一聚合物的多种加工制品性能的要求。复合发泡剂是指以发泡剂AC、发泡剂H、OBSH及无机发泡剂为主体，两种以上发泡剂并用，或配合不同类型的活化剂组分、其他助剂成分而得到的满足特定应用领域的发泡剂类型，以达到价格、溶解性、放热性、分散性以及分解温度、发气量等性能的均衡。

2.6.3 TPE发泡中需要注意的问题

发泡成型中有关气泡的质量问题大多数是因为发泡剂分散不良造成的，同时以粉状型为主的化学发泡剂产生的粉尘污染也是造成环境恶化的重要原因，因此母料化和表面处理技术在发泡剂品种开发中得到了充分的应用。尽可能采用微细的发泡剂粒子，或者对发泡剂进行表面处理，对于改善其分散性是有效的。

在工业生产中，经常把发泡剂配成高浓度的分散体，即把发泡剂、发泡助剂、聚合物进行混炼，造粒制成发泡剂母料。发泡剂母料的推出，不仅解决了发泡剂在基体中的分散问题，还解决了粉尘飞扬、计量误差等不足，简化了生产工艺，便于自动化，提高了产品质量。

参考文献

[1] 图托尔斯基等著．弹性体的化学改性．吴棣华等译．北京：北京中国石化总公司情报研究所，1997.

[2] 郭静．高分子材料改性技术．北京：中国纺织出版社，2009.

[3] 王经武．塑料改性技术．北京：化学工业出版社，2004.

[4] 朱玉注．弹性体的力学性质改性——填充补强与共混．北京：北京科学技术出版社，1992.

[5] 陈龙祥，由涛，张庆文等．塑料填充改性技术研究进展．化工新型材料，2010，38（10）：8-11.

[6] Usuki A,Kojima Y,Kawasumi M,et al. Synthesis of Nylon 6-Clay Hybrid. Journal of Materials Research, 1993,8(5):1179-1184.

[7] Kojima Y,Usuki A,Kawasumi M,et al. Mechanical-properties of Nylon 6-Clay Hybrid. Journal of Materials Research,1993,8(5):1185-1189.

[8] Chen W C,Lai S. M,Chen C. M. Preparation and Properties of Styrene-Ethylene-Butylenes-Styrene Block Copolymer/Clay Nanocomposites: 1. Effect of Clay Content and Compatibilizer Types. Polymer International,2008,(57):515-522.

[9] 欧育湘，李建军．阻燃剂——性能、制造及应用．北京：化学工业出版社，2006.

[10] 刘霞，李燕芸，吕九琢．阻燃剂的现状与发展趋势．广东化工，1999，2：111-114.

[11] 唐若谷，黄兆阁．卤系阻燃剂的研究进展．科技通报，2012，28（1）：129-132.

[12] 吕丹．聚合物的阻燃及阻燃剂的研究进展．广东化工，2009，36（197）：96-98.

[13] 周政懋．国内外阻燃剂现状及进展．铜牛杯第九届功能性纺织品及纳米技术研讨会论文集，2009-5,209-219.

[14] 王海军，陈立新，缪 桦．氮系阻燃剂的研究及应用概况．热固性树脂，2005，20（4）：36-41.

[15] 张安振，张以河．矿物阻燃剂在聚氨酯阻燃泡沫材料中的应用进展．工程塑料应用，2011，39(12): 93-96.

[16] 肖军华．EPDM/PP热塑性弹性体电缆料的研究．广州：广东工业大学，2007.

[17] 邵鸿飞，柴娟，张福军．阻燃材料测试与表征方法概述．工程塑料应用，2008，36（1）：69-72.

[18] 赵择卿，陈小立．高分子材料导电和抗静电技术及应用．北京：中国纺织出版社，2006.

[19] 施明，杨育农，郑成．抗静电剂在塑料制品中的研究应用进展．合成材料老化与应用，2012,41（1）：42-47.

[20] 万长宇，曲敏杰，吴立豪等．聚合物基抗静电复合材料研究进展．塑料科技，2012，40（12）：89-93.

[21] 何继敏．新型聚合物发泡材料及技术．北京：化学工业出版社，2008.

[22] http://baike. baidu. com. cn/view/5515255. htm.

第 3 章

苯乙烯类热塑性弹性体的改性及应用

苯乙烯类热塑性弹性体（TPS）目前是世界产量最大、与橡胶性能最为相似的一种热塑性弹性体。TPS 拥有很多优良性能，应用领域也很广泛。但 TPS 中分子链中含双键的类型 SBS 和 SIS，对光、热、氧的作用敏感，尤其在紫外线照射下和臭氧作用下容易发生老化。例如对 SBS 来说会导致中间链段交联，共聚物变硬不溶，甚至不熔而无法加工使用；相反，就 SIS 而言，则产生断裂降解反应，结果聚合物变软变黏而失去使用价值。同时，由于 TPS 链段中 PS 段的玻璃化温度较低且呈非极性，故 TPS 的耐热性不好，特别是耐高温蠕变性远不如硫化橡胶，使用温度较低，限制了它们的应用范围。另外，由于 TPS 极性小，使其耐油性和耐溶剂性较差，且与一些极性材料相容性不好，这些不足都限制了 SBS 在一些领域的应用。通过加氢改性、磺化改性、环氧化改性、接枝改性、原位聚合改性和共混改性等，可克服 SBS 的缺陷，提高其性能，从而拓宽其应用领域。利用催化剂对其进行加氢反应，使中间橡胶链段饱和，还原产物具有较高熔点，提高了使用温度，抗氧化性能优良；同时，还可降低蠕变和压缩变形。

TPS 虽可不必硫化而直接加工使用，但一般情况下，纯 TPS 很少单独使用在最终制品上。为改善其加工性能，满足特殊使用要求以及降低成本等原因，需要加入各种配合剂。根据不同的要求和不同应用领域，可在 TPS 中混入多种物质，如软化油、其他聚合物、填料和各种添加剂等。软化油的加入可降低成本和胶料硬度，增加其加工流动性，并改善工艺性能；加入填充剂可提高产品的硬度，降低成本，改善压缩变形；添加改性树脂后，可以改善其力学性能，增加其耐磨性、抗撕裂性能，还可以改善流动性；稳定剂的加入可防止 SBS 分子链中双键受热、氧、光侵袭而断链；润滑剂可防止加工时粘辊，起润滑分散作用。另外，功能化的 TPS 被赋予特殊的性能，如阻燃、抗静电等。

3.1 苯乙烯类热塑性弹性体的改性

3.1.1 化学改性

TPS 的主要品种为 SBS（占 70%以上）。目前，对 SBS 进行的化学改性主要是通过不饱和双键进行化学反应，如加氢、环氧化、接枝、磺化等[1]。近年来，随着可逆加成断裂链转移聚合（RAFT）新技术的发展，将带有极性基团的乙烯基单体（如丙烯腈、马来酸酐、甲基丙烯酸甲酯）与苯乙烯无规共聚形成约束相，进而与聚丁二烯弹性体组成嵌段结构，可控地合成出耐热、耐溶剂的新型 TPS 热塑性弹性体。

3.1.1.1 SBS 的加氢改性

SBS 分子结构中的双键能在一定的温度和压力下进行加氢反应，可以制备出具有优良稳定性和耐热性的氢化 SBS（即 SEBS）。由于大部分碳—碳双键已被氢化，所以 SEBS 具有良好的抗氧及抗臭氧能力，热稳定性提高，耐老化性能明显优于 SBS，同时可提高使用温度，使耐磨性和电性能变好，并改善了与聚乙烯、聚丙烯等塑料的相容性。

SBS 的选择性氢化催化剂主要经历了三个阶段。其一为非均相催化剂，将铁、钴、镍等有色金属载于硅藻土等载体上。该类催化反应需在高温高压下进行，并且催化剂与聚合物吸附后，物理分离困难，因此逐渐被淘汰。其二为齐格勒-纳塔过渡金属盐均相催化剂。该类催化剂为铁、钴、镍等金属的羧酸盐或烷氧基化合物，再配合有机铝、有机镁等还原剂。该类催化剂用量大，脱除困难，且氢化工艺较难控制，其应用受到限制。其三为茂金属均相催化剂，以环戊二烯基作为配体，以钛、锆、铪等第Ⅳ族过渡金属作为活性中心的金属有机化合物。相对于前两类催化剂而言，茂金属催化剂的活性高、选择性好、反应条件温和、稳定性和重现性也较好。目前已实现了以茂金属催化剂制备氢化产品的工业化生产[2]。

近年来，贵金属催化剂被应用于 SBS 加氢，显示了加氢活性高、反应条件温和、选择性好等优点，但催化剂的分离回收是有待解决的问题。为了解决贵金属催化剂分离回收难问题，化学家们正在为寻找一种新型催化加氢体系而不懈努力，期望这种新体系既具有均相加氢的高活性、高选择性，又具有多相体系的催化剂易分离的优点，这样可避免繁复且成本昂贵的后处理工序。现主要集中在水/有机两相催化体系和离子液体两相催化体系研究，它们都表现出良好的工业应用前景[3]。

SIS 熔融黏度较低，主要用作溶剂型压敏胶和热熔压敏胶的胶料。同 SBS 一样，SIS 中橡胶相的不饱和双键在空气中会受到氧气、臭氧和紫外线的作用而发生热老化，尤其是热熔压敏胶在高温配制和熔融涂布时，老化更为严重，使黏合剂的性能发生变化。进行选择加氢是解决这一问题的重要途径。尽管 20 世纪 70 年代就有这方面的报道，但直到 80 年代末才有工业产品问世。SIS 选择加氢后变成乙烯、丙烯交替共聚物，产品称为 SEPS。它具有很多优异性能，特别在耐热性、抗老化性和力学性能方面比 SIS 有很大改进[4]。SEPS 属于高端 TPE 品种，主要用于通信光缆油膏、耐老化黏合剂、电子电器用弹性体与高透明弹性体等。目前在全球范围内，只有美国科腾公司和日本可乐丽公司具有工业化产品供应。

3.1.1.2 卤化氢加成和卤化反应[3]

加氢后的嵌段共聚物纯属碳氢化合物，它的弊病之一是容易燃烧。可以将

SBS 嵌段共聚物用卤化氢对聚丁二烯进行加成反应，或用卤素进行卤化反应，如用氯化氢对 SBS 加成，产物中间段为乙烯和氯乙烯的共聚物；如用氯气与之反应，则橡胶段落为氯乙烯的均聚物。用上述两种方法制得的含卤素共聚物所加工的材料，具有不容易燃烧的良好性能。

3.1.1.3 环氧化改性[5]

SBS 极性小，与聚氯乙烯、极性橡胶等材料的相容性和黏附性不够理想。利用 SBS 中丁二烯软段中的双键进行环氧化反应[6]，在其中引入环氧基团，可使 SBS 的内聚强度增加，极性增强。目前为止，SBS 的环氧化方法主要有两种。其一，用 O_2 或 O_3 在羰基钼的催化作用下，将 SBS 分子中的双键氧化为环氧基。其缺点是催化剂昂贵，反应收率低，优点是反应中无腐蚀性介质；其二，用过氧酸将双键氧化为环氧基。这一方法安全性好，设备和工艺简单，应用较为普遍。但酸的存在会导致环氧基开环副反应的发生，为了避免由于酸的存在所造成的开环副反应，有人采用过氧化氢为氧化剂、三甲基辛基磷钨酸胺（MTTP）为催化剂对 SBS 进行环氧化。^{1}H NMR 谱图表明，C═C 双键的转化率在 70%以下时，环氧基不会发生开环副反应。

在过氧化氢与低级脂肪酸或酸酐生成的过氧酸的氧化下，SBS 分子链中的双键打开，发生环氧化反应。其反应历程如下：

$$R-\overset{O}{\overset{\|}{C}}-OH + H_2O_2 \xrightleftharpoons{H^+} R-\overset{O}{\overset{\|}{C}}-OOH + H_2O$$

$$R-\overset{O}{\overset{\|}{C}}-OOH + \sim\!\sim CH{=}CH\sim\!\sim \longrightarrow \sim\!\sim \overset{\;\;O\;\;}{CH{-}CH}\sim\!\sim + R-\overset{O}{\overset{\|}{C}}-OH$$

研究表明，SBS 环氧化反应与反应时间、反应温度、有机酸种类、SBS 溶液浓度、有机溶剂类型等因素有关。对于不同的溶剂体系，SBS 环氧化反应速率（包括副反应）的递减顺序为：甲苯、甲苯/环己烷、环己烷；对于不同的有机酸及酸酐，SBS 环氧化反应速率的递减顺序为：甲酸、甲酸/纯乙酸、乙酸酐、纯乙酸、36%乙酸。

SBS 环氧化反应的适宜条件为：SBS 溶液质量浓度 100g/L，甲苯/环己烷（1：1）作溶剂，甲酸/过氧化氢物质的量比为 1，反应温度 60℃，反应时间 2h，所得产物的环氧基质量分数为 13.0%。

SBS 在环氧化过程中的有时会出现凝胶问题。例如在环己烷中，由于环氧化 SBS 的溶解性不好，尤其是过氧化氢水溶液中水的存在，使溶解性变差，聚合物分子聚集，发生分子间交联、凝胶。为避免凝胶，可采用乙酸代替部分甲酸，使环氧化反应进行的比较平缓，这样制得的环氧化 SBS 并不影响其拉伸性能和耐油性能。SBS 在环氧化反应中，并不发生聚合物链的降解，但长时间的反应会引起黏度升高而后又降低。黏度升高是因为环氧基团和它的开环产物之间相互排斥引起的；而降低则与分子质量降低有关。环氧化产物的溶液由于存在残余的酸，长时间放置会引起降解，分子质量降低。

以岳阳石化橡胶厂生产的YH-792型SBS进行环氧化反应，发现SBS经环氧化反应以后，内聚强度增加，弹性降低，永久变形变小，在溶剂中更易于溶解，溶液黏度小，透明性高。

SBS经过环氧化后变为环氧化SBS，其软硬段的溶度参数差距减小，分子极性增大，与极性树脂间的相容性得到显著的改善，克服了SBS胶黏剂对极性材料粘接效果不佳的缺点。韦异[7]等以过氧化氢与甲酸反应生成的过甲酸作氧化剂，对SBS进行环氧化改性。粘接性能试验表明环氧化后SBS胶黏剂（ESBS），对极性材料的粘接性能要大大优于未改性的SBS胶黏剂，如表3.1所示。目前，由日本Daicel化学工业公司开发的ESBS性能优异，受到市场欢迎。

表3.1　ESBS胶黏剂与SBS胶黏剂的粘接性能对比

被粘材料	T型剥离强度/(N/cm)		T型剥离强度增幅/%
	SBS胶黏剂	ESBS胶黏剂	
帆布/帆布	10.2	22.4	120
皮革/皮革	14.6	32.3	121
帆布/木板	9.9	19.5	97
皮革/木板	11.7	20.0	71
聚乙烯/聚乙烯	5.6	5.1	相似

近年来发达国家和地区SIS发展很快，产量已经占到TPS的30%。通过环氧化改性在SIS分子链中的不饱和双键位置引入环氧基团也是一种很重要的改性方法。王永富[8]以日本ZEON公司的SIS3421和岳阳石化的SIS1209为原料，以原位合成的过氧甲酸为氧化剂，合成了ESIS。首先以甲苯为溶剂，SIS 3421为原料，SIS浓度10%～15%，甲酸/过氧化氢摩尔比（0.5∶1)～(1.5∶1)，双氧水用量为双键含量50%，温度在45～50℃，反应时间在1～3h，ESIS环氧值在2.2～3.7mol/kg范围可控。通过改进合成工艺，采用分次加料法，可以更好地控制环氧化反应，实现了准批量合成系列环氧值ESIS工艺的简单可操作，减少了反应后期副反应，环氧值可以达到4.2mol/kg；扩大化实验证明了各批次ESIS环氧值稳定。再以乙醇为相容剂，SIS1209为原料，制备了SIS/甲苯/乙醇/甲酸/双氧水的SIS低浓度（5%～10%）均相体系，进行均相环氧化反应，可得到环氧值为0.37mol/kg的ESIS。相比传统合成工艺，均相法具有反应速率快(几分钟内完成)，反应温度低（常温）等特点。

经过环氧化反应后，SBS或SIS内聚强度增大，弹性降低，永久形变小，熔融性能得到改善，与极性聚合物的相容性提高，耐热性能得到增强。由于环氧化SBS或SIS中存在环氧基团、羟基、双键等活性基团，易于进一步的化学改性，因而扩大了SBS或SIS在胶黏剂中的应用范围。值得注意的是，环氧化改性在环氧化程度有限的情况下并不能明显改善SBS/SIS的热稳定性。

3.1.1.4 磺化反应改性

SBS 磺化改性的目的也是改变 SBS 弹性体的极性。早期曾有美国专利报道，在 SBS 两端即芳烃上进行磺化和氯磺化反应，所得产物具有很好的吸水能力，并将其应用于离子交换树脂和水体净化薄膜的研制。一般的合成方法都是使用浓硫酸为磺化剂对 SBS 进行磺化改性，通过引进极性较高的磺酸基，使 SBS 内聚强度增加，极性增加，可以解决 SBS 对极性材料粘接效果差的问题，从而提高其剪切强度和剥离强度[9]。

磺化反应是将磺酸基（$—SO_3H$）引入到 SBS 分子结构中，使硫原子与碳原子相连，得到磺酸化合物[10]。工业上采用的磺化方法主要有 SO_3 磺化法、过量硫酸磺化法、氯磺酸磺化法、亚硫酸盐磺化法等[11]。反应如下所示：

$$\left[CH_2-\underset{C_6H_5}{CH}\right]_m\left[CH_2-CH=CH-CH_2\right]_x\left[CH_2-\underset{C_6H_5}{CH}\right]_n \xrightarrow[\text{恒温}]{\text{浓硫酸}} \left[CH_2-\underset{C_6H_4SO_3H}{CH}\right]_m\left[CH_2-CH=CH-CH_2\right]_x\left[CH_2-\underset{C_6H_4SO_3H}{CH}\right]_n$$

单纯用浓硫酸为磺化剂，在环己烷中对 SBS 进行磺化改性，可制得平均磺化度达 0.54mmol/g 的磺化 SBS。这种磺化 SBS 用来制备胶黏剂，胶黏剂的剥离强度随着磺化度的增大而提高，当增大到一定值后，增大幅度减小。当磺化度为 0.42～0.50mmol/g 时，胶合板/帆布的剥离强度为 2.45kN/m，高于 SBS 胶黏剂的 1.53kN/m。如果将磺化 SBS 和萜烯及氢化松香复合增黏，其剥离强度远高于未磺化 SBS 胶黏剂。

XIE[12]等人采用硫酸和乙酸酐为磺化剂，在环己烷以及少量丙酮的混合溶剂中对 SBS 进行磺化反应。动态热力学分析表明，磺化 SBS 存在 3 个玻璃化转变温度，分别为－82.9℃、68℃和 96.5℃；其熔体黏度随着磺酸基含量的增加而上升。磺化 SBS 仍旧是热塑弹性体，而且与 SBS 相比，其力学性能得到提高。

3.1.1.5 接枝改性

（1）自由基聚合接枝

SBS 虽经加氧、卤化氢加成、卤化和磺化反应等化学改性，其性能有所改善，但以上化学改性只是在 SBS 结构中引入小分子。若对 SBS 进行化学接枝改性，在其结构中接上新的高分子链段，不仅能改善其粘接性能，而且可能赋予 SBS 一些新的特性。目前，多采用带有乙烯基的极性功能单体对 SBS 接枝改性，大部分应用于胶黏剂中，部分可用于聚合物共混的增容剂。如：将 SBS 与丙烯酸（AA）、甲基丙烯酸甲酯（MMA）、甲基丙烯酸丁酯（BMA）、丙烯酸丁酯

(BA)、乙酸乙烯酯（EA）或马来酸酐（MAH）等单体进行一元或多元共聚，在中间橡胶段的双键位置上引入相应的基团，获得的共聚物用于制备各种胶黏剂或底胶，可以提高产物与织物、皮革、木材等被粘材料的粘接强度。用MAH接枝改性SBS，经NaOH、$CaCl_2$等将接枝产物离子化后，所得离聚物具有更好的吸水性及耐溶剂性能；将单体甲基丙烯酸钠、丙烯腈、乙烯磺酸钠、乙烯膦酸和苯乙烯磺酸等共聚接枝到SBS上，接枝单体能在聚合物表面形成黏附的绝缘层，从而提高聚合物的热稳定性及阻燃性等。为解决SBS鞋底等非极性难粘材料与PVC、PU合成革的粘接问题，相继开发了EA/MMA/SBS、SBS/MMA/BA、SBS/MMA/BA/AA、SBS/CR/MMA和SBS/CR/MMA/BMA等多元单体接枝胶，对SBS鞋底的粘接强度有所提高。

接枝改性主要有熔融接枝、溶液接枝和悬浮接枝三种方法。熔融接枝与其他方法相比，设备、工艺简单；但接枝率较低，且SBS分子链上的双键在高温熔融状态和高剪切下易氧化或交联。溶液接枝法的接枝率较高，反应温度较低，降低了SBS的氧化降解。因此要获得高接枝含量的SBS时，一般都采用溶液接枝法。缺点是溶剂需回收。悬浮聚合产物比较纯净，散热和温度控制容易，分子量及其分布也比较稳定，但须有分离、洗涤、干燥等工序，较为繁琐。固相接枝法为非均相化学接枝方法。与传统的溶液法和熔融法相比，固相法具有反应温度低、反应装置的通用性大、后处理简单等优点。但固相法接枝反应时间较长，聚合物要求采用粉状料，粒径越小，越有利于提高接枝率，接枝在聚合物熔点之下进行。

孙秋菊等[13]在乙酸乙酯溶剂中用丙烯腈对SBS进行接枝共聚研究。得出合适的配比为：丙烯腈的含量在28%～30%，BPO的用量为0.8%～1.0%，反应温度75℃左右，反应时间3.5h，增黏树脂用量为100～150份时制得的胶黏剂具有较高的拉伸剪切强度。这种改性SBS可用于粘接金属、水泥等极性材料的胶黏剂。

以甲苯为溶剂，过氧化苯甲酰为引发剂，甲基丙烯酸甲酯、甲基丙烯酸乙酯、丙烯酸异辛酯、醋酸乙烯酯等单体都可与SBS进行接枝改性。不同的单体与SBS进行反应所得到的接枝物的性能是不一样的，其中单体基团较小的接枝共聚物SBS-g-MMA、SBS-g-VAc的粘接强度较大。由于甲苯作溶剂毒性较大，对环境污染较严重，后来有人采取以环己烷-甲苯为混合溶剂，对SBS-MMA接枝聚合物的制备工艺进行了研究，制得的接枝物胶液作为胶黏剂，性能同样较好。丙烯酸丁酯、丙烯酸等单体与SBS进行接枝改性，对改善SBS的耐热、耐氧化和粘接性能以及吸水性能等有明显的效果[14]。

以甲苯或甲苯-环己烷等为溶剂对SBS进行接枝共聚，由于这些体系使用了大量有机溶剂，存在污染环境、危害健康及容易着火的严重缺点。并且对无溶剂型的胶黏剂或涂料，接枝反应产物不易直接应用。陈中华等人[15]从本体接枝反应原理出发，选择了甲基丙烯酸甲酯、甲基丙烯酸丁酯和醋酸乙烯酯等单体，由于这些单体对 SBS 有一定的溶解性能。因此它们既可以作 SBS 的溶剂，又可与 SBS 进行接枝共聚反应。聚合反应时间、温度、引发剂浓度和 SBS 用量等因素对接枝度的影响与相应的溶剂型接枝反应体系相似，但对接枝率的影响则与溶剂型接枝体系的差别较大，本体接枝体系的单体转化率都低于 30%。

张东亮等[16]以丙烯酸为功能性单体，与 SBS 和甲基丙烯酸甲酯及丙烯酸丁酯进行四元接枝共聚反应，制备了用于粘接非极性、高结晶的聚烯烃材料，如聚丙烯、聚乙烯等。通过丙烯酸中羧基的引入，改善了胶黏剂的再反应热固性及与外交联剂的室温固化反应性能，有利于提高对聚烯烃的粘接强度和耐热性能，并能缩短胶液晾干时间。

在 SBS 的环己烷溶液中加入引发剂偶氮二异丁腈（AIBN）和改性剂乙烯基三乙氧基硅烷（WD-20），WD-20 与 SBS 接枝共聚得到具有明显 Si—C 吸收峰的 SBS 硅烷接枝共聚物。SBS 分子链中由于存在双键而易在 400℃发生无规断链，经有机硅改性后热分解温度最高可外延至 450℃，同时其极性、黏合力和耐老化性能均得以提高[17]。

此外，SBS 还可与沥青接枝共聚，通过添加相容剂和稳定剂使 SBS 在沥青中稳定分散，制备贮存稳定性能良好的改性沥青[18]。其强度高，软化点高，低温性能和弹性恢复性能也明显增强，铺设路面不仅性能优越，而且使用寿命长。

李海东等[19]采用 GMA 对 SBS 进行熔融接枝。按配比称取 SBS、GMA、液体石蜡、酚类抗氧剂 1010 和亚磷酸酯类抗氧剂 7910 及 DCP，用转矩流变仪在温度 200℃、转速 30r/min 下制得 SBS-g-GMA。随着 GMA 含量的增加，SBS-g-GMA 的接枝率增大，当 GMA 质量分数为 4%时接枝率最大，而后接枝率变小，呈下降趋势。随着 DCP 含量的增加，SBS-g-GMA 的接枝率也增大，当 DCP 质量分数为 0.03%时接枝率最大，而后接枝率变小，并呈下降趋势。将质量分数为 15%的 SBS-g-GMA 与 85%的 PA6 熔融共混后可使 PA6/SBS-g-GMA 共混物的冲击强度得到很大提高，增韧效果明显。

(2) ATRP 法接枝聚合

接枝共聚物可通过自由基共聚和阴离子共聚来制备。自由基共聚具有反应条件温和、容易控制等优点，但反应过程中容易发生交联反应而形成凝胶体导致接枝共聚物的使用性能下降，而且该接枝共聚物的结构和组成不易控制，易形成均聚物使得接枝率相对较低。利用阴离子共聚也可得到接枝共聚物，但接枝共聚物的支链与自由基接枝共聚一样不易控制，且不适合一些弱极性单体（如甲基丙烯酸甲酯）的共聚反应。用 ATRP 法进行接枝共聚具有适用单体广泛、反应条件温和、分子设计能力强且几乎不形成均聚物等一系列优点，因此近年来，用 ATRP 法进行接枝共聚的研究十分活跃。

刘拥君等[20]首先合成溴化的 SBS 为大分子引发剂。然后以溴化的 SBS 作为大分子引发剂通过 ATRP 分别引发 MMA 和 GMA，制得了 SBS-g-MMA 和 SBS-g-GMA，由于溴化 SBS 的溴化程度和溴化位置可控，因此可控制其接枝共聚物的接枝链密度。结果表明，GMA 比 MMA 具有更高的反应活性，在同样的反应条件下，GMA 对应的产品的产率较高。另外，增大投料比、提高大分子引发剂中溴的含量以及提高反应温度均对 ATRP 反应有利，能明显提高反应产率，但在较高反应温度条件下，接枝产物有一部分不溶于三氯甲烷，可能是发生交联反应所致。

(3) γ 射线辐射接枝聚合

利用化学法接枝 SBS，接枝改性过程中需使用过氧化苯甲酰（BPO）或偶氮二异丁腈（AIBN）等引发剂，而且反应产物后处理复杂，单体利用率低。付海英等[21]利用 γ 射线辐射接枝法制备 SBS 粉体接枝甲基丙烯酸（MAA）聚合物，研究结果表明，平均粒径为 0.2mm 的线型 SBS 粉体在辐照剂量为 12kGy、剂量率为 0.75kGy/h、MAA/SBS 的质量比为 0.6 时，可获得最大接枝率。该接枝方法操作简单，反应过程可控，后处理简单，不污染环境，可应用于工业生产。

(4) SEBS 的接枝改性

SEBS 分子链上不含极性或反应性基团，与聚氨酯、聚酰胺、聚酯等有极性的工程塑料相容性差，为了增强 SEBS 与极性聚合物的相容性，需要加入相容剂。大量研究表明，只需加入少量的接枝产物便可大幅度提高共混效果，所以为了扩大 SEBS 的应用范围，对于 SEBS 的接枝改性研究极其重要。目前常用的对 SEBS 功能化的单体为 MAH、GMA、异氰酸酯等。

周燎原等[22]利用双螺杆熔融接枝反应制备 SEBS-g-MAH，先将计量好的 SEBS、白油、MAH、对双叔丁过氧异丙苯（BIBP）在高速混料机中混合均匀后，经双螺杆挤出造粒机反应挤出、造粒得到样品。研究表明，当 MAH 用量从 0.8 份增加到 1.2 份时，反应速度增加，接枝率从 0.60%增加到 0.85%，但 MAH 用量进一步提高，对接枝率的影响不明显；随着 SEBS 相对分子质量增大，反应接枝率逐步降低；适量填充油品有利于接枝分子的活动；BIBP 用量在 0.10～0.12 份之间，有利于接枝产品综合性能的控制；共聚聚丙烯的加入能改善产品的加工流动性，但永久变形增大。

王小兰等[23]将一定量的 DCP 溶于 GMA 中，待完全溶解后将其与 SEBS 混合，然后挤出。SEBS 接枝时，接枝率随 DCP 含量和 GMA 含量的增大而增大，但两者含量都不宜太高，过高容易导致分子间的交联反应和 GMA 均聚合，DCP 含量一般控制在 0.9%以下，GMA 含量控制在 10%以下较为合适。

尹立刚等[24]采用熔融反应接枝的方法将（3-异氰酸酯基-4-甲基）苯氨基甲酸-2-丙烯酯（TAI）引入到 SEBS 上。在氮气保护下，将单体、引发剂与聚合物 SEBS 以不同的比例在高速搅拌机上混合均匀，然后封入密封袋备用。在双螺杆挤出机上对 SEBS 进行功能化反应，其中螺杆主反应区温度为 230℃，喂料螺杆与双螺杆转速分别为 300r/min 与 75r/min，接枝产物经水冷切粒，干燥。

溶剂热合成法是在高压釜里的高温、高压反应环境中，采用溶剂作为反应介质，合成无机粉体材料的常用方法。对聚合物而言，溶剂热合成法一个显著特点是：反应体系完全密闭，无论聚合物本体、接枝单体、引发剂、溶剂和其他助剂都完全密闭于反应釜中。沈彦涵[25]尝试用溶剂热法合成聚乙烯吡咯烷酮（PVP）接枝的SEBS，如图3.1所示的合成工艺路线，红外及核磁测试表明接枝反应的成功。采用溶剂热合成法制备SEBS-g-PVP，是溶剂热合成法反应体系的一个拓展，说明溶剂热合成法不仅可以实现小分子与小分子、小分子与大分子之间的反应，还能够实现大分子与大分子之间的接枝共聚反应。溶剂热合成法在这方面的研究工作还刚刚起步，值得进一步探讨和研究。

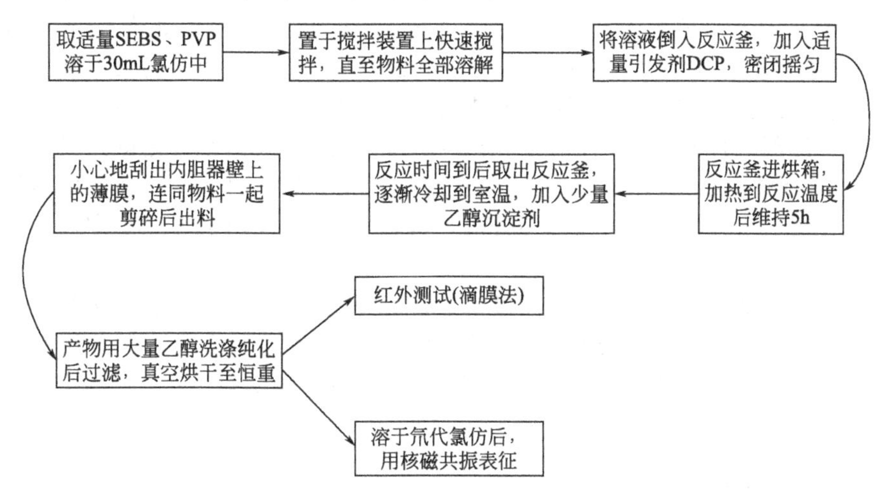

图3.1　溶剂热合成SEPS-g-PVP的工艺流程

目前TPS已经被用于医疗器械的制造，如药物的输送装置、储血袋、输血袋及导管等。然而TPS材料表面的惰性及亲水性较差，在其用于生物医用领域以及与生物分子接触的环境时，会与生物分子发生非特异性相互作用，导致蛋白质、血小板等在其表面的大量吸附，限制了其在生物医用领域的应用。因此，对该类材料进行表面改性，以提高其生物相容性尤为重要。

聚乙二醇（PEG）具有良好的生物相容性，被广泛用于医用高分子材料的化学修饰。基于反应挤出的本体化学改性法，其反应周期短，可连续生产，环境污染小，被广泛用于高分子材料的改性。然而，该法的单体接枝率一般较小，很难明显地改善材料的生物相容性。杨华伟等[26]以生物相容性单体乙烯基吡咯烷酮（NVP）为辅助接枝剂，将聚乙烯二醇甲基丙烯酸酯（PEGM）熔融接枝到SEBS分子链上。在NVP存在下，PEGW的接枝率可增加5倍以上。NVP辅助PEGM接枝的SEBS膜的抗蛋白吸附和抗血小板黏附性能明显优于未接枝SEBS样品，表现出优良的血液相容性。

透明质酸（HA）作为D-葡萄糖醛和*N*-乙酰-葡萄糖胺的天然多糖共聚物，是多种组织的细胞外基质的重要组成部分。HA可提供眼睛玻璃体的黏弹性，同时HA也是生物体内滑液的重要润滑成分。水溶性的HA已经在临床中广泛应用，例如在内科手术和手术后防粘连中的应用。李晓萌等[27]用表面紫外接枝改性的方法，将生物大分子HA接枝到SEBS。首先将甲基丙烯酸缩水甘油酯（GMA）与HA反应制备了含有双键的GMHA，然后以二苯甲酮（BP）为引发剂，在紫外灯照射下，通过紫外接枝改性技术将GMHA接枝到SEBS表面，从而改善SEBS的生物相容性。改性后的SEBS与纯SEBS相比，其抗血小板黏附能力明显增强，同时有利于细胞在其表面的黏附与增殖，即其生物相容性得到明显改善。

巴陵石化公司还公开了一种极性化SEBS的制备方法，其产品结构可用SEBS-P来表示，其中P代表极性嵌段，由乙烯基吡啶类、甲基丙烯酸酯类极性单体聚合得到。SEBS-P的制备方法是以丁基锂为引发剂、四氢呋喃为活化剂、环己烷为溶剂，合成SBS-P四嵌段聚合物，然后进行选择性氧化得到极性化的SEBS。这项技术在生产SEBS的同时实现极性化SEBS的生产，极性单体转化率高，无需对未转化单体进行专门处理，具有操作简便，生产成本低等特点。此类产品已经商品化。

丁苯类热塑性弹性体接枝少量羟基后，可提高与极性聚合物的相容性，广泛用于聚酰胺、聚醚、聚碳酸酯等材料的增韧改性及制备聚合物合金（如PP-PA合金）的增容剂。另外，还可利用顺丁烯二酸酐基团的交联活性，制备可交联的SBC胶黏剂[17]。

3.1.1.6 交联改性[28]

近年来随着鞋类质量的提高，对鞋底用SBS提出了更高的性能要求。现有SBS是以苯乙烯嵌段物理缠结为“交联点”的热塑性弹性体，以该材料生产的鞋底存在耐磨、耐热、耐烃类溶剂等性能较差的缺点。为解决这些问题，理论上依据橡胶硫化的原理将SBS用过氧化物进行交联可达到目的。但是现有的SBS是一种以聚苯乙烯为分散相、聚丁二烯为连续相的嵌段聚合物，聚丁二烯相的丁二烯排列不规则。采用自由基引发了交联反应时，在聚丁二烯链段就会同时发生剧烈的交联和断链反应，严重时产生“焦烧”，经过交联后的SBS失去了力学性能而无应用价值。为此，中石化巴陵石化利用苯乙烯的苯环与聚丁二烯的碳—碳双键在一定的范围内存在共轭的现象来稳定交联反应中的自由基，从而达到控制交联反应的速度并抑制断链反应的目的。根据该原理中石化巴陵石化新近开发出一种新型结构的苯乙烯/丁二烯聚合物（商品名TVA），该产品可以实现受控注射交联。研究表明，采用过氧化异丙苯（DCP）作交联剂，其质量分数在0.4%～0.5%之间，硫化温度165℃、硫化时间150s的条件，材料的综合性能优异。

3.1.2 共混改性

3.1.2.1 SBS共混改性[29]

由于SBS弹性体与很多高分子材料的相容性较好，因此可以向其中添加一些来提高SBS在使用过程中的综合性能。SBS可以和其他高分子材料在熔融状态下混合、挤出切粒、冷却而制备出性能优异的改性SBS热塑性弹性体，可显著改善SBS的硬度、耐磨性、撕裂强度等性能，拓宽其应用范围。

用于改性SBS的主要聚合物有以下几类（见表3.2）。PS可以改变SBS的硬度、耐磨性、抗撕裂性能和流动性，增加剪切强度；PE可改变SBS的耐低温性、耐磨性和抗扭变性；PP能提高SBS的定伸应力；EVA对SBS的热稳定性改进很大。对制鞋业而言，加入低分子量、低软化点的透明PS或聚烯烃树脂效果最好。

表3.2　用于改性SBS的主要聚合物

主要成分	添加成分	主要成分	添加成分
SBS	PP,PE,LDPE,HDPE,UHMWPE	SBS	PVC
SBS	PS	SBS	HSR,EVA,IIR,ABS,NBR,BR

注：LDPE为低密度聚乙烯；HDPE为高密度聚乙烯；UHMWPE为超高分子量聚乙烯；HSR为高含量的苯乙烯与丁二烯共聚物；EVA为乙烯-醋酸乙烯共聚物；IIR为丁基橡胶；ABS为丙烯腈-丁二烯-苯乙烯三元共聚物；NBR为丁腈橡胶；BR为顺丁橡胶。

(1) 聚烯烃对SBS的共混改性

PE加工性能好，具有低温柔韧性和抗挠曲性，耐腐蚀性能优良，透水、透气性低，电性能优异。选择PE作为SBS的改性材料，可以提高SBS弹性体的耐磨性、硬度、耐候性和撕裂强度，并使MFR略有提高，而拉伸强度和拉断伸长率仍然保持较高。将SBS与HDPE、LDPE共混，随着橡塑比的降低，弹性体的拉伸强度、拉断伸长率和熔体流动速率降低，而耐磨性和硬度大大提高。在SBS、PS、软化油、填料和色料基础上，通过添加一种高分子耐磨改性剂超高分子量聚乙烯，其分子链具有碳碳长链结构，通过调整其组分和含量，提高鞋底的耐磨性能（磨痕长度<7mm），使其耐磨性能可与聚氨酯鞋底相媲美。

选用SBS和LDPE为主体材料，采用部分动态硫化法制备得到性能良好的SBS/LDPE共混型TPE，最佳橡塑比为70/30，具有机械强度高，拉断伸长率大，可重复加工等特点。

(2) PS对SBS的共混改性

PS具有易于成型、收缩率小、吸湿性低、热性能好等优点。SBS与PS具有良好相容性，两种聚合物的相界面处有较强的结合力，这种结合力随SBS中苯乙烯链段含量的增加而提高。在100份SBS中，不同含量的PS对共混物的拉

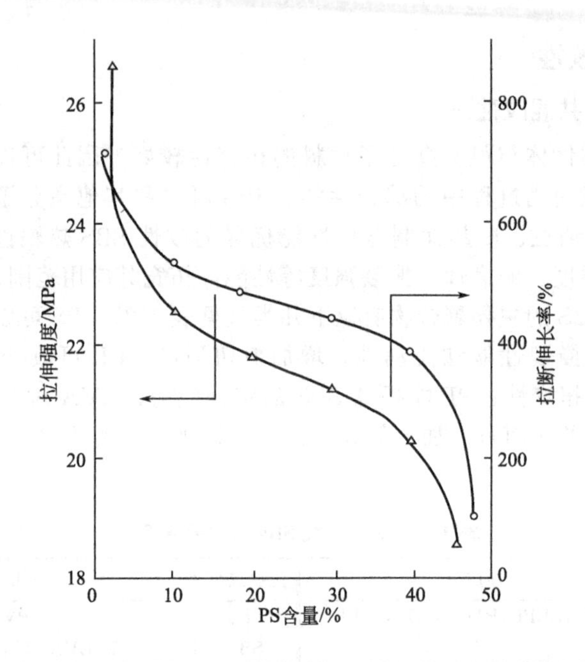

图 3.2　PS 含量变化对 SBS/PS 共聚物性能的影响

伸强度及硬度的变化如图 3.2 所示。可见，将 PS 作为硬料对 SBS 进行改性时，共混物的拉伸强度和拉断伸长率都随 PS 含量的增加而下降。当 SBS/PS 为 100/10时，拉伸强度为 22.5MPa，拉断伸长率为 530%；当 SBS/PS 为 100/40 时，拉伸强度为 20.3MPa，拉断伸长率为 380%。这是由于 PS 的分子量为 30 万左右，比 SBS 中 PS 嵌段的分子量 1 万～3 万大得多，使 PS 难以进入 SBS 中的 PS 微区，只能形成第三相，破坏了原来的相结构，致使透明性也逐渐变差。随 PS 含量的增大与 SBS 出现相分离，导致断裂伸长率下降。经 PS 改性后，SBS/PS 共混物硬度稍有上升，熔体流动速率随共混物中 PS 的增加而明显增大。

(3) PVC 对 SBS 的共混改性

PVC 综合性能优良，用途广泛，价格低廉，但与 SBS 相容性不好，不能直接使用 PVC 改性 SBS。将氯化聚乙烯（CPE)、EVA、NBR 等用作增容剂可以改善 SBS/PVC 共混体系，结果是体系的硬度及耐磨性有很大改善而其他力学性能变化不大。

用完全动态硫化法制得 BR/PVC/SBS 三元热塑性弹性体（TPV)，对于此完全硫化的共混体系，橡胶相总是以分散的形式分散于 PVC 连续相中，并且随 PVC 含量的增加，其拉伸强度、硬度增大，回弹性下降，当 BR/PVC/SBS 为 10/30/60 时，所制得的弹性体具有最佳的综合性能。通过调节 PVC 的加工助剂(如增塑剂、改性剂、填充剂）和 SBS 的配合料（软化剂、补强剂等)，可以有效控制 BR/PVC/SBS 的性能和配方成本，用其作为鞋材，其综合指标达到美国

Uniryal 公司同类产品的技术指标。SBS 还可与 PS 和 PVC 制成 SBS/PS/PVC 共混物，结果表明，随着共混物中 PVC 增多，共混物的拉伸强度越大，拉断伸长率越小。

(4) 其他聚合物对 SBS 的共混改性

SBS 与 HSR 共混，制成 SBS/HSR 共混物，在共混物中增大 HSR 的用量，致使共混物的拉伸强度、拉断伸长率及屈挠龟裂性能下降。在 SBS/HSR 为 100∶20 时，拉伸强度 6.3MPa，拉断伸长率 925%，屈挠龟裂次数达到 16 万次；而 SBS/HSR 为 100∶80 时，共混物拉伸强度降至 4.7MPa，拉断伸长率降至 855%，屈挠龟裂次数降至 1.9 万次。SBS 与 EVA（VA 含量 28%）共混，共混物的拉伸强度随 EVA 增加稍有下降，撕裂强度及磨耗损失都随 EVA 增加而增加。

SBS 与 IIR 共混，共混物的拉伸强度随 SBS 的增加而下降，在 SBS/IIR 为 80∶20 时，拉伸强度为 14.0MPa；而 SBS/IIR 为 66.7∶33.3 时，拉伸强度降至 18.2MPa。SBS 除与以上树脂共混之外，还可与 ABS、NBR、SBR 和 BR 等共混改性，制备性能优异的热塑性弹性体。

不同种类的 TPS 之间也能共混。在胶黏剂的综合性能上，SBS 逊色于 SIS。但是 SBS 的价格比 SIS 便宜。其实，以 SIS 为主的热熔压敏胶，如果加入适量的 SBS 做成不干胶标签，不但价格有竞争优势，其性能会更受欢迎。在以 SIS 为主体材料的热熔压敏胶中，添加价格较低的 SBS，当其配比在（15∶85）～(25∶75）之间，热熔压敏胶的性能有所提高。当然，制备压敏胶时也需要添加增黏树脂，多种增黏树脂的恰当配合要比单一增黏树脂的增黏效果好。松香改性树脂、萜烯树脂、C5 石油树脂，在配比为 30∶60∶10 的情况下，其增黏效果最好。另外，软化剂环烷油的选择及用量也十分重要，在恰当的配比下，不干胶标签的初黏性、内聚力及 180°剥离强度会随其用量的增加而提高[30]。

将 TPU 与 SBS 共混，可改善 SBS 的静态和动态力学性能，抗震性与隔震性也得到提高[31]。

3.1.2.2 SEBS 共混改性[32]

由于 SEBS 中乙烯-丁烯链段处于高度缠结，两相微区结构在熔融时具有持久性，致使 SEBS 的熔融黏度非常高，纯 SEBS 通常难以加工，加之 SEBS 价格昂贵，因此，在实际应用中常采用其共混料。加入填充油能改善其加工性能，但产品的拉伸强度与硬度降低，如加入适量的树脂，既能满足产品的性能要求，又能降低成本。

由于 PP 与 SEBS 相容性好，一般情况下，在 SEBS 弹性体材料中加入适量的 PP 树脂来调节共混料的硬度和流动性。通常，随着 PP 用量增加，共混粒料的硬度逐渐增大，定伸应力增加，伸长率下降。拉伸强度的变化则因不同的 SEBS 牌号而呈现不同的变化规律。

SEB与PP在一定的配比范围内于一定的加工条件下熔融共混，会形成双连续相结构的热塑性互穿聚合物网络（IPN），该结构使SEBS与PP的共混材料具备优异的力学性能，具有很好的应用价值，因而这一领域引起了国内外的广泛关注，成为近年来的研究热点。SEBS/PP共混体系的双连续相结构形成的过程和条件的研究表明，SEBS与PP之间较低的界面张力是SEBS/PP共混体系在较宽的配比范围内能够形成稳定的双连续相的原因之一。相反的情况是，由于较强的界面张力，聚甲基丙烯酸甲酯（PMMA）、聚甲醛（POM）与SEBS的共混体系，只能够在较窄的共混体系配比范围内形成稳定的双连续相结构。

由于SEBS高的熔体黏度，在加工SEBS共混体系时通常采用操作油来改善体系的加工流动性能。均聚PP用量对矿物油改性SEBS的力学性能有显著影响。当PP质量分数为2.6%时，由于体系中只存在SEBS一个连续相，共混物的拉伸行为表现为典型的橡胶行为；PP质量分数在11.6%～44.1%时，在高伸长区共混体系显示了类似橡胶的应力应变行为，在低伸长区则由于体系中PP连续网络的形成而表现出明显的硬化现象；当PP质量分数为56.8%～75.0%时，共混体系中PP为连续相，而SEBS为部分连续或非连续，此时拉伸曲线出现了典型的应力屈服点和PP拉伸过程中典型的细颈现象；PP质量分数达到75%时，共混体系的拉伸行为接近于纯PP。

此外，研究还发现，在共混体系中PP的结晶度基本没有发生变化，但PP的熔融温度大幅度下降，并随PP含量的变化而变化。通常认为，这是由于在熔融状态下，PP与SEBS的EB嵌段以及操作油形成了均相熔融体系而造成的，也正是这一原因使得共混体系能够在PP含量在10%～55%的宽范围内形成PP和SEBS均为连续相的IPN结构。

多种改性剂对SEBS性能均有影响。在古马隆树脂（CI）、酚醛树脂（PF）、饱和链烃（PAHY）树脂以及芳香油（AO）、PS、PP、EVA、乙丙橡胶（EPDM）对SEBS体系的形态结构、力学性能、动态力学性能等的影响研究中发现，PP对SEBS性能的影响最为显著，在SEBS中加入30份（质量份）PP时，体系的力学性能明显提高，此时，SEBS中EB段和PS段的T_g基本没变化，但EB段、PS段玻璃化转变的力学损耗峰值有所降低。CI、PF、PAHY及PS均能提高SEBS的储能模量和拉伸模量；AO、EPDM、EVA的加入则使SEBS的力学性能有所下降。

SEBS共聚物中有苯乙烯嵌段，它与PS的相容性好，PS所起的作用与PP所起的作用相同。SEBS的使用温度上限取决于PS嵌段的T_g，为了提高SEBS的使用温度，将间规PS（sPS）及无规PS（aPS）作为改性剂分别与SEBS在220℃（PS的结晶熔融温度以下）进行共混。在SEBS中加入aPS、sPS可明显提高SEBS中硬相的T_g。其中，由于aPS与SEBS中PS嵌段相容程度高于sPS，因此，aPS对SEBS硬相T_g的提高程度优于sPS。SEM结果显示，未熔融的sPS的结晶相在共混物结构中类似于增强颗粒，其与共混体系中无定形PS相间的界面黏结性影响着体系的形态结构和动态力学性能。

俞喜菊等[33]采用了不同用量、不同类型的 HDPE 对 SEBS 进行了共混改性。研究结果表明，当在 SEBS 中添加 20 份（质量份）HDPE 时，体系的冲击性能和拉伸性能显著提高，同时加工流变性能也有了很大的改善。随着共混物体系中 HDPE 用量的增加，材料的透明度降低，但韧性断裂的效果越来越好。

SEBS 与 TPV（EPDM/PP）共混，利用了 TPV 耐溶剂性和高温下压缩永久变形较好，又改善了 TPV 不易加工的缺点，减少了 TPV 特有的臭味。

共混改性后的 SEBS 复合物已成功地应用于如工业领域（各种密封条、汽车挡板等）、电线电缆包皮及绝缘带、医疗制品及食品容器（输液管、面罩、手套等）、体育用品等方面。

3.1.3 填充增强改性[34]

采用无机粒子复合改性弹性体，不仅可以大幅度降低其成本，而且还会提高弹性体的力学性能、提高制品的尺寸稳定性、赋予复合材料一些特殊性能，如阻燃性能和阻隔性能等。常用于改性 TPS 热塑性弹性体的无机填料主要有：白炭黑（SiO_2）、碳酸钙（$CaCO_3$）、陶土、滑石粉、硅藻土、高岭土、有机蒙脱土（OMMT）等。

3.1.3.1 普通无机粒子改性 SBS 和 SEBS

为改善 SBS 性能，调节胶料硬度，降低成本，在其他组分不变的情况下，向 100 份 SBS 胶料中分别加入 30 份（质量分数）的轻质碳酸钙、滑石粉、陶土等填充剂，并与白炭黑对比，得到如表 3.3 所示的结果。

表 3.3　不同填充剂对 SBS 性能的影响

性　　能	轻质碳酸钙	滑石粉	陶土	白炭黑	纯 SBS
300%定伸应力/MPa	4.26	3.92	5.17	8.11	3.74
500%定伸应力/MPa	9.16	8.29	11.73	14.81	8.34
拉伸强度/MPa	18.88	20.71	21.06	20.26	20.12
拉断伸长率/%	610	620	590	582	681
邵尔 A 硬度	92	93	92	96	87
撕裂强度/(kN/m)	46.85	45.85	49.19	57.23	39.95

由表 3.3 可以看出，在诸多种白色填料中，以粒子细、表面含有活性羟基的白炭黑填充的效果最好，既保持了较高的拉伸强度，又具有较高的定伸应力和撕裂强度，表现出较佳的增强效果。轻质碳酸钙与白炭黑相比，由于其粒子较粗（粒径在 0.5～2μm），表面又未做活化处理，拉伸强度、定伸应力和撕裂强度明显低于白炭黑填充体系。但与纯 SBS 相比较，填充改性弹性体的拉伸性能基本保持了纯 SBS 的水平，撕裂性能则有所提高。填充滑石粉和陶土的拉伸性能和撕裂性能整体比填充轻质碳酸钙的好，达到甚至超过了纯 SBS 的水平，尤以陶土更突出[35]。

目前，我国的 SBS 热塑性弹性体最主要的消费领域之一是作鞋底材料，许春霞等[36]研究了鞋料的基本配方中填料的改性作用。

基础配方如下（质量份）：

SBS：100

母胶：PS/BR 30

软化油：环烷油 50

润滑剂：硬脂酸，硬脂酸钙（适量）

防老剂：防 MD（适量）

填料：轻质 $CaCO_3$，活性 $CaCO_3$ 等 30～70

补强体系：白炭黑 10～15

各组分的作用：

① SBS 是材料的主体，是共混物的主要成分。SBS 的主要特点是有良好的耐低温性、透气性、伸长率、溶解能力及独特的抗湿滑性和高弹性。但是其耐撕裂性和屈挠性较差，摩擦时生热量较大；

② 加入 PS，可以提高其硬度、撕裂强度、耐磨性和拉伸强度，同时也可以改善其加工流动性，改善其高温性能，但降低屈挠寿命和拉断伸长率；

③ 加入 BR，可以提高其弹性、耐屈挠性和耐磨性、耐低温性，并显著降低其摩擦时的生热量；

④ 在热塑性弹性体中加入软化剂，可以调节胶料硬度、加工流动性，并降低成本；

⑤ 加入各种填料，可以提高胶料硬度，降低成本，但其流动性、拉伸强度等性能均下降；

⑥ 加入适量补强体系白炭黑，可以提高共混物的撕裂强度等性能；

⑦ 因为 SBS 和 BR 中存在双键，易受热氧化而老化，故加入防老剂以提高其耐老化性能；

⑧ 润滑剂对共混物胶料起润滑作用，即降低胶料的黏度，减小自黏性，提高流动性以及提高成品的表面光泽。

为了调节胶料的硬度，降低成本，在其他组分不变的情况下，在共混胶料中分别加入份数相同的重质 $CaCO_3$、轻质 $CaCO_3$、聚烯烃填料及活性 $CaCO_3$ 这四种填充剂，其对热塑性弹性体 SBS 的各种性能的影响如表 3.4 所示。可以看出活性 $CaCO_3$ 填充效果最好，其次是聚烯烃填料，重质 $CaCO_3$ 的填充效果最差。

表 3.4 不同填充剂对 SBS 性能的影响

填　料	重质 $CaCO_3$	轻质 $CaCO_3$	聚烯烃填料	活性 $CaCO_3$
300%定伸应力/MPa	2.48	2.54	2.58	2.72
拉伸强度/MPa	6.85	7.50	8.02	8.46
拉断伸长率/%	550	640	680	750
邵尔 A 硬度	69	68	68	65
熔体流动速率/(g/10min)	4.02	4.34	4.63	5.21
撕裂强度/(kN/m)	24.5	26.0	27.2	27.6

除可用单一的填充剂对SBS弹性体的补强外，还可以用复合的改性体系。用不同配比的白炭黑和轻质$CaCO_3$的混合物对SBS热塑性弹性体就有很好的补强[37]作用，并确定白炭黑和轻质$CaCO_3$的比例为（0.25～1.0）：1为宜。因为轻质$CaCO_3$越多，熔体流动速率越大，产品的挺括性越差，产品的外观越好；如果白炭黑用量越大，共混效果差，产品的外观表面粗糙，分散不均，导致应力集中，拉伸强度和拉断伸长率降低，从而影响胶料的整体性能。

肖鹏等[38]对膨胀石墨（EG）填充SBS复合材料的界面相互作用进行了研究，发现100份SBS中填充EG量从0增加到8份时，PB相T_g从－78.15℃升至－69.52℃；而PS相T_g基本恒定，表明EG主要与SBS中的PB相发生强相互作用。力学性能测试表明，EG填充量＜25%时，EG/SBS复合材料的拉伸强度随EG填充量的增加而增加，最大拉伸强度达27.8MPa；而在EG填充量为10%时，复合材料的拉断伸长率达到最大值（785%），随后开始下降。用二甲苯作溶剂，在145℃抽提EG/SBS复合材料24h后，复合材料中形成了稳定的交联结构，同时，凝胶含量随EG填充量的增大而增加。

梁胜等[39]研究了不同种类填料对充油SEBS（O-SEBS）/PP共混材料摩擦学和力学性能的影响以及滑石粉粒径和用量对O-SEBS/PP/滑石粉体系各项性能的影响。表3.5是不同种类填料对O-SEBS/PP共混材料性能的影响。可以看出，O-SEBS/PP/云母粉共混材料的拉伸强度最好，O-SEBS/PP/硫酸钡共混材料的拉断伸长率和回弹性最好，O-SEBS/PP/氢氧化镁共混材料的硬度最大，O-SEBS/PP/石墨共混材料有最小的静摩擦系数和滑动摩擦系数，而O-SEBS/PP/滑石粉、O-SEBS/PP/氢氧化铝共混材料的磨耗量最小。

表3.5 不同填料对O-SEBS/PP/填料（质量比29.75/5.25/65）**共混材料性能的影响**

性能	石墨	云母粉	氢氧化镁	滑石粉	氢氧化铝	碳酸钙	硅灰石	硫酸钡
拉伸强度/MPa	3.54	4.37	3.28	3.83	3.66	3.36	2.04	2.51
拉断伸长率/%	80	66	44	119	139	117	221	539
邵尔A硬度	86	82	87	79	84	80	77	64
回弹率/%	34	32	22	22	30	20	28	40
静摩擦系数	0.42	0.45	0.55	0.56	0.57	0.63	0.68	0.90
滑动摩擦系数	0.32	0.37	0.45	0.46	0.49	0.46	0.53	0.75
相对体积磨耗量/mm^3	711	765	741	672	650	948	1059	803

在SEBS中加入滑石粉，可以提高混合料的硬度，同时降低材料成本。表3.6给出的是滑石粉粒径对O-SEBS/PP/滑石粉（质量比29.75/5.25/65）共混材料性能的影响。由表3.6可以看出，在加入相同用量的滑石粉的O-SEBS/PP/滑石粉共混体系中，滑石粉的粒径越小，O-SEBS/PP/滑石粉共混材料的拉伸强度、硬度和回弹率越大；粒径越大，O-SEBS/PP/滑石粉共混材料的拉断伸长率、摩擦系数和磨耗量越大。

表 3.6　滑石粉粒径对 O-SEBS/PP/滑石粉（质量比 29.75/5.25/65）共混材料性能的影响

性　　能	不加填料	滑石粉粒径		
		5μm	10μm	20μm
拉伸强度/MPa	8.10	4.74	3.83	1.92
拉断伸长率/%	710	97	119	265
邵尔 A 硬度	53	86	81	77
回弹率/%	54	29	22	20
静摩擦系数	—①	0.40	0.56	0.72
滑动动摩擦系数	—①	0.26	0.46	0.58
相对体积磨耗量/mm^3	281	623	672	860

① 材料黏着于钢表面。

填料的添加量对填充体系性能影响较大。表 3.7 和表 3.8 分别是重质 $CaCO_3$（1000 目）、轻质 $CaCO_3$用量对 SEBS 性能的影响。随着重质 $CaCO_3$用量的增加，填充料的拉伸强度、伸长率降低，硬度基本不变，重质 $CaCO_3$的加入量视产品质量的要求而定。轻质 $CaCO_3$对 SEBS 性能的影响不同于重质 $CaCO_3$对 SEBS 性能的影响，随着轻质 $CaCO_3$的增加，填充料的定伸应力逐渐增大，硬度也逐渐增大。

表 3.7　重质 $CaCO_3$ 用量对岳化 SEBSYH-501 性能的影响

性　　能	10 份	20 份	30 份	40 份	50 份
300%定伸应力/MPa	0.8	0.8	0.9	0.8	0.6
拉伸强度/MPa	2.4	2.4	2.3	1.9	1.2
伸长率/%	699	672	656	680	648
永久变形/%	12	20	16	16	16
邵尔 A 硬度	31	31	32	30	31

注：SEBS 为 100 份，26# 白油 100 份。

表 3.8　轻质 $CaCO_3$ 用量对岳化 SEBSYH-501 性能的影响

性　　能	20 份	40 份	60 份	80 份	100 份
300%定伸应力/MPa	0.5	0.5	0.8	0.8	1.1
拉伸强度/MPa	1.2	1.0	0.9	0.9	0.7
伸长率/%	592	545	506	459	439
永久变形/%	8	8	8	8	4
邵尔 A 硬度	24	25	30	33	35

注：SEBS 为 100 份，26# 白油 100 份。

滑石粉与其他填料相比，它的主要优点是白度较好，能适当增加共混料的流动性。在确定 SEBSYH-503 100 份，粉料 PP40 份，白油 200 份，改变滑石粉的加入量，考察滑石粉对混合粒料的影响，所得结果如表 3.9 所示。随着滑石粉用量的增加，共混粒料的性能基本保持不变，永久变形逐渐变小，拉伸强度在滑石粉用量增加到 40 份下降比较明显。

表 3.9　滑石粉用量对岳化 SEBS-503 性能的影响

性　能	10 份	20 份	30 份	40 份	50 份
300%定伸应力/MPa	1.3	1.6	1.4	1.5	1.2
拉伸强度/MPa	4.8	5.5	4.5	3.4	2.8
伸长率/%	868	899	853	806	800
永久变形/%	44	42	40	32	28
邵尔 A 硬度	37	40	39	43	38

3.1.3.2　SBS 和 SEBS 的无机纳米材料改性

近年来，聚合物/无机纳米复合材料的研究越来越得到了人们广泛的关注，即使加入少量的无机纳米改性剂也会对有机聚合物的宏观性能产生显著的影响，一般情况下可提高聚合物的力学性能和耐热性，同时有望赋予聚合物光学或者电学等性能。用于改性 SBS 和 SEBS 的无机纳米材料主要有蒙脱土（MMT）、碳纳米管（CNT）、白泥等，其中有关 MMT 的研究报道较多。

Michele L 等[40]首次采用熔融插层法制备了蒙脱土/SBS 纳米复合材料。即采用双十八烷基二甲基溴化铵或钛酸三硬脂基异丙酯作为有机阳离子改性剂，对无机钠基蒙脱土进行有机改性处理，得到亲油型有机蒙脱土。具体方法是：以无机蒙脱土和有机蒙脱土作为研究对象，在 150℃下烘干 12h 后分别与 SBS 进行纳米复合。即先在布氏混合器中把 SBS 粉粒加热熔融成流体，再在 120℃下加入蒙脱土，在混合器中以 60r/min 的转速混合 10min，然后从预热器中取出混合物，放于空气中冷却得到蒙脱土/SBS 纳米复合材料。研究发现，SBS 可进入有机蒙脱土的硅酸盐片层间形成插入夹层，改善 SBS 的物理性能；SBS 不能在无机蒙脱土的硅酸盐片层间形成插入夹层，也就不能改善 SBS 的物理性能；SBS 与蒙脱土混合物在 120℃下不会发生 SBS 降解反应。

朱结东等[41]采用溶液插层法制备了蒙脱土/SBS 纳米复合材料。具体方法是先对无机蒙脱土进行有机改性处理；再取一定量的有机蒙脱土，经强烈搅拌使之分散于甲苯中；然后加入一定浓度的 SBS 甲苯溶液，在 50℃下强烈搅拌 8～10h，置于酒精中沉降，低温减压脱去溶剂即得到有机蒙脱土/SBS 纳米复合材料。研究表明，蒙脱土可明显提高 SBS 的拉伸强度、300%定伸应力、拉断伸长率、玻璃化温度和储能模量。

ChenZ[42]首先对黏土进行一系列的有机化修饰，使黏土的层间距增大，得到改性的 OMMT。然后通过溶液法制备出 SBS/OMMT 纳米复合材料。DMA 测试表明，部分 PS 链段已经插入 OMMT 层间，其 T_g 达到 157℃，未插层的 PS 和 PB 的 T_g 仍保持不变（分别为 94℃和－76℃）。复合材料的力学性能和热稳定性能均有明显的提高。

徐宏德[43]分别采用大分子溶液插层法和大分子熔融插层法制备得到 SBS/OMMT 纳米复合材料，并对其结构与性能及其相互关系进行了系统研究。发现少量 OMMT（2.5 份左右）的引入可以明显改善 SBS/OMMT 复合材料的力学性能。无论溶液插层法制备的星型 SBS/OMMT 纳米复合材料，还是熔融插层法制备的线型 SBS/OMMT 纳米复合材料，其拉伸强度和拉断伸长率都同时增加。其中，溶液插层法制备的纳米复合材料的拉伸强度和拉断伸长率分别较纯 SBS 增加了 75%和 55%；熔融法制备的纳米复合材料的拉伸强度和拉断伸长率分别较纯 SBS 增加了 70%和 18%。结构表征发现：星型结构 SBS 适宜采用溶液插层法；线型结构 SBS 适宜采用熔融插层法制备纳米复合材料，且两类纳米复合材料都具有以插层型为主的结构。

廖明义[44]等人采用溶液混合法制备了具有插层型结构的 SEBS/OMMT 纳米复合材料。结果表明，加入 OMMT 可以使 SEBS 的热稳定性有所提高，少量的 OMMT 可以提高 SEBS 的力学性能。

刘洋等[45]在单螺杆挤出机上分别采用纳米 $CaCO_3$（粉料）和纳米 $CaCO_3$ 母料制备得到纳米 $CaCO_3$/SBS 复合材料。结果表明，直接添加纳米 $CaCO_3$（粉料）存在纳米粒子分散不均匀、团聚严重的现象，对 SBS 的补强效果十分有限。而纳米 $CaCO_3$ 母料添加量为 25 份时，复合材料的拉伸强度达到 16.0MPa，相对于纯 SBS 提高了 20%。同时，适量纳米 $CaCO_3$ 母料的加入还可降低复合材料的磨耗值。这主要是由于采用母料法，改善了纳米 $CaCO_3$ 在基体中的分散效果，使其能较好发挥增强作用。

白泥是一种脱水碳酸钙，基本成分是沉淀法碳酸钙，来源于硫酸盐制浆造纸厂碱回收车间的废渣。陈中华等[46]采用多步交换反应方法，将聚丙烯酸丁酯（PBA）嵌入到白泥（高岭土和白云母的混合物）的高岭土层间，再将所得白泥-PBA 层状混杂物与 SBS 在 160℃混炼，制备得到新型混杂纳米复合热塑性弹性体。当白泥-PBA 在 0.5%～6.0%（质量分数）范围内，复合弹性体的拉伸强度、拉断伸长率及高温玻璃化转变温度分别由 15.7MPa、598.3%和 96℃提高到 26.76MPa、846.0%和 156℃，而低温玻璃化转变温度仍保持为－76℃，透明度保持不变。

高档医用级 SEBS 塑料薄膜产品具有诸多优点，如环保、透气、柔软、防水、耐摩擦、无静电、具有良好的皮肤触感等，因此应用广泛。然而普通的 SEBS 薄膜不具有抗菌性。锐钛型 TiO_2 作为介稳态相态，具有较高光化学活性，适合作为抗菌剂、催化剂和光电化学材料。若将纳米锐钛型 TiO_2 与 SEBS 等树脂均匀共混，制成塑料制品或塑料膜，即可成为广谱抗菌、长效、安全稳定的功能性材料。添加纳米 TiO_2 的 SEBS 薄膜将会在医疗行业拥有更加广泛的用途，如抗菌医用手套、一次性抗菌床单及抗菌手术衣等。梁红文等[47]用双螺杆挤出机制备了含纳米 TiO_2 的 SEBS，最佳吹膜温度为 200℃；配方组分中充油 SEBS 含量上限为 50%，当质量分数为 40%时，吹膜效果最佳；适量加入 PE 可以增强样品的力学性能和硬度，且随 PE 含量增加而增大，但考虑到样品的舒适度，最佳比例为 20%；加入 TiO_2 后，拉断伸长率几乎不变，拉伸强度下降；加入 TiO_2 后，薄膜在紫外光下的老化速度明显加快；TiO_2 处理与否及各组分含量的变化对薄膜老化速度的影响很小。

3.1.4 阻燃改性[48]

近年来，TPS应用的品种和领域都有了更快的发展。无卤阻燃TPS很早就有相关报道，这类热塑性弹性体对环境无污染，能满足市场上对不含多溴代二苯醚阻燃热塑性弹性体的需求，用于制造电线、电缆、电气元件、仪表和办公设备的配件，以及其他须有阻燃性能的用品。由于SEBS比SBS具有更稳定的综合化学性质，更适于用作电线电缆产品，因此阻燃TPS的研究开发多集中于SEBS方面。

目前所应用的阻燃剂主要是氢氧化铝、氢氧化镁和一些磷氮类的复合型阻燃剂，要达到较高的氧指数就必须添加大量的阻燃剂，TPS本身具有较高的填充性能，在添加大量的阻燃剂的情况下，仍然具有较高的拉伸强度和伸长率、较好的物理机械性能和阻燃性能，可以作为一些要求高阻燃性能的电线电缆材料。而复合无卤阻燃剂可提高体系的阻燃性能，在获得一定的阻燃效果时，体系的拉伸性能仍能满足使用要求，是阻燃体系研究开发的重点。

目前，国内外有关SEBS复合材料的无卤阻燃研究多见于专利[49~52]报道，研究方向主要集中在常规阻燃剂，如氢氧化镁、无机磷系、有机磷系、氮-磷膨胀型阻燃体系等阻燃剂之间的相互协同与复配。

3.1.4.1 磷系阻燃剂体系

(1) 有机磷系阻燃剂体系

有机磷系阻燃剂中的磷酸三苯酯（TPP）及其衍生物是多种聚合物的高效无卤阻燃剂。但由于SEBS结构中无含氧官能团，不利于含磷阻燃剂燃烧时形成炭化膜，而另一方面TPP的挥发温度比较低，容易造成在SEBS加工过程中TPP的大量挥发渗出，无法达到预期的阻燃效果。

针对上述问题，在使用有机磷系阻燃剂阻燃SEBS体系时可引入成炭协效剂或选用挥发温度较高的低聚磷酸酯与成炭剂联用。PPO因分子主链中含有含氧官能团、具有自熄性且具有良好的物理机械性能而成为解决问题的首选成炭剂。Zhang等人[52]采用磷酸酯［间苯二酚双（二苯基磷酸酯）、磷酸三苯酯］作为PS/SEBS/SEBS-g-MA/PPO共混体系的阻燃剂，制得阻燃性能可达到UL94垂直燃烧V-0级的阻燃材料。

(2) 无机磷系阻燃剂体系

无机磷系阻燃剂主要包括红磷、磷酸铵盐和聚磷酸铵等。红磷作为聚烯烃、聚碳酸酯、聚酯、尼龙以及橡胶等的阻燃剂，具有热稳定性好，安全无毒，并由于含磷量高而阻燃效率高，添加量少等的优点，用它处理的聚合物比普通阻燃剂具有较好的物理性能。但它易吸湿受潮、易氧化，与树脂相容性差，长期与空气接触会放出剧毒的磷化氢气体，污染环境，干燥的红磷粉尘有爆炸的危险，而且呈深红色，因此使用受到很大限制。为了解决上述弊端，一般采用表面微胶囊化技术，用物理或化学方法在红磷表面包覆一层连续而致密的有机、无机保护膜，形成微胶囊化红磷阻燃剂。由于红磷阻燃原理在于促使高聚物初期分解时的脱水而炭化，而这一步骤必须依赖高聚物本身的含氧基团，因此红磷对含氧聚合物的阻燃效果较好，对 PE、PP 等聚烯烃类聚合物的阻燃效果较差。因此，研究各种阻燃剂与红磷阻燃剂的有效复配关系也是红磷作为阻燃剂的重要发展方向之一。

王震[53]等将由微胶囊化包覆红磷及氮系阻燃剂组成的阻燃复配体系与 SEBS/PE/MPPO 共混物在双螺杆挤出机中共混熔融挤出造粒，制得无卤阻燃树脂组合物，该发明的混合物适合于各种软质和半硬质产品的制作，如电线电缆的包覆物，电源线注塑插头等。

陈常明[54]利用聚苯醚（PPO）的刚性、强度、耐高温性和电绝缘性等和 EBS 共混。先将两者或两者中的一种进行官能化，然后进行共混改性，从而得到一种具有高度弹性、柔韧性和良好热力学性能的新型热塑性弹性体材料。例如，在双螺杆挤出机上进行反应性共混，用 DCP 为引发剂，将马来酸酐接枝于 PPO 上；或用偶氮二异丁腈为引发剂，将丙烯酸接枝于 SEBS 上。若在利用此方法制备材料的过程当中加入无卤阻燃剂，则可得到具有良好性能的无卤阻燃材料。其中的无卤阻燃剂为磷系阻燃剂，如红磷、间苯二酚-双（磷酸二苯酯），双酚 A-二（磷酸二苯酯）或磷氮系阻燃剂（如磷系阻燃剂与三聚氰胺衍生物复配物等）的一种或几种的复合物。其典型阻燃配方（质量份）为：

PPO：40

接枝 SEBS：10

SEBS：25

硅油：15

双酚 A-二（磷酸二苯酯）：15

磷氮系复配阻燃剂：15

其他加工助剂：5

将上述原料混合均匀以后，通过双螺杆挤出机中熔融挤出，切粒，得到的无卤阻燃产品，其性能指标为：拉伸强度 19MPa，拉断伸长率 210%，弯曲强度 8.6MPa，维卡软化点 80℃，邵尔 A 硬度 78，阻燃等级达到 VW-1（VW-1 是 UL1581 中的电线燃烧方式，垂直燃烧测试）级，无滴落，且产品具有良好的柔韧性和挤出表面光洁度。

聚磷酸铵（简称 APP）因其具有含磷量大，含氮量高，热稳定性好，毒性低等优点，除了被用于纸张、木材和涂料等的阻燃外，还广泛用于塑料制品的阻燃。但因本身化学结构的原因，APP 也存在一些缺点，如与有机阻燃剂相比仍然存在吸湿性较大，与聚合物相容性、分散性较差，耐水洗、抗迁移性差等缺点。APP 用于 SEBS 复合材料阻燃时，常作为酸源，需与碳源及气源并用，组成膨胀型阻燃剂。

3.1.4.2 膨胀型阻燃体系

潘勇军[55]等采用 APP/PER（IFR）复合膨胀阻燃剂阻燃 SEBS/PP 共混物体系。结果表明，当体系中添加 IFR 的质量分数为 30%时，SEBS/PP 阻燃体系的氧指数达到 27%，并通过 UL94 V-0 级测试，此时体系的拉伸强度为 12.5MPa，拉断伸长率达到 492.6%。研究还发现，IFR 的加入可使体系的残炭量显著增加，添加 30%IFR 时，600℃下 SEBS/PP 共混物的残炭量由未加 IFR 的 1.8%增至 14.8%。随着阻燃剂用量的增加，共混物的力学性能下降。尽管如此，当阻燃剂的质量分数达到 40%时，共混物的拉伸强度 10.5MPa，拉断伸长率 413.8%，仍然具有较好的力学性能。

徐建波[56]等采用 TG 分析测试阻燃 SEBS 共混材料的热分解过程，并用 Friedman 微分法和非线性回归进行动力学分析，探讨其热分解机理。结果表明，膨胀型阻燃剂、金属氢氧化物及其复配阻燃体系阻燃改性的 SEBS 共混材料的热分解过程均为多步平行反应，极限氧指数随分解活化能的提高而提高。极限氧指数 LOI 测试表明，两体系均能有效阻燃 SEBS 共混材料。

周赞斌[57]以少量纳米无机物（层状硅酸盐或膨胀石墨）配合氮-磷复合阻燃剂阻燃操作油改性的 SEBS 与 PP 共混物体系，制得一种膨胀型低烟热塑性阻燃橡胶。测试结果表明该发明阻燃效果好，燃烧时低烟无毒，产品柔软，邵尔 A 硬度在 70～90 之间可任意调整，并有很好的挤出性能。配方（质量分数）如下。

SEBS：15%～60%

软化油：1%～25%

抗氧剂：0.2%～0.5%

纳米无机物：3%～7.5%

氮-磷复合阻燃剂：32%～46%

聚丙烯：1%～30%

分散剂：0.1%～0.5%

但是，膨胀型阻燃剂阻燃复合材料体系也往往存在明显的缺陷，如膨胀型阻燃剂存在强的吸水性而导致阻燃材料在生产制品尤其是挤出线材时，容易吸水而使其电性能下降；并且，如果阻燃剂表面处理不当或与体系中聚合物基体间的相容性较差时，往往会在制品表面出现析出现象，极大地降低材料的力学性能，尤其是拉伸强度，通常难以超过 12MPa。因此改进这一技术问题是趋势所向。

为了改善电缆料在加工时遇水析出的问题，同时改善力学性能，张立群等[58]提出 SEBS 与乙烯-醋酸乙烯酯共聚物（EVA）、乙烯-丙烯-丁烯三元共聚物、聚丙烯（PP）、乙烯-辛烯共聚物（POE）、高密度聚乙烯（HDPE）、马来酸酐接枝 SEBS 和聚丙烯酰亚胺等几种树脂共混，采用这样的配混基体，可以更大地提高电缆料的力学性能、阻燃性能和耐热性能。马来酸酐接枝 SEBS 相容剂一端和聚合物 SEBS 的相容性好，另外一端牢牢地与膨胀型阻燃剂结合在一起，这样就能改善电缆料的力学性能以及膨胀型阻燃剂的遇水析出问题。添加聚丙烯酰亚胺的目的是为了提高电缆料的力学性能，这种材料一端和聚丙烯的相容性非常好，另外一端和膨胀型阻燃剂中的—NH_2基团紧密相连，使得聚合物和阻燃剂之间的界面结合增强，从而提高了材料的力学性能。所采用的聚磷酸铵为Ⅱ型的聚磷酸铵，它的结晶度比较高，大于 1000，在水中的溶解度小，这样就能极大地改善电缆料在加工过程中遇水析出的问题。

具体配方如下（质量份）。

① 基体树脂 100

其中　SEBS　20～50

　　　EVA　15～20

　　　乙烯-丙烯-丁烯三元共聚物　15～20

　　　聚丙烯　15～20

　　　高密度聚乙烯　0～5

　　　乙烯-辛烯共聚物　0～5

　　　马来酸酐接枝 SEBS　2.5～5

　　　聚丙烯酰亚胺　2.5～5

② 阻燃剂 60～80

其中　聚磷酸铵Ⅱ型　30～60

　　　季戊四醇　10～15

　　　三聚氰胺　10～15

③ 润滑剂　2

④ 抗氧剂　1010　0.75

抗氧剂　168　0.25

在使用膨胀型阻燃剂时，因 SEBS、PP 等原料本身不具备成炭功能，需要选择合适的成炭剂。何燕岭等[59]在 SEBS 中引入了燃烧时具有成炭功能且物理性能优异的 TPEE，易于加工成型，加工过程中不会产生不愉快气味，同时由此复合物制备的电缆绝缘层在长期通电受热或阳光暴晒下不会放出有毒物质，绿色环保，适于做电缆料。配方如下（质量份）。

SEBS：24～45

TPEE：15～25

阻燃增塑剂：5～15

软化增塑剂：5～15

阻燃剂：15～25

相容剂：3～5

抗氧剂：0.1～1

加工助剂：0.5～2

所用的 TPEE 为硬度范围邵尔 D30～72 的 TPEE；软化增塑剂为环烷烃油、白矿油中的至少一种；阻燃增塑剂为双酚 A 双（二苯基磷酸酯）、间苯二酚-双（二苯基磷酸酯）中的至少一种；阻燃剂为三聚氰胺氰尿酸盐、硼酸锌、三聚氰胺聚磷酸盐、有机次磷酸盐中的至少一种；相容剂为加氢苯乙烯热塑性弹性体接枝马来酸酐（SEBS-g-MAH）、苯乙烯-马来酸酐无规共聚物（SMA）、聚烯烃弹性体接枝马来酸酐（POE-g-MAH）、乙烯-醋酸乙烯酯接枝马来酸酐（EVA-g-MAH）中的至少一种；抗氧剂为抗氧剂 B215、抗氧剂 1076、抗氧剂 1098 中的至少一种；加工助剂为二甲基硅油、硅酮（聚硅氧烷）粉、聚乙烯蜡中的至少一种。

3.1.4.3　金属氢氧化物阻燃剂体系

无机金属氢氧化物阻燃剂在应用时，依靠燃烧时受热分解吸热并释放出水蒸气，降低聚合物基体燃烧表面的温度并稀释可燃气体浓度以及分解后产生氧化物在聚合物表面形成隔离层等方式来达到阻燃效果，具有稳定性好、无毒、抑烟等一系列优点，在无卤阻燃剂中占有重要的地位。

目前广泛使用的金属氢氧化物类阻燃剂主要是氢氧化铝［$Al(OH)_3$，ATH］和氢氧化镁［$Mg(OH)_2$，MH］。在燃烧中，因 MH 的热稳定性远优于 ATH，且在燃烧时的吸热量大，故对加热温度较高的聚合物来说，以 MH 为阻燃剂更为适宜。MH 的阻燃效率较低，单独使用时要满足实际阻燃要求所需填充量大，一般要在 60%以上，易造成阻燃材料基体的力学性能严重恶化，且加工困难。

葛俊静[32]以石蜡油改性 SEBS 与 PP 的共混物（O-SEBS/PP）为基体，以 MH 为主体阻燃剂，采用开放式热炼机混炼的方式制备了阻燃 O-SEBS/PP 复合物，深入探讨了 MH 用量对复合物燃烧性能、力学性能以及加工性能等的影响。从表 3.10 中可以看出，复合体系的 LOI 随 MH 用量的增加而逐渐提高，这与其他学者的研究结果相似。其中，未添加 MH 的 O-SEBS/PP 共混物基体的 LOI 仅为 19.6%，这说明它在空气（氧气含量约为 21%）中很容易着火燃烧。当体系中加入 50%（质量分数，下同）MH 时，复合物的 LOI 达到 31.6%，表明填充 50%MH 的复合体系已有较好的阻燃性能，满足难燃高分子材料的要求，但是仍然不能通过 UL94 垂直燃烧级别。继续增大 MH 的填充量至 60%时，复合物才可通过 UL94 V-0 级，可见 MH 的阻燃效率是比较低的。此外，在燃烧试验中发现，O-SEBS/PP 热塑性弹性体基体在燃烧时伴有浓烟和熔滴，而随着 MH 用量的增加，复合物的生烟量逐渐减少。当体系中添加 30%MH 时，复合物燃烧时的熔滴现象完全消失。

热释放速率（HRR）是单位面积样品释放热量的速率，它是评价火灾危害性最重要的参数之一。HRR 或热释放速率峰值（PHRR）越大，表明燃烧程度越大和越激烈。由表 3.10 可知加入 MH 后，复合物的 PHRR 显著降低。当 MH 添加量为 50%时，复合物的 PHRR 降至 190 kW/m^2，较未阻燃 O-SEBS/PP 共混物基体下降了 78.5%。

表 3.10 MH 阻燃 O-SEBS/PP 复合物的燃烧性能

组成(质量分数)/%		LOI /%	UL94 级别	PHRR /(kW/m²)	SPR /(m²/s)	TSP /m²
基体	MH					
100	0	19.6	Fail	885	0.096	15.3
70	30	24.6	Fail	303	0.071	21.2
60	40	25.3	Fail	234	0.052	16.6
55	45	26.6	Fail	215	0.041	10.2
50	50	31.6	Fail	190	0.032	8.1
45	55	31.9	Fail	166	0.030	5.6
40	60	34.3	V-0	164	0.024	5.4

随着聚合物材料应用领域的日益广泛，其燃烧所产生烟雾的危害越来越受到人们的重视。在选择理想阻燃剂时，通常也会考察材料的抑烟性。复合物的生烟速率（SPR）和生烟总量（TSP）如表 3.10 所示。加入 MH 后，O-SEBS/PP/MH 复合物的生烟速率明显降低，而生烟总量则呈现出先增大后减小的趋势。

表 3.11 是不同 MH 添加量对 O-SEBS/PP 复合物力学性能的影响。可以看出，随着 MH 用量的增加，O-SEBS/PP/MH 复合物的拉伸强度和拉断伸长率都逐渐降低，且分别在 MH 添加量达到 30%和 45%以后，下降趋势明显增大。如果要使复合物达到 UL94 垂直燃烧 V-0 级，即保持 MH 添加量至少为 60%，则复合物的拉伸强度仅有 8.0MPa，拉断伸长率也进一步下降为 485%，较未阻燃 O-SEBS/PP 共混物基体分别下降了 55.6%和 36.4%。

表 3.11 O-SEBS/PP/MH 复合物的力学性能

组成(质量分数)/%		拉伸性能				撕裂强度 /(kN/m)	邵尔 A 硬度 /度
基体	MH	σ_{max} /MPa	σ_{100} /MPa	σ_{300} /MPa	ε /%		
100	0	18.0	3.0	4.7	763	46.8	72
70	30	14.4	3.3	5.3	731	49.0	77
60	40	11.6	4.1	5.9	688	49.4	80
55	45	11.1	4.6	6.0	678	43.9	82
50	50	9.6	4.6	6.0	610	40.8	83
45	55	8.6	5.2	6.2	583	39.4	85
40	60	8.0	5.6	6.6	485	37.8	87

为了改善 MH 阻燃聚合物材料的力学性能，通常可以采用以下两种方法：一种是采用表面改性剂，如硅烷偶联剂、钛酸酯类偶联剂、高级脂肪酸及其金属盐、水溶性高聚物等对阻燃剂进行表面改性处理，可以在一定程度上改善阻燃材料的力学性能；另一种切实有效的方法是通过研究无卤阻燃剂之间的协同阻燃效应，降低 MH 阻燃剂的添加量。常见的 MH 阻燃协同增效剂有：ATH、红磷及磷化物、有机硅低聚物、金属氧化物、硼酸锌（ZB）以及膨胀石墨（EG）、有机土等。

葛俊静[32]还研究了三种硅烷类偶联剂（KH560、KH550 和 A-171）表面处理 MH 以及商业供应表面处理 MH 对复合物的力学性能、形态结构、燃烧性能以及加工性能等方面的影响。如表 3.12 和表 3.13 所示。可见，MH 表面改性后对力学性能的影响不大。A-171 表面处理 MH 和 M-O-W 型 MH 对 O-SEBS/PP/MH 复合物的拉伸强度和撕裂强度的提高较为明显，分别由未改性 MH 填充阻燃复合物的 8.0MPa 和 37.8kN/m 提高到 8.4MPa、38.6kN/m 和 8.7MPa、39.0kN/m。这与未填充 SEBS/PP/Oil 复合材料的力学性能相比仍较低。可以看出，不论是实验室表面处理 MH，还是商业供应表面处理 MH，其对阻燃复合物燃烧性能的影响都不大，各复合物的垂直燃烧试验均可达到 UL94 V-0 阻燃级别，但使用表面处理 MH 后，复合物的氧指数都略有下降。

表 3.12　不同表面改性剂处理 MH 对复合物力学性能的影响

表面改性剂	拉伸性能				撕裂强度/(kN/m)	邵尔 A 硬度
	σ_{max}/MPa	σ_{100}/MPa	σ_{300}/MPa	ε/%		
无	8.0	5.6	6.6	485	37.8	87
KH560	7.5	4.9	6.1	453	36.2	86
KH550	8.2	5.7	6.9	403	38.0	85
A-171	8.4	6.3	7.2	414	38.6	86
M-O-W	8.7	6.2	7.2	432	39.0	85
M-T-Y	6.8	3.6	4.2	504	34.0	87

注：SEBS/PP/Oil=100/50/80（质量比），基体/MH=40/60 的 O-SEBS/PP/MH 阻燃复合物；M-O-W 和 M-T-Y：两种商业型表面改性 MH。

表 3.13　不同表面改性剂处理 MH 对复合物燃烧性能的影响

表面改性剂	LOI/%	UL94 级别	表面改性剂	LOI/%	UL94 级别
无	34.3	V-0	A-171	33.3	V-0
KH560	32.8	V-0	M-O-W	33.6	V-0
KH550	32.7	V-0	M-T-Y	33.0	V-0

为了在保持阻燃效果不变的前提下降低阻燃剂的总添加量，葛俊静[32]分别研究了硼酸锌（ZB）、可膨胀石墨（EG）与 MH 并用对阻燃 O-SEBS/PP 复合物的燃烧性能、热稳定性等的影响。发现 ZB 对 MH 阻燃 O-SEBS/PP 复合物并无明显的增效作用。EG 对 O-SEBS/PP/MH 体系具有良好的阻燃增效作用，少量的 EG 就可以大幅度提高体系的 LOI 与残炭率，并使体系的热释放速率和发烟量大幅度降低。燃烧炭层 SEM 分析发现，加入 EG 的复合物燃烧时表面形成大量的蠕虫状多孔炭层，有效地阻隔了热量与可燃性气体的传导。当 EG 的用量为 5%、MH 用量为 35%时，O-SEBS/PP/MH/EG 复合物可以通过 UL94 V-0 级检测，同时具备了良好的力学性能，其拉伸强度、撕裂强度、拉断伸长率分别为 11.3MPa、49.6kN/m 和 584%，

中国发明专利 CN200710046721.6[60]公开了一种无卤阻燃弹性体复合材料及其制备方法，该专利以包覆红磷作为主体阻燃剂 MH 的阻燃协效剂，将磷酸

酯与 SEBS 预混合制得充油 SEBS，再与乙烯-丙烯嵌段共聚物、EVA 及其他加工助剂等共混挤出，制得同时具备良好的阻燃性能、加工性能和力学性能的阻燃复合材料。其典型配方及工艺为：①取 SEBS 15 份，在高速搅拌机中加入磷酸酯 15 份共同处理 8min 后得到充油 SEBS30 份，混合机速度为1500r/min；②将充油 SEBS 30 份、乙烯-丙烯共聚物 20 份、EVA 3 份、SEBS 接枝马来酸酐共聚物 2 份、硅酮粉 1.0 份、有机氟 0.5 份、芥酸酰胺 0.2 份、硬脂酸锌 0.3 份按比例在高速搅拌机中预混合均匀得到 C 预混料，混合机速度为 500r/min，混合时间为 5min；③然后将经脂肪酸处理过的氢氧化镁 40 份和灰色红磷 3 份按比例在高速搅拌机中预混合均匀得到 D 预混料，混合机速度为 500r/min，混合时间为 5min；④将 C、D 预混料分别加入计量秤中，通过自动计量的两种预混料经布氏混炼机挤出，加料段-输送段-熔融段-机头的挤出温度分别为 130℃、140℃、150℃、160℃，然后经冷却、干燥和切粒得到复合材料。

邓娟[48]合成了设计合成了一种含硼苯基膦酸酯（BPP），并将其与 MH 复配阻燃石蜡油改性 SEBS（O-SEBS）体系。研究表明，BPP 明显促进成炭作用，但是当 BPP 加至 40%时，由于总残炭率仍较少，且炭层不够致密，导致 BPP 单独阻燃 O-SEBS 并无明显效果。采用微米级 MH 和 BPP 协同阻燃 O-SEBS，结果表明，在 O-SEBS 基体中添加 58%MH 和 5%BPP 可以使复合物通过 UL94 V-0 垂直燃烧级别。其拉伸强度、拉断伸长率、撕裂强度和邵尔硬度分别为 5.04MPa、278%、25.7kN/m 和 71。

3.1.4.4 蒙脱土纳米插层杂化体系

聚合物/层状黏土纳米复合材料具有阻燃性的原因在于，层状黏土在燃烧过程中在材料表面形成炭层，这种多层的硅酸盐结构可以作为隔热隔质的屏障，从而降低可挥发性产物的向外扩散过程，因此起到阻燃作用。

谷慧敏[61]等人采用熔融插层法制备了 SEBS/OMMT 插层复合材料。锥形量热仪试验结果表明，随着 OMMT 添加量的增加，SEBS/OMMT 复合材料的热释放速率峰值降低明显，当 OMMT 添加量为 10%时，复合材料的热释放速率峰值较未阻燃 SEBS 降低了 58.9%。SEBS/ OMMT 插层复合材料的阻燃作用主要是通过复合材料燃烧形成的碳-硅酸盐阻隔层的隔热与隔气作用来实现。

李晓燕等[62]采用十二烷基三苯基溴化膦（DTPB）改性钠基蒙脱土（Na^+-MMT)，利用熔融插层法制备氢化苯乙烯-丁二烯-苯乙烯嵌段共聚物（SEBS）/蒙脱土复合材料，无论是 MMT 还是 OMMT 都起到了阻止 SEBS 热失重进程的发展，且携带苯基的 DTPB 有机改性剂有利于 OMMT 与 SEBS 复合材料的相容性。

但 OMMT 对聚合物基体阻燃性能的改善程度有限，当添加量达到一定值时，对聚合物阻燃性能的改善变得不明显，这表明只采用 OMMT 纳米材料作为阻燃剂还不能满足阻燃材料性能的要求。为了进一步改善 OMMT 阻燃 SEBS 复合材料的阻燃性能，谷慧敏等人[63]将 ATH 应用于 SEBS/PP/OMMT 复合材料，添加 $Al(OH)_3$，使 SEBS/PP/OMMT 复合材料的热释放速率、峰值热释放速率和总热释放显著降低，且随着 $Al(OH)_3$ 添加量的增加，复合材料的峰值热释放速率降低愈明显；体系中 OMMT 和 $Al(OH)_3$ 添加量（质量分数）均在 10％时复合材料的综合性能最佳。

3.1.5 抗静电改性

将导电材料与 SBS 进行共混制备导电复合材料能够结合 SBS 优异的性能，同时其复合材料可在很大范围内调节电性能、力学性能和热性能，因此其应用前景广阔，如用作抗静电材料与电极材料。郭晶晶[64]对炭黑（CB）填充 SBS 导电复合材料的制备及性能做了相关的研究。研究发现，三种不同炭黑填充 SBS 制备的 SBS/CB 复合材料，其体积电阻率随着炭黑用量的增加均出现明显的逾渗现象。高结构度、小粒径和宽分布的导电炭黑 E900 效果好，渗滤阈值为 10％～20％；并且当 CB 填充量达到 20％时，复合材料的电阻率为 $3.34\times10^4\Omega\cdot cm$。其适宜混炼温度为 120℃，适宜混炼时间为 6～7min。制备方法对电性能也有很大影响，比较了混炼法及溶剂法制备的 SBS/CB 复合材料后发现，体系的导电性能优劣依次是磁力搅拌分散溶剂法＞超声分散溶剂法＞开炼法＞密炼法。炭黑的加入增加了复合材料的电性能，同时也降低了它的力学性能。SBS/CB 的应力-应变曲线表明：炭黑浓度增加，复合材料的最大拉断伸长率、拉伸强度均呈现下降的趋势，且炭黑含量低于 15％时力学性能降低缓慢而后下降急剧。但复合材料的刚性及硬度提高，弹性模量增大。

Pedroni[65]等制备了多壁碳纳米管（MWCNT）/SBS 纳米复合材料，研究了复合材料的导电性质，发现当 MWCNT 的填充量为 12％时，复合材料具有良好的导电效果，其电导率达到 1.6S/cm。

石墨烯具有优良的导电性，但由于 SBS 本身是非极性及疏水性材料，因此石墨烯在 SBS 中很难均匀分散，解艳艳[66]将 SBS 改性为 HO-SBS，选用 DMF 作为溶剂，通过溶剂共混的方法制备把还原石墨烯（RGO）与 HO-SBS 共混。RGO/HO-SBS 复合材料的渗滤阈值出现在 0.2％～0.5％之间，当 RGO 的含量为 0.5％时，复合材料的电导率达到了 0.1S/m，这个值已经能够满足导电材料的应用，当 RGO 含量为 12％时，复合材料的电导率更是高达 1.3S/m。当 RGO 引入聚合物基体之后，聚合物的拉伸强度及拉断伸长率均出现了下降趋势。

廖志荣等[67]发明了抗静电 TPS 热塑性弹性体，配方为：TPS 25～50 份、橡胶加工油 30～60 份（环烷油或石蜡油）、聚烯烃 0～40 份（PP 均聚物或共聚物）、无机矿物填料 0～50 份（滑石粉、碳酸钙、硫酸钙、高岭土、云母、二氧化硅或硅灰石）、抗静电剂 0.2～0.6 份（甘油单硬脂酰胺）、抗氧剂 0.1～0.3 份。将各组分依次加入到高速混合机中高速混合后再置于双螺杆挤出机中进行挤出、造粒，即得到产品。其抗静电机理是使抗静电剂迁移到制品表面形成一层亲水物质，吸收空气中的水分形成导电通道，以提高制品表面的导电性，且不会影响到制品的透明性；并且制品能够配成多种颜色，采用的原料成本较低、工艺简单，适合大规模生产。

而李明轩等[68]发明的是具有永久抗静电的TPS热塑性弹性体，采用的是离子型聚合物抗静电剂，聚合物分子量大，不会迁移，因此具有永久性，且不会随环境湿度的变化而变化。具体原料为TPS、填充油、聚烯烃树脂、离子型聚合物抗静电剂、相容剂、耐磨添加剂、无机填料、润滑剂、抗氧剂等。离子型聚合物抗静电剂是聚醚类抗静电剂，如聚环氧乙烷（PEO）、环氧乙烷-环氧丙烷-缩水甘油醚共聚物（EO-PO-AGE）。这种材料具有永久抗静电性、耐水洗、耐磨、耐高温，价格低，容易加工，体积电阻率可降到$10^8\Omega\cdot cm$。配方与实验结果分别见表3.14和表3.15。生产工艺如下：先将TPS、填充油放入高混机搅拌10min，待弹性体将油充分吸收后，加入聚烯烃树脂、抗静电剂、无机填料、抗氧剂、润滑剂、耐磨添加剂、相容剂，再高速搅拌5min，然后用螺杆挤出机挤出造粒。

表3.14　永久抗静电TPS不同配方组成　　单位：质量份

原料名称	实施例1	实施例2	实施例3	实施例4	实施例5	实施例6	对比例
SEBS	100	100	100	100	100	100	100
石蜡油	100	110	120	130	140	150	150
聚丙烯	60	70	0	0	30	40	40
聚乙烯	0	0	60	70	30	40	40
EO-PO	30	50	0	0	20	30	0
EO-PO-AGE	0	0	30	50	20	30	0
$LiClO_4$	5	10	0	0	5	0	0
$C_4F_9SO_3Li$	0	0	5	10	0	10	0
PP-g-MAH	20	30	10	20	0	20	20
SEBS-g-MAH	0	0	10	10	30	20	20
碳酸钙	50	55	65	50	55	60	65
硅酮母粒	20	20	20	20	20	20	20
抗氧剂1010	2	2	2	2	2	2	2
抗氧剂168	2	2	2	2	2	2	2
油酸酰胺	3	3	3	3	3	3	3

注：硅酮母料即聚硅氧烷母料。

表3.15　不同实施例配方所制得的TPS的电阻率

项　目	表面电阻率/(Ω/sq)	体积电阻率/Ω·cm	水洗100次后的表面电阻率/(Ω/sq)
实施例1	2.7×10^{11}	3.8×10^{10}	3.2×10^{11}
实施例2	3.8×10^{9}	3.0×10^{8}	3.5×10^{9}
实施例3	4.6×10^{11}	3.2×10^{10}	5.2×10^{11}
实施例4	2.5×10^{9}	1.6×10^{8}	2.8×10^{9}
实施例5	5.4×10^{11}	4.7×10^{10}	6.3×10^{11}
实施例6	1.2×10^{9}	1.0×10^{8}	1.5×10^{9}
对比例	6.2×10^{16}	4.5×10^{15}	7.3×10^{16}

3.1.6　TPS的发泡

用SBS制备的鞋底具有成型加工方便、抗湿滑性良好、成本低廉等特点，是一种应用十分广泛的鞋底材料。据文献报道，鞋子质量每增加100g，穿着者的体能消耗将增加1%。为了降低体能消耗、提高穿着舒适性，轻质、高弹性的鞋底材料是今后的发展主流。然而目前市场上流行的SBS鞋底多为实心底（密度一般在1.0g/cm^{3}左右）和低发泡底（密度在0.8g/cm^{3}以上），否则其物理性能尤其是耐磨性能将严重恶化，难以达到国家鞋用外底产品标准中规定的耐磨性能要求。制备耐磨性良好的高发泡SBS材料可减轻产品重量、节约材料、提升产品的市场竞争力。

任翔[69]在专利CN96104514.4中提供了热塑性发泡组合物以及制备鞋底的方法，采用SBS、PS、活化AC发泡剂等为主要原料，在温度为170～220℃的条件下射出，制备出密度为0.69g/cm^{3}发泡鞋底，并将其与橡胶鞋底进行组合。

常见的SBS发泡效率不高，因此专门开发了适合发泡的SBS产品，如岳阳石化总厂生产的YH-788和台湾奇美公司生产的奇美5302等牌号。梁红文等[70]研究了YH-788的发泡性能。在SBSYH-788中加入聚苯乙烯（PS）、乙烯-醋酸乙烯酯共聚物（EVA）、环烷油、碳酸钙、偶氮二甲酰胺（AC）发泡剂、硬脂酸锌、氧化锌等，在模头温度高于180℃下制备发泡鞋底。其具体配方如下。

配方1：YH-788 65份、PS 15份、EVA5份、环烷油 15份、抗氧剂264 0.5份、AC 1.2份、硬脂酸锌0.8份、氧化锌1.2份；

配方2：YH-788 65份、PS 15份、EVA 5份、硬脂酸锌0.8份、氧化锌1.2份、AC 1.2份、抗氧剂264 0.5份。

表3.16是采用配方1制备的发泡材料的性能随轻质碳酸钙含量的变化规律。可见，随轻质碳酸钙加入量增加，材料拉伸强度下降，密度增加，而当轻质碳酸钙的加入量大于15份时，其拉伸强度下降过快。在制成鞋底时将影响鞋底的强度且其密度较大，因此在实际使用中推荐加入5～10份轻质碳酸钙较为合适。

表3.16　轻质碳酸钙的加入量对发泡材料性能的影响

项　目	轻质碳酸钙加入量/份				
	0	5	10	15	20
熔体流动速率/(g/10min)	9.8	9.6	9.6	9.5	9.2
鞋底密度/(g/cm^3)	0.65	0.75	0.78	0.82	0.89
粒料拉伸强度/MPa	10.3	9.5	9.0	7.3	7.0
鞋底磨耗/mm	5.0	7.0	7.9	8.4	10

注：采用配方1。

表3.17给出了按配方2进行的发泡结果，并列出了用奇美5302发泡的对比实验结果。从中可以看出，YH-788具有良好发泡性能，经配入合适的助发泡剂，其发泡之后降重比达34%，且有较高的物性，较低的磨耗。

表 3.17　高发泡与中发泡基础配方与结果

项　　目	高发泡	中发泡	奇美 5302 高发泡
基础配方/质量份			
YH-788	65	60	65
环烷油	15	15	15
轻质碳酸钙	0	10	0
性能指标			
粒料拉伸强度/MPa	10.3	8.9	8.4
鞋底密度/(g/cm^3)	0.66	0.78	0.68
发泡之后降重比/%	34	22	32
鞋底磨耗/mm	5.0	7.8	5.1

注：配方为 2 号。

郑玉婴等[71]报道了一种 TPR 鞋用材料，研究软化剂、改性树脂、填料和交联剂对材料的拉伸强度、拉断伸长率、硬度、黏结性能的影响。TPR 鞋材的组成主要有 SBS、PS、软化油、填料等，其典型配方（质量份）如下。

SBS：100

PS：10～20

填料：10～50

软化油：0～60

光-氧复合稳定剂　0.1～10

交联剂 DCP　0～0.7

AC 发泡剂　0～0.5

采用上述配方所得的 TPR 鞋底的耐磨性为 8.0～11.0mm，远远低于橡胶鞋底和聚氨酯鞋底的耐磨性能（磨痕长度小于 7mm）。

阳范文[72]研制出超耐磨性 SBS 鞋底材料。其典型组成为：SBS100 份、PS25 份、碳酸钙 5 份、二氧化硅 10 份、环烷油 15 份、UHMWPE50 份、硬脂酸锌 2.0 份、抗氧剂 1076 3.5 份、热稳定剂 1010 4.5 份、光稳定剂 3.5 份、AC 发泡剂 1.0。按上述配比称料，采用混合机预先混合均匀后，在螺杆机出机或密炼机中进行共混、造粒、干燥，然后注塑机注射成型。所制备的鞋底耐磨性能测试结果为磨痕长度 5.3mm。但为改善其耐磨性能，在体系中引入了过多的 UHMWPE（50 份），这样会降低 SBS 发泡材料的“脚感”。

常素芹等[73]研制了一种质轻耐磨的 SBS 发泡鞋底材料。在 SBS、软化油、填料等的基础上通过添加超高分子量聚乙烯（UHMWPE）和 α-甲基苯乙烯共聚物，制备出了高发泡（发泡材料密度为 0.30～0.50/cm^3）和耐磨性能（磨痕长度 5.0～9.0mm）良好的发泡材料。通过降低发泡材料的密度，一方面可以扩大 SBS 发泡材料的应用范围，如用于凉鞋鞋底、运动鞋中底和鞋类内底等。另一方面可明显降低生产成本，节约能源。

其配方（质量份）如下。

SBS：100

软化油（环烷油）：10～45

填料（碳酸钙/滑石粉/二氧化硅/硅灰石）：0～40

高发泡树脂助剂（α-甲基苯乙烯共聚物/二烯-(α-甲基苯乙烯）共聚物）：1～35

高分子耐磨改性剂（UHMWPE）：1～35

脱模剂（硬脂酸锌/硬脂酸钙/硬脂酸镁）：0.5～2.0

发泡剂（偶氮二甲酰胺 AC/AC 与碳酸氢钠的组合物）：0～2

发泡促进剂（氧化锌）：0～5

交联剂（过氧化苯甲酰 BPO/过氧化二异丙苯 DCP）：0～3

采用两种制备工艺制备质轻耐磨热塑性弹性体发泡材料，分别为一步法和两步法。其中一步法为：将 SBS 先充分充油，在开炼机上压成片，然后加入 UHMWPE、高发泡树脂助剂、发泡剂、发泡助剂、交联剂，打三角包混合均匀后，然后加入填料，充分混合均匀后出片，最后平板硫化机上模压发泡制得发泡材料。两步法为：按照上述配比称料，采用高速混合机预先混合均匀后，在螺杆挤出机中于 110～150℃进行熔融共混、造粒；然后在开炼机或者密炼机中混合、模压或压延，制备发泡材料。表 3.18 给出了不同配方、工艺等实施例的对比结果。

表 3.18 不同配方组成及性能对比 单位：质量份

组分	配方 1	配方 2	配方 3	配方 4	配方 5	配方 6
SBS	100	100	100	100	100	100
环烷油	40	40	35	35	40	40
UHMWPE	0	0	25	25	25	25
α-甲基苯乙烯共聚物	0	5	5	5	5	5
碳酸钙	15	15	0	0	10	10
滑石粉	0	0	15	15	0	0
AC	1.5	1.5	1.0	1.0	1.5	1.5
碳酸氢钠			0.2	0.2	0	0
氧化锌	3.0	3.0	2.5	2.5	3.0	3.0
硬脂酸锌	1.0	1.0	1.5	1.5	1.0	1.0
DCP	1.0	1.0	1.0	1.0	1.0	1.0
工艺条件	两步法	两步法	一步法	两步法	两步法	两步法
密度/(g/cm^3)	0.40	0.21	0.43	0.36	0.30	0.49
磨痕长度/mm	9.4	12.7	7.4	7.6	8.2	5.2

配方 1 与配方 2 比较可知，在 SBS 发泡体系中加入高发泡树脂助剂 α-甲基苯乙烯共聚物，能大幅度提高 SBS 的发泡倍率，密度明显减小（从 0.40g/cm^3 降低到 0.21g/cm^3）。然而，发泡材料密度的下降，造成其耐磨性能严重恶化（磨痕长度从 9.4mm 到 12.7mm）。

为了提高材料的耐磨性能，加入高分子耐磨改性剂 UHMWPE，并采用两种加工工艺来制备发泡材料。通过比较配方 3 与配方 4 可看出，与一步法相比，用两步法更容易得到高发泡高物理性能的发泡材料。配方 5 与配方 1 比较可以看出，通过同时引入高发泡助剂 α-甲基苯乙烯共聚物和耐磨改性剂 UHMWPE，采用两步法制备出了质轻（密度仅为 0.30g/cm^3）、耐磨性能良好（磨痕长度 8.2mm）的热塑性弹性体发泡鞋用材料，此发泡材料可用于拖凉鞋鞋底、运动鞋中底和鞋内底等。配方 6 所制得的材料耐磨性能优异（磨痕长度 5.2mm），其密度仅为 0.49g/cm^3。在此密度下，该材料的耐磨性能达到了橡胶鞋底和聚氨酯鞋底的耐磨性能（磨痕长度小于 7mm），而价格明显低于橡胶和聚氨酯材料，可替代橡胶和聚氨酯材料制造鞋底，其性价比高于橡胶和聚氨酯材料。

由于 AC 发泡剂分解温度较高，需添加氧化锌和硬脂酸锌等发泡促进剂，射出温度高。另外，由于 SBS、PS 均为非极性材料，用上述材料制备的鞋底与鞋面贴合时，须经表面处理后才能获得较好的黏结效果；另外由于 AC 一般呈黄色，若分解不完全，制品中残留发泡剂对制品的颜色影响很大。

针对现有 SBS 发泡材料的缺点，有专利[74]提出用磺酰肼类发泡剂（OBSH）发泡 SBS，这类发泡剂的分解温度较低（150～170℃），颜色呈白色。同时添加丙烯酸共聚物，其含有大量的羧基基团，提高了发泡材料的极性，若采用聚氨酯等具有与羧基发生化学反应的胶黏剂，贴合过程中将在两相之间产生化学键合，显著提高其黏结性能，使 SBS 发泡材料的黏结性能得以改善。此外，丙烯酸共聚物具有较高的熔体黏度，在一定程度上能抑制气体溢出，对稳定泡沫有利。其配方之一为：SBS 100 份、PS 23 份、乙烯-丙烯酸共聚物 10 份、环烷油 23 份、OBSH 2.5 份、泡沫成核剂柠檬酸钠 0.5 份、硬脂酸锌 0.3 份。按照上述配比称料，采用混合机预先混合均匀后，在密炼机中进行共混、造粒，然后在 160℃下注射成型，密度为 0.65g/cm^3。其应用领域涉及鞋底、管材和片材等。

刘璐[75]研制出一种用于水上垃圾箱的发泡材料。采用 SEBS、乙烯-醋酸乙烯共聚物（EVA）、化妆级白油及适量的润滑剂（硬脂酸）、交联剂（三烯丙基异氰脲酸酯，TAIC）和抗氧剂（1010）。

制备工艺流程如下：首先将 SEBS、白油与 EVA（质量比为 15∶25∶10）在 180～200℃的温度下混炼成热塑性弹性体粒子；用制备出的热塑性弹性体粒子（20～50 份），添加 EVA（50～80 份）、助交联剂 TAIC（0～0.4 份）、抗氧剂（0.2～0.5 份）、发泡剂（5～20 份）混合密炼、压片，然后将压片置于发泡机中发泡，即制得发泡热塑性弹性体。

3.2 TPS 的应用[76～80]

由于 TPS 拉伸强度高，具有优异的低温性能、电性能，以及易加工、成本低等优点，其主要用途在制鞋业、塑料改性、沥青改性、胶黏剂等行业。另外在液封材料、电线、电缆、汽车部件、医疗器械部件、家用电器、办公自动化等方面也有广泛的应用。

TPS的典型代表是SBS和SEBS，它们相对密度低，邵尔A硬度可在30～75之间调节，透明度好，着色性能优异。其中，SBS主要用于塑料和沥青改性剂、鞋底材料；SEBS主要用于塑料改性、胶黏剂、医疗用品、汽车、家电和自动化办公设备；SIS及其加氢产品SEPS主要用于热熔型胶黏剂与沥青改性，不同国家和地区其主要用途各有所侧重。

3.2.1 制鞋

由于SBS具有无毒、抗滑、边角料可回收利用的特点，符合环保潮流，因此在今后相当一段时间内，SBS仍将是最主要的制鞋专用料之一。在制鞋领域由于所要求的拉伸强度不高，同时为了降低成本，一般选用苯乙烯质量分数为40%的星型和线型充油牌号；SBS可与分子量较低及软化点都较低的透明PS、二氧化硅填料等共混，制作鞋底材料，取代传统的硫化胶及PVC材料。除与PS共混外，还可与PE、PP、EVA等与SBS相容性好的材料进行共混；填料除二氧化硅外，还有碳酸钙、硅藻土、滑石粉等。为提高耐老化性，还应在鞋用混合料中加入0.5%的二月桂硫代丙酸盐、0.3%的抗氧剂、0.2%的抗紫外线剂以及硬脂酸锌、硬脂酸、石蜡等做润滑剂使用。在白色鞋底中还可再加钛白粉、氧化锌等紫外线屏蔽剂。

SBS制鞋生产工艺过程产生的有害物少，没有气味，低温性好，缺点是质重、强度低，主要是用于中档以下的皮鞋底、休闲鞋底。但SBS经微交联、微发泡改性后具有高弹性、耐低温、剥离强度大等特点，适用于生产中、高档运动鞋和旅游鞋。可根据鞋底的形状，硬度及性能要求来选择合适的原料牌号。柔软性和耐磨性是鞋底材料最重要的指标，但柔性和耐磨性是互斥的，在制备过程中要平衡好两个方面。而如何在保障柔性的同时提高耐磨性也是这个领域的研究重点。

SBS与SBR、NR并用制造的海绵，比原来PVC、EVA海绵更富于橡胶触感，且比硫化橡胶要轻，颜色鲜艳，花纹清晰。因而，不仅适于制造胶鞋中底的海绵，也是旅游鞋、运动鞋、时装鞋等一次性大底的理想材料。

3.2.2 胶黏剂和涂料

SBS与很多聚合物有良好的相容性，而且在烃类溶剂中具有很好的溶解能力，溶解快，稳定性好，内聚力强，易改性，避免了用芳香烃溶剂对人体健康的危害，所以非常适于制备多种胶黏剂和密封剂。SBS型胶黏剂主要应用于装饰胶（万能胶）和压敏胶。热熔型和压敏型黏合剂所需牌号有所不同，一般压敏型黏合剂选用苯乙含量低、相对分子质量相对高的线型牌号。

SBS环氧化后，内聚强度增加，弹性降低，永久变形变小，在溶剂中更易于溶解，溶液黏度小，透明性高。环氧化的 SBS 与极性聚合物的互容性提高，耐热性能得到增强。同时，由于环氧化的 SBS 中存在环氧基、羟基、双键等活性基团，易于进行化学改性，因而扩大了 SBS 的应用范围。

以环氧化 SBS 为基料制备热熔胶、压敏胶和装饰胶，其流动性、黏结性得到很大提高。部分氢化的 SBS 环氧化后，制备热熔压敏胶，具有较高的剥离强度和剪切强度；还可以把环氧化 SBS 配制成硫化型的橡胶胶黏剂等。此外，干性油脂肪酸（亚麻油酸桐油、梓油酸等）易与环氧化 SBS 分子中的环氧基开环聚合，制备环氧酯漆，这种环氧酯漆具有良好的弯曲性能。

SBS 与甲基丙烯酸甲酯、甲基丙烯酸丁酯、丙烯酸丁酯、乙酸乙烯酯或顺丁烯二酸酐等单体进行二元共聚，在中间橡胶段的双键上引入相应的基团，获得的共聚物用于制备各种胶黏剂或底胶，可以提高产物与织物、皮革、木材等被粘材料的粘接强度。用 MAH 接枝改性 SBS，经 NaOH、$CaCl_2$ 等将接枝产物离子化后，所得离聚物具有更好的吸水性及耐溶剂性能；利用有机硅接枝改性 SBS 可提高其极性、黏合力、耐老化性和耐高温性能。SBS 也可以进行三元接枝共聚改性，以用于 PVC 人造革等极性材料的粘接。利用甲基丙烯酸甲酯、甲基丙烯酸、丙烯酸丁酯对 SBS 进行了四元接枝改性，该胶黏剂可以在无需对聚烯烃表面进行处理的情况下，对聚烯烃类难粘塑料具有较高的粘接强度。

SBS 氯化后，分子链极性增加，又因双键的加成和链的环化反应，使产品的粘接性、阻燃性、耐油性以及弹性模量提高，因而可用作胶黏剂、防腐涂料、油墨、印刷着色剂等。

用 SBS 可制造可剥性涂料。众所周知，局部电镀是节约贵重金属材料的有效方法。非电镀部分保护的方法有多种，其中包括：粘贴压敏胶布法、塑料薄膜包扎法以及可剥性涂料法。橡胶基胶液在使用过程中，施工麻烦，有异味，涂层干燥时间长，涂层不光滑，涂层采用硫化剂交联，容易产生凝胶和早期硫化，大大影响其使用效果。而 SBS 制造的涂料可明显改善上述缺陷。通常选择星型的 SBS 比较适宜，采用白炭黑，滑石粉等浅色填料可以调节黏合性和可剥性；机械油增塑效果较好，但过多则粘辊；酯类增塑剂可降低黏合性，但不宜在混炼时加入，可与增黏剂一起溶入芳烃类溶剂中，在浸泡涂料时加入。

另外，以 SIS 为主体材料制成的压敏胶和热熔胶近年来被广泛用于医疗、电绝缘、包装、保护掩蔽、标志、粘接固定等领域，特别是其生产热熔压敏胶（HMPSA），具有不含溶剂、无公害、能耗小、设备简单、粘接范围广的特点，深受用户欢迎，近年来的发展速度很快。

与 SBS 相比，SEBS 溶剂型万能胶具有耐候性能好、耐老化能力强的特点，同时耐高温性也有提高，一般提高 10℃左右，与 SBS 黏合剂相比应用范围更广，可以制成溶剂型黏合剂、热熔胶、压敏胶。用 SEBS 万能胶黏结的材料经久耐用，适宜于室内外装饰装修、汽车顶棚内饰等。SEBS 与 SBS 相比具有更高的吸油率，更适宜于生产密封胶。用 SEBS 生产的密封胶具有成本低、使用方便、密封效果好的特点。SEBS 密封胶为高固含量黏合剂，可用于金属密封、车船挡风玻璃密封、玻璃粘接等领域。SEBS 溶剂型黏合剂需要增黏树脂提供初黏力，增黏树脂虽然黏性好，但干燥后很脆，单独做黏合剂几乎没有剥离强度。将增黏树脂加入到 SEBS 中做成溶剂型胶黏剂则融合二者的优点，可生产性能优良的溶剂型胶黏剂。

3.2.3　沥青改性

由于 TPS 常温下呈两相分离状态，具有优异的高、低温性能，在一定温度下易与沥青混匀。因此，TPS 改性沥青具有良好的高、低温性能，弹性恢复及感温性亦非常优秀，是目前应用最广泛的沥青改性剂。在沥青改性领域，为提高沥青软化点，改善其低温屈挠性和高温流动性，同时考虑其在沥青中的溶解性，一般采用苯乙烯质量分数为 30％的高相对分子质量的星型牌号。

SBS 在沥青改性中的应用包括道路沥青改性以及防水卷材沥青改性两个方面。SBS 的加入，改变了沥青的流变性质，使其黏弹性提高，路面的抗冲击力、抗开裂能力，以及耐磨耗等都会增强；沥青的黏着力提高，改善了沥青混合料的强度和防水能力；降低了沥青混合料对温度的敏感性，能使沥青在冬季低温时不发硬，不脆，而在夏季高温日晒时又不易软化。具有高温使用性能好、低温抗裂能力强、路面抗永久变形能力高等特点。用 SBS 改性的沥青防水卷材具有低温屈挠性好、自愈合能力和耐久性好、抗高温流动、耐老化、热稳定性好以及耐冲击等特点，可以大大提高防水卷材的性能和延长其使用寿命，满足重要建筑物和构筑物的需要，在包括桥面（混凝土）、地铁以及地下通道等的市政工程以及包括水池、水渠等的水利工程方面得到了广泛应用。由于 SBS 与沥青具有很好的相容性，采用 SBS 改性的沥青路面综合性能极佳，能兼顾不同温度和地域的要求。SBS 对沥青结合料的温度稳定性、形变模量、低温弹性和塑性都有很好的改善。SEBS 改性沥青除具有上述优点外，还具有良好的耐老化性。

此外，SBS 还可与沥青接枝共聚，通过添加相容剂和稳定剂，使 SBS 在沥青中稳定分散，制备贮存稳定性能良好的改性沥青，其强度高，软化点高，低温性能和弹性恢复性能也明显增强，铺设路面不仅性能优越，而且使用寿命长。

3.2.4　聚合物改性

利用 SBS 和 SEBS 的韧性可提高一些塑料的冲击强度、屈挠性能等。聚丙烯（PP）、聚乙烯（PE）、聚苯乙烯（PS）是三大塑料产品，SBS 对聚合物的改性也主要集中在这几种塑料的改性方面。为提高相容性，一般选用高苯乙烯含量和与塑料分子量相匹配的牌号。把 10％～15％的 SBS 加到聚乙烯（PE）、聚丙烯（PP）、聚苯乙烯（PS）等塑料中进行共混改性，可明显改善其抗冲、抗应力开裂和抗撕裂性能，同时还可提高其在室温和低温时的柔软性，改性后的聚合物可广泛应用于日用品、家电产品、汽车零部件等方面。

例如用SBS对PS进行共混改性，可大大改善PS的脆性，使其耐冲击性能显著增强，达到或超过高抗冲聚苯乙烯（HIPS），同时保持原有的硬度、弯曲强度和热变形温度，且透明性好，广泛用作家电产品、透明板材、仪表外壳以及各种装饰制品等。除此之外，SBS还可作为一些不相容的热塑性塑料的掺合剂，以控制树脂的收缩性能等。SEBS是特定结构SBS的加氢产物，耐老化性能优异，SEBS也是最常用的塑料改性剂之一，可用SEBS抗冲改性的塑料品种有PP、PS、PA、PPO、PC等。

但SBS和SEBS是非极性聚合物，与PA、PET、PPO等极性聚合物相容性很差。经化学改性引进极性官能团后可以作为增韧剂或增容剂使用。例如经马来酸酐接枝改性后的SEBS是优良的增容剂，MAH-g-SEBS改善尼龙6/SEBS合金界面相容性的技术已获得了广泛应用。在SEBS大分子链上引入羧基等极性集团形成接枝共聚物，可在熔融共混时与尼龙6的氨基发生化学反应，从而大大改善两相间的界面亲和力。

3.2.5 在电线电缆方面的应用

阻燃改性扩大了TPS的应用领域。最近，北美LLC联盟聚合物公司开发出电子领域用无卤阻燃苯乙烯嵌段共聚热塑性弹性体系列产品。其中的Maxelast FH 7800系列产品可用于制造电源插头、充电器电缆、电源线、辅助电缆及带状导线，可作为无卤和无邻苯二甲酸酯柔性聚氯乙烯的替代物，产品易于加工，表面性能良好。有邵尔A硬度为60～96的多款产品可供选择。产品符合《电气、电子设备中限制使用某些有害物质指令》对6种有害物质以及多环芳烃和氯酚含量的要求，符合UL 1581（充电器电缆）和UL 94（电源插头）要求。

3.2.6 在医药方面的应用

SEBS的显著特征包括有极好的力学性能，良好的耐候性能，极佳的低温性能，出色的电绝缘性，出众的耐热性，极好的耐化学性，低毒性和与聚烯烃、含苯乙烯聚合物良好相容性。因为其透明性好，加工性能优异，这种弹性体在医疗上主要可以应用在医用薄膜夹层；也可以用于医用瓶/盖PP、PE、PS、PC、ABS等材料的改性增韧；同时还可用于普通医疗用品包装上的胶黏剂。应用产品涉及血液袋、婴儿用奶嘴、各种医用导管、医用软管、医用密封件、手套、手术衣等，应用范围非常广泛。

美国Teknor Apex公司开发用于医疗管用的MP1508L1和MP18712R配混料，属于结合氢化异戊二烯橡胶的TPS产品，替代传统胶乳和塑料填充管，具有更好的透明度和加工性能。

非PVC医用包装膜是采用多层共挤出技术，使用专门工艺在洁净环境中制造，把分别具有特殊性能的若干聚合物共同形成并挤出的一种三层、电交联薄膜，其主要组成为：PP/SEBS，PP/SEBS，PP/SEBS，每一层为不同比率的PP和SEBS组成。内层为改性PP，热封强度高、耐蒸煮及阻水性能优良；芯层的PP与SEBS共混增加其柔软性，提高薄膜的强度且改善薄膜的耐低温性能；外层选用耐热性和可印刷性较好的改性PP。三层材料均通过添加一定比例的SEBS来改善整个薄膜的柔软性和降低结晶度，避免薄膜蒸煮时受热导致结晶度升高而影响透明度和变硬、变脆。PP/SEBS与PVC性能对比见表3.19。

表3.19 PP/SEBS与PVC性能对比表

性能	PP/SEBS共混物	PVC	性能	PP/SEBS共混物	PVC
透明性	好	好	密度	低	高
耐候性	好	好	可回收性	优	差
耐热性	好	好	不含卤素	是	否
低温特性	好	差	不含增塑剂	是	否
柔软性	好	好			

3.2.7 其他

此外，SBS还可用作制备玩具、家具和运动设备的主要原料；用作地板材料、汽车坐垫材料、地毯底层和隔音材料；SBS还可用于水泥加工、房屋内装修以及各种胶管的制造等。

SEBS是一种多用途的新型热塑性弹性体，在实际应用中的性能远远高于普通的线型和星型SBS，除具有一般SBS产品的诸多优良性能外，还具有优异的耐老化性、绝缘性能、可塑性、高弹性等，使用温度可达130℃，在非动态用途方面可与乙丙橡胶媲美。由于SEBS性能优异，自20世纪80年代正式工业化以来，一直是国际上公认的用途广泛的新型弹性体材料。

SBS或SEBS等与PP熔融共混，还可以形成IPN型TPE。用SEBS为基材与其他工程塑料形成的EPN-TPE，可以不用预处理而直接涂装。涂层不易刮伤，并且具有一定的耐油性，弹性系数在低温较宽的温度范围内没有什么变化，大大提高了工程塑料的耐寒和耐热性能。

SEBS与聚丙烯、环烷油或氢化环烷油、白油等混合可生产邵尔A0～95度的弹性体，此类弹性体有优异的表面质感和耐候抗老化性能，可广泛用于软接触材料如手柄、文具、玩具、运动器材的握手、密封条、电线电缆、牙刷柄及其他包覆材料等。与聚丙烯、白油、阻燃剂等共混可用于生产电线电缆的护套或外表皮；通过与碳五等石油树脂配合可用于生产高档胶黏剂、密封剂等。

SEBS具有优异的耐候性，较高的使用温度和优异的电绝缘性能，SEBS和适量的PP、油、轻质或重质碳酸钙及炭黑共混后，能制成不同硬度、不同强度的材料，可广泛应用于汽车、家电、建筑用密封条，这种密封条相对密度小于1，仅相当于EPDM材质密封条的67%；在正常条件下使用年限不低于20年；

硬度随温度变化小，使用温度可达－70℃到＋120℃，在温度为－20℃到＋40℃范围内，邵尔A硬度变化不高于4，优于传统材质PVC和EPDM密封条；回弹性好，在压缩率30%、70℃×24h的条件下，压缩永久变形为22%；而相同条件下，EPDM密封条为75%。

SEBS和适量的PP、白油、碳酸钙及其他助剂共混后，可广泛用作包覆材料，如工具、文具、剃须刀、牙刷柄、厨具、餐具、机车、滑雪杆、方向盘、熨斗、各种球拍握把、家用电器的包覆。

经复配后，SEBS可用于制造从邵尔A0到邵尔D45的各种弹性体材料，其制品具有表面光泽好，抗刮花、透明等特性，因此SEBS在玩具领域的应用前景广阔。SEBS在玩具及儿童用品方面的制品包括奶嘴、婴儿磨牙器、弹性球、软体爬行动物、高透明玩具等。该类产品具有无毒、柔软、弹性、手感好，符合卫生标准。SEBS分子链中的PS段使材料具有一定的机械强度和稳定性，EB赋予材料柔韧和可屈挠的性能。如SEBS和不同分子量的石蜡油、聚（2,6-二甲基-1,4-亚苯基醚）共混可制备用于便携式CD等的防震包装。

近年来，汽车向轻便、舒适方向发展。欧美等发达国家已将SEBS大量用于汽车制造工业，如仪表板、方向盘保护层、密封件、吸音板、脚踏板等。

参考文献

[1] 钱伯章．苯乙烯类热塑性弹性体生产技术进展．橡塑机械时代，2009，21(6)：9-12.

[2] 张权．热塑性弹性体SBS的接枝改性研究．化工学报，1992，43（4）：506-509.

[3] 何志才．耐磨、柔然SBS鞋用弹性体材料的制备与性能．长沙：西华大学，2007.

[4] 朱家顺，等．苯乙烯-异戊二烯-苯乙烯(SIS)嵌段共聚物的镍系催化加氢．弹性体，2002,12(5):1-4

[5] 李红强等．SBS的改性进展及其在胶黏剂中的应用．粘结，2009,(2):61-62.

[6] 邸明伟，张军营，王勃，等．环氧化SBS胶黏剂的研制．中国胶黏剂，2000,(1):5-8.

[7] 韦异，陈薇，唐桂明等．SBS的环氧化改性及其粘接性能研究．广西工学学报，2001,12(4):54-57.

[8] 王永富．环氧化SIS合成工艺及可控粘接研究．北京：北京化工大学，2010.

[9] 韦异，陈薇，赵文峰等．SBS的磺化改性．精细石油化工，2002，(5):23-25.

[10] Gorbaty M L，Peiffer D G. Sulfonated unhydrogenated copolymer of styrene and butadiene. US 5288773,1994-02-22.

[11] 张遵，王旭峰，韩琳等．磺化反应工艺研究进展．化学推进剂与高分子材料，2007,5(1):38-42.

[12] Xie H Q,Liu D G,Xie D. Preparation,characterization and some properties of ionomers from a sulfonated styrene-butadiene-styrene triblock copolymer without gelation. Journal of applied polymer science,2005,96(4):1398-1404.

[13] 孙秋菊，赵桂贞，段纪东．丙烯腈接枝SBS共聚胶黏剂的研究．中国粘接学术研讨及产品展示会论文集，1998,264-267.

[14] 李文波等．SBS的化学改性及其应用．广东橡胶，2001,(8):3-5.

[15] 陈中华，李建宗．SBS与甲基丙烯酸丁酯本体接枝反应的研究．应用化学，1993,10（2）:28-31.

[16] 张东亮，支小敏，吕云江．SBS/MMA/BA/MAA四元接枝共聚及其产物粘接性能．粘结，2001,22（6）:15-18.

[17] 钱伯章．苯乙烯类热塑性弹性体生产技术进展．橡塑资源利用，2010，(1):45-46

[18] 吉永海等．SBS的改性沥青的相容性和稳定剂机理．石油学报，2002,(3):10-14.
[19] 李海东，王宇朝，白福臣等．GMA熔融接枝SBS及其对PA6增容研究．工程塑料应用，2005,33（2）:8-11.
[20] 刘拥君，桂陆军，刘玉林．用ATRP法合成SBS的接枝共聚物．湖南工程学院学报,2005，15(2):80-83.
[21] 付海英，谢雷东，虞鸣等．SBS辐射接枝共聚研究(II)：线型SBS液固相辐射接枝MAA辐射研究与辐射工艺学报，2005,23（3）:179-184.
[22] 周燎原，周伟平．MAH改性SEBS性能影响因素探讨．弹性体,2009,19(3):57-59.
[23] 王小兰，张师军，张薇．GMA接枝SEBS及其对PA6的改性及增容．合成树脂及塑料，2003，20(4)：51-55.
[24] 尹立刚，刘焱龙，柯卓等．功能化SEBS的制备与结构．功能高分子学报，2009,22（2）:183-17.
[25] 沈彦涵．溶剂热合成法研究聚乙烯（PE）及苯乙烯-乙烯-丁二烯-苯乙烯嵌段共聚物（SEBS）的接枝共聚反应［D］．上海:上海交通大学,2007.
[26] 杨华伟，栾世方，李晓萌等．熔融接枝法制备生物相容性苯乙烯类热塑性弹性体．2011年全国高分子学术论文报告会论文摘要集,2011,888.（大连）
[27] 栾世方,杨华伟,宋凌杰等．苯乙烯类热塑性弹性体膜的表面接枝透明质酸研究．2012年全国高分子材料科学与工程研讨会学术论文集（上册），2012，537.(武汉)
[28] 张君花，梁红文，郑红娟等．新型苯乙烯/丁二烯共聚物的交联研究．塑料工业，2010,38（2）:57-59.
[29] 何志才等．共混、复合材料改性SBS的研究进展．化工新型材料，2006,34(12):26-29.
[30] 翟大昌．标签用热塑性弹性体SDS热熔压敏胶性能的探讨．化学与黏合，2006，28（2）：82-84.
[31] Jyh-Horng Wu, Chia-Hao Li, Hsien-Tang Chiu. et al. Anti-vibration and vibration isolator performance of poly(styrene-butadiene-styrene)/ester-type polyurethane thermoplastic elastomers Author(s). Polymers for Advanced Technologies, 2010, 21 (3) : 164-169.
[32] 葛俊静．无卤阻燃SEBS型热塑性弹性体的制备与性能研究［D］．广州：华南理工大学，2010.
[33] 俞喜菊，郑震，陆甲明等．SEBS/HDPE共混物加工性能及力学性能的研究．塑料工业，2006，34(7):39-42.
[34] SEBS应用手册．巴陵石化有限责任公司石油橡胶部，2004.
[35] 吴绍吟，马文石，叶展．无机填料填充SBS性能的研究．特种橡胶制品，2002,23(2):4-7.
[36] 许春霞，潘炯玺，黄兆阁等．填料改性SBS热塑性弹性体的研究．塑料科技，1996，（6）：17-23.
[37] 陈庆华，钱庆荣．新型SBS鞋用材料的配方设计与工艺研究．现代塑料加工应用，1989,10(3):23-25.
[38] 肖鹏，孙陆逸，肖敏等．膨胀石墨填充SBS复合材料的界面相互作用．合成橡胶工业，2000，23(4)：240-243.
[39] 梁胜，肖望东，戴文利．填料改性充油SEBS /PP共混材料的摩擦学和力学性能研究．塑料工业，2009，37（4）：68-72.
[40] Michel e L, Fran co S. New hybrid nanocomposit es based on an organophilic clay and poly(sty - ren e-b-butadiene) copolymers. J. Mat er. Res. , 1997, 12(11) : 3 134-3 139.
[41] 朱结东，徐宏德，杨力等．SBS / 粘土纳米复合材料的制备和性能研究．合成树脂及塑料，2003，20(3)：81-82.
[42] Chen Z, Gong K. Preparation and dynamic mechanical properties of poly(styerene-b-butadinene) modified clay nanocomposites. J Appl Polym Sci,2002,84:1499-1503.
[43] 徐宏德，李杨，朱峰等．SBS/蒙脱土复合材料的制备及其性能Ⅱ．复合材料的性能．合成树脂及塑料，2005，22（5）：63-68.
[44] 廖明义，朱结东．SEBS/蒙脱土纳米复合材料结构和性能研究．弹性体,2007，17(4):1-3.
[45] 刘洋，王国全，陈建峰等．纳米$CaCO_3$/ SBS共混改性研究．特种橡胶制品，2005，26(5)：23-26.

[46] 陈中华，刘书银，龚克成．丁苯三嵌段共聚物/改性纳米层状白泥复合弹性体的力学性能．应用化学，2000，17(1)：14-17.
[47] 梁红文，胡春慧，周涛等．含纳米 TiO_2的 SEBS 高档抗菌医用膜制备研究．塑料工业，2012，40（8）：107-110.
[48] 邓娟．新型含硼苯基膦酸酯阻燃剂的合成及其阻燃 SEBS 热塑性弹性体［D］．广州：华南理工大学，2012.
[49] Kao H. C, Su J. R. , Tu Y. C, et al. Thermoplastic Elastomer and Manufacturing Method thereof. US20060084740, 2006-04-20.
[50] 张大志．低烟无卤耐燃热塑性弹性体中国．CN101423646，2009-05-06.
[51] Carfagnini T. Self-extinguishing Thermoplastic Elastomeric Material for Filling SyntheticSurfaces Designed for Recreational-sports Activities, in Particular Football Fields. WO/2006/117823, 2006-09-11.
[52] Zhang X. Q. , LIM J. G. , Jiang B. N. , et al. Flame Retardant Syndiotactic Polystyrene Resin Composition. WO/2002/068532, 2002-06-09.
[53] 王震，李鸿程，王倜．无卤阻燃树脂组合物及其制备方法．CN1970610A，2007-05-30.
[54] 陈常明．一种新型热塑性弹性体和相关无卤阻燃材料制备方法．CN1018242-01 A，2010-09-08.
[55] 潘勇军，徐建波，林昌武等．APP/PER 阻燃 SEBS/PP 共混物的研究．塑料工业，2008，36(2)：59-61.
[56] 徐建波，周涛，郑红娟等．阻燃 SEBS 共混材料的热分解动力学．高分子材料科学与工程，2008，24(7)：113-116.
[57] 周赞斌．膨胀型低烟无卤热塑性阻燃橡胶及其生产方法．CN1884367 A，2006-12-27.
[58] 张立群，李红霞，王炎祥等．一种高阻燃高耐热无卤膨胀型阻燃电缆料及方法．CN101735546A，2010-06-16.
[59] 何燕岭，林观宝．以 SEBS 为基料的无卤阻燃热塑性弹性体复合物及制备方法．CN102146193A，2011-08-10.
[60] 郭涛，王斌，谢明星等．一种注塑级无卤阻燃电线插头专用料及其制备方法 CN101157789A，2008-04-09.
[61] 谷慧敏，张军．SEBS/蒙脱土复合材料结构与阻燃性能的研究．弹性体，2008，18(3)：12-16.
[62] 李晓燕，王霞．SEBS/蒙脱土复合材料结构及热性能研究．塑料科技，2010，38（12）：43-47.
[63] 谷慧敏，管西龙，张军．$Al(OH)_3$对 SEBS/PP/OMMT 插层复合体系性能的影响．青岛科技大学学报，2009，30(1)：51-53.
[64] 郭晶晶．炭黑填充 SBS 导电复合材料的制备及性能［D］．成都：四川大学，2006.
[65] Pedroni L G, Soto-Oviedo M A. Conductivity and mechanical properties of composites based on MWCNTs and styrene-butadiene-styrene block copolymers. Journal of Applied Polymer Science, 2009, 112: 3241-3248.
[66] 解艳艳．石墨烯-HO-SBS 导电纳米复合材料制备及性能研究．湖南大学，2012.
[67] 廖志荣，张平，罗明华．一种抗静电的热塑性弹性体组合物及其制备方法．CN102372894A，2012-03-14.
[68] 李明轩，陆云永．永久抗静电的热塑性弹性体材料．CN102134365A，2011-07-27
[69] 任翔．热塑性发泡组合物及以其制造鞋底的方法．CN1161984，1997-10-15.
[70] 梁红文，袁煜艳，黄丽．高发泡、高熔体流动速率热塑弹性体 SBS 的应用芳弹性体，2002，12(3)：36-38.
[71] 郑玉婴．TPR 鞋用材料．福州大学学报(自然科学版)，2001，29（2）：112-115.
[72] 阳范文．一种超高耐磨热塑性橡胶鞋底材料．CN 1454928A，2003-11-12.
[73] 常素芹，钟宁庆，陈之东．一种质轻耐磨热塑性弹性体发泡鞋底材料．CN101-864139 A，2010-10-20.
[74] 阳范文，戴李宗，丁响亮．热塑性弹性体发泡材料及其制备方法．CN1544-523 A，2004-11-10.

[75] 刘璐．一种用于水上垃圾箱的发泡热塑性弹性体及其制备方法．CN1030447 -57A，2013-04-17.
[76] 余金光．热塑性弹性体 SBS 结构与性能的关系及二氧化硅接枝改性研究［D］．北京：北京化工大学，2012.
[77] 马建江，黄向．我国 SBS 市场、产品应用状况分析．广东化工，2012，39(14)：186-188.
[78] http://www.51sebs.com/index.php?_m= mod_article&_a= article_content &article_id= 129.
[79] 邸明伟，刘杨，张彦华，等．SBS 热塑弹性体的极性化改性及其应用．粘结，2008，29（3）：41-45.
[80] 徐燕妮．热塑性弹性体 SEBs 在医用包装材料上的应用．第六届全国橡胶环保型助剂生产和应用技术研讨会论文集，2010，463-464(青岛).

第 4 章

聚烯烃类热塑性弹性体改性及应用

与其他 TPE 相比，TPO 具有化学惰性好、密度小、成本低、耐寒/热及耐酸/碱性佳（仅次于 TPEE）；耐候性、耐臭氧性、电气绝缘性佳；加工性佳、易成型大型制品优点。TPO 可分为化学合成型和聚烯烃共混型两大类，广泛应用于汽车、工业、电子电气、建材、运动器械等领域。

但 TPO 也存在不少缺点，如易受非极性溶剂（汽油、芳香族溶剂等）侵蚀；拉伸强度低；压缩永久变形大；耐磨性及拉伸回弹性差。目前，TPV 热塑性弹性体（主要指 PP/EPDM 型）的消费量平均增长幅度已超过通用塑料，显示了良好的发展前景，但同时又存在着加工性能和某些使用性能的缺陷，限制了 TPV 应用领域的进一步拓展，如何在保证基本使用性能的前提下，降低 TPV 热塑性弹性体的生产成本成为扩大其应用范围的关键因素。

本章中将分别介绍化学合成型和共混型 TPO 的改性研究及应用状况，其中化学合成型 TPO 以 POE 为主，共混型 TPO 以 TPV 为主。

4.1 POE 的改性及应用

POE 是杜邦-道弹性体公司采用限定几何构型茂金属催化剂（CGC）合成的乙烯-辛烯共聚物弹性体，具有优良的力学性能、加工性能和优异的耐老化性能。POE 大分子中由于辛烯的存在破坏了乙烯的结晶能力，故而赋予共聚物良好的弹性和优异的透明性；并且在 POE 主链中没有双键，所含叔碳原子相对较少，所以 POE 具有优异的物理机械性能（高弹性、高强度、高伸长率）、良好的低温性能、优异的耐热老化和抗紫外线性能，在许多场合正逐渐替代乙丙橡胶。

对某些对耐热等级和永久变形要求不高的产品，可直接用 POE 加工成制品，从而大幅提高了生产效率，材料还可重复使用。但是，POE 的拉伸强度主要由聚乙烯结晶相作为物理交联点之间的范德华力提供，其键能较弱；辛烯支链的引入破坏了聚乙烯的结晶，致使 POE 的熔融峰温度下降，DSC 测试表明聚乙烯结晶相在 50℃就开始熔融，聚乙烯结晶相完全熔融时“物理交联”补强作用丧失；纯 POE 材料耐温等级低（低于 80℃），拉断永久变形大（约 200%）。强度和热变形温度较低大大限制了该类热塑性弹性体在一些领域的应用，不能满足受力状态下的工程使用要求[1]。

4.1.1 POE的化学改性

4.1.1.1 接枝改性[22]

POE是非极性共聚物，接枝改性是POE官能化的主要方法。POE经接枝改性后，与极性高聚物的界面亲和性得到改善，大大拓宽其应用领域。

(1) 有机过氧化物引发的熔融接枝法

采用有机过氧化物作为引发剂的熔融接枝法，已有诸多报道。刘亚庆等[3]用同向双螺杆挤出机进行POE熔融接枝MAH的反应，其接枝率随引发剂过氧化二异丙苯（DCP）及MAH用量的增加而出现峰值；螺杆转速对接枝率的影响并不明显，而接枝温度则是个关键的因素。优化的试验配方为POE∶MAH∶DCP=100∶1∶0.15（质量份），合适的接枝温度为180℃。

蔡洪光等[4]采用熔融法制备POE接枝GMA，实验结果表明，GMA用量增加，接枝率逐渐增大，产物MFR逐渐下降；随着引发剂用量的增加，接枝率也随之增加；同时随着反应温度和反应时间的变化，接枝率随之变化。范云峰等[5]以过氧化2-乙基己基碳酸叔丁酯（TBEC）为交联剂，成功将乙烯基三甲氧基硅氧烷VTMS接枝到POE分子链段上。而且随着TBEC及VTMS用量的增加，硅烷接枝率呈增加趋势；相应的改性POE与玻璃及FPE背板的剥离力也有明显的提高；而接枝温度的提高对接枝率及剥离力的提升很有限。根据实验结果，当TBEC用量为0.1%，VTMS用量为3%时即可以获得与玻璃及背板的良好粘接，而且在1000h、85℃、85%相对湿度湿热老化试验后，与玻璃的剥离力保持率达到了90%以上，能够为光伏组件提供长久的保护。

(2) 裂解引发接枝法

以过氧类引发剂引发的熔融接枝法，副反应多，交联或降解严重，所得产物的熔体流动性和加工性能变化很大。

张明等[6]研究了在有促进剂C存在下的热裂解引发熔融接枝法。此法可抑制接枝反应过程中的交联副反应，制得具有较高接枝率（0.4%以上）、较好熔体流动性（MFR大于3.5 g/10min）、凝胶含量低（小于1.0%）的马来酸酐接枝POE产物。

(3) 机械力引发接枝法

不加入任何引发剂的条件下，通过提高双螺杆挤出熔融过程中螺杆转速而提高机械力引发接枝反应。当螺杆转速≥400r/min时，由于强烈的机械剪切作用，大分子链的断链反应增加，大量产生参加接枝反应的大分子自由基。接枝反应温度越高，断链反应就越显著，引起产物熔体流动速率和接枝率的显著增大。

夏胜利等[7]发现，在不加入任何过氧化类引发剂的条件下，提高熔融挤出过程中双螺杆挤出机螺杆转速的机械力引发的方法可以抑制 POE 接枝过程中的交联副反应，制得具有较高接枝率（0.39%）、较好熔体流动性（MFR=0.5～4.0g/10min）、凝胶含量小于 0.3%的马来酸酐接枝 POE 和具有一定接枝率、较好熔体流动性（MFR=0.8～14.0g/10min）的 GMA 接枝 POE。

（4）复合引发接枝法

夏胜利等[7]进一步研究发现，在 MAH 熔融挤出接枝 POE 的官能化反应中，采用添加引发剂和提高双螺杆挤出机螺杆转速的联合引发方法，可以较好地抑制 POE 在接枝过程中的交联副反应。通过调整螺杆转速，可以控制产物的接枝率和熔体流动速率，制得具有较高接枝率（0.6%～0.8%）、较好熔体流动性（MFR=1.0～4.0g/10min）和凝胶含量低（≤0.3%）的接枝产物。

4.1.1.2 交联改性[8]

交联可以在 POE 中形成化学交联网络，是提高 POE 强度和耐热性最简便的方法。交联后 POE 的耐热性能和耐化学品性能提高，拉断永久变形大幅度减小。同时，耐蠕变性能、耐磨性能和耐环境应力开裂性能也有所提高。此外，在进行预交联的 POE 中还可添加较多的填料，如补强剂、导电剂和阻燃剂，以改善某些特殊性能，并降低成本。填充炭黑并交联的 POE 综合性能优异，甚至优于 EPDM 硫化胶。

目前已商业化应用的交联方法有 3 种：电子束或 γ 射线辐照交联法、过氧化物交联法和硅烷交联法。

（1）辐照交联

POE 产品成型后，用电子射线、α 射线、β 射线或 γ 射线等高能射线有控制地对产品进行辐照，可实现交联。在辐照交联过程中，交联度取决于材料吸收的辐照剂量和温度，要达到较高的凝胶含量就需要较大的辐照剂量，从而使成本提高，应用受到限制。而且大剂量的辐照还可能使聚合物氧化降解并发生破坏材料中添加剂的副反应，影响材料的使用性能。因此，采用辐照交联就要考虑如何抑制副反应，并降低达到所需凝胶含量时的辐照剂量。D. W. Kim[9]研究了 POE/LDPE 的辐照交联，发现在 3Mrad 辐照强度下，添加 0.3 份的交联激活剂可以使凝胶含量提高一倍，也就是说降低了达到所需凝胶含量时的辐照剂量，从而抑制了副反应。

（2）过氧化物交联

采用（DCP）对 POE 进行交联后，形成的网络结构是碳—碳键，有很高的键能，非常稳定，具有优越的抗热氧老化性能、化学稳定性高，压缩永久变形小。有研究表明当 DCP 含量较高时，交联点密度增加，材料过度交联，交联点之间的分子链长度变短，分子链的链段运动受到了很大程度的阻碍，可伸展性变差，材料变脆；而且 DCP 的加入还可能破坏了 POE 分子中聚乙烯的微晶区，当试样受到拉伸时，分子链的取向受化学交联点的限制，交联弹性体的拉伸性能反而低于未经交联的弹性体。

夏琳等[10]研究了交联剂 DCP 和白炭黑用量对 POE 硫化胶性能的影响，发现交联剂 DCP 用量为 2 份时，补强 POE 硫化胶的综合物理性能较好；白炭黑对 POE 硫化胶具有非常好的补强效果，其用量大于 20 份时较佳。

(3) 硅烷交联

辐照交联设备成本高，还要进行严格的劳动保护；过氧化物交联工艺难控制，而且有可能发生早期交联。相比之下，硅烷交联设备投资少，生产效率高，成本低，工艺通用性强，对有填料的胶料也适用，而且不受产品厚度的限制，交联剂用量也较小。

硅烷交联法所用不饱和硅烷的化学结构中都包含 $R'Si(OR)_3$，其中 R' 为含有双键的不饱和基团，如乙烯基，OR 为烷氧基。在引发剂存在条件下，烷氧基水解产生羟基，然后硅醇脱水形成 Si—O—Si 键而使 POE 交联。由于每个硅烷分子具有 3 个烷氧基，因此可以形成一种“束状”交联的立体结构，使交联 POE 的耐热性能有所提高。同时，硅烷交联点间的距离大以及硅氧和硅碳链柔顺性好还改善了交联 POE 的低温性能。KLWalton 等[11]利用乙烯基硅烷接枝 POE，然后再进行湿固化，发现要比单独使用过氧化物交联的橡胶力学性能好。卢咏来等[12]用乙烯基三叔丁基过氧化硅烷和乙烯基三乙氧基硅烷交联 POE8180，发现交联使 POE 结晶度减小，并能有效增强炭黑与 POE 间的界面作用，从而得到具有优异耐老化性能、耐磨性能和回弹性能的橡胶。

4.1.2 POE 的共混改性[8]

由于采用茂金属催化技术，POE 分子量分布窄，分子中缺乏低分子量和高分子量的部分，黏度大，加工性能差。PS 的加入能有效改善 POE 的加工流动性能，当 PS 的加入量超过 25 份时，熔体表观黏度不再明显下降。但 POE 和 PS 是不相容体系，随 POE/PS 共混物中 PS 质量分数的增多，拉伸强度和拉断伸长率下降，模量和硬度增大。

SEBS 是 POE/PS 体系的有效增容剂，如图 4.1 所示，随 SEBS 用量的增加，体系的拉伸强度呈上升趋势。当 SEBS 用量少于 10 份时，共混物的拉断伸长率略有提高，但当 SEBS 用量超过 10 份时，拉断伸长率明显下降。SEBS 增容剂的加入使 POE/PS 共混物的体表观黏度上升，但与 POE 相比，实验组分比的 POE/PS/SEBS 共混物仍具有较好的加工流动性。POE/PS/SEBS (60/10/30) 共混物的拉伸强度为 23.5MPa，而相应质量分数的 POE/PS 和 POE/SEBS 共混物的强度分别只有 11.0MPa 和 18.0MPa，PS 和 SEBS 对 POE 拉伸强度的增强表现为协同增强作用。

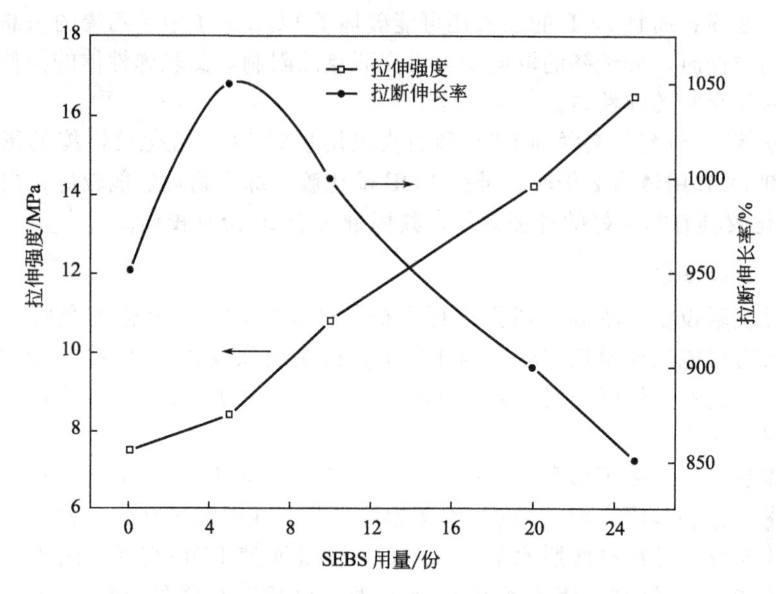

图 4.1 SEBS 用量对 POE/PS（75/25）共混物性能的影响

单纯的 SEBS 对 POE 有增强作用，熔融共混制备的 POE/SEBS 热塑性弹性体，随着体系中 SEBS 质量分数的增多，共混物的拉伸强度增大，拉断伸长率在 SEBS 用量为 25%时达到最大值；共混物的邵尔 A 硬度随 SEBS 质量分数的增加呈下降趋势，但加入高质量分数的 SEBS 对 POE 的加工流动性不利。

废橡胶呈交联态，虽然交联损害了其与基体树脂间的相容性和橡胶粒子在剪切场中的可破碎性，但正是由于树脂/废橡胶热塑性弹性中的分散相为交联态，耐热性好，分散相的强度高。POE 与再生丁基橡胶（RIIR）的质量比分别为 100/0，75/25，66.7/33.3，50/50，33.3/66.7，25/75，0/100 时，共混物的力学性能如表 4.1 所示。可以看出，随着共混物中 RIIR 含量的增多，POE/RIIR TPE 的拉伸强度、100%定伸应力、300%定伸应力和邵尔 A 硬度下降。POE

表 4.1 不同配比 POE/RIIR 共混物的力学性能

POE/RIIR	拉伸强度/MPa	拉断伸长率/%	100%定伸应力/Mpa	300%定伸应力/Mpa	邵尔 A 硬度	回弹率/%
100/0	14.0	＞800	3.2	5.2	74	60
75/25	12.0	640	2.3	3.6	67	47
66.7/33.3	11.0	650	2.1	3.3	64	40
50/50	9.0	650	1.9	3.0	60	30
33.3/66.7	6.5	665	1.6	2.6	53	20
25/75	5.0	650	1.5	2.5	48	15
0/100	2.0	520	0.8	1.5	33	10

中存在部分结晶的聚乙烯链段，在常温下结晶区作为物理交联点，拉伸过程中分子间不易滑脱，拉伸强度和邵尔 A 硬度比 RIIR 大，因此，随着 TPE 中 RIIR 含量的增多，RIIR 相体积增大，TPE 的拉伸强度和硬度呈下降趋势。

4.1.3 POE的填充增强[8]

除交联改性增强外，添加无机填料也能改善 POE 的强度。如何防止填料聚集，实现有效的分散，改善填料与 POE 之间的相互作用，是填充共混法的关键问题。目前常采用二段母料炼胶法，加入分散剂或偶联剂对填充粒子进行处理和改性等方法。

炭黑对 POE 有补强作用。炭黑的加入，破坏了 POE 分子中聚乙烯微晶区，物理交联点减少；同时炭黑粒子的活性表面可以吸附聚合物分子链，形成不稳定的网状结构，起到较好的增强作用，力学性能得到改善。当添加 40 份炭黑时，POE 的撕裂强度和拉伸强度大大增加，拉断伸长率和拉断永久变形减小，冲击强度下降。再继续增加炭黑用量，性能变化不明显。

杨红都[13]研究了不同品种和用量的白炭黑、偶联剂改性白炭黑以及白炭黑/炭黑并用补强 POE 的性能。结果表明，白炭黑对 POE 具有较好的补强效果，且优于同种粒径炭黑的补强效果。

夏琳等[14]考察了纳米碳酸钙、白炭黑、纳米高岭土对交联弹性体 POE 的补强效果，研究结果表明，白炭黑补强效果最好；对撕裂强度而言，高岭土的补强效果明显高于纳米碳酸钙，同为 40 份时高岭土补强 POE 的撕裂力为 107N、撕裂强度为 47kN/m，而纳米碳酸钙补强 POE 的撕裂力仅为 86N、撕裂强度仅为 42kN/m。

二氧化硅的某些反应前体，如四乙氧基硅烷（TEOS）等引入到聚合物基体中，然后通过水解和缩合，可以直接生成纳米尺度的二氧化硅粒子均匀分散在基体中。利用 Sol-Gel 法原位聚合法制备了一系列的 POE/SiO_2、POE/SiO_2-TiO_2 等纳米复合材料。研究发现复合材料材料的强度都比 POE 有很大提高，当 SiO_2 的添加量为 15 份时，拉伸强度达到最大，热稳定性也得到提高。

采用电子束和硅烷偶联剂对 SiO_2 进行表面改性后提高了 SiO_2 和 POE 之间的界面作用，补强后的 POE 力学性能和老化性能均得到很大的提高。

Chang 等[15]在 POE 与有机黏土熔融共混过程中加入 5%（质量分数，下同）的甲基丙烯酸缩水甘油酯（GMA）和 0.1%的二叔丁基过氧化物（均相对于 POE 的质量），这样的处理可使 POE 大分子链插层到黏土片层中，黏土在 POE 基体中呈现纳米尺寸的分散，如图 4.2 所示的 POE/黏土复合材料的微观形态结构。引入 GMA 单体后，在过氧化物引发剂作用下诱发自由基，使 GMA 与 POE 大分子链发生一定量的化学反应，增加了 POE 的极性，改善了 POE 与有机黏土的相互作用。

图 4.3 是 POE/有机黏土复合材料的力学性能随黏土含量的变化曲线。可以

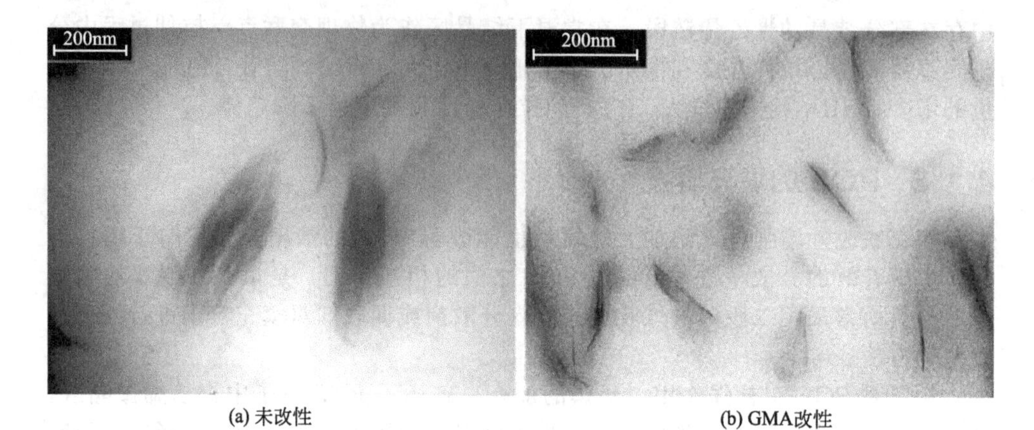

(a) 未改性　　(b) GMA改性

图 4.2　POE/有机黏土复合材料的 TEM 照片

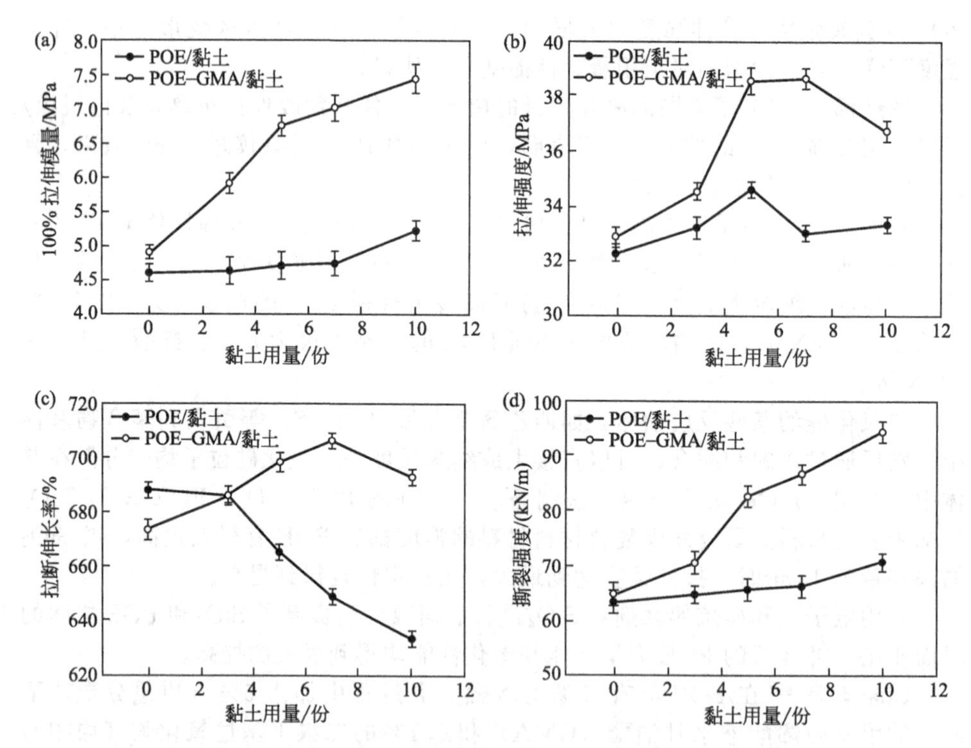

图 4.3　POE/黏土复合材料的拉伸模量、拉伸强度、拉断伸长率及撕裂强度随黏土含量的变化

看出，被 GMA 改性后的复合材料的力学性能随黏土含量的增加而明显增加。

Chin-San Wu[16] 制备了 POE 接枝丙烯酸（POE-g-AA）/多壁碳纳米管(MWNTs) 复合材料，制备工艺如图 4.4 所示。首先对 MWNTs 进行酸化处理，使其表面富含—COOH，接下来用 $SOCl_2$ 进一步处理，使—COOH 变为更活泼

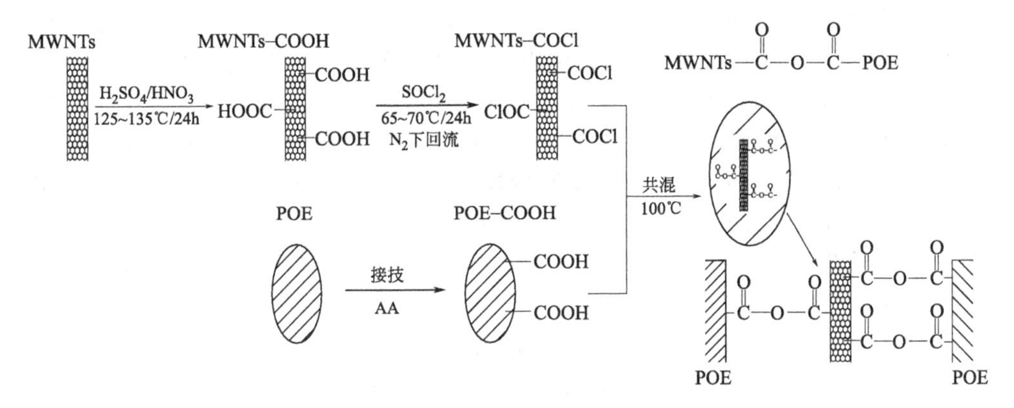

图 4.4　POE-g-AA/MWNTs 复合材料制备工艺流程示意图

的—COCl 基团；通过 POE 和丙烯酸（AA）熔融接枝反应得到 POE-*g*-AA（接枝率为 5.65%）；将处理过的表面含有—COCl 的 MWNTs 和 POE-*g*-AA 进行熔融共混制得 POE-*g*-AA/MWNTs 复合材料。由于—COCl 与—COOH 之间的反应，POE-*g*-AA/MWNTs 复合材料的界面相容性得以改善，其拉伸强度明显增加，如图 4.5 所示。

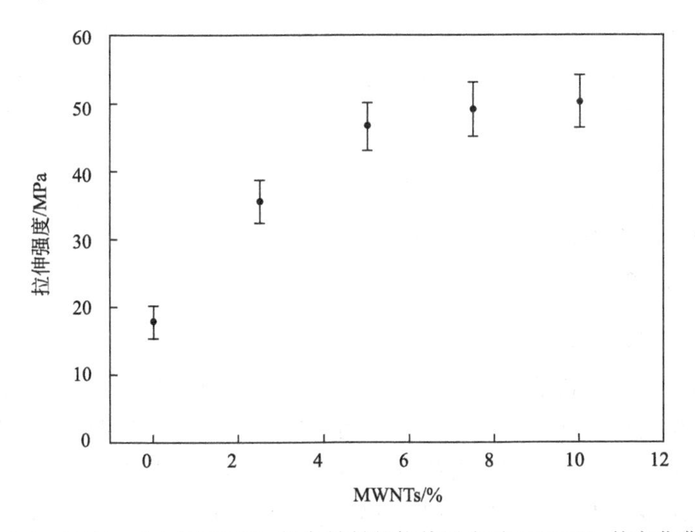

图 4.5　POE-*g*-AA/MWNTs 复合材料的拉伸强度随 MMNTs 的变化曲线

将不饱和羧酸盐作为橡胶的增强助剂是目前橡胶增强研究领域的新热点。关于不饱和羧酸盐在橡胶中的应用及其作用，人们一直从两个角度来研究：一种观点是将其作为一种交联助剂，认为它可与橡胶大分子发生交联和接枝反应，因而通过使用不饱和羧酸盐来提高交联效率、交联密度及改变交联键的结构组成；另一种观点认为不饱和羧酸盐在过氧化物存在的条件下，在橡胶基体中会发生聚合反应，形成类似于高分子互穿网络的结构，可以起到增强的作用，提高弹性体材料的力学性能。甲基丙烯酸锌（ZDMA）对 POE 具有原位增强作用，在过氧化物交联引发剂交联 POE 的同时，引发不饱和羧酸金属盐单体原位聚合反应。ZDMA 分子含有不饱和双键，而 POE 分子主链是饱和的，在硫化过程中，自由基引发 ZDMA 原位聚合反应活性要高于自由基交联 POE 的反应活性，结果是在体系中形成大量的、分布均匀的 POE 接枝甲基丙烯酸锌（POE-ZDMA）纳米粒子。这些纳米粒子具有极高的比表面积，粒子对 POE 基体分子有一定的物理吸附作用，可以承载、传导应力应变。在常温条件下可以对基体 POE 弹性体进行有效增强，但高温拉伸强度仍较低。

交联后 POE 的力学强度和耐热性能提高，拉断永久变形大幅度减小，但由于聚合物中化学交联网络的形成，POE 加工性能明显下降，丧失了作为热塑性弹性体的可重复利用性；通过在弹性体中添加炭黑、白炭黑或其他无机粒子可以提高其力学强度，但要注意填料分散和填料加入带来的加工性问题。原位聚合制备 POE 纳米复合材料可以得到性能较好的 POE 基复合材料，但制备工艺复杂。

4.1.4 POE 的发泡

制备发泡材料是茂金属 POE 的另一个重要应用领域，其中用量最大的是高级运动鞋的海绵中底和微孔底，与 EVA 发泡材料相比，POE 发泡材料的拉伸强度和撕裂强度较高，弹性和耐磨性能较好。POE 可以采用化学发泡法和物理发泡法。

目前，鞋底发泡材料多采用模压化学发泡法。在鞋底发泡材料制备中，常用的化学发泡剂为发泡剂 AC。发泡剂用量、交联剂用量、发泡温度、补强改性剂等对发泡材料性能有较大影响。

(1) 发泡剂用量的影响

发泡剂是气泡增长的动力，发泡剂的用量是影响发泡材料性能的主要因素，直接影响到材料的密度（对发泡倍率、泡孔密度、大小都有影响），因此控制发泡剂的用量可以控制发泡材料的物理机械性能。毛亚鹏等[17,18]系统研究了 POE 的模压化学发泡行为以及多种填料对 POE 发泡材料性能的影响。他们采用 DCP 为交联剂，AC 为发泡剂。随着发泡剂 AC 用量的增加，POE 发泡体密度有减小的趋势，但当 AC 用量超过 10 份时密度的减小现象已不明显；当发泡剂用量过少时，密度较大，物料发泡不正常。不能使发泡材料达到轻量化的目的，当发泡剂为 1 份时，相对于纯的 POE 基料（密度 0.87g/cm^3）来说，发泡密度没有明显的降低。而当发泡剂过量时，发泡物料内部会形成较多较大的气孔，发泡倍率很大，密度变小，产品力学性能会变差，当发泡剂添加量为 13 份，能够成功制备密度为 0.057g/cm^3 的超低密度 POE 发泡材料。

常素芹等[19]采用模压法制备了一系列低密度、高弹性的 POE 发泡材料，固定工艺条件和其他配方组成，专门考察 AC 用量对 POE 发泡材料性能的影响，其测试结果见图 4.6。从图中可以看出，随着 AC 用量的增加，其密度逐渐下降。当 AC 用量低于 4 份时，随着 AC 用量的增加，发泡材料密度下降比较明显；而当 AC 含量高于 4 份时，发泡材料密度变化不明显。而发泡材料冲击回弹性能表现为：当 AC 用量低于 4 份时，随着 AC 用量的增加，冲击回弹性升高，由 53%上升到 62%；而当 AC 用量高于 4 份时，冲击回弹性变化不大。综合两项性能以及鞋中底性能要求，发泡剂 AC 含量在 3～4 份较为适宜。

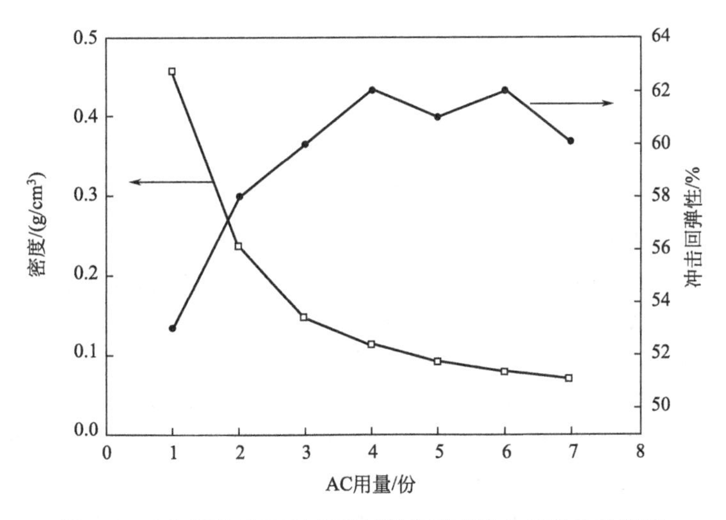

图 4.6 AC 用量对 POE 发泡材料密度和冲击回弹性的影响

(2) 交联剂用量的影响

交联剂的用量直接影响着发泡熔体的黏度，最终对发泡材料的脱模性、发泡孔径大小起着决定性的作用。在材料发泡时，若不加入交联剂或交联剂用量不足，会产生粘模现象；若交联剂用量过多，交联过度，则产生龟裂现象，材料发脆，没有实用价值，为此必须加入合适用量的交联剂才能满足发泡工艺的要求。固定工艺条件和其他配方组成，改变交联剂的用量，考察交联剂用量对 POE 发泡材料性能的影响，如图 4.7 所示。可以看出，随着交联剂 DCP 用量的增加，材料的交联点增多，交联密度增大，相应地宏观性能表现为材料的密度逐渐增大；冲击回弹性随 DCP 用量的增加变化不明显。综合密度和冲击回弹性指标，交联剂用量为 0.9～1.2 份比较适宜[19]。而毛亚鹏等[17]从硫化发泡曲线来看，交联剂 DCP 的添加量适当的范围为大于 0 份而小于 2.6 份。发泡实验研究表明，DCP 含量小于 0.6 份和大于 2.2 份都难以成功制备 POE 发泡材料，密度和力学性能随 DCP 添加量的增加而增加，但达到一定程度后其物理机械性能变化趋于平缓。

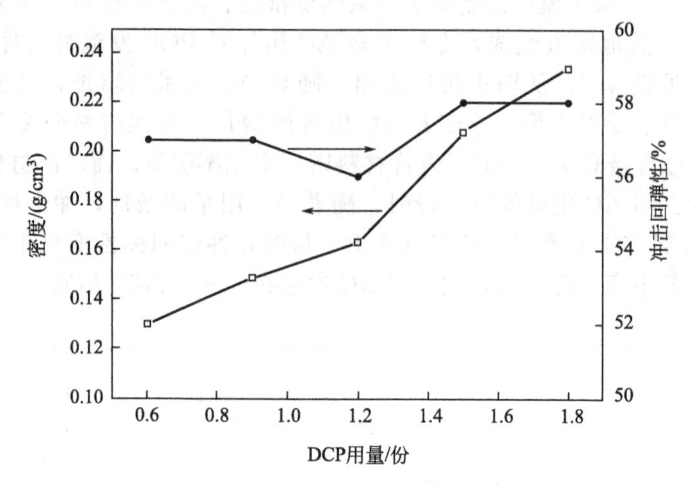

图 4.7　DCP 用量对 POE 发泡材料密度和冲击回弹性的影响

(3) 发泡助剂的影响

为了帮助发泡剂分散，或提高其发气量，或用以降低发泡剂的分解温度，还要加入发泡助剂。在发泡材料的制备中，要求发泡剂分解温度与树脂基体的熔体强度相配合，AC 发泡剂为典型的放热型发泡剂，分解温度在 200℃以上。而交联剂（DCP）在 171℃时的分解半衰期大约为 1min，两者如果直接使用，很难匹配。故首先要对硫化和发泡剂分解温度及速度进行调节，使两者配合相协调。发泡促进剂 ZnO 是一种碱性氧化物，在发泡过程中对 AC 发泡剂的分解产生催化作用，可以有效地降低 AC 的分解温度，调整交联速度，从而获得气孔均匀而细密的发泡材料。ZnO 用量过少，则 AC 分解温度高，为使其分解完全，则需提高模压温度，从而导致 POE 材料在发泡过程中发生严重降解；若 ZnO 用量过多，则 AC 分解温度低，致使其分解温度与 POE 的加工温度、交联温度不匹配。硬脂酸锌（$ZnSt_2$）有利于脱模，还可促进 AC 分解。当 $ZnSt_2$ 用量过多时会造成酸性太强，使活性自由基被转移，引起交联剂的酸中毒，对 POE 发泡材料的弹性和压缩永久变形均不利。ZnO 和 $ZnSt_2$ 用量对 POE 发泡材料性能的影响如图 4.8 和图 4.9 所示。从图 4.8 可以看出，ZnO 用量为 1.5 份左右比较合适；从图 4.9 可以看出，$ZnSt_2$ 用量增加，POE 发泡材料的密度明显下降，冲击回弹性有上升趋势。综合两项性能，$ZnSt_2$ 用量为 2.0～2.5 份比较合适。

另有研究[17]也表明，氧化锌（ZnO）及硬脂酸锌（$ZnSt_2$）等发泡助剂的加入能有效地降低发泡剂的分解温度，使其适合于 POE 的发泡。只加入 ZnO 和 $ZnSt_2$ 就能使发泡正常进行，如果不加入 $ZnSt_2$，除 ZnO 外则还需加入硬脂酸（HSt）或 HSt 和 TiO_2 才能成功发泡，但加入 HSt 或 TiO_2 均使发泡材料的弹性下降。170℃条件下制备的发泡材料具有最好的综合力学性能。

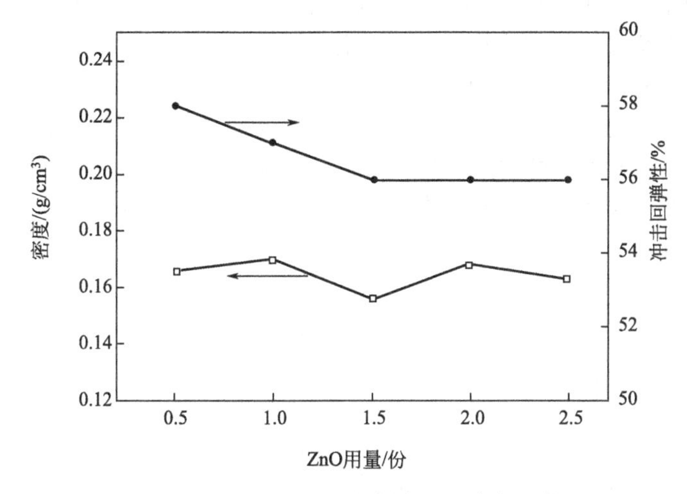

图 4.8 ZnO 用量对 POE 发泡材料密度和冲击回弹性的影响

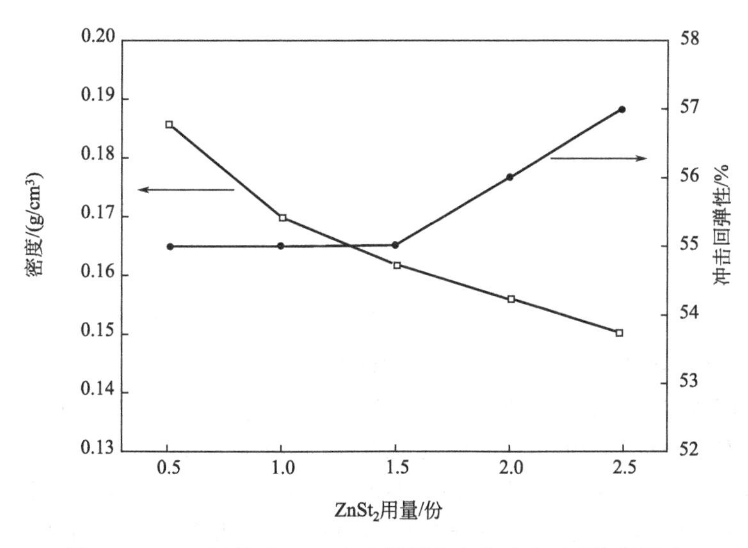

图 4.9 $ZnSt_2$ 用量对 POE 发泡材料密度和冲击回弹性的影响

(4) 填料种类及用量的影响[17]

添加各种填料如纳米 MMT、$CaCO_3$、SiO_2 等来对 POE 发泡材料进行改性，从而达到提高 POE 发泡材料的力学综合性能以及降低成本的目的。但填料的引入将使发泡材料的密度增加，尽管添加填料能大幅度地降低材料的成本，在一定范围内能提高材料的某些性能，但是也不宜过量。

轻质碳酸钙来源广泛，价格低廉，是橡胶工业中使用量最大的填充剂之一。由于碳酸钙白度在 90%以上，还可取代昂贵的白色颜料，在泡沫材料的制备中 $CaCO_3$ 作为填料改善材料的加工及力学性能和降低材料的成本已有大量使用。由

于 $CaCO_3$ 用量的增加，POE 基材的黏度升高，其流动性能下降，气泡生长的阻力增大，导致发泡材料的密度升高，发泡程度下降。而且从 $CaCO_3$ 用量对密度的影响结果来看，相对于纯 POE 发泡材料而言，添加 10 份 $CaCO_3$ 后密度由 0.17g/cm³左右增大到 0.39g/cm³左右（图 4.10），密度增加的程度要比 $CaCO_3$ 自身密度大引起材料密度增加的程度要大。如果添加 $CaCO_3$ 量超过一定程度时，由于高的黏度，发泡剂产生的气体难于在材料基材中成核并生长，就很难制备高质量发泡材料。

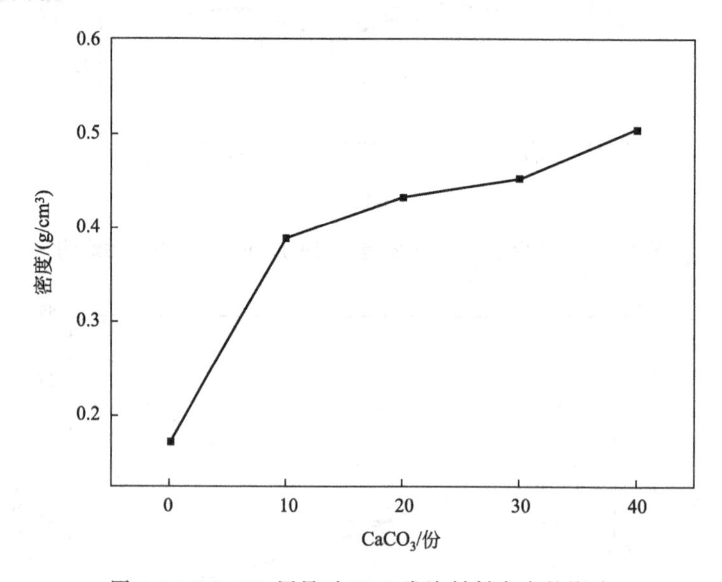

图 4.10　$CaCO_3$ 用量对 POE 发泡材料密度的影响

通过添加一定量的 $CaCO_3$，不仅使材料的价格有所降低，材料的力学性能也得到不同程度地提高，如图 4.11 所示。SEM 观察表明，随着 $CaCO_3$ 用量增加，泡孔直径变小，发泡体小孔的数量增多，孔径分布变宽。

SiO_2 是高分子材料工业中一种重要的补强填料，纳米 SiO_2 比表面积大，表面活性极强所以其极易团聚，很难较好地分散到 POE 基体中。研究发现，添加少量的纳米 SiO_2 对 POE 发泡材料体系有补强的作用，而如果添加过量纳米 SiO_2 则很难很好地分散到基体材料中，纳米 SiO_2 的添加量在 6～10 份之间，泡沫材料的综合性能达到最优。如果添加量大于 15 份以上就很难成功制备表面均匀的 POE 发泡材料，表面有龟裂和不均匀的大泡现象出现，主要还是过量 SiO_2 在基体材料中分散不均所造成的。

黏土的含量一般仅为 3%～5%，便能使材料的物理机械性能有很大提高。由于泡沫材料的特殊性，MMT 的添加影响到发泡材料的制备。研究发现，添加 MMT 的份数超过 5 份以上时很难成功制备表面平整的 POE 发泡材料。并且随黏土含量的增加发泡材料密度增加，主要是由于 MMT 含量的增加能使体系的黏

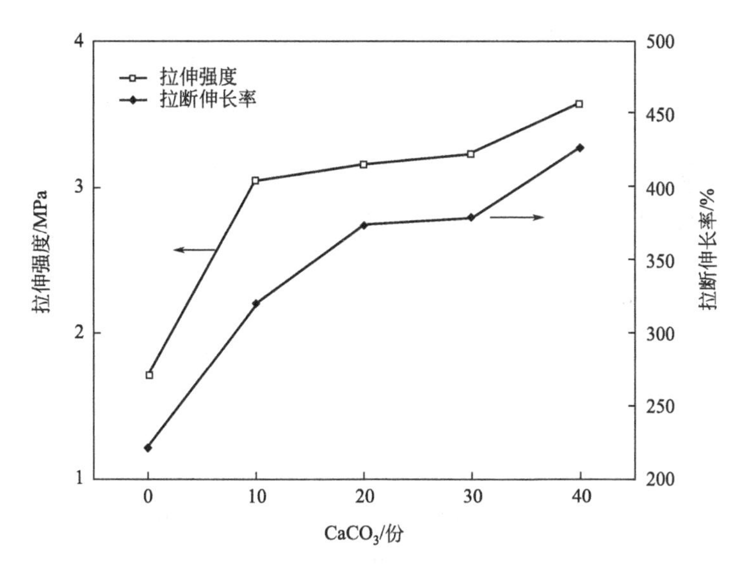

图 4.11　$CaCO_3$ 用量对 POE 发泡材料力学性能的影响

度增加，虽然 MMT 含量的增加也使泡孔核增加，但是由于黏度的增加阻碍了泡孔的生长，从而使在相同时间内生成的泡沫材料密度降低；而且实验中发现由于 MMT 层状结构和阻隔性的特点，发泡剂分解出的气体流动容易顺着 MMT 的排列方向流动，从而制备的 POE 发泡材料容易产生分层现象，主要是 MMT 本身的层状结构以及与聚合物相容性不好以及对气体的阻隔作用所生成的隔离层的原因所致。添加 5 份的相容剂 POE-g-MAH 和 0.1 份硅烷偶联剂 KH560 能改善 MMT 在 POE 基体中的分散程度和相容性，从而有效提高材料的物理机械性能。制得注意的是添加 MMT 后，复合发泡材料的起始分解温度明显提高，改善了泡沫材料的热稳定性能。

(5) POE 牌号影响[19]

不同厂家、不同牌号的 POE 中乙烯和辛烯的相对含量、熔体流动速率、硬度等也会不同。作为基料，不同牌号的 POE 对所开发材料的性能起着决定性的作用。图 4.12 为美国陶氏公司 POE8003 和 7467 发泡性能随二者配比的变化。可以看出，POE7467 发泡材料具有较高的弹性和较低的密度，冲击回弹性为 67%，密度为 0.176g/cm^3；而 POE8003 发泡材料具有较低的弹性和较高的密度，冲击回弹性为 50%，密度为 0.207g/cm^3。随着 POE7467/POE8003 的不断减小，发泡体系密度逐渐增大，冲击回弹性逐渐下降。与 POE8003 相比，POE7467 更适合做轻质高弹的 POE 发泡材料。

发明专利乙烯-辛烯共聚物发泡材料的制备方法[20]公开了典型的 POE 化学法发泡配方：按质量计的 70 份 POE，1 份抗氧剂 DLTP，2 份抗氧剂 168，10 份填料硅灰石，8 份发泡剂 AC，1 份发泡助剂硬脂酸锌，5 份软化油白蜡油，1 份

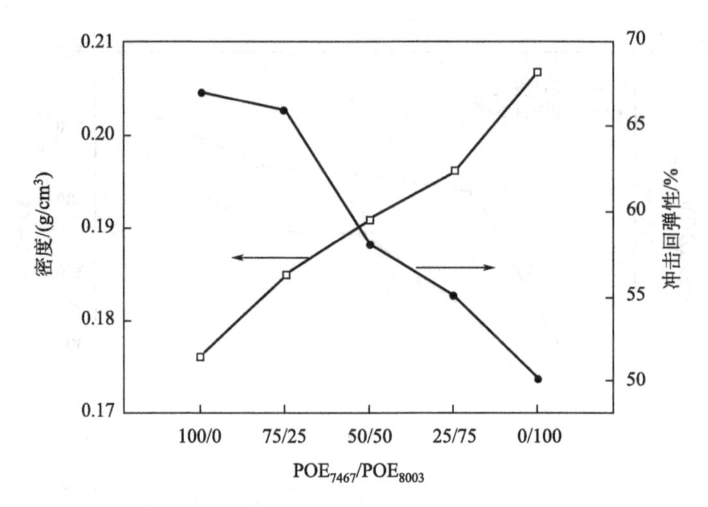

图 4.12　两种不同牌号的 POE 及其配比对 POE 发泡材料密度和冲击回弹性的影响

发泡成核剂柠檬酸，2 份架桥剂 DCP。制备工艺为：先将 POE、抗氧剂、填料、发泡助剂、软化油及发泡成核剂在高速搅拌机上混合均匀，然后将混合物料放入双螺杆机挤出机中挤出制成粒料，螺杆温度为 80℃/100℃/120℃/150℃/170℃/165℃，转速为 90r/min，物料在螺杆中的停留时间为 8min，挤出的物料冷去后，经切粒机切粒，得到粒料，在真空烘箱中 80℃干燥 6h，然后将烘好的物料与发泡剂 AC、架桥剂 DCP 在 80℃开炼机上混合均匀出片，最好将制好的片放入模具中，在 190℃硫化剂机上模压发泡 15min，制得密度为 0.06g/cm³ 的泡孔均匀的发泡材料。

采用上述配方及工艺制备的 POE 发泡材料具有密度可控、柔软性好、力学均衡性好、耐化学腐蚀、易加工、制品可回收利用等优异性能，可用作救生衣浮力材料、仪表板衬垫、车门护板衬垫、保温材料、密封垫、包装材料和汽车顶棚材料等。

POE 也能采用物理发泡法发泡。Chang 等[21]利用聚乙烯-甲基丙烯酸酯-甲基丙烯酸缩水甘油酯共聚物做增容剂，通过熔融共混制备了 POE/有机黏土纳米复合材料，增容后复合材料的拉伸性能和动态力学性能明显增加。进一步用超临界二氧化碳作发泡剂，在压力容器中使这种纳米复合材料发泡，最终得到平均泡孔为 3.4μm、泡孔密度高达 2×10^{11} cells/cm³ 的微孔泡沫。

4.1.5 POE 的阻燃改性[22]

至 POE 问世以来，无卤阻燃改性一直是其研究的热点。无机金属氢氧化物阻燃剂是一种被广泛使用的无卤阻燃剂，主要包括氢氧化铝（ATH）和氢氧化镁（MH）。表 4.2 列出了添加 ATH 阻燃剂对 POE 树脂燃烧性能的影响。从表中可以看出，纯 POE 的氧指数只有 17.3%，在空气中极易燃烧并伴有大量熔滴产生。随着 ATH 用量的增加，材料氧指数逐渐增大，当 ATH 的用量为 140 份时，材料氧指数达 27.3%，通过水平燃烧 FH-1 级别，但是材料的垂直燃烧等级提升不明显，当 ATH 的用量为 160 份时，复合材料氧指数未超过 30%，垂直燃烧仅为 FV-2 级别。

表 4.2 ATH 含量对 ATH/POE 复合体系阻燃性能的影响

ATH 用量/份	氧指数/%	水平燃烧等级	UL94 等级
0	17.3	FH-4-53.5	无等级
100	24.5	FH-3-22.5	无等级
120	26.4	FH-3-11.9	无等级
140	27.3	FH-1	无等级
160	29.1	FH-1	V-2

图 4.13 给出了 ATH 的添加量与复合材料力学性能的关系图。从图中可知，随着 ATH 添加量的增加，材料的拉伸强度和拉断伸长率均呈下降趋势。当 ATH 的添加量达到 100 份时，复合体系的拉伸强度和拉断伸长率分别较纯 POE 下降了 50%和 39.7%。继续添加 ATH，材料力学性能下降幅度趋于缓和，当 ATH 的添加量达到 160 份时，复合材料的拉伸强度为 10.04MPa，拉断伸长率为 458.52%。

ATH 经铝酸酯偶联剂改性后，虽然 POE/ATH 复合材料力学性能有所改善，但随着铝酸酯用量的增加，材料氧指数逐渐下降，水平燃烧速度加快，材料

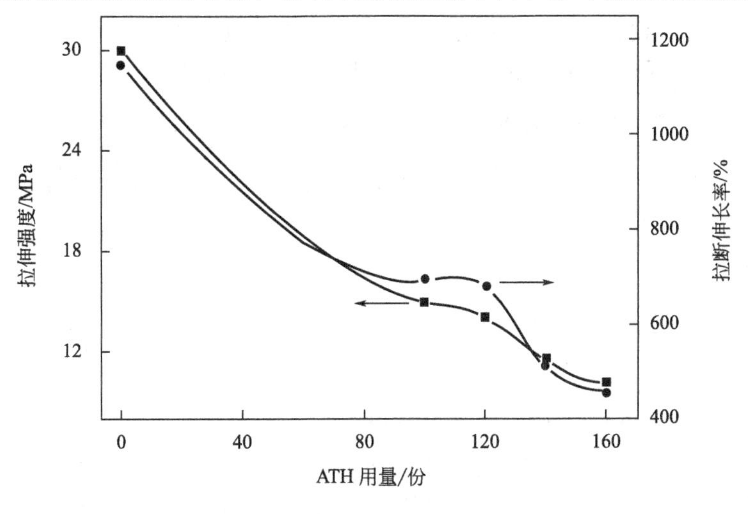

图 4.13 ATH 用量对材料力学性能的影响

阻燃性能下降。

徐伟[23]研究了氢氧化镁对硅烷交联 POE 阻燃性能的影响，如表 4.3 所示。不添加氢氧化镁的交联 POE 材料的氧指数只有 17.3%左右；随着氢氧化镁含量的增加，复合材料的氧指数逐渐增大，复合材料的阻燃性能提高；当氢氧化镁含量达到 120 份时，硅烷交联 POE 复合材料的氧指数可达到 28.3%，即高添加量氢氧化镁可达到高阻燃性。垂直燃烧结果表明，不添加氢氧化镁的交联 POE 材料在空气（氧气含量约为 21%）中很容易燃烧，并且有熔滴滴落；当氢氧化镁含量达到 120 份时，复合材料点燃后能够在 3s 内自熄，能够达到垂直燃烧试验的 V-0 级别；当氢氧化镁含量超过 120 份时，复合材料垂直燃烧试验中离火自熄，呈现出更加优秀的阻燃性能。

表 4.3 MH 含量对交联 POE 阻燃性能的影响

MH 含量/份	阻燃性能	
	LOI/%	垂直燃烧级别
0	17.3	易燃，熔滴
100	26.4	FV-2 级，缓慢自熄，稍熔滴
120	28.3	FV-0 级，3s 内自熄，黑炭化层
140	32.5	FV-0 级，离火自熄，黑炭化层
160	33.3	FV-0 级，离火自熄，黑炭化层

然而，氢氧化镁的加入对硅烷交联 POE 体系的力学性能有非常大的影响，尤其是对拉断伸长率影响特别大，如表 4.4 所示。当氢氧化镁含量为 100 份时，拉伸强度降低 28.9%，拉断伸长率降低 72.1%；而当氢氧化镁含量在 100～160 份之间时，拉伸强度和拉断伸长率随着氢氧化镁含量的增加变化不大。当氢氧化镁含量低于 140 份时，复合材料热变形变化不大，都能通过热延伸试验；当氢氧化镁含量达到 160 份时，热延伸性能不能通过，复合材料的耐高温性能反而变差。

表 4.4 MH 含量对复合材料拉伸性能和热延伸性能的影响

MH 含量/份	拉伸性能		热延伸性	
	拉伸强度/MPa	拉断伸长率/%	热延伸率/%	永久变形率/%
0	21.0	695	80	5
100	14.9	194	50	8
120	15.4	226	40	2
140	14.8	281	25	5
160	24.0	208	试样断裂	试样断裂

上述结果表明，ATH 和 MH 的添加均有效地改善了 POE 阻燃性，MH 的阻燃效果好于 ATH；但要达到良好的阻燃效果，ATH 和 MH 均需要较大添加量，而此时材料的力学性能严重恶化。

为达到好的阻燃效果而又尽量避免影响 POE 的力学性能，无卤复配阻燃剂引起人们的关注。CRP 是三聚氰胺树脂包覆的红磷，是一种较好的阻燃剂，CRP 与 ATH 复配可能会提高其阻燃效率。将 CRP 与 ATH 复配阻燃 POE，表 4.5 给出了固定 ATH 的用量为 120 份和 140 份不变，改变 CRP 的用量材料阻燃性能的变化规律。由表 4.5 可知随着 CRP 用量的增加，材料氧指数均表现出先上升后下降。在 120 份 ATH 体系中，CRP 用量为 18 份时，氧指数达最大值 30.7%，而在 140 份 ATH 体系中，CRP 只需 8 份，氧指数便达最大值 31.7%。这可能是由于当 ATH 与 CRP 共同阻燃时，ATH 分解释放出的水被 CRP 燃烧时生成的氧化物吸收，而后形成磷酸、偏磷酸等高黏度、难燃物质而覆盖在材料表面，增强了凝聚相阻燃的作用，提高了材料的氧指数。当 CRP：ATH＝18：120 时，材料综合性能最佳，此时材料的氧指数为 30.68%，水平燃烧和 UL94 等级都达最高级，同时材料具有较佳的力学性能，拉伸强度为 12.44MPa，拉断伸长率为 621.34%。

表 4.5　CRP 用量对 POE 材料阻燃性能的影响

ATH 的用量/份	CRP 的用量/份	氧指数/%	水平燃烧等级	UL94 等级
120	0	26.4	FH-3-11.9	无等级
120	14	29.1	FH-1	V-2
120	16	29.4	FH-1	V-1
120	18	30.7	FH-1	V-0
120	20	29.8	FH-1	V-0
140	0	27.3	FH-1	无等级
140	6	29.8	FH-1	FV-1
140	8	31.7	FH-1	FV-0
140	10	30.5	FH-1	FV-0
140	12	29.7	FH-1	FV-0

将 FeOOH 与 ATH 复配阻燃 POE，阻燃性能测试结果表明，FeOOH 能提升 ATH 的阻燃效果，当 FeOOH 的添加量为 1.5 份时，阻燃增效效果明显，此时材料氧指数达 30.8%，较未加时上升 1.7 个单位，UL94 从无等级升至 V-0 级。

然而，有些复配未必能发挥协效作用。例如，赵丽芬等[24]研究了膨胀型阻燃剂聚磷酸铵 PNP 对乙烯-辛烯共聚物（POE）中的阻燃作用，结果表明，采用 35 份 PNP，加入 2%的偶联剂 SB 可使体系拉伸强度达到 11.18MPa，氧指数达到 27.8%。可以实现低填充量、高效无卤阻燃。但并用 PNP 与 $Al(OH)_3$阻燃 POE 的体系比各自单用时的氧指数都要低。作者认为由于 PNP 发挥作用需要 3 个要素：酸源、炭源和气源。而 $Al(OH)_3$的存在，引入了碱性成分，破坏了酸源，使其起不到应有的阻燃效果。

微胶囊化红磷（MRP）与 MH 复配阻燃 POE 也存在一定的问题。MRP 是一种较好的阻燃协效剂，它由于阻燃效率持久、热稳定性好、不挥发、无卤、价廉等优点而受到用户的欢迎。MRP 对 MH、ATH 等都有协同阻燃的效果，但其作为阻燃协效剂的使用量有限，一般使用量不超过 10 份。如把 MRP 用于协同阻燃交联 POE/MH 的复合材料，MRP 含量对于交联 POE/MH 复合材料的氧指数影响微弱；当 MRP 含量在 0～6 份范围内，复合材料都能通过垂直燃烧试验 V-0 级别，而 MRP 含量达到 8 份时，复合材料垂直燃烧过程中出现熔滴现象产生，不能通过 V-0 级别；因此，当 MRP 含量的达到 8 份时，复合材料的阻燃性能反而有所降低。究其原因：由于红磷的自身也是一种易燃性物质，红磷氧化反应属于放热反应，红磷添加量越大，放出热量越多，材料的燃烧变得更容易，添加过多的 MRP 反而起到助燃的作用。

大量研究表明，在以聚磷酸铵（APP）和季戊四醇（PER）为基础组成的膨胀型阻燃剂（IFR）体系中，当二者比例为 3：1 时，阻燃效果最好。控制 APP/PER 为 3 ∶ 1 不变，研究添加三聚氰胺（MEL）对 POE 材料阻燃性能的影响。当未加三聚氰胺（MEL）时，即使 APP 和 PER 总的添加量达 32 份，材料的阻燃性能依然不佳，氧指数仅为 24.8%，垂直燃烧无等级。随着 MEL 的加入，材料阻燃性能逐渐上升，当 MEL 为 8 份时，材料阻燃性能达最佳点，此时材料氧指数为 30.2%，垂直燃烧达 V-0 级，继续添加 MEL，材料阻燃性能下降。这说明合适的三聚氰胺用量对 IFR 体系的阻燃效率至关重要，当 MEL 未添加或者添加量过少时，APP 与 PER 反应生成的炭层厚度较薄，不能有效阻隔热量的传导，而随着 MEL 用量的增多，其分解产生的难燃气体也逐渐增多，在这些气体的作用下，炭层的体积逐渐膨胀，内部形成多孔状结构，厚度增加，有效地隔绝了氧气及热量的传导，而如果 MEL 的添加量过多，其分解释放的气体会将炭层冲破而降低阻燃效果。但加入 IFR 后，材料拉伸强度和拉断伸长率均呈下降趋势，当 IFR 的添加量为 35 份时，材料拉伸强度为 19.45MPa，拉断伸长率为 660.12%，此时材料氧指数为 29.7%，垂直燃烧通过 V-0 级，材料综合性能最佳。

4.1.6 POE 的抗静电改性

吴泽等[25]将膨胀石墨（EDG）分别经过超声波、酸化和表面活性剂处理，将得到的改性产物添加到 POE 中，考察复合材料体积电阻率的变化。其中超声波处理、酸化及表面活性剂处理的 EDG 分别记为 U-EDG、A-EDG 和 S-EDG。膨胀石墨在 POE 中呈现出团聚状态，团聚的膨胀石墨仍具有孔状结构，膨胀片层分散不均匀。改性后的膨胀石墨的分散情况得以改善，超声波和表面活性剂能够较好地改善膨胀石墨的分散性，相应的复合材料具有较好的力学性能，如表 4.6 所示。

添加 EDG 后，复合材料的体积电阻率均有所降低，如图 4.14 所示。但由于

表 4.6　POE/石墨复合材料的力学性能

试样	填料用量/%	拉伸强度/MPa	拉断伸长率/%
POE/EDG	5	16.4	533
POE/U-EDG	5	16.7	672
POE/A-EDG	5	18.8	603
POE/S-EDG	5	19.3	711

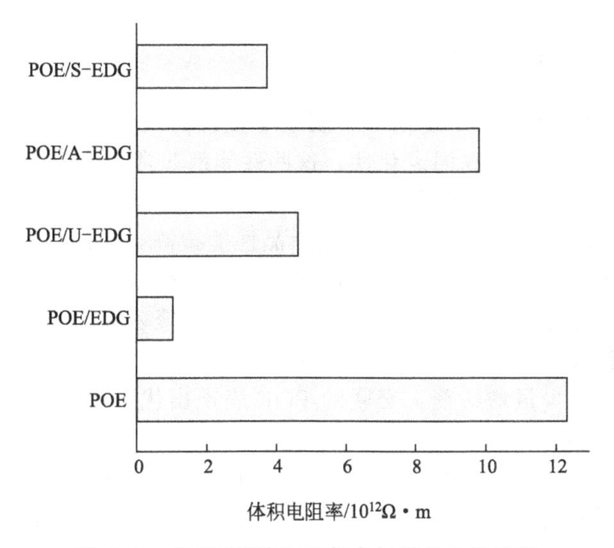

图 4.14　POE/膨胀石墨复合材料的力学性能

添加量相对较小，不足以在复合材料中形成有效的导电通路，因此与纯 POE 相比，复合材料的体积电阻率的降低仍十分有限。比较而言，未改性膨胀石墨对复合材料电性能的影响较大，与其在局部聚集形成导电通路有关。

4.2　改性 POE 的应用[26]

4.2.1　作为聚合物改性剂使用

分子结构的特殊性赋予了 POE 优异的耐紫外光性、低温韧性和流变性质。POE 既可以改性橡胶，也可以改性塑料。由于 POE 的加工温度较低，与非极性橡胶特别是 EPR、EPDM、NR、SBR 及 BR 等的混合较为容易。

作为改性剂，POE 的最大应用还是在塑料制品上。POE 与聚烯烃相容性好，因而广泛应用于聚烯烃的增韧改性。特别是对 PP 增韧效果十分明显，优于传统增韧剂 EPR 和 EPDM，其共混物在汽车保险杠、仪表板、车门内衬板、音响、空调机外壳和大型薄壁制件等已得到广泛应用。

POE/PE复合材料可制成微孔薄膜，用于电容器的隔离层、电容器、尿布、卫生巾、包装膜的隔离层等。

将POE与典型的接枝单体MAH、AA、GMA等进行接枝改性后，可提高POE的极性，增加其与极性聚合物的相容性。例如POE-g-MAH直接与工程塑料共混表现出良好的增韧效果，是一种很好的增韧剂。在复合材料中加入POE-g-MAH既具有增韧效果，也具有增容的作用。例如，对尼龙1010而言，加入10%的POE-g-MAH，共混物缺口冲击强度就能大幅度提高，并且可使材料的吸湿性减小。

4.2.2 作为基体材料使用

聚烯烃弹性体POE分子链饱和，属于非极性材料，因此具有良好的电气绝缘、耐氧、耐臭氧以及耐高温老化性，这些性能都非常适合应用于电缆的护套材料。用过氧化物、辐照或硅化物交联，并配合一定量增强剂，有利于POE综合性能的改善。交联后，POE耐热和耐化学品性能提高，拉断伸长率大幅度降低，耐蠕变性、耐磨性和耐环境应力开裂性得到改善。交联POE可以作为制作电线电缆护套，取代原来的PVC、氯丁橡胶、氯磺化聚乙烯等包覆材料。可代替EPDM，EPR制作汽车用高档耐热及耐热氧老化橡胶制品，如辐射软管、刹车零部件。例如加入少量增塑剂，交联的POE表现出优异的耐热老化性能，已成功应用于汽车散热管。

POE具有高透明性、高阻水性和高绝缘电阻率等特性，被认为是一种极具潜力的新型太阳能电池用封装材料。对POE进行硅烷接枝改性，可以改善它与玻璃的界面粘接性能，从而可应用于封装材料。

POE与改性剂（如阻燃剂）和色母粒等进行共混，可制得适合屋顶暴露环境的高级防水卷材。

4.3 共混型聚烯烃热塑性弹性体的改性及应用

EPDM/PP、NBR/PP、NR/PP、EPDM/PE、丙烯酸酯橡胶/PP、IIR/PP、苯乙烯类TPS/PP等TPV都已实现了商业化。本文主要介绍这些已商业化的TPV的改性研究、发展及应用情况。然而，事实上商业化TPV的制备是各个TPV生产公司掌握的技术秘密，本文所附的配方与工艺仅是根据已发表或公开的信息资料所进行的分析与总结。目前TPV主要以改进产品性能．降低生产成本、拓宽产品品种、扩大应用领域等为发展主线。

TPV是高度硫化的橡胶微粒分散在连续塑料相中而形成的一种弹性体，具有成型加工方便、材料可循环利用、综合性能优良等优点，现已广泛应用于汽车工业、建筑建材、电子电器等领域。随着TPV应用领域的不断扩展，有关功能化改性如提高抗UV性能、改善阻燃性能、降低密度、改善与金属表面的粘接及提高抗静电性能等新产品不断得以开发。

4.3.1 共混改性

以 PP/EPDM 基料的 TPV 与 SEBS 的相容性非常好，一般情况下可用 SEBS 来改性，具有如下作用：

① 提高 TPV 的某些力学性能，如拉伸强度、撕裂性能；

② 降低 TPV 的硬度；

③ 当 SEBS 的价格明显比 EPDM 便宜，则降低成本。

如果并用的是有交联单元的 SEBS，如旭化成的 SEBS N510、欧瑞特的 SEBS 6504，则可以在动态硫化阶段就引入 SEBS，所产生的新型 TPV 具有更好的力学性能，同时高温的压缩变形也有明显改善[27]。

蒋鹏程等[28]研究了 HDPE 对 EPDM/PP TPV 结构与性能的影响。随 HDPE 用量增加，EPDM/PP/HPPE TPV 的拉伸强度和撕裂强度以及硬度下降，HDPE 为 15 份时拉断伸长率和永久变形又出现一个峰值；流变测试中体系的最大扭矩逐渐增加到最大值，随后趋于稳定；体系的热失重温度、结晶温度和分解温度相差不大。

EPDM/PP/HDPE TPV 的微观形态结构是 EPDM 和 HDPE 形成壳核结构的复合粒子分散于 PP 基体中，HDPE 为核，EPDM 为弹性体外壳。HDPE 为 25 份时，包裹 HDPE 的不同 EPDM 橡胶粒子间发生聚结，体系的结晶度最大，界面结合强度变差。

也有学者[29]研究过用天然橡胶（NR）和环氧化天然橡胶（ENR25）部分替代 PP/EPDM TPV 共混物中 EPDM 的可行性。研究表明，PP/EPDM/NR 共混体系的拉伸强度和伸长率高于 PP/EPDM/ENR25 共混体；PP/EPDM/NR 共混体系的耐油性随 NR 含量的增加而变差，而各种配比的 PP/EPDM/ENR25 共混体系均有较好的耐油性；相同配比的 PP/EPDM/NR 共混体系较 PP/EPDM/ENR25 具有更好的均相结构。

蔡炳松等[30]研究了添加 SEBS 对 PP/SBR TPV 性能的影响，基本配方（质量份）为：SBR70；PP30；氧化锌 5；硬脂酸 1；DCP1.5；硫黄 0.5；防老剂 A1；硬脂酸锌 0.3；抗氧剂 1010 0.3。SEBS 在动态硫化前加入。由图 4.15 可见，当加入 SEBS 以后，TPV 的拉伸强度、定伸应力、撕裂强度、拉断伸长率和永久变形率都提高了，但硬度却基本上没有变化。这是由于 SEBS 起到了增容剂的作用，优先分布在 SBR 和 PP 的相界面之间，提高 SBR 和 PP 之间界面的黏结力。

燕晓飞等研究了[31]POE/胶粉并用硫化前后性能的变化，如表 4.7 所示。可见，动态硫化后，PP/POE/胶粉热塑性弹性体的物理性能和耐热氧老化性能明显提高，弹性体随胶粉用量增大性能下降的趋势也减缓。

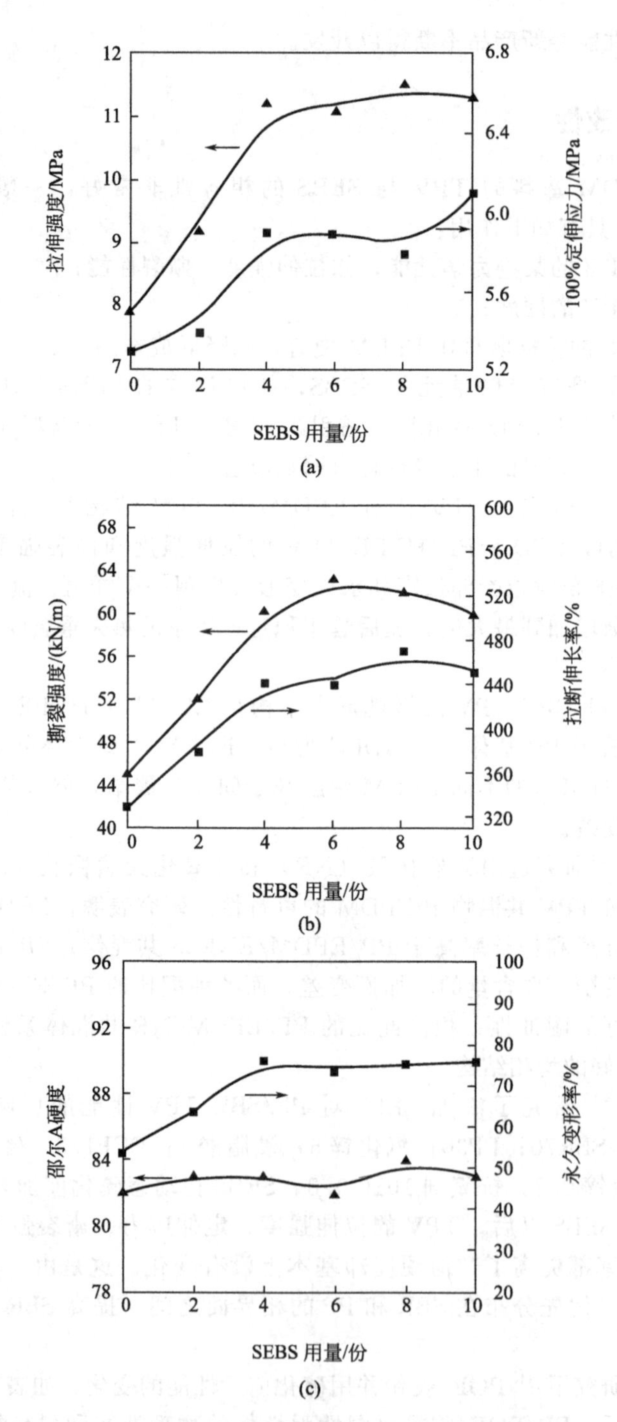

图 4.15　SEBS 用量对 PP/SBR TPV 性能的影响

表 4.7　POE/胶粉并用比对未补强 PP/POE/胶粉热塑性弹性体动态硫化前后物理性能的影响

项目	POE/胶粉并用比						
	60/0	50/10	40/20	30/30	20/40	10/50	0/60
邵尔 A 硬度							
动态硫化前	93	89	90	90	92	92	91
动态硫化后	92	92	91	92	92	93	91
拉伸强度/MPa							
动态硫化前	12.21	11.10	8.47	8.38	7.99	7.36	7.46
动态硫化后	13.37	12.25	11.25	11.41	11.36	10.54	10.36
拉断伸长率/%							
动态硫化前	685	572	252	171	77	53	35
动态硫化后	648	531	376	265	208	294	116
拉断永久变形/%							
动态硫化前	284	219	135	65	46	26	20
动态硫化后	223	155	58	43	15	9	5
撕裂强度/(kN/m)							
动态硫化前	79	83	78	69	56	53	41
动态硫化后	88	88	82	80	72	71	62

注：动态硫化前配方（质量份）为 PP 40，抗氧剂 1010 0.4；动态硫化后配方为 PP 40，抗氧剂 1010 0.4，硫化剂 DCP 2。

4.3.2 增强改性

在胶料中使用填充补强材料，通过适当的选择和优化，可改进胶料的某些性能，同时还可降低胶料的成本。在实际生产中，炭黑、二氧化硅、滑石粉、高岭土、各种纤维等，被广泛用作塑料和橡胶的填充剂和补强剂，从而提高了产品的竞争能力，使企业获得较好的经济效益。但因 TPV 组成及结构的复杂性，填料种类、填料在基体中的分布、分散以及对硫化过程的干扰均对 TPV 性能造成影响。例如，胶料采用过氧化物硫化时，酸性物质能催化过氧化物的分解，影响过氧化物的均裂，反应发生的温度比均裂的温度低，而且不产生交联所需的自由基，这样实际上仅有一部分过氧化物完成预期的交联反应。所以一些常用的酸性填充补强材料在该体系中就不宜使用，如酸性强的槽法炭黑、硬质陶土、煅烧陶土以及某些品种的白炭黑。故要根据 TPV 的实际组成和工艺选择合适的填料。

4.3.2.1 碳系填充剂

(1) 炭黑

炭黑是橡胶补强常用的填料，TPE 也不例外。Katbab 等[32]研究炭黑填充 EPDM/PP 动态硫化型 TPV 时发现炭黑易分布于 EPDM 相，使得体系黏度增大，并起到增强作用，同时橡胶粒径增大。此外，随着炭黑用量的增加，内耗峰增大，这是由于炭黑表面的官能团与聚合物链的作用，延缓橡胶对动态力场的反应。

周琦等[33]采用动态硫化法制备 POE/PP 共混物，研究了（DCP）对 POE/PP 体系（MFR）和力学性能的影响。交联助剂硫黄（S）的加入有效地提高了交联效果，当 m(DCP)/m(S)=2/0.2 时，体系的综合力学性能最佳。采用一次投料法和母料法两种不同的加工工艺制备 POE/PP/炭黑动态硫化型 TPV，并比较不同加工工艺对体系性能的影响。一次投料法：在 180℃下，先将 POE 和炭黑混炼均匀，然后加入 PP 直至均匀下片；母料法：在 110℃下，将炭黑加入到 POE 中制得母料胶，然后升高温度至 180℃将母炼胶与 PP 混炼均匀。结果表明，母料法制备的共混物更有利于炭黑的分散，体系性能更好，炭黑的加入使体系的耐热老化性和抗紫外性能明显改善。

炭黑用量对体系力学性能的影响如图 4.16 所示。体系的硬度随炭黑用量的

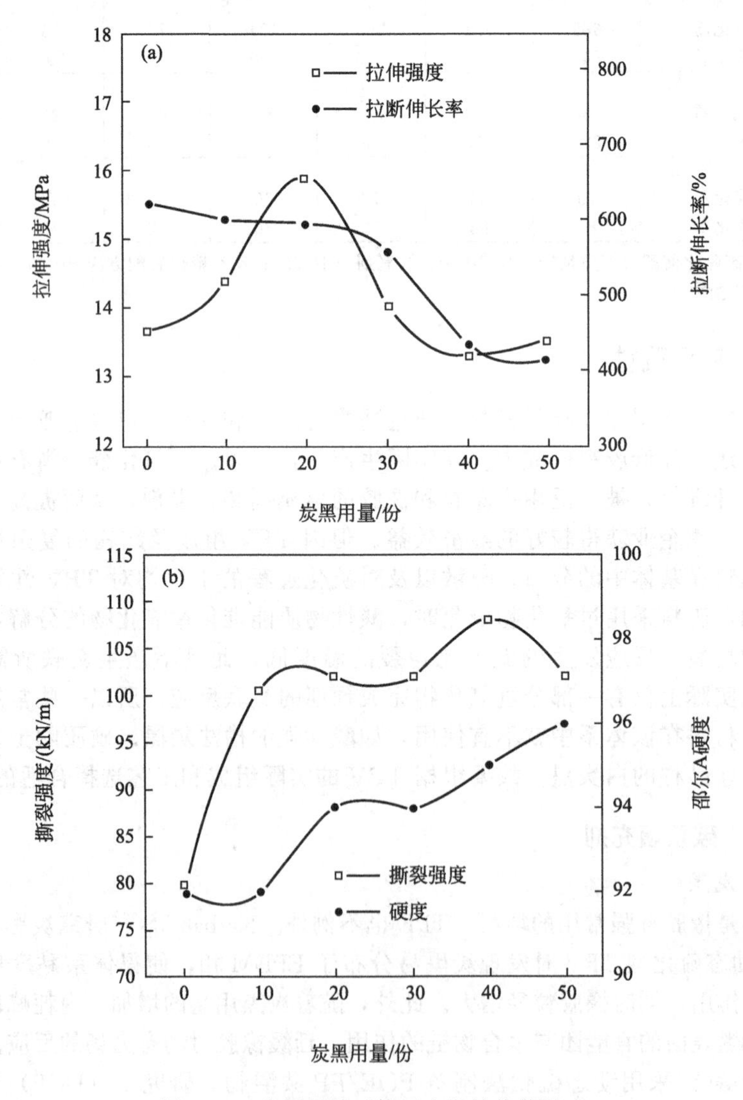

图 4.16　炭黑用量对体系力学性能的影响

增大而增大，拉断伸长率逐渐下降。当炭黑用量为 20 份时，拉伸强度最佳，提高了 16.6%；当炭黑用量为 40 份时，试样的撕裂强度较好（为 108.14kN/m）；比较而言，炭黑用量对试样的拉伸强度影响显著。造成这一现象的原因是炭黑加入到 POE/PP 体系后对体系产生两方面的作用：一方面由于炭黑粒子的活性表面可以吸附聚合物分子链，形成不稳定的网状结构，起到了较好的补强作用，而且被炭黑破坏了的聚乙烯结晶点，在胶料变形时，会产生诱导结晶，增大应变能，从而使强度得到较大的改善；另一方面炭黑的加入，破坏了 POE 分子中聚乙烯的微晶区，使体系结晶度下降，致使共混物的断裂能减小，同时过量炭黑会产生“稀释效应”，此时胶料中的橡胶数量相对地减少，以致使炭黑粒子与粒子间有非常密集的接触而不易在胶料中分散均匀，从而出现许多大颗粒的炭黑团粒，即力学缺陷增多，试样强度和拉断伸长率下降。

周琦[34]还比较了炭黑、滑石粉、纳米高岭土和纳米碳酸钙四种不同填料对动态硫化型 POE/PP TPV 的拉伸强度和撕裂强度的影响，其中炭黑填充体系强度最佳。当炭黑用量为 20 份时，体系力学性能较好，体系的拉伸强度达 16.5MPa，撕裂强度达 101.92N/mm。不同的填料对 POE/PP 弹性体的老化性能和耐天候性能影响差别较大，综合分析，炭黑填充体系的耐老化和耐天候性较好，尤其是耐天候性能明显优于其他三个体系。

(2) 氧化石墨

Ning Yan 等[35]发现，氧化石墨（GO）不仅能作为 NR/HDPE TPE 的增强材料，而且还能起到增容作用。他们将 GO 加入到 NR 胶乳中，经超声分散、凝聚后得到 NR/GO 母料。这种母料与 HDPE、NR 等原料进一步经过动态硫化过程制得 NR/HEPE/GO 杂化复合材料。表 4.8 为所制得的 NR/HEPE/GO 复合材料的配方。其中 L-R 为不含 GO 的空白母料样，L-RG0.5、L-RG1 和 L-RG1.5 指 GO 含量分别为 0.5 份、1.0 份和 1.5 份的母料，D-RG1.5 是未经超声处理制得的 GO 含量为 1.5 份的母料。

表 4.8 NR/HEPE/GO 复合材料的配方

组成	PEG0	PEG0.5	PEG1	PEG1.5	D-PEG1.5
HDPE	40	40	40	40	40
NR	50	50	50	50	50
NR/GO 母料	L-R	L-RG0.5	L-RG1	L-RG1.5	D-RG1.5
	10	10.5	11	11.5	11.5
氧化锌	3	3	3	3	3
硬脂酸锌	1.2	1.2	1.2	1.2	1.2
硫黄	1.8	1.8	1.8	1.8	1.8
抗氧剂(4010NA)	1.8	1.8	1.8	1.8	1.8
促进剂(CBS)	0.9	0.9	0.9	0.9	0.9
促进剂(MBT)	0.12	0.12	0.12	0.12	0.12

图 4.17 为 NR/HEPE/GO 试样冷冻断面的 SEM 照片（为提高对比度，观察前试样表面在 60℃氯仿中刻蚀 1h）。照片中空洞为刻蚀掉的 NR 相，可以看出，随 GO 含量的增加，NR 相的尺寸逐渐减小，这表明 GO 有助于提高界面黏附力，增加了 NR 和 HDPE 之间的相容性。图 4.18 给出的是不同 GO 含量的 NR/HPDE/GO 复合材料的应力-应变曲线，显然少量 GO 的引入可以提高 NR/HDPE 热塑性弹性体的拉伸强度。

4.3.2.2 SiO_2类填料

（1）白炭黑

白炭黑也作为较常见的填料被应用于热塑性弹性体的改性。魏福庆等[36]在双辊开炼机上采用动态硫化法制备了 NR/PP TPV，考察了纳米 SiO_2的加入顺序及其用量对 NR/PP TPV 力学性能的影响，研究了纳米 SiO_2填充改性 TPV 的耐溶剂性能和耐热变形性能，并用扫描电镜（SEM）观察了其两相结构和断面形貌。结果表明，纳米 SiO_2先与 NR 混炼均匀，再加入小料和硫黄所得的 NR 母炼胶与 PP 制备的 TPV 力学性能较好，最佳的纳米 SiO_2加入量为 3 份。纳米

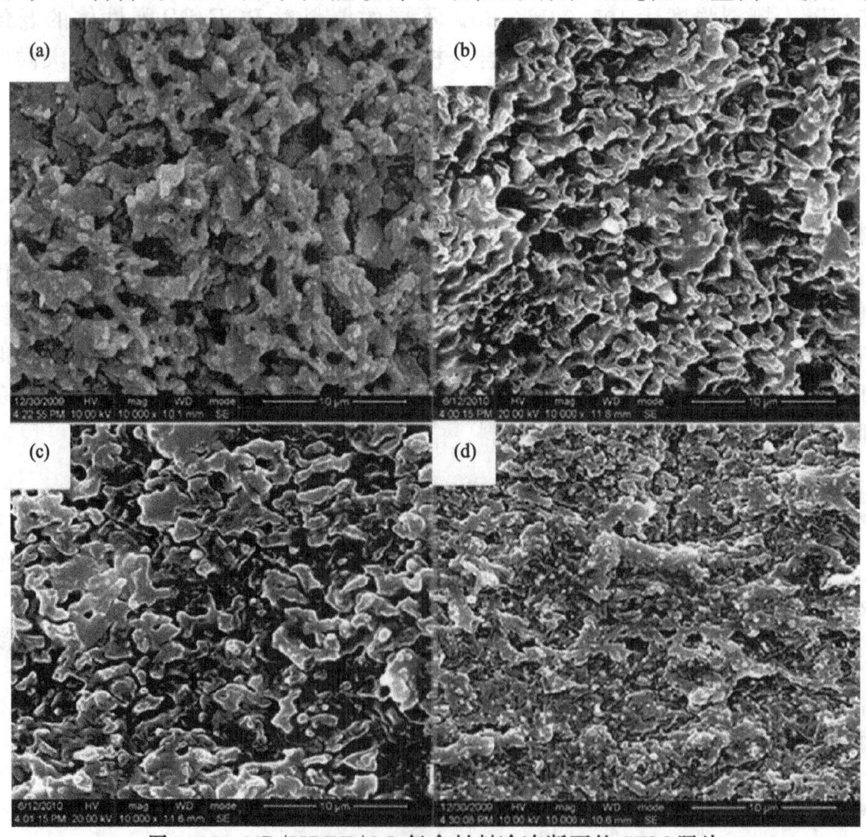

图 4.17 NR/HDPE/GO 复合材料冷冻断面的 SEM 照片

(a) REG0；(b) REG0.5；(c) REG1；(d) REG1.5

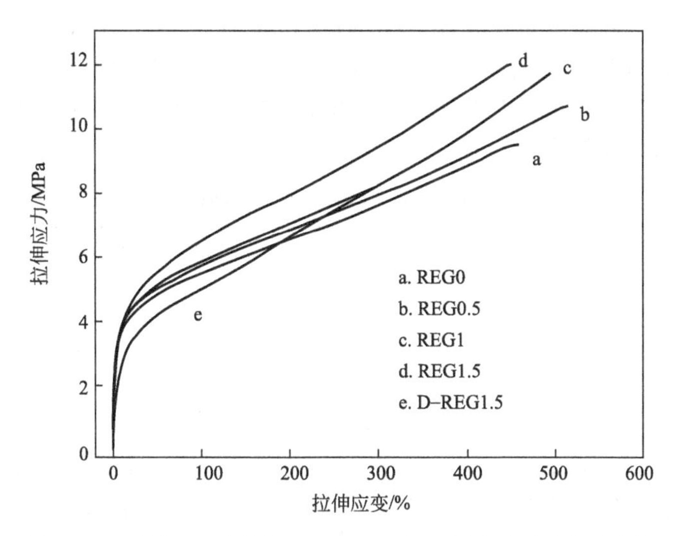

图 4.18　不同 GO 含量的 NR/HDPE/GO 复合材料的拉伸曲线

SiO_2提高了 NR 与 PP 相间结合强度，纳米 SiO_2改性的 NR/PP TPV 具有良好的耐溶剂性能和耐热变形性能。

王蕊等[37]采用两种共混方法制备了 NR/PP/SiO_2热塑性弹性体，所用的 NR 和 PP 的质量比为 60 ∶ 40，纳米 SiO_2的填充量为 1～5 份，硫化剂 DCP 添加量为 1 份。其中一步共混法为：NR 胶乳在玻璃板上铺膜晾干，与 PP、SiO_2和 DCP 分别放入鼓风干燥箱中干燥后按比例称量。将 PP 放入 RC-90 型 Haake 转矩流变仪的型腔，3min 后加入纳米 SiO_2，PP 和 SiO_2共混 2min 之后加入 NR，等 NR、PP 和 SiO_2共混 4min 之后加入 DCP，直到转矩曲线出现平台，将物料从型腔中取出。两步共混法为纳米 SiO_2与 NR 按比例在胶乳状态下共混，铺膜干燥后制得 NR/SiO_2复合材料；将干燥后的 PP、NR/SiO_2复合材料和 DCP 按比例称量。首先将 PP 放入转矩流变仪型腔，5min 后加入 NR/SiO_2复合材料，共混 4min 之后加入 DCP 直到转矩曲线出现平台，将物料从型腔中取出。研究结果表明，当纳米 SiO_2的填充量较低（<3 份），共混方法对 SiO_2的分散影响较大，当 SiO_2主要分散在 PP 基体相中时，其对热塑性弹性体的补强作用明显；随着纳米 SiO_2的填充量的增加（>3 份），SiO_2趋向于分散在 NR 相中，产生团聚现象，对热塑性弹性体的补强作用减弱，共混方法对 SiO_2的分散影响不大。

Bazgir 等[38]研究也发现加入 SiO_2使橡胶粒径增大，动态力学测试表明内耗峰减小，而橡胶相的玻璃化温度则升高，他们认为这说明无机粒子与聚合物之间具有较强的相互作用。同时，无机粒子的加入使体系伸长率增大，体系具有更多的类似橡胶的行为。

Wu 等[39]研究用十六烷基三甲基溴化铵（CTAB）改性过的 SiO_2补强商业产品 TPV Santoprene 时发现，PP-g-MA 的加入能增强无机粒子与聚合物之间的粘接强度，PP 的玻璃化温度升高，熔融温度也升高，这说明二氧化硅对聚丙烯具有成核作用。同时二氧化硅与PP-g-MA（mPP）的加入使得体系动态模量增大，在高温区增幅尤为明显，如表4.10所示，表4.9为材料的配方及其编号。这是因为高温时热能足以克服分子链的阻碍，聚合物链段柔性大，更有利于无机粒子与聚合物相互作用。

表4.9 TPV/mPP/m-SiO_2复合材料的配方及编号

试样	TPV/g	CTAB-改性 SiO_2/g	mPP/g
TPV	50	—	—
TVS	49	1	—
TVSm1	48	1	1
TVSm3	46	1	3
TVSm5	44	1	5

表4.10 TPV/Mpp/m-SiO_2复合材料的动态力学性能、拉伸强度和粘接强度

试样	储能模量/MPa		拉伸强度/MPa	拉断伸长率/%	对不锈钢粘接强度/MPa
	-90℃	30℃			
TPV	746	21.9	87.4	278.6	16.2
TVS	812(8.8%)	31.7(44.7%)	93.5	222.2	17.6
TVSm1	891(19.4%)	38.2(74.4%)	97.5	257.8	19.3
TVSm3	948(27.1%)	47.9(118.7%)	111.2	280.9	22.5
TVSm5	1003(34.4%)	48.9(123.3%)	116.1	314.6	23.8

（2）*硅土*

硅土90%以上是天然的结晶二氧化硅，细度8～20μm。研究表明，它不仅像一般的矿物填料那样起着填充增量作用，而且表现了独特的增强作用，是一种新型的功能性矿物填料。胡长存等[40]采用无机粒子表面接枝的办法在硅土表面上接枝聚丙烯酸丁酯分子链，提高它与TPE的相容性，进一步发挥硅土的增强作用，达到提高TPE的强度和耐磨性能的目的。

用硅烷偶联剂甲基丙烯酰氧丙基三甲氧基硅烷（MP TMS）和丙烯酸丁酯（BA）对硅土（SE）进行表面接枝改性。以改性硅土与EPDM和PP等共混，采用动态硫化的方法制备了TPV，考察了改性硅土对热塑性弹性体的力学性能和耐磨性能的影响。结果如表4.11所示，改性硅土添加量在20%以下时可使TPE的100%定伸应力、撕裂强度和耐磨性能有所提高，但是拉伸强度有所下降。

表4.11 不同改性硅土含量的TPE的力学性能

改性硅土填充的质量分数/%	拉伸强度/MPa	100%定伸应力/MPa	撕裂强度/(kN/m)	邵尔A硬度
0	15.5	5.3	53.0	80
5	15.4	6.5	57.4	81
10	13.2	7.4	58.8	82
20	12.2	7.6	54.3	83
30	11.5	7.6	50.7	84

(3) 水稻灰[41]

水稻能将土壤中稀少的二氧化硅富集于稻壳中，稻壳中二氧化硅的质量分数约为0.2（其余组分为木质素和纤维素等），且主要呈无定形状态，而自然界中绝大多数二氧化硅呈结晶状态。利用稻壳硅最简单、最经济的方法是使用稻壳灰（RHA）。RHA是稻壳燃烧后的产物，燃烧时产生的热量可用于电厂发电等。稻壳燃烧时大部分有机物（纤维素和木质素等）被烧掉，剩下的RHA主要成分是二氧化硅。RHA中含量最大的是二氧化硅（质量分数为0.55～0.97），其次为炭，还有少量金属氧化物（质量分数小于0.005），如氧化钾、氧化钠、氧化镁和氧化钙等。RHA的组成和结构取决于处理和燃烧的条件，当温度低于600℃时焚烧稻壳，所得低温RHA中二氧化硅的质量分数在0.9以上，且仍保持无定形状态，基本粒子的平均粒径约为50nm，松散黏聚并形成大量纳米尺度孔隙，粒子呈不规则形状。低温RHA的比表面积大，活性高。当温度超过600℃时，二氧化硅由无定形状态变为结晶状态，并且炭会进入二氧化硅的晶格中，导致纯度下降。RHA与其他硅酸盐类填料一样，表面含有羟基或硅醇基，因而具有亲水性，易吸湿。

RHA根据其炭含量可以分为高炭灰（RHAHC）、低炭灰（RHA-LC）和无炭灰；也可根据其色泽分为黑稻壳灰（BRHA）和白稻壳灰（WRHA），它们分别对应于高炭灰和低炭灰。WRHA是由于焚烧时内部高温而产生的，外观呈灰白色；BRHA是由于焚烧时外部低温而产生的，含炭，颜色深。

1975年Haxo H E等采用特殊燃烧工艺制成的RHA填充SBR，EPDM和NR，发现RHA具有一定的补强作用，且对胶料的硫化性能无不良影响。近年来，RHA在各种橡胶和热塑性弹性体（TPE）中的应用研究不断深入。

在NR/PP TPE中加入RHA，随着RHA用量的增大，TPE的拉伸模量增大，拉伸强度、拉断伸长率和屈服强度减小，加入氨基硅烷偶联剂KH-550后，TPE的性能有所提高，吸水性下降。在NR/线形低密度聚乙烯（LLDPE）TPE中加入WRHA，TPE的硬度和100%定伸应力增大，拉伸强度、拉断伸长率和耐油性下降；加入相容剂PPEAA（丙烯-乙烯-丙烯酸共聚物），则能改善填料与基体间的作用，使各项性能有所提高。

将WRHA填充于PP/EPDM共混物中，经动态硫化后共混物的硬度、拉伸强度和压缩永久变形有所提高。WRHA填充量增大时，TPE除了硬度增大外，其他物理性能均下降。通过研究加料顺序对EPDM/PP/WRHA共混体系（共混比为50/50/30）加工和物理性能的影响，发现在熔融的EPDM中先加入WRHA再加入PP后共混物的拉伸强度最大，但拉断伸长率较小；而在熔融的EPDM中先加入PP再加入WRHA的共混物拉伸强度和拉断伸长率较大，具有典型的TPE特征，而且扫描电镜（SEM）也观察到填料的分散性最好，因此认为该加料方式最佳，只要在密炼机中混合10min（包括预热1min）即能均匀混合。

RHA在橡胶和TPE中只能起到廉价填充剂的作用，而补强作用需在低填充量条件下或经过处理（如加入适当的偶联剂、相容剂或多功能添加剂）后才显示出来；当填充量较大时，胶料的拉伸强度、拉断伸长率和撕裂强度等下降，补强效应很小。分析原因认为：①RHA是极性材料，且亲水，而大多数高聚物亲油，二者之间相容性差，RHA在胶料中不能良好分散。团聚现象明显。②燃烧过程的不可控导致得到的RHA粒径分布和杂质含量发生了变化。杂质含量大，粒子的形状和多孔性会影响粒子的聚集及其与基体间的相互作用。③SEM分析显示，RHA在胶料中的分散是不连续的，不能形成像炭黑和白炭黑那样的网络结构，因此不能起到补强作用。④粒子的形态和表面活性影响粒子的改性效果，RHA的外形不规则且多孔使其硅烷化的能力变差，改性效果不显著。

4.3.2.3 黏土等硅铝类矿物

黏土是一类层状结构的铝硅酸盐，包括蒙脱土、高岭土、云母等几种类型。

(1) 蒙脱土

蒙脱土由于其来源广泛，对聚合物改性效果优异而成为近年来制备有机无机纳米复合材料的热点。对具有多相相形态的TPE而言，研究蒙脱土在两相中的分布已成为一个重要的研究方向。当体系中有极性组分时，蒙脱土倾向于分布在极性大的一相。而对于两相均为非极性的体系，其分布则不易控制。Katbab等[42]首次使用动态硫化制备了热塑性弹性体蒙脱土纳米复合材料。橡胶粒子作为分散相聚集在一起，被PP/蒙脱土纳米合金包围；蒙脱土的加入降低了体系的结晶度。Mehta等[43]研究了TPO中加入蒙脱土的相态结构，结果表明，蒙脱土的加入使橡胶粒径大大下降。并且当PP-g-MAH∶OMMT＝1∶2时，蒙脱土倾向于分布在橡胶粒子与基体材料的界面。体系弯曲强度增大，而缺口冲击强度则有所下降。Mishra等[44]研究了加入增容剂制备TPO/OMMT纳米复合材料。XRD表明，加入PP-g-MAH能增大蒙脱土的层间距，得到的是插层型纳米复合材料。PP-g-MAH确实使得MMT有很好的分散，部分蒙脱土达到了剥离。他们测得蒙脱土片层厚度为1nm，层间距离为3nm。蒙脱土较好地分散在TPO中使得所制备的复合材料模量大大提高。

李超群[45]研究了PP/EPDM型TPV/蒙脱土纳米复合材料的形态结构与性能等。发现蒙脱土对橡胶粒子具有剪切作用，当蒙脱土用量较小时，橡胶粒子的尺寸和形态即发生显著变化，蒙脱土倾向于分布在两相界面。当蒙脱土用量为5%（质量分数）时橡胶粒子会出现聚集，而使用母料法（即蒙脱土先与EPDM共混）则橡胶粒子不会出现聚集。而且使用母料法使蒙脱土优先分布于橡胶相，其增强效果最好。使用有机改性蒙脱土复合体系力学性能大大增强，蒙脱土用量为2.8份时拉伸强度增大27%，此后随蒙脱土用量增大拉伸强度有下降趋势。若使用母料法当蒙脱土用量为5份时拉伸强度可增大40%。

通过加入PP-g-MA可以增大蒙脱土的层间距，从而使体系的拉伸模量显著升高。同时 P-g-MA 的加入改变了蒙脱土在复合体系中的分布形态。加入 PP-g-MA 后蒙脱土几乎全部位于聚丙烯相和橡塑两相的界面。这是因为蒙脱土优先与极性大的 PP-g-MA 作用，从而会分布在 PP 相，而硫化时橡胶相的黏度急剧增大，无机粒子往往倾向于靠近黏度大的组分，因此蒙脱土集中分布在两相的界面，围绕着橡胶粒子排布。此外加入 PP-g-MA 使复合体系黏度降低，蒙脱土的剪切作用较小，因而橡胶粒子的尺寸较大。由于加入增容剂后蒙脱土分布于 PP 相与橡胶粒子的界面，蒙脱土对聚合物没有增强作用，拉伸性能并未提高。

(2) 高岭土

表 4.12 给出了不同品种高岭土对动态硫化型 POE/PP TPV 力学性能的影响[34]。可知，与非纳米高岭土相比，使用纳米高岭土填充的 POE/PP 硫化胶综合性能优异。高岭土 RC-90 是经特殊表面改性处理，粒度超细且分布范围小，高岭土 RD-90 是经特殊热处理和表面处理制得，粒度达亚微米级。高岭土 RC-90 的填充效果优于 RD-90，这说明表面经特殊改性处理的高岭土增加了与有机分子的亲和性，更有利于与聚合物大分子的结合。

表 4.12　不同品种高岭土对 POE/PP TPV 力学性能的影响

性能	纳米高岭土	RC-90	RD-90
拉伸强度/MPa	15.28	14.40	13.51
拉断伸长率/%	622.21	618.35	584.61
100%定伸应力/MPa	7.61	7.41	7.09
撕裂强度/(N/mm)	88.85	87.75	78.25
邵尔 A 硬度	93	92	93

注：基础配方（质量份）POE 60；PP 40；1010 0.25；DCP 2；S 0.2；高岭土 5。

美国通用汽车公司和蒙特北美公司目前已成功开发出聚烯烃热塑性弹性体纳米级微晶高岭土复合材料，使其刚性大幅度提高。这种新型材料取代 PVC 用于车内大型部件具有颜色稳定、重量较轻、可回收等优点。

(3) 莫来石

莫来石的主要成分是 $3Al_2O_3 \cdot 2SiO_2$，具有诸多优异的物理性能，如低膨胀系数、低热导率。莫来石所具有的这些特性使其在高温耐火材料、高温结构材料、微电子封装材料、光学材料及介电和高温保护涂层等方面得到重要应用。柳峰等[46]采用双螺杆挤出机制备了一系列 PP/EPDM 共混型 TPE。研究了莫来石对用不同动态硫化剂硫化的 EPDM/PP TPE 的力学性能、耐热性能、加工性能的影响，并与碳酸钙填充的效果进行了比较，表 4.13 为其共混配方。莫来石用前在 105℃烘箱中干燥 24h 以上以除去表面吸附的水分，有利于莫来石粉体在基体聚合物中的分散并减少团聚。制备工艺分为三步：①将 EPDM 在双辊开炼机上塑炼 3min 后，加入硫化体系、填料及其他加工助剂，混炼 5min，下片切粒；

表 4.13 PP/EPDM TPE 共混配方 单位：质量份

原料	配方 1	配方 2	配方 3	配方 4	配方 5	配方 6	配方 7	配方 8
PP	60.0	60.0	60.0	60.0	60.0	60.0	60.0	60.0
EPDM	25.0	25.0	25.0	25.0	25.0	25.0	25.0	25.0
SA	1.0	1.0	1.0	1.0	1.0	1.0	1.0	1.0
偶联剂	0.2	0.2	0.2	0.2	0.2	0.2	0.2	0.2
抗氧剂	0.2	0.2	0.2	0.2	0.2	0.2	0.2	0.2
碳酸钙	15.0	15.0	15.0	15.0	0	0	0	0
莫来石	0	0	0	0	15.0	15.0	15.0	15.0
过氧化物硫化体系(DCP/S)	0	1.1①	0	0	0	1.1①	0	0
酸醛树脂硫化体系($PF/SnCl_2$)	0	0	2.4②	0	0	0	2.4②	0
EP 硫化体系	0	0	0	1.8	0	0	0	1.8

① DCO/S 质量配比为 1.0/0.1。

② $PF/SnCl_2$ 质量配比为 1.8/0.6。

②在双螺杆挤出机中进行 EPDM 和 PP 的共混和动态硫化制备动态硫化 PP/EPDM TPE，挤出时从料斗到机头的各段温度设为 150℃/160℃/170℃/180℃/190℃/200℃/205℃，螺杆转速为 180r/min，挤出后造粒；③将粒料在 80℃真空烘箱中干燥 4h，用注塑机制备力学性能测试试条。

表 4.14 为 PP/EPDM TPE 的性能。可见，动态硫化制备的 TPE 性能远高于非硫化 PP/EPDM 共混物的，其中冲击强度提高 2 倍，维卡软化点提高 20℃。莫来石对 PP/EPDM TPE 的补强效果不明显，但对体系的增韧效果、加工性的改性优于碳酸钙。

表 4.14 PP/EPDM TPE 的性能

性能	配方 1	配方 2	配方 3	配方 4	配方 5	配方 6	配方 7	配方 8
拉伸强度/MPa	17.6	21.2	18.4	19.2	18.2	19.8	18.6	18.2
拉断伸长率/%	290	428	457	520	340	450	550	>600
冲击强度/(kJ/m^2)	24.1	47.8	56.7	58.2	26.6	54.8	68.4	73.8
维卡软化温度/℃	124	141	140	141	125	141	139	140
熔体流动速率/(g/10min)	2.29	6.34	3.54	3.63	2.42	7.44	3.58	3.85

4.3.2.4 纤维

纤维增强橡胶材料因其具有良好的力学性能，长时间来得到广泛的应用。大多数体系采用长纤维，它能大幅提高复合材料的性能。近年来，方向转移到短纤维增强橡胶，因为这些体系工艺简便，适应性强。与填充颗粒状的复合材料相比，短纤维增强体系对低应变模量的增强作用显著，甚至在较低的纤维含量下也是如此。增强程度取决于这些体系的特性，纤维和基体的化学结构决定了界面黏合程度与复合材料的强度。就力学性能而言，聚芳酰胺 Kevlar 是较好的增强材料。这种纤维与聚合物基体的相容性不是很好，改善方法包括用偶联剂或等离子处理纤维表面等。水解是一种化学处理方法，对 Kevlar 表面的改性简单、易行。这种处理增加了纤维表面的活性氨基基团，为进一步与活性或功能性增容剂反应提供了官能团。研究发现，未处理的 Kevlar 可用于增强商业化 TPV Santoprene（含有 18%PP 和 82%EPDM）。使用水解 Kevlar 和少量反应性增容剂 PP-*g*-MA，可显著提高复合材料的模量、拉伸强度及拉断伸长率。PP-*g*-MA 上的 MA 基团和 Kevlar 水解表面的自由氨基反应，增加了 Kevlar 和 TPV 之间的相容性，并能和其中的 PP 共结晶，在受力作用时更好地形成应力转移[47]。

4.3.2.5 胶粉[48]

胶粉是由已经硫化的废橡胶制品经打磨或进一步活化改性制得的粉末状物质，是一种特殊具有弹性的粉体材料，具有粉体材料的基本特征。废旧橡胶胶粉的生产和利用对于缓解我国橡胶资源匮乏现状，防治“黑色污染”，建设节约型社会，发展循环经济，将产生积极的经济和社会效益。一般来说，胶粉越细，其利用的附加值越高。表 4.15 给出了不同粒径胶粉的主要应用范围。胶粉与 TPV 共混并用，一方面可增加胶粉应用下游产品的附加值，扩大胶粉的应用范围，提高资源的利用率，另一方面有助于扩大热塑性硫化胶 TPV 的使用范围，可望具有良好的社会效益与经济效益。

表 4.15 不同粒径胶粉的应用范围

分类	粒度		主要用途
	细度	目数	
胶屑	10～2mm	10～18	跑道、道渣垫层
胶粒	2～1mm		铺路弹性层、垫板、草坪、地板砖
胶粉			
碎胶粉	1.0～0.5mm	12～30	铺路材料、手套防滑、再生胶
粗胶粉	0.5～0.3mm	30～47	再生胶、活化胶粉
细胶粉	0.3～0.25mm	47～60	塑料改性、橡胶掺用
精细胶粉	250～175μm	60～80	橡胶掺用、改性沥青
微细胶粉	175～74μm	80～200	橡胶掺用、翻胎
超微细胶粉	74～45μm	200～325	代替橡胶、再生制品

将胶粉与 TPV（Santoprene201-80，美国 AES 公司）共混并用，以期在保持 TPV 良好综合性能的基础上，降低 TPV 这种热塑性弹性体的生产成本，同时改善 TPV 的一些使用性能，得到一种较低成本的 TPV 材料。研究结果表明：未添加任何助剂的胶粉/TPV 共混材料较之纯 TPV，拉伸永久变形得到改善，

由22%降低到12%，但其他性能大都出现不同程度的下降；随胶粉粒径减小，共混材料的性能整体提高；随着胶粉用量增加，材料性能也呈现整体降低趋势，在胶粉添加量大于30份（TPV为100份）后，材料力学性能大幅度降低。

对共混体系的增容研究表明：单独使用增容剂增容，PP-g-MAH效果最佳，5份PP-g-MAH的加入提高了共混材料的整体性能，拉伸强度达到9.8MPa，提高15.3%，拉断伸长率238%，提高近20%；增容剂与活化剂并用则可大幅改善共混材料的弹性性能，拉断伸长率最高达到295%，提高46%，接近纯TPV的水平；而且材料的拉伸永久变形降低。经过增容后，胶粉/TPV共混材料在耐热老化性能、耐油性能以及耐磨性能上均有所提高，其中共混材料的耐油性在胶粉20份，PP-g-MAH为5份时最优，改善幅度为28.7%。微观形貌分析也显示，增容剂的加入明显改善了共混材料的界面相容性；流变性能分析表明，添加增容剂增强了共混材料相容性，使得胶粉的分散性变好，共混材料加工性能得到改善。

4.3.3 阻燃改性

TPO具有原料丰富、价格低、易加工等优点，得到了快速发展。阻燃TPO的研究也取得了较大的成果。

4.3.3.1 简单共混型TPO的阻燃改性

武德珍等[49]将EPDM/PP共混，研究了体系的有卤及无卤阻燃效果。采用十溴联苯醚（FR-10）与Sb_2O_3的复合体系作阻燃剂，制得LOI为24.8%的材料。复合阻燃剂的加入对共混体系的拉伸强度影响很小，但拉断伸长率和冲击强度下降明显，这主要是由于FR-10为小分子物质，Sb_2O_3在体系中可起到无机填料的作用，两者的加入必将会对体系韧性带来不利的影响，所以阻燃剂的用量应在满足阻燃要求的情况下，越少越好。用红磷作阻燃剂时，红磷的加入使共混体系的阻燃性能明显提高，且随用量增加呈上升趋势，当100gPP/EPDM共混体系中加入10g红磷时，其氧指数可达24%，直接火焰法达到离火5s熄灭，这说明红磷对PP/EPDM共混体系有良好的阻燃作用。但红磷的加入对共混体系的其他性能也有不同程度的影响，弯曲强度和拉伸强度基本保持不变，而冲击强度和拉断伸长率有所下降。阻燃剂的加入会使共混体系的力学性能下降，通过比较，当达到相同的阻燃效果时，红磷阻燃剂的用量比FR-10与Sb_2O_3复合燃剂的用量少，力学性能亦较优。

周子泉[50]申请了中国发明专利阻燃三元乙丙橡胶/聚丙烯热塑性弹性体及其生产方法，所用阻燃剂为经表面改性的纳米天然水镁石粉，不仅阻燃效果好，而且弹性体的力学性能有明显提高，可用于密封件及汽车护套上。其配方如下：

三元乙丙橡胶　占总质量的50%～75%

聚丙烯　占总质量的10%～25%

阻燃剂　占总质量的5%～25%

增塑剂　占总质量的3%～25%

填料　占总质量的5%～30%

助剂　占总质量的1%～5%

其生产方法如下：

① 按质量比取三元乙丙橡胶、聚丙烯、总质量70%的阻燃剂、总质量70%的填料、助剂加入到高速捏合机中预混合，预混合时间为2～5min，得混合料；

② 将步骤①的混合料加入双螺杆挤出机料斗，主机加热，并逐级保持温度，将混合料逐步加入挤出机熔化、分散、挤出，时间为4～5min；

③ 将步骤②挤出的半成品经模具进行水冷却、造粒，温度控制在70℃以下；

④ 将步骤③输出的水和颗粒的混合物通过振动筛进行脱水、分离，得半成品；

⑤ 将步骤④的半成品加入到高速捏合机中，加入剩余的30%的阻燃剂、填料，进行捏合搅拌，时间为1～2min；

⑥ 将步骤⑤的混料加入到双螺杆挤出机的料斗中，主机加热，主机加热区为10个，在第六加热区按比例加入增塑剂，使混合料充分熔化、分散、混合挤出，时间为4～5min；

⑦ 将步骤⑥挤出的半成品经模具进行水冷却、造粒，温度控制在70℃以下；

⑧ 将步骤⑦输出的水和颗粒的混合物通过振动筛进行脱水、分离、干燥、包装得成品。

上海日之升新技术有限公司[51]提供了一种可替代橡胶部件的无卤阻燃热塑性弹性体材料的制备方法。它由以下质量配比的原料制成。

聚丙烯：10%～20%

三元乙丙橡胶：50%～60%

无卤阻燃剂：20%～30%

抗氧剂：0.1%～1%

润滑剂：0.1%～1%

相容剂：2%～5%

其中聚丙烯为共聚聚丙烯，其熔体流动速率为10～90g/10min；无卤阻燃剂为膨胀型阻燃剂聚磷酸铵；抗氧剂为受阻酚类抗氧剂1010与亚磷酸酯类抗氧剂168复配；润滑剂为硬脂酸钙、硬脂酸锌、硬脂酸钡或硬脂酸镁；相容剂为聚丙烯接枝马来酸酐，其熔体流动速率为40～150g/10min，接枝率为0.5%～1%。这种无卤阻燃热塑性弹性体材料的制备方法如下：

① 按质量百分比称取原料；

② 将所有原料放入高混机中混合2～5min；

③ 出料；

④ 将混合的原料放入螺杆机中挤出造粒，螺杆机的转速为180～600r/min，温度为180～200℃。

表4.16和表4.17分别为三个实施例配方和性能。

表 4.16　实施例配方（质量百分比）　　单位：%

原料名称	配比 1	配比 2	配比 3
共聚聚丙烯	10	15	20
三元乙丙橡胶	60	55	50
无卤阻燃剂	25.5	25.5	25.5
1010/168(1∶1)	0.5	0.5	0.5
硬脂酸钙	1.0	1.0	1.0
相容剂	3	3	3

表 4.17　按实施例配方制得的材料的性能

测试项目	样品 1	样品 2	样品 3
拉伸强度/MPa	6.2	8.1	10.3
拉断伸长率/%	352	310	260
压缩永久变形/%	45	53	67
阻燃性能	V-0	V-0	V-0

注：测试条件 ASTM 综合性能；测定环境 23℃，50%RH。

4.3.3.2　动态硫化型 TPO 阻燃改性

动态硫化是热塑性弹性体发展中的一个里程碑。20 世纪 90 年代初，一般采用有卤阻燃，中期以后有大量无卤阻燃报道。张祥福等[52]研究了十溴联苯醚、Sb_2O_3、硼酸锌对 EPDM/PP 的阻燃性能，并通过实验证明，在十溴联苯醚/Sb_2O_3阻燃体系中，加入硼酸锌和助阻燃剂能明显提高其阻燃性能；加入 $Al(OH)_3$ 可以降低发烟量，并提高阻燃性。

阻燃剂的添加时间对体系性能有明显影响。赵杏梅等[53]研究制备工艺和阻燃剂用量对 EPDM/PP 阻燃热塑性硫化胶（TPV）性能的影响。结果表明，采用（FR-10）/Sb_2O_3并用阻燃体系，阻燃剂在动态硫化前加入，EPDM/PP TPV 的阻燃性能较好，但物理性能稍差；阻燃剂用量较大时，EPDM/PP TPV 的阻燃性能较好，但拉伸强度减小；采用 FR-10/Sb_2O_3/氢氧化镁并用阻燃体系，氢氧化镁在动态硫化前加入，EPDM/PP TPV 的阻燃性能稍好，物理性能和挤出外观质量略差，氢氧化镁用量对 EPDM/PP TPV 的阻燃性能影响不大，但可使其燃烧时的发烟量减小。采用 FR-10/Sb_2O_3/氢氧化镁并用阻燃体系，氢氧化镁在动态硫化前加入，可制备低硬度阻燃低发烟 EPDM/PP 型 TPV。

在动态硫化之前加入阻燃剂，由于热塑性硫化胶在制备过程中涉及弹性体的交联反应和分散、分布过程，需要经过一个强剪切作用，而阻燃剂在受到强剪切力的作用下会产生一些副产物，溴化物会产生溴化氢，磷系阻燃剂会产生磷化氢等，对后续的交联反应产生不可避免的影响，致使交联反应不完全或交联度不高。若在交联后加入，在热塑性硫化胶中，呈分散相的硫化橡胶占大部分，热塑性连续相占小部分，而在动态硫化之后加入阻燃剂，由于橡胶的交联反应已经完成，全部阻燃剂会分散在小部分的热塑性连续相中，一方面会导致热塑性硫化胶的性能下降，另一方面，占热塑性硫化胶大部分的橡胶相中不存在阻燃剂，会成为阻燃热塑性硫化胶的缺陷点。

综合考虑上述问题，张春怀等[54]提出了一种低烟阻燃型热塑性硫化胶的制备方法，除添加溴系-氧化锑协效阻燃剂外，还添加了金属氢氧化物阻燃剂，如氢氧化铝或氢氧化镁（功能性阻燃剂），既可作阻燃剂使用，亦可中和溴系阻燃剂在动态硫化的过程中由于受到高剪切、高混合作用而释放出的微量溴化氢或其他酸性的物质，避免此类物质对后续的交联反应产生的抑制作用及后续加工中酸性物质对金属设备和模具的腐蚀。其特色在于阻燃剂为两段式加入，即动态硫化之前加入一部分阻燃剂和全部功能阻燃剂，动态硫化之后加入剩下的另一部分阻燃剂。其中一组配方及制备方法为：将 70 份橡胶、25.3 份十溴二苯乙烷、8.4 份五氧化二锑、2 份氢氧化镁进行熔融共混，然后加入 30 份塑料、110 份环烷油、4 份溴化酚醛树脂、1 份氯化亚铁、1 份稳定剂、1 份硬脂酸锌进行动态硫化，动态硫化结束后，在熔融状态下继续加入 15.2 份十溴二苯乙烷、5.1 份五氧化二锑进行均匀共混，造粒得到成品。产品邵尔 A 硬度为 66，拉伸强度为 7.9MPa，氧指数为 35%。

谭邦会等[55]研制出一种新型阻燃型全硫化聚烯烃热塑性弹性体，通过将聚烯烃塑料、溴类阻燃剂、锑氧化物类辅助阻燃剂及橡胶组分经熔融共混得到阻燃型全硫化聚烯烃热塑性弹性体。其特点在于所使用的橡胶组分为具有交联结构的橡胶粒子。这种橡胶粒子的平均粒径为 0.02～1μm，凝胶含量为 60%（质量分数）或更高。橡胶组分与聚烯烃塑料的质量比在（30：70）～（80：20）之间。溴类阻燃剂的用量以除溴类阻燃剂及辅助阻燃剂以外的所有原料质量计的 5%～30%，辅助阻燃剂用量以此计为 5%～12%。这种全硫化聚烯烃热塑性弹性体具有良好综合性能，可达到 UL94 阻燃标准的 V-0 级阻燃水平。

无卤环保型阻燃热塑性弹性体是现在研究的热点之一。刘赞等[56]采用动态硫化的方法制备了聚烯烃类共聚物/三元乙丙橡胶（POE/EPDM）热塑性弹性体，并进行了阻燃改性的探索。他们讨论了各种无卤阻燃体系，如膨胀剂 PNP、三聚氰胺、硅酸铝等无卤阻燃剂以及阻燃剂并用对体系阻燃性能的影响。

随 PNP 用量的增加，体系的阻燃性能有所改善，氧指数从 23.0%提高到 25.7%。PNP 是一种膨胀型阻燃剂，燃烧时在聚合物表面形成泡沫状炭，阻止了热和氧向聚合物内部传递，同时也阻止了聚合物降解产物向火焰的扩散。可贵的是，体系拉伸强度几乎不受 PNP 含量的影响，并且拉断伸长率在加入 PNP 后明显增加。

单纯引入三聚氰胺对 POE/EPDM 体系性能的改善效果不如 PNP，加入三聚氰胺后，体系的拉伸强度大幅下降；并且三聚氰胺的加入量小于 50 份时，体系阻燃效果并不明显。虽然当三聚氰胺加入量达到50份时，体系阻燃效果发生突变，极限氧指数达到了27.0%，但是体系的拉伸强度也已下降了近2/3。

硅类化合物作为新型无卤阻燃剂被加以研究。从总体看来，$Al_2(SiO_3)_3$的少量加入对体系的力学性能影响不大。但加入$Al_2(SiO_3)_3$，体系在燃烧时流淌现象太严重，导致体系的氧指数无法测量。采用水平燃烧法测试，$Al_2(SiO_3)_3$组分在20份以上就可达到FH-1级，说明$Al_2(SiO_3)_3$有显著阻燃作用。要发挥硅的阻燃作用以及降低$Al_2(SiO_3)_3$对体系力学性能的影响，关键在于阻止体系在燃烧时的流淌现象，增加填料与基质的相容性。PNP作为膨胀型阻燃剂，含有磷、硅元素的协同阻燃效果如表4.18所示。随着$Al_2(SiO_3)_3$用量的增加，体系的强度下降，但伸长率有了很大提高。而从燃烧情况看，流淌现象明显减弱，氧指数增加。加入10份$Al_2(SiO_3)_3$时，材料的氧指数上升到26.7%，继续增加$Al_2(SiO_3)_3$的用量到15份，材料的氧指数提高不大，而且随着$Al_2(SiO_3)_3$质量的继续增加，体系流淌现象又开始出现。因此，有效利用$Al_2(SiO_3)_3$的阻燃性能可通过少量$Al_2(SiO_3)_3$并用PNP来实现。

表4.18 $Al_2(SiO_3)_3$并用PNP对POE/EPDM性能的影响

$Al_2(SiO_3)_3$/份	0	5	10	15
拉伸强度/MPa	14.29	14.17	13.48	12.32
拉断伸长率/%	565	611	600	590
100%定伸变形率/%	20	20	21	21
极限氧指数/%	25.5	26	26.7	26.8
水平燃烧	微量烟	微量烟	微量烟	少量流淌

注：PNP并用量为20份。

动态硫化中所使用的硫化剂对热塑性弹性体的阻燃性能也有影响。吴正环等[57]研究了PP/EPDM体系在DCP、S和酚醛树脂（PF）三种不同硫化条件下的动态硫化过程。探讨了膨胀型阻燃剂三聚氰胺磷酸盐（MP）和双季戊四醇（DPER）对PP/EPDM动态硫化体系力学性能和阻燃性能的影响。研究表明，DCP动态硫化PP/EPDM体系体系的LOI随着阻燃剂IFR用量的增加逐渐增加，当IFR用量为36%时，阻燃体系的LOI为30.4%，但是它的垂直燃烧性能都没有达到UL94V-0级。在酚醛树脂硫化PP/EPDM体系中，随着阻燃剂用量的增加，该体系的LOI虽然有所增加，但变化不大。当IFR用量为36%时，LOI仅为27.3%，但是未达到UL94任何阻燃级别。在添加硫黄的PP/EPDM体系中，MP和DPER用量为36%时，LOI为32.2%，垂直燃烧级别达到了UL94V-0级。但阻燃体系的拉伸强度和拉断伸长率都随MP和DPER用量的增大而大幅度降低。

肖军华[58]采用LOI、UL-94及TG等方法研究了EPDM/PP/$Mg(OH)_2$复合材料的阻燃性能。结果表明：EPDM/PP/$Mg(OH)_2$体系中，随着EPDM/

PP/Mg $(OH)_2$含量的提高，复合材料的阻燃性能提高，纳米级别的 Mg $(OH)_2$ 比微米级别的 Mg $(OH)_2$具有更好的阻燃和力学性能。当纳米 Mg $(OH)_2$的填充量为 20%（质量分数，下同）时，复合材料的 LOI 为 26%，达到 UL94V-0 级垂直燃烧测试标准。同时发现微胶囊化红磷（MRP）与纳米 Mg $(OH)_2$具有协同阻燃效用，当纳米 Mg $(OH)_2$为 30%，MRP 含量为 15%时，复合材料的 LOI 为 28%，能通过 UL94V-0 级垂直燃烧标准。

徐争鸣[59]所研制的无卤阻燃动态硫化三元乙丙橡胶/聚丙烯热塑性弹性体中，无卤阻燃剂为氢氧化镁/红磷体系，增塑剂为具有阻燃性的磷酸酯类，可在双螺杆挤出机上实现动态硫化，不同配方氧指数在 23%～30%之间。

从上述研究也能看出，实际上无卤阻燃要达到高阻燃级别，必然需要添加大量阻燃剂，这直接导致阻燃体系力学性能大幅度降低。特别是低烟类阻燃剂多为无机阻燃类型，因相容性等原因，显然不利于保持乃至提高阻燃体系的物理机械性能。不同阻燃剂之间的协效复配，尽量提高产品阻燃等级的同时不影响其使用性能是无卤阻燃的研究方向。

一种新型离子交联型低烟无卤阻燃热塑性弹性体被研制出来[60]。离聚物具有极性基团和无机填料具有很好的相容性，并且在低温条件下具有离子交联键从而使复合材料具有良好的力学性能，而在高温下由于离子键的断裂使材料具有良好的流动性和加工性能。将含有共轭双键的橡胶在非极性溶剂中溶解，形成质量分数为 3%～15%的均匀溶液，溶解温度为 50～80℃，然后冷却至室温，加入乙酰硫黄通过取代反应引入磺酸基团，半小时后加入过度金属碱或盐进行中和，反应进行半小时后取出，洗涤干燥得到离聚物。将离聚物、聚烯烃、金属氢氧化物、高分子蜡和塑料加工助剂五种组分放入密炼机中混炼均匀，即可得到成品。例如用 EPDM 制成离聚物后和聚丙烯等配合后熔融共混制得的热塑性弹性体氧指数为 37%，拉伸强度和拉断伸长率为 14MPa 和 380%。

4.3.4 抗静电改性

常用添加导电填料的形式制备抗静电 TPV 材料，广泛使用的导电填料包括金属粉末、炭黑、石墨以及碳纤维等。聚合物导电复合材料的导电性主要由填料含量决定，多通过逾渗理论进行解释。目前抗静电 TPV 的制备主要有两种方式，一种直接用商品化的 TPV 和导电颗粒共混，另一种是用塑料、橡胶原料和导电填料等通过动态硫化或传统共混方法制备。

因 TPV 是形态结构非常复杂的多组分/多相体系，TPV 的抗静电效果受多种因素影响。其中导电填料的选择性分布对 TPV 的电学性质影响尤为重要。带导电填料的 TPV 存在以下三种形态：①填料分布在橡胶相；②填料分布在塑料基体相；③填料分布在塑料相与橡胶相之间的界面区。通过动态硫化过程控制导电填料的分布十分困难。为研究导电填料的三种分布形态对 TPV 导电性质的影响，Yilei Zhu 等[61]通过传统的熔融共混而不是动态硫化方法，用 PP、碳纳米管（CNTs）及羧基硫化纳米丁腈橡胶粉末（xNBR-UFPR）制备了三种类型的 TPV。研究表明，当 CNTs 主要分布在界面区而少量 CNTs 分布在 PP 连续相中起桥链作用时，TPV 的体积电阻率最小；当 CNTs 含量为 2 份时，TPV 的体积电阻率仅为 220Ω·cm，并且导电 TPV 同时具有良好的界面性质。

阳范文等[62]用碳纳米管母料（MB-CNTs）与四种硬度不同的商业 TPV（PP/EPDM 型）熔融共混制备抗静电弹性体。研究表明，CNTs 用于 TPV 的抗静电改性效果很好，添加质量分数 15％的 MB-CNTs（相当于 3％的 CNTs）即可达到理想的抗静电效果，该渗流阈值与 CTNs 填充 PP 导电材料相比有所降低。向纯 PP 中添加同样比例的 MB-CNTs 进行实验，发现当 MB-CNTs 质量分数为 25％（相当于 5％的 CNTs）时才能发生“逾渗”现象，用量也低于一般导电炭黑（4％～8％的用量）。这种以 PP 为载体的 MB-CNTs 与 TPV 中的 PP 相容性好，黏度差异小，而与交联的橡胶相不完全相容，黏度差异大，因此 CNTs 将富集在 PP 相中。当 CNTs 达到一定体积分数后，在 PP 相中形成连续的导电网络，赋予材料良好的导电性能；由于 TPV 中 PP 连续相所占的体积分数为 30％～60％，按照达到同样体积分数就能产生“逾渗”现象的机理，考虑到其他因素的影响，CNTs 的用量只需纯 PP 用量的 40％～70％就会产生“逾渗”现象，达到同样表面电阻率的用量低于纯 PP。由于橡胶相的高度交联，可认为 CNTs 主要分布在连续的 PP 相中。图 4.19 给出了添加 CNTs 前后 TPV 的相态结构示意图。即 CNTs 在 PP 塑料相中形成了相互贯通的网络结构，形成了一个导电的网络通道，表面电阻率明显下降。

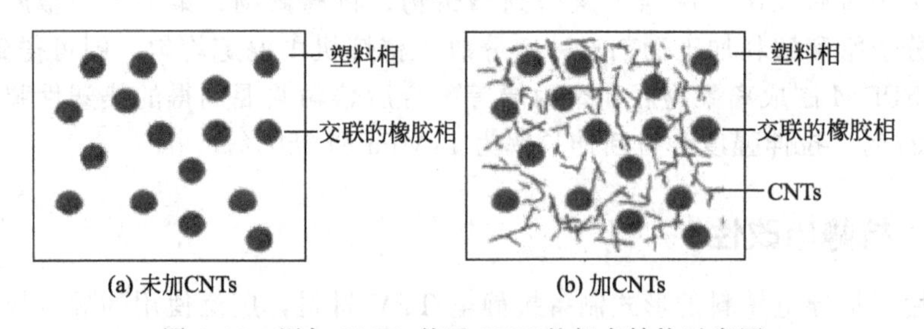

图 4.19　添加 CNTs 前后 TPV 的相态结构示意图

同时，研究发现，表面电阻率随 CNTs 的变化受 TPV 硬度的影响，但无明显规律。这可能与 TPV 组成与结构的复杂性有关。一般而言，增加橡胶和（或）油的含量，减少塑料和（或）填料的含量，TPV 的硬度降低。另外，CNTs 对 TPV 具有补强效应，随其用量增加，拉伸强度提高，拉断伸长率下降。

事实上，导电填料中以炭黑为主流。原因是炭黑价格低廉、实用性强，并且对橡胶具有较好的增强作用，但是炭黑与树脂相容性差，在树脂体系中容易分散不均匀，会导致材料各点的电性能不稳定。田洪池等[63,64]用 PP、EPDM 和炭黑等为主要原料，探讨了 EPDM/PP 型动态硫化热塑性橡胶与导电炭黑复合材料中炭黑含量、EPDM/PP共混比、热老化以及温度等因素对体系导电性的影响。结果表明，当导电炭黑用量小于15份时，随着导电炭黑用量增大，EPDM/PP共混比小于70/30的复合材料体积电阻率显著减小，表现出很明显的逾渗现象；EPDM/PP共混比为70/30的复合材料体积电阻率下降趋势相对平缓，作者认为原因在于EPDM/PP TPV中含有大量的交联EPDM颗粒，交联橡胶相的存在对导电炭黑粒子既产生排斥效应，又产生阻隔效应；前者对导电网络的形成有利，而后者相反。当导电炭黑用量增大到15份后，复合材料的体积电阻率降低到$1\times10^3\Omega\cdot cm$，并趋于稳定。这是因为复合材料的炭黑导电网络已基本形成。

EPDM/PP共混比对复合材料导电性的有明显影响。EPDM/PP共混比从30/70增大到50/50时，复合材料的体积电阻率减小；EPDM/PP共混比大于50/50后，随着EPDM/PP共混比增大，复合材料的体积电阻率呈增大趋势。原因是EPDM用量较小时，EPDM粒子对导电炭黑形成的导电通道阻隔作用较弱，其含量增大相当于PP相中炭黑粒子含量增加，即炭黑与EPDM粒子间的排斥效应增强，因此EPDM含量增大，复合材料的体积电阻率减小。EPDM含量较大时，EPDM粒子对导电通道的阻隔效应起主导作用，故EPDM含量增大，复合材料的体积电阻率增大。

导电炭黑用量小于10份，复合材料热老化后的体积电阻率较热老化前显著增大；导电炭黑用量达到10份后，复合材料热老化前后的体积电阻率变化不大。在热老化过程中，除存在EPDM粒子聚集阻隔导电通道外，还存在导电炭黑粒子聚集形成导电网络结构。当导电炭黑含量较低时，导电网络不易形成，EPDM粒子聚集起主导作用，热老化会导致复合材料体积电阻率增大；炭黑含量较大时，炭黑的导电网络效应与EPDM粒子的聚集效应抵消，热老化后复合材料体积电阻率变化不大。

EPDM/PP TPV与导电炭黑复合材料具有明显的NTC效应，在180℃的半熔融状态下体积电阻率几乎不变。

同层状硅酸盐类似，天然层状石墨（NGF）由厚度约为0.66nm的片层组成，具有良好的室温导电能力（电导率10^4S/cm），弱的范德华力作用的石墨片层之间允许小分子插层。这种石墨插层产物叫做石墨插层复合物（GIC），GIC经过高温膨化后得到膨胀石墨（EG）。天然石墨片［natural graphite flake (NGF)］是由SP2杂化碳形成的片层材料，具有高的电导率（1.567×10^3 S/cm）。NCF被酸化后可膨胀100倍形成纳米片层膨胀石墨［expanded graphite (EG)］。EG带有—OH和—COOH等官能团，与聚合物材料具有较好的界面相容性。

A. A. Katbab等[65]研究了不同类型石墨和商业化TPV产品Santoprene共混的导电能力。他们首先利用PP接枝马来酸酐分别和NGF、GIC及EG通过HAKKE转矩流变仪熔融共混制得母料，其中PP接枝马来酸酐与石墨的质量配比为3，共混温度190℃，转速25r/min，时间15min。制备出的母料被磨成粉后，按一定配比与Santoprene TPV进行熔融共混制得含有导电石墨的TPV材料，共混温度200℃，转速25r/min，时间20min。图4.20是EG的SEM照片，这是典型的蠕虫多孔状结构。

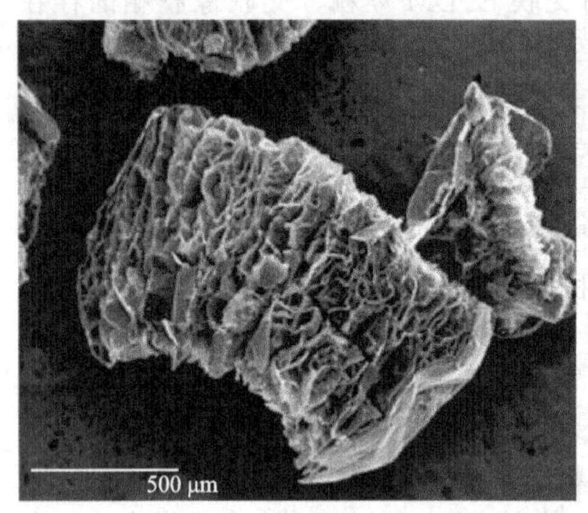

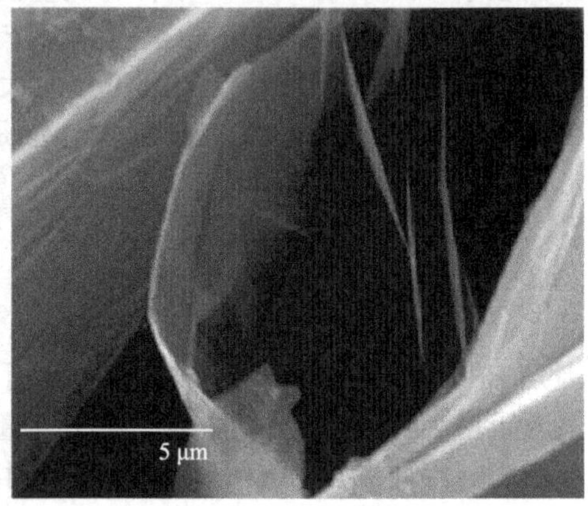

图4.20 EG不同放大倍数的SEM照片

每种TPV/石墨复合材料表现出明显的导电渗流阈值，而不同种类的石墨复合材料的电导率与石墨含量依赖性不同。其中TPV/PP-g-MA/EG复合材料的渗流阈值为6份，明显低于TPV/PP-g-MA/NGF和TPV/PP-g-MA/GIC复合材料。另外，被PP-g-MA增容后的TPV/PP-g-MA/EG复合材料的电导率明显高于未增容试样。

在后续的研究中[66]，他们还发现，EG在聚合物基体中的分散及分布对其导电行为的影响至关重要，而EG的分散与分布则受共混方法、工艺条件和相容化程度的控制。以EPDM、PP、EG为主要原料，通过原位动态硫化方法制备出了TPV/EG复合材料，考察分散相EPDM的微观形态对TPV导电行为的影响。图4.21为TPV复合材料体积电导率随EG含量的变化曲线。可以看出，在所研究的复合材料范围内，TPV-d的渗流阈值最低，也就是说，用商业TPV直接共混的效果最好，但要加入增容剂PP-g-MAH。

唐倬等[67]采用质量分数为4%～8%的高结构的导电炭黑、共聚聚丙烯、EPDM及配合剂等制备出TPV，可将材料的表面电阻率降低到$1\times10^{2}\Omega$。如表4.19给出的三个配方，其生产工艺如下：

① 按质量百分比称取原料；

② 将所有原料放入高混机中混合2～5min；

③ 出料；

④ 将混合的原料放入螺杆机中挤出造粒，螺杆机的转速为180～600r/min，温度为160～200℃。产品性能如表4.20所示。

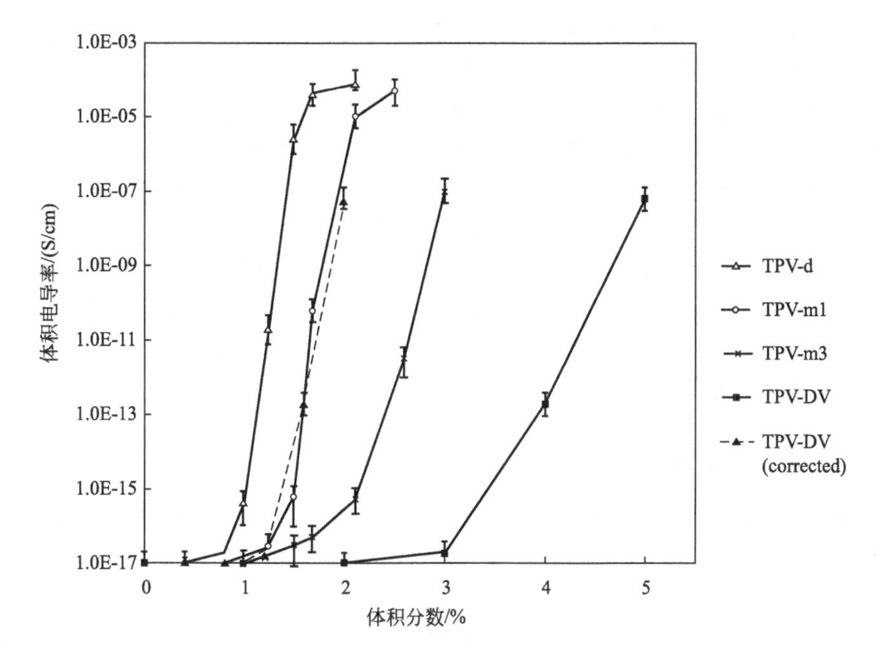

图 4.21 TPV/EG复合材料的体积电阻率随EG体积分数的变化曲线

TPV-d：商业 TPV 与 EG、PP-*g*-MAH 共混（PP-*g*-MAH 与 EG 质量比为 3）；

TPV-m1：商业 TPV 与 EG 和 PP-*g*-MAH 所制备的母料共混（PP-*g*-MAH 与 EG 质量比为 1）；

TPV-m3：商业 TPV 与 EG 和 PP-*g*-MAH 所制备的母料共混（PP-*g*-MAH 与 EG 质量比为 3）；

TPV-DV：原位动态硫化（PP-*g*-MAH 与 EG 质量比为 3）

表 4.19 导电 TPV 的不同配方 单位：%

原料名称	配比 1	配比 2	配比 3
共聚聚丙烯	10	15	20
三元乙丙橡胶	74.9	67.9	60.9
导电炭黑	4	6	8
聚乙烯蜡	10	10	10
硫化剂	0.1	0.1	0.1
1010/168(1∶1)	0.5	0.5	0.5
硬脂酸钙	0.5	0.5	0.5

表 4.20 不同配方导电 TPV 的性能

测试项目	样品 1	样品 2	样品 3
拉伸强度/MPa	6.1	8.5	11.2
拉断伸长率/%	412	387	311
压缩永久变形/%	43	47	55
表面电阻率/Ω	300	250	210

杨涛等[68]研究了导电炭黑改性TPV，以聚乙烯蜡为分散剂，添加质量分数3%～5%的导电炭黑，材料的表面电阻率达到$1\times10^{10}\Omega$，可满足抗静电的要求。其具体配方和实施工艺如下：聚丙烯15%～30%、润滑剂0.1%～0.5%，三元乙丙橡胶20%～50%、增塑剂20%～40%、乙烯-辛烯共聚物5%～10%、相容剂3%～10%、抗静电剂2%～8%、聚乙烯蜡1%～5%、硫化剂0.5%～2%、促进剂0.5%～2%、抗氧剂0.1%～0.5%、润滑剂0.1%～0.5%。其中相容剂为马来酸酐接枝EPDM，抗静电剂为导电炭黑，其制备方法为：按质量百分比称取原料；将所有原料放入高混机中混合2～5min；出料；将混合均匀的原料放入螺杆机中挤出造粒，螺杆机的转速为180～600r/min，温度为160～200℃。该材料是具有优异的力学性能，抗静电性能优越，其表面电阻率可达到$10^{11}\sim10^{12}$52。

4.3.5 TPV发泡

随着TPO产业的不断增长以及各种TPO产品的不断开发，以聚烯烃类弹性体为基材的泡沫材料越来越被重视，已成为近年来橡塑共混泡沫材料领域的研究热点[69]。

TPV发泡材料可代替传统EPDM发泡材料，用于汽车门窗密封条。发泡TPV与传统发泡EPDM材料相比，具有以下几个优点：设计灵活，重量减轻，可重复利用，低密度下较好的压缩永久变形。但TPV组成与结构较为复杂，含有交联橡胶分散相和热塑性树脂连续相。两相的相对含量、橡胶相的粒径大小、树脂相的熔体强度等因素都对TPV的发泡性能有重要的影响。因此，与普通热塑性树脂的发泡研究相比，TPV材料发泡工艺的影响因素更为复杂。现有研究表明，物理和化学发泡法均可用于TPV发泡。

4.3.5.1 物理发泡

从成本及环境要求观点出发，水是常用的物理发泡剂。作为发泡剂的水很容易获得，且价格低廉，对它的处理也非常方便，在成型过程中不会产生气体，这有利于环保，可循环使用；并且省去了橡胶加工中的炼胶、硫化操作工序，工艺参数仅与发泡过程有关，与硫化过程无关。1992年，美国Abdelhadi等开创了以水为发泡剂制备低密度发泡TPV的新技术[70]。从此，国外对TPV的水发泡技术的研究不断深入。不论从技术本身考虑，还是从开发新市场和新产品角度考虑，开发水发泡TPE型材工艺均被视为是一个显著的进步。Advanced Elastomer Systems（AES）也报道了TPV的物理发泡方法。AES宣称利用水发泡技术得到的发泡材料的密度低至$0.2g/cm^3$。但是该生产需要装备高效冷热系统的特殊挤出机，螺杆必须适合于混合水和聚合物熔体，同时，还需要一个能够连续精确定量供应水的泵。水要在高压下以液态被注入聚合物熔体。需要指出的是，因水和聚合物熔体的黏度差别达到5个数量级，故它们的混合并不容易。获得发泡TPV的关键步骤在于均一的水量、有效的共混以及每次水注入的最佳量和速率。水发泡TPV材料的优势为低原料成本（去除特殊挤出机的首次投资）、无有毒发泡剂释放及边角料再利用。然而，这种发泡TPV在某些特殊场合并不能完全代替发泡EPDM。例如制品表面难以形成完整的表皮层，根据制品的不同用途，有的需要进行喷涂等表面处理。

日本也开发了将水发泡热塑性弹性体成型装置。这种以水作为发泡剂的挤出成型装置，比起传统的化学发泡、气体发泡，其初始成本、流动成本都得到了控制，发泡体表层的发泡倍率为0.45左右。水发泡TPE型材最初应用于汽车工业中。日本三菱公司最先把这种型材用于汽车发动机罩的盖口密封，使用的效果非常好，于是三菱公司决定把这种TPE密封条用在其汽车的其他部位，如用于车身和车门等明显可见部位的密封。除汽车工业外，其他几个行业也对物理发泡型材有需要，如消费品、工艺品、建筑、密封和嵌缝胶、家具、垫圈和密封。

在Santoprene发泡中，选择水为发泡剂。注入发泡剂后，聚合物熔体的温度通常会下降。当聚合物熔体在基础机中冷却时，重要的是应将压力维持在发泡剂蒸汽压之上，这样可防止在设备内过早发泡。含发泡剂的聚合物熔体能再合适的挤出口模中直接发泡和膨胀。为了替代汽车工业中使用的传统的EPDM发泡型材，目前使用单螺杆挤出机及特定的发泡剂注入技术，并以邵尔A硬度为68的TPE-V为原料，已取得了最佳结果[71]。

荷兰国家矿业（DSM）热塑性弹性体公司开发了一种发泡热塑性橡胶新工艺：Sarlink工艺，可以用标准螺杆的标准挤出机生产发泡热塑性橡胶，不需要专门设备，因此能大量节省设备投资，用这种工艺可以生产高、中、低密度的发泡产品。据DSM公司介绍，Sarlink工艺在产品中先加入发泡剂，这是一种复合型水释放化合物（WCC），不需要预混合或注水，通过调节温度和挤出机螺杆转速可调节产品密度。生产的型材为微细、闭孔结构、表面平滑。而且这种工艺另一个优点是可以着色，配成各种颜色。DSM公司认为这种热塑性橡胶可与三元乙丙橡胶（EPPM）竞争，用于汽车工业门、窗和其他部件密封，改性后的产品可用于电器、运动和休闲、海底、电子和建筑工业。DSM宣称他们的发泡技术能够生产密度为0.15～0.90g/cm^3发泡TPV。

Spatiael et al[72]研究了含有不同用量接枝PP的TPV的水发泡行为，结果表明少量线型PP被支化PP代替提高了发泡密度和胞状结构。但是，再增加接枝PP用量劣化了TPV的发泡能力，因此接枝PP存在一个最佳用量。Kim et al[73]研究了发泡剂种类（N_2、CO_2、正丁烷和水）和用量对商业TPV（Santoprene 121-68 W228）发泡行为的影响。发泡剂浓度相同时（1%）TPV泡沫典型胞状结构如图4.22所示。用N_2和CO_2发泡的TPV比用正丁烷和水发泡的TPV具有更均一和微细的胞状结构。其中，用N_2发泡的TPV泡孔最小、最均一，且表面光滑。表明对TPV而言，N_2是优良的物理发泡剂。然而，具体还要看实际应用。如果产品要求低密度，用CO_2和正丁烷比较好，若产品要求精细结构，则用N_2较好。Kropp et al.[74]用CO_2作发泡剂，对比研究了三种TPE

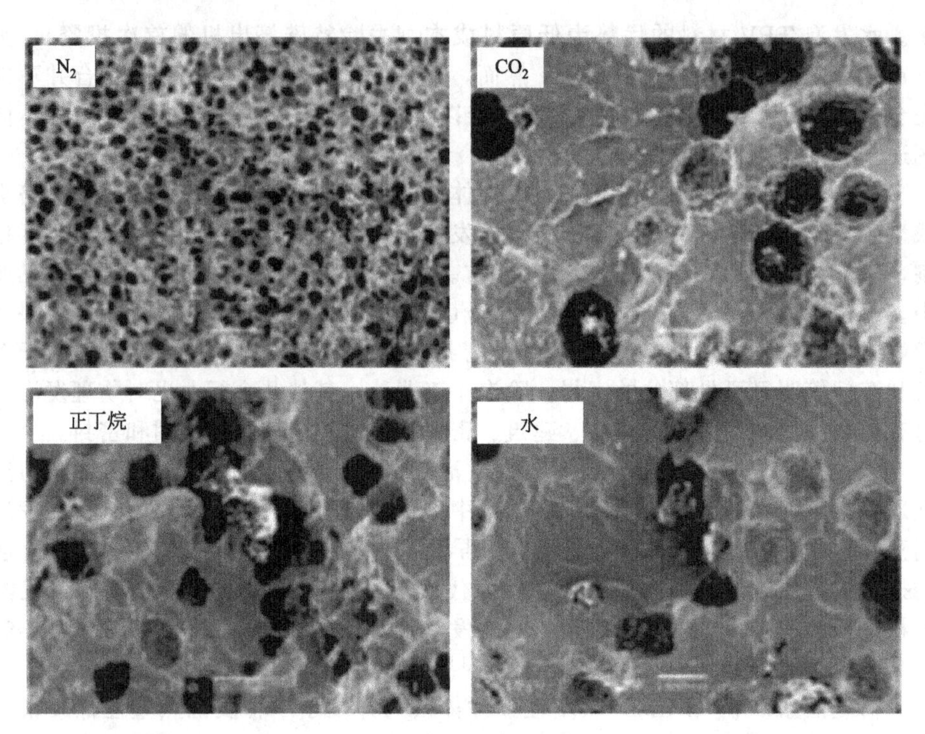

图 4.22 用不同发泡剂发泡的 TPV 中的胞状结构（发泡温度 160℃，发泡剂用量 1%）

（TPU，SEBS 和 PP/EPDM TPV）的发泡情况。研究发现，三种 TPE 中，PP/EPDM TPV 的发泡是最困难的，发泡密度仅为 $0.76g/cm^3$，泡孔结构不均一；TPU 发泡能力最好；SEBS 也能成功发泡，而作为用水发泡而设计的 PP/EPDM TPV 改作用 CO_2发泡最为困难。

注塑成型微孔发泡制品结构，外表是一层很薄、但密度较大的致密层，有利于保护内部发泡层，使气体不易逸出，外部的油污、灰尘不易进入发泡体内。内部是由无数细小而均匀、相对独立，直径在 0.1～0.3mm 的泡孔结构组成。这种密闭的泡孔结构较大地提高了产品的力学性能，在垫板受力时，能使压力向四周均匀传递，特别是在承受交变应力时，其抗疲劳强度高，具有更好的回弹性，永久性变形小，吸震和减震性能好。微发泡垫板的这些特点是其他实体垫板所无法比拟的。

专利[75]公开了一种高铁减震垫板用微发泡热塑性弹性体，是由物理发泡而得的 TPV 发泡材料。它的质量比配方如下：三元乙丙橡胶 20～80 份、聚丙烯 20～80 份、交联剂 0.1～10 份、交联催化剂 0.3～60 份、微发泡剂 0.5～3 份、助剂 1～10 份。交联剂采用过氧化物，交联催化剂采用马来酰亚胺；助剂为抗氧剂、抗紫外线剂和润滑剂三者或其中两者按任意比例混合；微发泡剂可采用二氯氟烃类、烃类和压缩气体、低沸点碳氢化合物中的任意一种。制备方法是：将聚丙烯、三元乙丙橡胶、微发泡剂、填充物、助剂等在高混机中混合，把它们加入双螺杆主喂料口中，将交联剂和增塑剂按照 1：5 的比例稀释混合后加入到指定的储罐中在双螺杆挤出机中间区用计量泵加入，剩余的增塑剂在双螺杆挤出机后端中间区用计量泵加入，双螺杆喂料量与两台计量泵的计量通过喂料转速控制，其中：主机转速为 300r/min，主喂料转速为 280r/min，侧喂料一转速为 100r/min，侧喂料二转速为 320r/min。该发明的成型产品是孔径为几十微米的闭孔微发泡弹性体制品，其外观光滑平整，具有独立的气泡、发泡较小、无化学物质残留的优点。其成型产品可减重 10%～40%，在受冲击时，吸收的能量可增加3～5 倍，能使原来的裂缝尖端钝化，从而提高了材料的韧性和耐疲劳寿命，可满足高铁减震垫板需要的力学性能、弹性、动能吸收等要求。

4.3.5.2 化学发泡

水发泡法制备发泡 TPV 所用的单螺杆挤出机结构复杂，设备成本高，使该技术的推广应用受到限制。与之相比，传统化学发泡法虽然难以制得低密度的发泡 TPV，但其操作简单，可用传统的树脂单螺杆挤出机制得微发泡或中等发泡 TPV。因此，化学发泡法逐渐受到人们的关注。

采用高温化学发泡剂 CBA，即对甲苯磺酰氨基脲（商品名：cellogen-RA），可阻止共混加工中相当量的分解。CBA 的活化剂，即表面处理过的尿素（商品名：BIK-OT），可以降低发泡温度，减小密度。采用配比为 100/35 的 EPDM/PP TPV 和上述 CBA/活化剂可以使密度达到 0.55g/cm^3。其中橡胶相的交联程度对发泡能力影响很大，TPV 的发泡能力随着交联程度的增加线性降低。低交联度 TPV 可挤出发泡，产品表面质量尚可。低密度 TPV 的制备则非常困难，部分在于 TPV 中仅有 PP 部分可以发泡，而 PP 在 TPV 中含量很低。特别是低硬度级别的 TPV，PP 含量更低。因此，为使 TPV 密度降至 0.3g/cm^3，可能需要 PP 相的发泡密度为 0.05g/cm^3。TPV 的流变性质也会影响发泡，聚合物熔体中更高的橡胶含量和交联密度可能影响熔体连续性和发泡过程的稳定性。另外，由于 CBA 在分解中不可预料的反应，CBA 发泡 TPV 的泡孔通常是开口的，这会造成更多水吸收，对密封用途而言极为不利[69]。

陈文泉等[76,77]以偶氮二甲酰胺（AC）为发泡剂，采用单螺杆挤出机制备发泡 TPV。考察了发泡剂、助发泡剂和表面活性剂用量等因素对发泡 TPV 密度、拉伸性能和泡孔尺寸及分布的影响。所采用的 EPDM/PP TPV 为山东道恩北化弹性体有限公司牌号为 21-64A 的产品。首先将 POE、发泡剂 AC 及硬脂酸锌（质量比为 60/25/15）在双辊开炼机上制得发泡剂母料，然后将 EPDM/PP TPV 与制得的发泡剂母料混合后在单螺杆挤出机上挤出发泡。在保证 EPDM/PP TPV 充分塑化熔融的前提下，较低的挤出温度有利于制备密度低、泡孔尺寸小且分布均匀、表面光洁度高的发泡 TPV。最佳的挤出温度和机头温度分别为 185℃和 170℃。

随着螺杆转速的提高，发泡 TPV 的密度和拉伸性能均先降低后增大；泡孔平均直径基本不变，泡孔面密度先增大后减小，泡孔尺寸分布先变窄后变宽。最佳的螺杆转速为65r/min。参与TPV挤出过程中的发泡气体主要是溶解在TPV熔体中的气体，因此发泡倍率与溶解在TPV熔体中气体的量密切相关，溶解在TPV熔体中的气体越多，参与发泡的气体越多，制得的发泡TPV的密度越低。当发泡剂AC用量低于1.0份时，随发泡剂用量增大，制得发泡TPV的密度减小，即发泡倍率增大；当AC用量超过1.0份时，随AC的增大，制得发泡TPV的密度不再增大，并且挤出过程变得不稳定，挤出物表面毛糙甚至破裂。这是由于当发泡剂用量较低时，发泡剂产生的气体可以完全溶解在TPV熔体的塑料相中，所能溶解的气体未达到饱和，因此随发泡剂用量增大，溶解在TPV熔体中的气体增加，即参与发泡的气体增加，因此制得的发泡TPV的密度较低；当发泡剂用量达到一定值时，气体在TPV熔体中已达到饱和，如果再增加发泡剂，过量的气体无法被TPV熔体所溶解，即参与发泡的气体不再增加，并且过量气体以压缩的形式存在，当挤出物通过口模时压力急剧下降，压缩气体无法成核，其膨胀过程比溶解在TPV熔体中的那部分气体的膨胀剧烈得多，容易冲破表面，造成泡孔破裂，因此使挤出过程不稳定，挤出物表面光洁度差。

发泡剂AC的分解温度在200℃以上，高于TPV正常加工温度，因此需要加入一些助发泡剂来降低AC的分解温度，使发泡剂的分解温度与加工温度相匹配。当助发泡剂硬脂酸锌与AC的质量比小于60/100时，随发泡剂体系中硬脂酸锌比例的增加，制得发泡TPV的密度降低；当硬脂酸锌与AC的质量比超过60/100时，随硬脂酸锌比例的增加，制得发泡TPV的密度增大。这是由于当发泡剂体系硬脂酸锌的比例较小时，发泡剂AC的分解温度较高，而随硬脂酸锌比例的增大，发泡剂AC的分解温度降低，在此挤出条件下其分解更充分，分解发气量增大。因此参与发泡的气体增加，发泡TPV的密度降低。当硬脂酸锌与AC的比例超过一定值后，挤出过程中AC可以完全分解，此时再增加硬脂酸锌的比例，AC的发气量不再增大，而分解温度降得太低，使AC过早分解，即物料还未完全熔融压实时就有部分AC分解产生气体，此时由于压力较低，会使气体部分逃逸，参与发泡的气体量减小，使发泡TPV的密度增大。

在挤出发泡过程中，物料在挤出机中的停留时间很短，如果聚合物熔体的表面张力太大，则气体难以在熔体中分散，不利于均相体系的形成。因此要使气体在短时间内与聚合物熔体形成均相体系，有必要加入一些表面活性剂降低TPV熔体的表面张力。硬脂酸等表面活性剂主要通过减小TPV熔体的表面张力、增加TPV熔体与气体的亲和性来改变发泡TPV的泡孔形态。硬脂酸的加入使TPV熔体的表面张力减小，使TPV熔体与二氧化碳等气体的亲和性增强，这都有利于改善气体在TPV熔体中的扩散与分散，提高气体在TPV中的溶解度，使TPV熔体/气体形成均相体系时间缩短，因此缓解或消除因气体难分散而造成泡孔破裂和聚并的现象，使制得的发泡TPV泡孔尺寸小且分布均匀。在实验条件下，发泡剂用量为10份、硬脂酸锌/AC（质量比）为60/100以及表面活性剂的用量为0.15份时，可制得密度低、拉伸性能好、泡孔尺寸小且分布均匀以及挤出物表面光洁度高的发泡TPV。

NR具有较高的强度、弹性及耐屈挠性能且其生热低，其优良的综合性能使其成为用途最广的一种通用橡胶；而LLDPE的拉伸强度、撕裂强度、耐低温性、耐热及耐穿刺性均优于HDPE和低密度聚乙烯LDPE，还具有优良的加工性能。近年来，国内外学者对NR/LLDPE共混型TPO进行了广泛研究。NR和LLDPE并用，可以在性能上相互弥补，使泡沫材料具有良好的综合性能。王超等[78]采用化学交联模压法制备天然橡胶/线型低密度聚乙烯NR/LLDPE共混型热塑性弹性体泡沫材料。研究了橡塑比、发泡剂用量、硫黄用量以及模压发泡成型压力对泡沫材料的力学性能和相对密度的影响。研究表明，体系中橡胶相的交联速率与发泡速率的匹配性严重影响着泡沫材料整体成泡的结构均一性和泡沫材料的性能。随着发泡剂AC用量的增加，泡沫材料的密度并不是一直降低；当发泡剂AC用量的增大到一定值后，泡沫材料的密度反而会增大，并出现并泡和串泡现象。当NR/LLDPE共混比为70/30，发泡剂AC用量为10份，硫黄用量为1.5份，模压成型压力为1MPa时，可制得密度较小，且具有较好综合力学性能的NR/LLDPE热塑性弹性体泡沫材料；此时泡沫材料的泡孔尺寸较小，分布均匀，且以闭孔为主。

烯烃类TPE发泡体阻燃性能很差，容易燃烧。发明专利[79]提供了一种烯烃类TPE高阻燃发泡材料及其制备方法。其配方如下：

无卤阻燃体　10～100份

烯烃类TPE　100份

发泡剂　10～30份

交联或辐射剂量　0.1～1份或20～60kGy

其中烯烃类弹性体包括EPDM/PP热塑性弹性体、EPDM/PE热塑性弹性体、天然橡胶/PP热塑性弹性体或天然橡胶/PE热塑性弹性体；无卤阻燃体是由膨胀型阻燃剂10～50份，磷系阻燃剂1～30份，金属氧化物阻燃剂1～20份组成；膨胀型阻燃剂为膨胀石墨、多聚磷酸铵、磷酸三聚氰胺；磷系阻燃剂包括聚磷酸铵、聚磷酸酯、红磷；金属氧化物为氢氧化铝、氢氧化镁。发泡剂为AC，发泡助剂为硬脂酸锌或氧化锌；可用辐射交联或过氧化物交联。根据该配方制备的TPE，阻燃等级符合要求，密度在0.03～0.3g/cm^3。

4.3.6 改性TPV的应用

TPV通常具有干爽的柔软触感，这是同其他热塑性弹性体的最大区别，并且表面摩擦系数相对要高。从人体工程学原理来说，更适合用来制作通人体相接触的部件。TPV已用于除轮胎外的几乎所有橡胶制品上。随着改性技术的发展，新型功能化的TPV进一步拓展了其在各行业领域的应用。目前TPV的主要应用领域为：汽车行业30%～40%，电子电气行业10%～15%，土木建筑行业10%，其他领域30%～40%[80~82]。

4.3.6.1 在汽车系统的应用

TPV 的最大应用领域为汽车配件制造行业，汽车配件具有种类多、总量大的特点，而 TPV 可采用多种加工手段（如挤出、共挤出、注塑等）来满足不同制品的要求，目前得到广泛应用的主要为 EPDM/PP TPV 和 NBR/PP TPV 两大类。随着汽车向高性能（高速、安全、舒适、节能、环保）、长寿命及轻量化发展，汽车部件特别是汽车密封系统、发动机系统等采用 TPV 取代传统的热固性硫化胶的呼声越来越高。TPV 在汽车密封系统的应用有挡风玻璃密封条、侧边反射镜的密封、遮阳篷的密封材料等，如图 4.23 所示；车厢内部件，如各种把手与手柄、插座等；在汽车发动机系统的应用包括空气通风管、软管、防护罩、防震坐垫、轴套等；车厢外部件如保险杠等；在其他汽车部件的应用有刹车部件（皮碗、皮圈）和消音部件等。目前，在轿车应用领域，EPDM/PP TPV 正以每年 16%增长速度取代传统热固性橡胶。

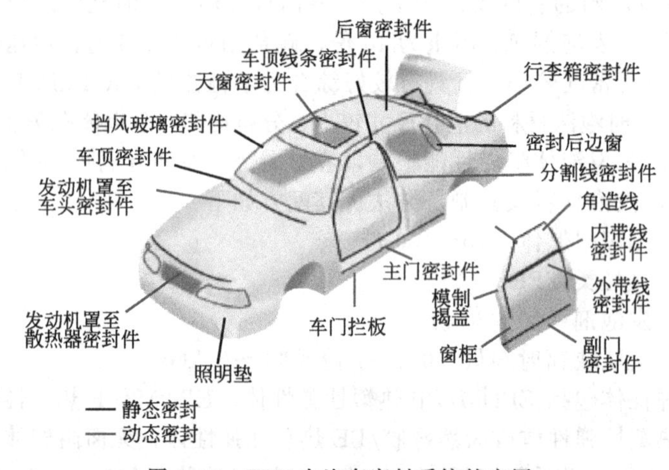

图 4.23　TPV 在汽车密封系统的应用

部分国产 TPV 专用料已开始替代进口汽车专用料，但是低硬度 TPV 生产较少，尚处于起步阶段。我国高档密封条用低硬度品级 TPV 还仍然大多数依赖进口，还没有大规模的密封条用低硬度品级 TPV 投入生产。

目前，较高档次轿车的安全气囊盖采用聚酯类热塑性弹性体（TPEE）材料，但由于 TPEE 材料价格居高不下，许多汽车配套厂商极力寻找一些替代产品。TPV 材料经过改性，可在一定程度上替代 TPEE 材料生产安全气囊盖。这是因为 TPV 材料在−40℃低温下的悬臂梁冲击强度可以达到不断，同时其维卡软化温度可达到 115℃，目前已有成功使用的先例。

美国通用汽车公司等目前已成功开发出聚烯烃热塑性弹性体纳米级微晶高岭土复合材料，使其刚性大幅提高。这种新型材料取代 PVC 用于车内大型部件，具有环保、质轻、可回收等优点。中国科学院长春应用化学研究所以 PP 为基础树脂、EPDM 为增韧剂、二异丙基苯类过氧化物为交联剂，加入刚性填料、滑石粉、碳酸钙等，开发了汽车保险杠专用料。

大连理工大学开发的 EPDM/PP 系列产品主要用于汽车保险杠、内饰件、仪表板、风机罩、轮罩以及箱包等，已经通过产品质量认证，并在夏利、奥迪、捷达和奥拓等轿车中应用，品种达 30 余种。

北京化工研究院承担国家“八五”攻关项目，研制 EPDM/PP TPV，产品主要是汽车保险杠和仪表板，用于上海桑塔纳、一汽解放轻型卡车和二汽重型卡车，替代进口材料，累计装车 150 万辆以上。中石化北京燕山石化公司树脂所将 PP、EPDM 和云母共混制得既有耐冲击性又具有较高弯曲模量的复合材料，用于注塑汽车仪表板和汽车塑料件等。洛阳石油化工总厂研究所用 F401 粉料 PP 和 EPDM 为主要成分研制出汽车方向盘专用料，色泽均匀、综合性能良好。辽阳石油化纤公司用均聚物 PP、EPDM、相溶剂、滑石粉共混，研制出高冲击性 PP 汽车保险杠。

新开发的低摩擦、滑动涂覆级 TPV 的是低硬度、外观漂亮且环保的滑槽涂覆产品，可用于汽车玻璃导槽产品。它在提供优良的耐磨性的同时可以设计最低摩擦系数。TPV 作为汽车密封新材料，还具有其他材料无法相媲美的特性，它可通过注塑的手段直接与硬质塑料结合在一起，大大节省了传统橡胶制品与硬质塑料粘胶接合时间和装配时间，大大降低了生产成本。

传统的汽车发泡零部件大多采用 EPDM 化学发泡。TPV 水发泡的产品具有良好的表面光洁度、低吸水，而且可以在轻、软以及压力变形之间取得最佳效果，并可进行无折痕设计。产品主要有水发泡行李箱密封条、软发泡密封条、车门发泡海绵等。

用 TPV 生产的阻燃级点火线材料的阻燃性可以达到 UL94V-0 级，介电强度可以达到 18kV/mm，而非阻燃的 TPV 材料的介电强度可以达到 22kV/mm，完全可以达到汽车用点火线的耐高压性能要求。TPV 点火线外皮手感特别好，可以进行激光喷涂。由于该类产品可采用挤出成型加工，使得生产效率得到了极大提高。

在替代 EPDM 类导电橡胶方面，混配料制造商 RTP 公司推出了一系列硬度为 55A 的新型 TPV 基 TPE。通常添加导电填料增加了材料的模量和黏度，影响 TPV 的柔韧性和加工性能。新型混配料可以制备出具有良好柔韧性和弹性、高撕裂强度以及易成型的高导电 TPV 材料。

4.3.6.2 在建筑行业的应用

建筑行业是目前 TPV 应用中的另一个重要要领域。TPO 防水卷材即热塑性聚烯烃类防水卷材，是以 TPO 为基料，加入抗氧剂、防老剂、软化剂制成的新型防水卷材，可以用聚酯纤维网格布做内部增强材料制成增强型防水卷材，属于高档建筑天顶防水材料。发泡型 TPV 密封材料，降低了成本，提高了产品竞争力。

TPV 具有良好的抗疲劳性，在门缝及动力密封部位的应用上，在－60～100℃下经过上百万次的屈挠也不会破裂。TPV 在低于－60℃仍能保持它在动力部件中的柔韧性，这对中国北方建筑有着重要的意义。TPV对UV的稳定性(物理机械性能和颜色转变)是其他弹性体不能相媲美的。TPV可以实现双硬度的外形及封条角位的热力焊接，TPV还能坚固地黏合于PP和PE等物料上，这可提供一种强大及抗撕裂的黏合作用。

4.3.6.3 在电子电气行业的应用

TPV具有优良的耐磨性、耐候性、耐化学药品性，耐臭氧及环境污染性，容易着色。TPV用于电线电缆，即使在潮湿情况下仍具有较好的电绝缘性。无卤阻燃剂TPV对环境污染较小，遇火时少烟、少腐蚀和少有毒物质；用于模压电气配件时，具有极好的水密封性。

TPV在电子电气领域也得到了广泛的应用，主要有以下几个方面：电池壳、电线电缆绝缘层及护套，矿山电缆、马达轴、变压器外壳，船舶、矿山、钻井平台、核电站及其他设施的电力电缆线的绝缘层及护套，数控同轴电缆，无线电话机外壳，电气脚垫、手把产品，插座、插头等。用TPV生产数控同轴电缆，尺寸稳定，信号损失小，传输质量优良，可以保护电子产品震动受损。

4.3.6.4 在医疗行业的应用

目前功能化聚烯烃热塑性弹性体一次性医用输注器械已成功在山东威高集团实现产业化，累计生产输液（血）器、血袋、腹膜透析袋和各种医用导管等一次性医用输注器械42亿多支（套)，在国内正逐步取代传统的PVC同类产品，并出口到美国、俄罗斯、澳大利亚等国。

4.3.6.5 在其他行业的应用

此外，PP/EPDM TPV密封制品还应用于航运集装箱上，在国际运输使用集装箱密封行业，属行业规定使用的产品。这主要是因为TPV的使用寿命长，可回收循环使用，对环境友好，综合性能良好，更重要的是TPV动态和静态密封性能优异，能够满足集装箱部件使用环境要求。

参考文献

[1] 吕秀凤，张保生，梁全才等．茂金属乙烯-辛烯共聚物的研究现状和展望．橡胶工业，2010，57（11）：692-696.

[2] 王卫卫，邱桂学，田秋选．聚烯烃热塑性弹性体POE官能化及其应用．弹性体，2007，17(5)：71-74.

[3] 刘亚庆，吕孟海，肖鹏．POE与马来酸酐的反应挤出接枝．工程塑料应用，2001，29(10)：17-19.

[4] 蔡洪光，李海东，张春雨等．熔融法制备POE-g-GMA及影响因素的研究．弹性体，2005，15(6)：33-35.

[5] 范云峰，高明珠，王艳秋．乙烯-辛烯共聚物(POE)界面粘接性改进．信息记录材料，2012，13（4）：38-43.

[6] 张明．裂解引发官能化热塑性弹性体及其增韧尼龙 66 的研究．南京：南京工业大学，2003.
[7] 夏胜利．热塑性弹性体 POE 官能化新方法研究．南京：南京工业大学，2004.
[8] 蒋根杰．乙烯-α-辛烯热塑性弹性体的增强改性研究．成都：四川大学，2007.
[9] Kim D W，Kim K S. Investigation of radiation crosslinked foams produced from metallocene polyolefin elastomers/polyethylene blend. J Cell Plast，2001，37（4）：333-352.
[10] 夏琳，邱桂学，燕晓飞．交联剂 DCP 用量对 POE 硫化胶性能的影响．弹性体，2006，16(6)：33-35.
[11] Walton K L，Karande S V. Polyolefin elastomer foams having enhanced physical properties prepared with dual crosslinking system. ANTEC，1997(3)：3250-3254.
[12] 卢咏来，张立群，田明等. 交联聚烯烃热塑性弹性体的性能研究．橡胶工业，1999，46（9）：515-520.
[13] 杨红都．白炭黑补强热塑性弹性体(POE)的性能研究．特种橡胶制品,2003,24(3):15-18.
[14] 夏琳，邱桂学，燕晓飞．三种增强填料对交联 POE 强度的影响．塑料助剂，2007，(1)：41-44.
[15] Young-Wook Chang，Yongwoo Lee. Preparation and properties of polyethylene -octene elastomer (POE)/organoclay nanocomposites. Polym. Bull. 2012，68:483-492.
[16] Chin-San Wu. Characterizing Composite of Multiwalled Carbon Nanotubes and POE-g-AA Prepared via Melting Method. Journal of Applied Polymer Science，2007，104:328-1337.
[17] 毛亚鹏．热塑性弹性体乙烯-辛烯共聚物（POE）发泡材料的制备及改性研究［D］．上海：上海交通大学，2008.
[18] 毛亚鹏，戚嵘嵘，刘翘楚．软质乙烯-辛烯热塑性弹性体泡沫材料的制备及性能．高分子材料科学与工程，2008，24（6）：125-128.
[19] 常素芹，钟宁庆．轻质高弹乙烯-辛烯共聚物发泡鞋用材料的研究．塑料科技，2010，38（12）：74-77.
[20] 毛亚鹏，戚嵘嵘．乙烯-辛烯共聚物发泡材料的制备方法．CN 200710038052,2007-03-15.
[21] Chang Young-Wook，Lee Dongsuk，Bae Seong-Youl. Preparation of polyethylene -octene elastomer/clay nanocomposite and microcellular foam processed in supercritical carbon dioxide. Polymer International，2006，55(2) :184-189.
[22] 黄碧伟．无卤阻燃硅烷交联 POE 材料的结构与性能研究．武汉：湖北工业大学，2012.
[23] 徐伟．无卤阻燃硅烷 POE 复合材料的研究．上海：上海交通大学，2009.
[24] 赵丽芬，陈占勋，王余伟．膨胀型阻燃剂 PNP 在热塑性弹性体 POE 中应用．现代塑料加工应用，2004，16（1）：21-23.
[25] 吴泽，董艳丽，许达等．改性膨胀石墨在 POE 中的分散及其对性能的影响，化学工程师，2011，（11）：04-07.
[26] 丁雪佳，徐日炜，余鼎声．茂金属聚烯烃弹性体乙烯-辛烯共聚物的性能与应用．特种橡胶制品，2002，23（4）：18-21.
[27] http://www. renprene. com.
[28] 蒋鹏程，曹有名．动态硫化 EPDM/PP/HDPE 热塑性弹性体结构与性能的研究．广东工业大学学报，2010，27（4）：71-75.
[29] 杨高潮编译．PP/EPDM/ENR25 及 PP/EPDM/NR 热塑性弹性体的研究．橡胶参考资料，2007，37（4）：45-47.
[30] 蔡炳松，何谆谆，林硕等．SEBS 对 SBR/PP 热塑性弹性体增容作用的研究．弹性体，2008，18（6）：35-39.
[31] 燕晓飞，邱桂学，梁全才等．动态硫化 PP/POE/胶粉热塑性弹性体的性能研究．橡胶工业，2010，57（1）：39-43.
[32] A. A. Katbab, H. Nazockdast, S. Bazgir Carbon black-reinforced dynamically cured EPDM/PP thermo-plastic elastomers. I. Morphology, rheology, and dynamic mechanical properties. J. Appl. Polym. Sci.，2000，75(9):1127-1137.
[33] 周琦，王勇，刘涛等．炭黑对动态硫化 POE/PP 热塑性弹性体性能的影响．弹性体，2008，18(1)：54-57.

[34] 周琦，动态硫化POE-PP热塑性弹性体的制备及性能表征［D］. 青岛：青岛科技大学，2008.
[35] Ning Yan,Hesheng Xia,Jinkui Wu et al. Compatibilization of Natural Rubber /High Density Polyethylene Thermoplastic Vulcanizate with Graphene Oxide Through Ultrasonically Assisted Latex Mixing. J. APPL. POLYM. SCI. 2013,933-941.
[36] 魏福庆，李志君，殷茜等. 纳米SiO_2对天然橡胶/聚丙烯共混型热塑性弹性体的改性. 合成橡胶工业，2006，29(3)：215-219.
[37] 王蕊，黄茂芳，吕明哲. SiO_2含量和共混方法对NR/ PP共混型热塑性弹性体的影响. 高分子材料科学与工程，2012，28(6)：76-79.
[38] S. Bazgir, A. A. Katbab, H. Nazockdast. Silica-Reinforced Dynamically Vulcanized Ethylene-Propylene-Diene Monomer/Polypropylene Thermoplastic Elastomers: Morphology, Rheology, and Dynamic Mechanical Properties. Journal of Applied Polymer Science,2004,92:2000-2007.
[39] Tzong-Ming Wu,Mu-Shun Chu. Preparation and Characterization of Thermoplastic Vulcanizate/ Silica Nanocomposites， Journal of Applied Polymer Science,2005,98:2058-2063.
[40] 胡长存，章永化，游华燕. 硅土对动态硫化三元乙丙橡胶/聚丙烯热塑性弹性体性能的影响. 绝缘材料，2006，39 (2)：32-35.
[41] 刘琼琼，丛后罗，柳峰. 稻壳灰在橡胶工业中的应用. 橡胶工业，2008，55：444-447.
[42] H. Mirzazadeh,A. A. Katbab. PP/EPDM-based thermoplastic dynamic vulca- nizates with organoclay: morphology,mechanical and viscoelastic properties Polymers for Advanced Technologies,2006, 17(11-12):975-980.
[43] Sameer Mehta,Francis M. Mirabella,Karl Rufener. et al. Thermoplastic olefin /clay nanocomposites: Morphology and mechanical properties. Journal of Applied Polymer Science,2004,92(2):928-936.
[44] Joy K. Mishra,Keun-Joon Hwang,Chang-Sik Ha. Preparation,mechanical and rheological properties of a thermoplastic polyolefin (TPO)/organoclay nanocomposite with reference to the effect of maleic anhydride modified polypropylene as a compatibilizer. Polymer,2005,46:1995-2002.
[45] 李超群. 动态硫化型TPE/蒙脱土纳米复合材料的研制. 大连：大连理工大学，2007.
[46] 柳峰，徐冬梅，刘琼琼. 动态硫化PP/EPDM/莫来石性能的研究. 现代塑料加工应用，2009，21(1)：18-21.
[47] 王炜编译. Kevlar增强聚烯烃热塑性弹性体. 橡胶参考资料，2002，32(6)：6-9.
[48] 余琳. 胶粉/热塑性弹性体共混材料的制备与界面增容. 广州：华南理工大学，2011.
[49] 武德珍，毛立新等. PP/ EPDM/阻燃剂共混体系的力学性能与阻燃性的研究. 北京化工大学学报，1999，(2)：27-29.
[50] 周子泉. 阻燃三元乙丙橡胶/聚丙烯热塑性弹性体及其生产方法. CN 101289562A，2008-10-22.
[51] 李茂林，孟成铭，王永和. 一种无卤阻燃热塑性弹性体材料的制备方法. CN101205338A，2008-06-25.
[52] 张祥福，张隐西等. TPVO热塑性弹性体阻燃性能的研究. 化学世界，1995，(10)：542 -549.
[53] 赵杏梅，伍社毛，田明. 阻燃EPDM/PP TPV的研究. 橡胶工业，2006，53(7)：37-401.
[54] 张春怀，姜向新，肖鹏等. 一种低烟阻燃型热塑性硫化胶及其制备方法. CN102070836A，2011-05-25.
[55] 谭邦会，张晓红，乔金樑. 一种阻燃型全硫化聚烯烃热塑性弹性体及其制备方法. CN101423631A，2009-05-06.
[56] 刘赞，陈占勋. POE/EPDM热塑性弹性体的阻燃改性研究，特种橡胶制品，2005，26(5)：17-22.
[57] 吴正环，吕品，王正洲. PP/EPDM热塑性弹性体动态硫化阻燃材料制备及性能研究. 塑料科技，2009，37(11)：39-42.
[58] 肖军华. EPDM/PP热塑性弹性体电缆料的研究. 广州：广东工业大学，2007.
[59] 徐争鸣. 无卤阻燃动态硫化三元乙丙橡胶/聚丙烯热塑性弹性体. CN154 -6561 A，2004-11-17.
[60] 苏战排，江平开，韦平. 一种离子交联型低烟无卤阻燃热塑性弹性体及制备方法. CN 1563165A，

2005-01-12.
[61] Yilei Zhu,Xiaohong Zhang,Zhihai Song et al. The Effect of Selective Location of Carbon Nano-tubes on Electrical Properties of Thermoplastic Vulcanizates. J. APPL. POLYM. SCI. ,2013,DOI: 10. 1002/APP. 37694.
[62] 阳范文，肖鹏，宁凯军．抗静电 TPV/MB/CNTs 共混改性材料的研究．工程塑料应用，2011，39（2）：55-58.
[63] 田洪池，田明，刘莉萍等．EPDM/PP TPV 与导电炭黑复合材料导电性的研究．橡胶工业，2004，51(6)：330-334.
[64] 田洪池，田明，刘莉萍等．炭黑/热塑性硫化胶复合材料导电的奇异性．复合材料学报，2004，21(5)：35-40.
[65] A. A. Katbab,A. N. Hrymak,K. Kasmadjian. Preparation of Interfacially Compatibilized PP-EPDM Thermoplastic Vulcanizate/Graphite Nan-ocomposites:Effects of Graphite Microstructure upon Morphology,Electrical Conductivity,and Melt Rheology Journal of Applied Polymer Science, 2008,107,3425-3433.
[66] Behnaz Ranjbar,Hosein Mirzazadeh,Ali Asghar Katbab et al. In Situ Dynamic Vulcanization Process in Preparation of Electrically Conductive PP/EPDM Thermoplastic Vulcanizate/Expanded Graphite Nano-composites:Effects of State of Cure. Journal of Applied Polymer Science,2012,123:32-40.
[67] 唐倬，吴小龙，李茂林．一种导电动态硫化热塑性弹性体的制备方法．CN200610147540,2008-06-25.
[68] 杨涛，柴振东，陈晓东．一种抗静电动态硫化热塑性弹性体材料及制备方法．CN101440185A，2009-05-27.
[69] R. Rajesh Babu,Kinsuk Naskar. Recent Developments on Thermoplastic Elastomers by Dynamic Vulcanization. Adv Polym Sci,2011,239:219-248.
[70] Abdelhadi S,TerryM F,Sunny J,et al. Thermoplastic elastomers having enhanced foaming and physical properties. WO2001060905,2001-08-23.
[71] http://www. cytefa. com/jishu/201204/85. html.
[72] Spitael P,Macosko CW,Sahnoune A. Extensional Rheology of Polypropylene and its Effect on Foaming of Thermoplastic Elastomers. 2002,In:Conference proceedings SPE/ANTEC 2002,San Francisco,CA. SPE,Newtown,CE.
[73] Kim S. G. ,Park C. B. ,Sain M. Foamability of Thermoplastic Vulcanizate Blown with Various Physical Blowing Agents,J. Cell. Plast. ,2008:44:53-67.
[74] D. Kropp,W. Michaeli,T. Herrmann et al. Foam Extrusion of Thermoplastic Elastomers Using CO_2 as Blowing Agent. Journal of Cellular Plastics,1998,34:304-311.
[75] 郝文龙．高铁减震垫板用微发泡热塑性弹性体及其制备方法．CN 102464831A，2012-05-23.
[76] 陈文泉，伍社毛，田洪池．化学发泡法制备发泡三元乙丙橡胶/聚丙烯热塑性硫化胶挤出工艺参数．合成橡胶工业，2007，30(6)：444-449.
[77] 陈文泉,伍社毛,田洪池等．化学发泡法制备发泡三元乙丙橡胶/聚丙烯热塑性硫化胶Ⅱ配方设计．合成橡胶工业，2008，31(5)：385-389.
[78] 王超，李志君，胡树等．NR/LLDPE 热塑性弹性体泡沫材料的制备与性能研究．弹性体,2011,21(2):11-15.
[79] 孙爱斌，万君，崇培元等．烯烃类树脂及烯烃类热塑性弹性体高阻燃发泡体及制造方法．CN 1786065A,2006-06-14.
[80] 姜建，邹妨，林琳等．EPDM/PP 型动态全硫化热塑性弹性体在汽车制件上的应用．工程塑料应用，2008，36（11）：50-52.
[81] 关颖．热塑性聚烯烃弹性体技术及市场分析．化工技术经济，2005，23（7）：44-49.
[82] 陈丁桂，范新凤，肖雪清等．汽车密封条用动态硫化 EPDM/PP 热塑性弹性体的研究进展．橡塑技术与装备，2009，35（5）：18-23.

第5章 聚氨酯热塑性弹性体的改性及应用

聚氨酯（polyurethane，PU）是由多异氰酸酯和多羟基化合物，通过扩链剂进行缩聚反应而得到的一种主链含有较多氨基甲酸酯结构单元的聚合物。PU在橡胶（弹性体）、塑料、纤维、黏合剂、涂料等行业应用广泛，其中TPU是PU大家族中重要的一种类型，是第一个可以热塑性加工的弹性体，目前仍是快速发展的热塑性弹性体工业中的重要角色。TPU的优点很多，耐磨耗性为各类热塑性弹性体中最大的；具有高强度、高韧性、高透明的特性，抗疲劳性、耐寒性、耐油性佳；环保无毒可回收等。

TPU已被广泛地应用于国防、医疗、食品等行业。但是，TPU还有成本高(由于价格等方面的原因，TPU只占TPE消费总量的10%左右)、硬度调节困难、永久变形高、耐热性差、加工温度范围窄等缺点，从而使其应用范围受到限制。通过各种化学或物理手段来改性TPU提高性能或降低成本已经成为一种发展趋势。

5.1 TPU的化学改性

化学改性可以赋予TPU更好的物理、化学和力学性能，常用的方法有接枝共聚、嵌段共聚、交联和互穿聚合物网络（IPN）等技术。

5.1.1 TPU接枝改性

TPU的扩链剂主要集中于二元醇和二元胺类。一般来说，二元胺类扩链剂的活性相对于二元醇类更高，但二元胺的生理毒性则强于二元醇类。如果采用功能型扩链剂，可为TPU材料的接枝改性提供一个简单方法。例如为了改善TPU医用材料的亲水性和抗血栓性，可在聚醚型TPU大分子链上引入烷基链，增加白蛋白在聚氨酯表面的吸附，改善材料的血液相容性。如将长链烷烃（C_{18}）接枝到TPU上后，材料表面的疏水性增大，长链烷烃的接枝明显减少了由于剪切导致的白蛋白的解吸附，因而对白蛋白的亲和性增加，有利于提高材料表面的血液相容性。

极端亲水的表面由于与界面的亲和力较大，减少了材料表面对浆蛋白和其他多种血液有形组分的作用，从而使材料的抗凝血性能得到改善。在聚醚型 TPU 大分子上引入亲水性侧链，可增加材料表面的亲水性，能减少血浆蛋白在材料表面的吸附。目前应用于 TPU 改善亲水性的接枝大分子主要有聚乙烯基吡咯烷酮、聚乳酸、聚乙二醇等。如 Hsu[1] 等通过等离子体诱导的方法将 L-乳酸接枝到 TPU 的表面，修饰后的表面有利于人脐带血管上皮细胞和 3T3 纤维细胞的黏附，同时减少了血小板的黏附，可以应用于组织工程细胞种植面。

在聚醚型 TPU 分子链上引入具有生理活性的肝素分子、类肝素分子和磷脂类分子，防止和抑制凝血酶的活化，也是 TPU 表面接枝改性中一种极为重要的方法。由于肝素呈现阴离子的性质，因而可以通过离子键作用键合到聚合物表面。如图 5.1(a) 所示。也可以将肝素通过共价键键合到生物材料的表面，这样肝素的固定变得更加牢固，如图 5.1(b)、(c)、(d) 所示[2]。

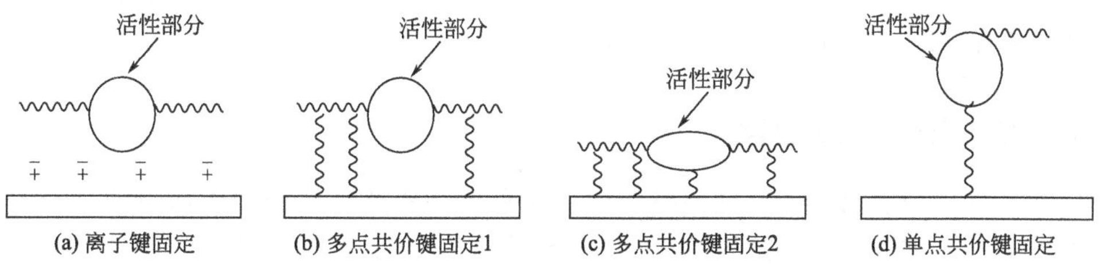

图 5.1 TPU 表面接枝肝素的几种模型

在 TPU 分子中引入负电性的羧酸基团或磺酸基团，通过负电荷之间的静电排斥作用也可以减少血小板在材料表面的黏附。Chen 等[2] 采用在扩链剂上引入离子的方法在脂肪族聚氨酯表面引入了羧酸根离子和磺酸根离子，并且血小板黏附实验表明羧酸根离子表面显示了更好的血栓形成阻力。

另外，氯乙烯同 TPU 接枝得到的材料使传统的柔性 PVC 的许多问题得到解决。新材料能够被消毒而颜色和物理性能都不变，同时萃取性很低，没有动物毒性和诱变性，极适用于作医用材料[3]。

5.1.2 TPU 嵌段改性

TPU 颗粒通过除杂除油处理后，用六亚甲基二异氰酸酯（HDI）对其进行活化处理，使其两端形成自由的异氰酸酯基团（—NCO)，再加入 MCDEA [4,4′-亚甲基-双(3-氯-2,6-二乙基苯胺)]，使 MCDEA 中的—NH_2和 TPU 两端自由—NCO 进行反应，生成脲基（—NHCONH)，从而使 MCDEA 进入 TPU 体系。通过加入不同量的 MCDEA，以及 MOCA（3,3′-二氯-4,4′-二氨基二苯甲烷）和 DMTDA（3,5-二甲硫基-2,4-甲苯二胺及 3,5-二甲硫基-2,6-甲苯二胺两种异构体的混合物）分别对 TPU 进行嵌段改性。结果表明，在 TPU 和 MCDEA 比例为 1/7（摩尔比）时拉伸性能最好，同时选择拉伸性能较好且几乎无毒的 MCDEA 较为适宜。TPU 和 MCDEA 反应简式如下[4]：

$$\mathrm{NCO{+}CH_2{+}_6NHCOO{\sim\sim}NHCOO{\sim\sim}COONH{+}CH_2{+}_6NCO} + \text{(Cl, }\mathrm{NH_2}\text{, Cl, }\mathrm{NH_2}\text{ 取代二苯甲烷二胺)}$$

$$\longrightarrow \mathrm{{\sim\sim}COONH{+}CH_2{+}_6NHCONH{-}(Cl, Cl\ 取代二苯甲烷){-}NHCONH{+}CH_2{+}_6NHCOO{\sim\sim}}$$

用松香作添加剂与 TPU 溶液共混，或者松香作为 TPU 合成的扩链剂。黏度研究表明，松香作为添加剂时，TPU 的性质没有明显变化；而松香为扩链剂时，TPU 溶液的黏度显著增加，此时松香同时改变了 TPU 的硬段和软段组成。被松香扩链后的 TPU 可作为溶剂型胶黏剂，PVC/TPU 粘接接头 T 型剥离强度测试表明初始粘接强度得以显著提高[6]。

5.1.3 TPU 交联改性

TPU 比较容易形成交联网络结构。张永成[7]等研究了分别以微量的三羟甲基丙烷（TMP）和端异氰酸酯基的预聚体为交联剂的微化学交联 TPU 的动态力学性能的变化，分析了微量化学交联的 TPU 中化学交联对其形态结构的影响。结果表明，当以 TMP 为交联剂时，交联程度的增加会导致 TPU 软、硬微区相容性的增强，从而使其 T_g 和力学损耗值都上升；而当以端异氰酸酯基预聚体为交联剂时，交联程度的增加仅仅只会加强 TPU 软、硬微区间的相互作用，因而其 T_g 和力学损耗值变化不显著。

另外，还可在 TPU 成型时添加二异氰酸酯（MDI）和预聚物进行共聚和适当的交联，以改善耐磨性、耐热性等。交联后性能改善明显，如图 5.2 所示。采用电

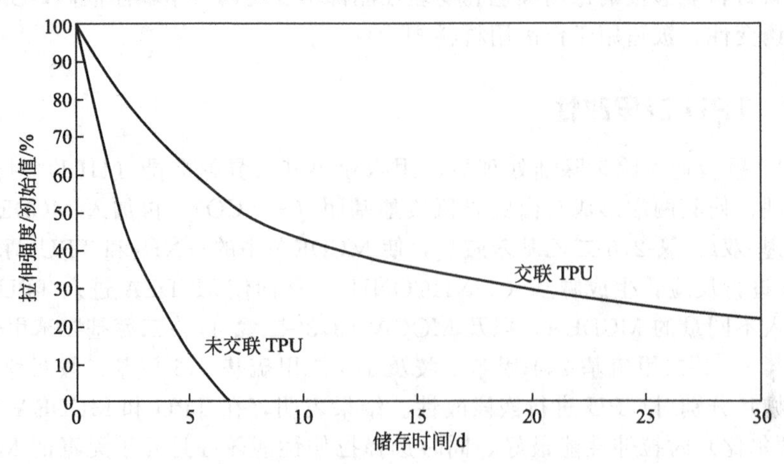

图 5.2　交联前后 TPU 的耐热水性[8]

子辐射交联技术也可达到此目的。德国 PTS 公司供应辐射交联 TPU（商品名 V-PTS-UNIFLEX-U）和辐射交联的 TPU 共混物（商品名 V-DESMOFLEX）。

5.1.4 IPN 技术

IPN 是两种或两种以上聚合物相互贯穿交织网络形成的聚合物。将 TPU 的预聚物与其他材料的预聚物混合在一起，加入交联剂、引发剂等助剂，搅拌混合形成均匀溶液，最后实现网络化，使热塑性弹性体在成型时转化为热固性，使材料具有两种树脂的特性。

将 TPU 预聚物与 1,4-丁二烯和三羟基甲基丙烷均匀混合 5min，按要求加入适量的 PMMA 预聚物搅拌 3min 得到 IPN 聚合物。这种材料不但力学性能、阻隔性能优良而且具有良好的耐溶剂性能，可广泛用于光学和医用材料。利用反应活性高的聚硅氧烷类化合物在挤出成型过程中与 TPU 形成 IPN 结构，提高 TPU 的耐磨性，其压缩永久变形和拉断伸长率都有一定的改善[4]。

5.2 TPU 共混改性

共混改性是指用塑料、橡胶或弹性体等与 TPU 共混，或降低 TPU 成本，或改善 TPU 力学、耐热、耐溶剂等性能以及加工性质。

5.2.1 不同类型 TPU 共混改性[9]

TPU 在合成时，由于原料、配比及聚合方式不同，形成很多不同类型的聚氨酯品种，不同类型的 TPU 之间常常可以相互共混，以扩大 TPU 的用途。软质 TPU 和硬质 TPU 共混，可以得到中等硬度的 TPU，共混后的共混物加工性能良好，综合了软、硬质 TPU 的优点，综合物理性能好于单一合成的中等硬度的 TPU。在合成革生产中这一特点常被应用，很少有人为了做某一硬度的聚氨酯合成革制品，只选择相应硬度树脂，往往是多种硬度的树脂共混以调节相应的硬度。此外，也可利用这一点制成没有相应硬度树脂的合成革制品。

聚酯型和聚醚型 TPU 共混后可以达到二者性能互补，聚醚型 TPU 耐水解，而聚酯型 TPU 在耐磨性、抗撕裂强度以及拉伸强度等方面优于聚醚型 TPU，这两种不同类型的 TPU 共混往往可以克服单一聚酯型、聚醚型 TPU 的一些缺点。将熔融指数和硬度不同的 TPU 共混后，易于成型加工。

含氟聚氨酯也极大吸引了研究者的兴趣，主要因为含氟聚合物拥有极低的表面能，相对好的血液相容性、润滑性、不黏性、热及氧化稳定性。而且，正是由于氟聚合物极低的表面能，它们能迁移到材料的表面增加接触角。Santerre 等[10]用一系列长链的含氟元素单官能醇（BA-L），通过羟基捕获聚氨酯预聚体（Pretpolymer）中二异氰酸酯基团，合成了两端为疏水性的含氟链、中间为亲水链的聚氨酯大分子（SMM），如图 5.3 所示。将这种含氟大分子与聚氨酯材料共混。SMM 中的亲水链则可以作为一个锚点，起到固定于本体的作用，而含氟的烷基链部分则由于疏水性导致的不相容性迁移到材料表面，生成一个疏水性表面。SMM 也可以通过与硬段之间的相互作用影响到材料的硬段性质，屏蔽易水解基团，增加 PU 的水解稳定性，但这种影响并不是一定的。研究表明，这样的改性方法既没有改变聚氨酯的基体本质，又具有了抗氧化水解的能力，增加了热稳定性，其表面特征与商品 Teflon 相似。

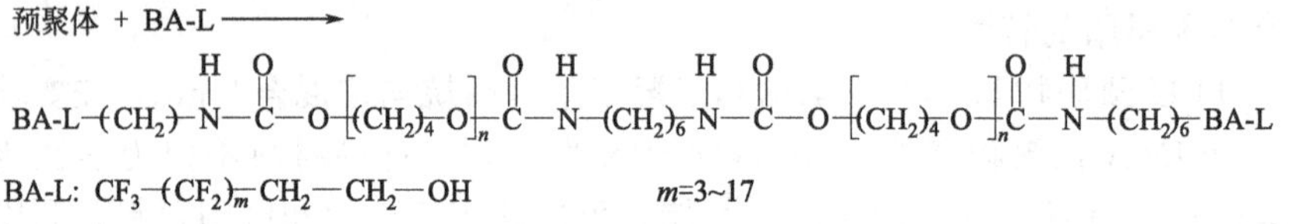

预聚体 + BA-L ⟶

$$\text{BA-L}\!-\!(CH_2)\!-\!\underset{}{\overset{H}{N}}\!-\!\overset{O}{\overset{\|}{C}}\!-\!O\!-\![(CH_2)_4\!-\!O]_n\!-\!\overset{O}{\overset{\|}{C}}\!-\!\overset{H}{N}\!-\!(CH_2)_6\!-\!\overset{H}{N}\!-\!\overset{O}{\overset{\|}{C}}\!-\!O\!-\![(CH_2)_4\!-\!O]_n\!-\!\overset{O}{\overset{\|}{C}}\!-\!\overset{H}{N}\!-\!(CH_2)_6\!-\!\text{BA-L}$$

BA-L: $CF_3-(CF_2)_m-CH_2-CH_2-OH$　　　m=3~17

图 5.3　含氟大分子 SMM 的合成

5.2.2 TPU 与通用塑料共混改性

TPU 与塑料共混研究工作很多，其中多集中于 TPU 对塑料的增韧改性方面。本章主要叙述利用塑料改性 TPU 的研究。

5.2.2.1 TPU 与 PVC 共混改性[4,9,11]

TPU 可以与很多聚合物进行共混改性，其中与（PVC）共混研究较多。与 PVC 能有效地降低 TPU 的成本并加强 TPU 的阻燃性，而 PVC 最大的缺点是其热稳定性和耐低温性差（尤其是低温弹性）限制了它的应用，通过与 TPU 共混可以有效地克服这一缺点，二者共混能相互弥补一些缺陷。

PVC 不仅可以降低 TPU 的成本，还可以调节硬度、改进 TPU 的加工性和透水性，提高阻燃性、改善 TPU 的耐热性和耐候性、降低摩擦系数等。如 TPU/PVC 复合人造革，既具有 TPU 革表面清爽、耐酸耐碱、耐溶剂、外观接近天然革的优点，又具有 PVC 革成本低、价格便宜的优点。

TPU 之所以能与 PVC 有效混合的原因在于二者有较好的相容性。PVC 与 TPU 的溶解度参数非常接近，又均属于极性聚合物，根据聚合物相容性的基本理论，二者具有较好的相容性。同时，PVC 分子链中大量的极性氯原子可以和 TPU 分子链中氨基氢原子形成氢键，可提高共混物的相容性。当然，二者相容性高低的程度还与 TPU 的结构和 PVC 聚合度有很大关系。

众多研究表明，聚酯型 TPU 和 PVC 的相容性较好，组成的共混物常常只有一个玻璃化温度（T_g）；而聚醚型 TPU 与 PVC 在熔融共混下共混物的相容性相对较差，往往出现二个 T_g。从 TPU/PVC 共混效果来看，聚醚型 TPU 无论从拉伸强度、拉断伸长率等性能均低于聚酯型，这可能由于聚酯型 TPU 的酯键的亲和力比醚键大，使 PVC 与 TPU 二者相容性好[12]。

TPU 的硬段/软段的比率也影响与 PVC 的相容性，TPU 的硬段/软段的比率越低，TPU 与 PVC 共混相容性越好。此外，TPU 软段的组成也影响 TPU 和 PVC 共混物的相容性，PVC 与以聚己内酯二醇（PCL）在 TPU 软段含量（质量比）分别为 20%、40%、60%和 80%的四种 TPU 熔融共混，只有后三种可以与 PVC 相容混合。高聚合度聚氯乙烯（HPVC）与 TPU 共混就不如聚合度中等的相容性好，郑昌仁等人[13]研究 HPVC 与 TPU 共混相容性发现，TPU 的氨基(—NH—)与聚氯乙烯中—Cl 形成类氢键。当然，并不是共混物的相容性越好，其力学性能就越大。在力学性能最佳时的温度（此温度下共混时 TPU 的硬段部分解体，TPU 的硬段结晶没完全融化）下共混，得到只是部分相容的共混物。

表 5.1[14]给出的是不同配比 TPU/PVC 共混物的基本性能。从表中可以看出，增塑的 PVC 和纯的 TPU 硬度差别不大，因此，随 TPU 量增加的不同配比，硬度变化也不太大；在 TPU 含量较少时（TPU 为分散相），对应的 TPU/PVC 共混物拉伸强度都要高于纯的 TPU；随 TPU 量增加，TPU 逐步转变成连续相时，共混物拉伸强度有下降的趋势，只是在 TPU 作为连续相而且大量、分散相 PVC 较少的条件下，TPU/PVC=90/10，该配比下的共混物的拉伸强度达到所有共混物中的最大值。从表 5.1 中还可以看出，TPU 具有较好的撕裂强度，共混物的撕裂强度基本上介于增塑的聚氯乙烯和纯的 TPU 之间。

表 5.1　不同质量比的 TPU/PVC 共混物的性能

TPU/PVC	0/100	10/90	20/80	30/70	40/60	50/50	60/40	70/30	80/20	90/10	100/0
邵尔 A 硬度	75	76	76	78	78	80	78	82	78	80	83
拉伸强度/MPa	27.3	27.9	24.5	29.6	26.5	22.9	21.4	19.5	22.2	34.4	21.7
撕裂强度/(kN/m)	83.2	76.9	85.0	88.7	84.8	87.0	74.3	90.0	89.5	130	106.4
拉断伸长率/%	289	307	272	321	287	273	274	310	311	900	307
永久变形/%	39	48	32	46	37	38	40	24	39	41	37
耐油性 ΔV/%	0.04	−0.06	0.66	−0.59	0.72	0.39	0.04	−0.35	−0.1	−2.4	−0.57
耐油性 ΔW/%	−0.13	0.05	0.14	−0.03	−0.11	0.38	0.18	0.17	0.07	0.04	0.03
耐溶剂 ΔV/%	4.48	4.06	6.86	9.21	11.12	18.59	8.59	10.49	10.63	7.15	3.97
耐溶剂 ΔW/%	−2.62	−2.03	0.63	2.96	3.71	10.57	3.27	6.53	6.75	4.25	2.66

配方：PVC+TPU=100，PVC/DOP/395A/硬脂酸钡=100/50/2/1。

由表 5.1 中的耐油、耐溶剂性能数据可以看出，PVC/TPU 共混物的耐油性较好，ΔV、ΔW 基本上都小于 0.5%。相对来说它们的耐溶剂性较差，且有随着 TPU 含量的上升而不断变差。这与 TPU 的耐油性较好而耐溶剂性差，特别是耐芳香烃溶剂的性能较差不无关系。上述结果表明，TPU 和 PVC 共混物在力学性能上有协同作用，耐油、耐溶剂性能均较好，当 TPU/PVC 共混比（质量比）为 90/10 时，其力学性能综合性最佳，而当 TPU/PVC 共混比（质量比）为 30/70 时，共混物性能次之。

TPU 和 PVC 配比不同，对共混物的形状记忆性能也有影响，TPU/PVC 质量比为 80/20 时，共混物在重复的循环张力下滞后性比聚氯乙烯材料下降，而在 TPU/PVC 质量比为 60/40 时，共混材料的不可恢复永久变形比聚氯乙烯材料高。

PVC能提高聚氨酯的阻燃性，增塑的聚氯乙烯（40份DOP增塑剂）/热塑性聚氨酯为50/50时，共混物的阻燃性如氧指数（LOI）值仍然大于21%（含40份DOP增塑剂增塑的聚氯乙烯LOI值为25%）。也有研究表明，PVC在质量分数小于60 %时，对TPU的阻燃影响不大，PVC含量大于60 %，共混物阻燃性能显著提高，原因可能是PVC和TPU在熔融共混后，能延缓TPU的干炭化形成。

但并不是所有的TPU都能和PVC共混。因PVC的耐热性问题，在机械共混中，实际上也只有软质TPU能与PVC共混，邵尔A硬度80的TPU的加工温度已经有200℃，因此，硬度高于邵尔A硬度80的热塑性TPU基本上不能与聚氯乙烯通过机械共混加工。

第三组分聚合物对TPU/PVC共混物性能也有影响。在PVC/TPU共混体系中加入20%以内的氯化聚乙烯（CPE）时，可以提高单一TPU的撕裂强度。例如，在CPE和PVC量为共混物总质量的20%时，CPE/PVC/TPU三元共混物撕裂强度为90kN/m，而单一TPU只有80kN/m。CPE/PVC/TPU三元共混，在CPE/PVC一定量的范围内（30%以内），共混物还保持了TPU的冲击回弹性和耐油性；CPE/PVC还钝化三元共混体系温度敏感性，由此可改善其加工性。CPE和PVC的加入，同时还降低了共混物的成本[15]。在TPU中氨基甲酸酯键不稳定，容易降解，从而导致TPU的热稳定性不好。CPE能抑制TPU热降解，提高其热稳定性。CPE的加入，虽使合金的力学性能有所降低，但也能明显改善TPU的加工性能，并基本保持TPU优异的耐寒性。

CPE加到PVC和再生的TPU共混体系中，CPE还起到相容剂的作用，使PVC和TPU两相界面的过渡层加强，共混物整体更具有协同作用，从而可以提高共混物的拉伸强度和拉断伸长率[16]。

邬素华等[17]以氯化聚乙烯（CPE）/HPVC为改性剂，用熔融共混的方式制备了TPU/CPE/HPVC合金，发现CPE/HPVC的加入大大改善了TPU的加工性能，并且TPU/CPE/HPVC基本保持TPU优异的耐寒性能，但三元体系的拉伸强度随CPE/HPVC含量的增加而下降。

TPU、PVC和共聚聚酯（COP）三种热塑性聚合物共混，可以制得具有橡胶特性的可熔融加工的橡胶（melt processible rubber），这种材料综合了TPU良好的韧性、PVC的低价格和COP的耐低温特性[18]。

5.2.2.2 TPU/ABS共混改性[9]

TPU与ABS可以任意比例共混，TPU和ABS共混时产生协同作用，共混物的力学性能要好于单一组分，不同配比能满足不同用途的需要。在TPU中添加ABS，材料的密度、伸长率下降；撕裂强度、模量增加、耐臭氧性能及加工性能得到改善，成本下降。用ABS作为高模量TPU的冲击改性剂及聚醚型TPU的增容剂，已经商业化。

5.2.2.3 TPU/PP 共混改性

Bajsic[19]等考察了 PP/TPU 共混物的力学行为和相容性。动态力学分析表明，共混物的 T_g 和 E' 均介于纯 TPU 和纯 PP 之间，这表明 PP 与 TPU 之间存在部分相容性；同时，随着 PP 含量增加，共混物的弹性模量、拉伸强度增大；当 PP 含量超过 20%，体系的拉伸断裂方式由韧性断裂转变脆性断裂。广角 X 射线衍射法表明，当 PP 的含量超过 20%时，体系在冷却结晶过程中，TPU 熔体增强了 PP 链段的活动能力，且延缓了 PP 结晶过程。

Lu 等[20]以三种不同的 PP 接枝物（PP-g-NH_2，PP-g-NHR，PP-g-MAH），PP 和 TPU 为主要原料，通过熔融共混制备了 TPU/PP/PP-g-NH_2，TPU/PP/PP-g-NHR，TPU/PP/PP-g-MAH 三种共混材料，通过测试三种体系的力学性能，考察其形态结构。结果表明，三种相容剂都增强了 PP 与 TPU 之间的界面黏结力，并提高了体系的冲击强度：其中 PP-g-NHR 和 TPU 的相容性最好，共混物的力学性能最佳，PP-g-NH_2次之，PP-g-MAH 效果最差。

5.2.2.4 TPU/聚（苯乙烯-丙烯酸）离聚体[21]

TPU 价格贵，应用受到一定限制，但在分子设计方面有很大的灵活性，通过适当的分子设计，改善它与其他聚合物的相容性，可得到性能优异、价格合理的共混材料。用 *N*-甲基二乙醇胺扩链制备的热塑性聚氨酯（TPU）和苯乙烯-丙烯酸共聚物（PSAA）进行机械共混，由于共混物中两种带相反电荷的基团（叔氨基和羧基）能形成离子键，提高共混物的相容性。离子链的引入可以明显改善共混物的相容性，并且 PSAA 的含量在 60%附近，可得到高相容结构。

5.2.3 TPU 与工程塑料共混改性

5.2.3.1 TPU/聚酯共混改性[22]

采用熔融共混的方法制备热塑性聚氨酯与低熔点聚酯的共混物，并将其吹制成薄膜。低熔点聚酯的熔点较低，与 TPU 共混后，不仅能够大大降低 TPU 的起封温度，有利于进一步的加工以及相应性能的提高，而且随着低熔点聚酯的增加，共混物中低熔点聚酯的熔点发生了降低，表明 TPU 与低熔点聚酯之间可能具有相容性。低熔点聚酯的加入在一定程度上降低了 TPU 的流动活化能，加宽了 TPU 的加工温度范围，改善了 TPU 的成型加工性能。低熔点聚酯在 TPU 中的质量百分含量达 30%时，低熔点聚酯以规则颗粒状分布，达到 40%后，开始聚集而出现不规则形状。对制得的 TPU/低熔点聚酯共混体系的薄膜进行热黏合强度、力学性能、透湿性和耐静水压性能方面的测试分析，结果表明：低熔点聚酯的加入，不仅能够大大提高 TPU 薄膜的热熔黏合能力，使得在较低加工温度下就可以达到工艺指标的要求，而且能够提高 TPU 薄膜的断裂拉伸强度和伸长率；不过低熔点聚酯的加入会对 TPU 薄膜的透湿量、耐静水压和初始模量产生不利的影响，应当控制其在 TPU 中的质量百分含量≤20%。共聚聚酯熔点的高低对热熔黏合有较大的影响，采用低熔点的共聚聚酯能够大大提高黏合强度；共聚酯分子量大，熔融黏度增大，不利于热熔黏合，故需控制共聚聚酯的分子量在一定的范围内，才能获得各项性能平衡的热黏合膜。

5.2.3.2 TPU/尼龙共混改性

国内外针对热塑性弹性体与聚酰胺类结晶性材料共混的研究较多，但研究主要集中在以聚酰胺为基材，TPU 作为增韧剂添加到聚酰胺基体中增韧改性方面。

尼龙 1212 改性聚酯型 TPU，含量为 5%（质量分数，下同）的尼龙 1212 使共混物的拉伸强度增加 7%，尼龙 1212 含量为 15%的共混物与纯 TPU 的拉伸强度几乎一样。尼龙 1212 含量超过 20%共混物拉伸强度开始下降。也就是说，尼龙 1212 含量为 5%～10%时，TPU/尼龙 1212 共混物拉伸强度增加，同时拉断伸长率降低不明显。共混物的维卡软化温度增加，增加了热稳定性[23]。

Pesetskii 等人[24]从分子结构学方面研究了尼龙 12 对 TPU 性能的影响。在微相分离理论基础上研究了尼龙 12 的引入对聚酯型 TPU 弹性体形态结构的影响。他们研究发现 PA12 的加入使得 TPU 的局域结构遭到破坏，而 TPU 分子链上硬段部分间的相互作用力增强。

汪涛[25]研究了几种马来酸酐接枝聚合物对 TPU/PA6 共混物力学性能的影响。研究发现，HDPE-g-MAH、EVA-g-MAH 和 POE-g-MAH 能明显降低 TPU/PA6 共混物中 TPU 和 PA6 两相间的界面张力，能大幅提高 TPU/PA6 共混物的综合力学性能，同时使共混物有了良好的加工性能，具有较高的工业应用价值。研究还发现，添加 15 份自制相容剂 EVA-g-MAH 时，制得的 TPU/PA6 共混物的综合性能为最佳。

5.2.3.3 TPU/聚酰亚胺（PI）共混改性

众所周知，TPU 耐磨、耐低温、柔韧性好，目前已发展成为一类很重要的工程材料。然而由于用普通方法制备的聚氨酯耐高温性能不好，当它们加热到 80～90℃时，一些力学性能，如强度、模量等都已消失，当加工温度达到 200℃时，聚氨酯材料将发生热降解。这些缺点限制了聚氨酯弹性体的广泛使用。一般常用方法是在聚氨酯化学结构中引入热稳定性的链段，PI 作为一类综合性能优越的芳香族耐高温聚合物，近年来越来越多地被用于聚氨酯材料的改性。利用 PI 改性聚氨酯材料最常用方法是在聚氨酯材料的主链上引入酰亚胺官能团来增加材料热稳定性。因为普通的 PI 是热固性聚合物，这使得 TPU/PI 合金的制备非常困难。

陈江宁等[26]用不同分子量的对氨基苯甲酸酯封端的聚（四亚甲基）醚（APTMO）和均苯四甲酸二酐（PMDA）反应，合成聚醚聚酰胺酸，然后将不同质量比的聚醚聚酰胺酸和聚醚聚氨酯（PU1000）溶解在四氢呋喃中，混合均匀后制得浅黄色聚醚聚氨酯-聚醚聚酰亚胺合金膜。图 5.4 为合金的动态力学图谱。可以看出，随着合金体系中聚酰亚胺含量的增加，软段玻璃化转变温度向低温方向移动，峰宽明显变窄，这说明材料中软段与硬段相畴存在一定相容性，聚酰亚胺硬段的增加使得软、硬段相分离进一步增加。另外，从储能模量曲线看到，所有样品都表现出典型的热塑性弹性体的动态力学行为，它们在软段玻璃化转变温度之后，出现了范围很宽的平台，其上限温度可达 200℃，模量在 10～10^2 MPa，表明聚酰亚胺引入，使合金材料在高温也具有优良力学性能。

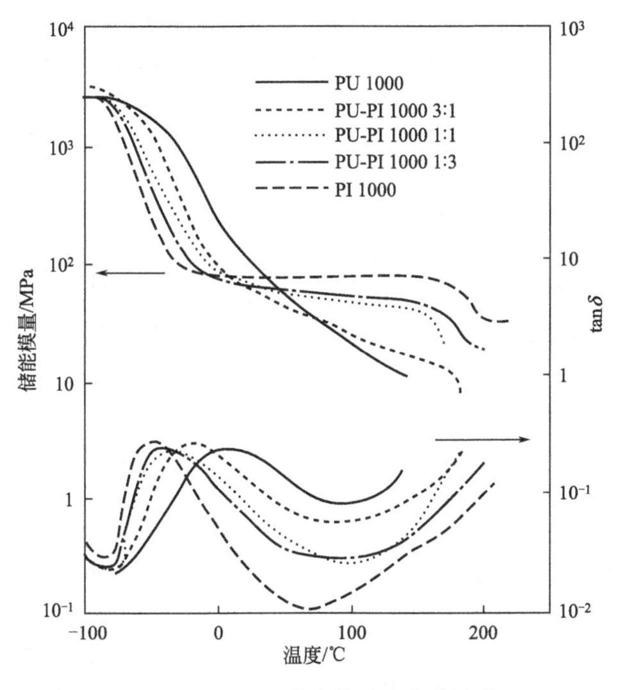

图 5.4　PU/PI 合金的动态力学图谱

研究表明[27]，这种共混膜是塑性还是高弹性取决于 TPU/PI 的比例，PI 占 1%～5%时，拉伸强度提高较大，并且 PI 提高了 TPU 的热稳定性，这种共混材料可以做耐热的热塑性弹性体。

5.2.3.4　TPU/其他工程塑料共混改性

TPU 合成反应过程中可与聚碳酸酯（PC）形成合金，在这种合金中，PC 提高了 TPU 的耐水性，合金熔体表观黏度降低，加工性能得到改善。在 TPU 中加入 5%～20% POM，可以改善共混物的挤出和吹塑加工性能；添加30%～50%的 POM 时，TPU 的耐热性、抗湿老化性及耐溶剂性能提高。TPU、POM、TPU/POM 的热降解动力学研究表明，TPU/POM 共混物较 TPU、POM 本身稳定。TPU/POM 的共混树脂的熔融黏度较 TPU 的低，更容易加工，但共混树脂较 POM 易蠕变[4]。

5.2.4 TPU与橡胶共混改性

TPU 可以和 EPDM 共混，随着 EPDM 添加量的增加，共混物的拉伸强度表现出先增高再降低的趋势，在较宽的共混比例范围内，共混物性能显示了较好的协同作用，例如纯的 TPU 和 EPDM 的拉伸强度和 100%定伸应力分别为 21.37MPa、3.91MPa 和 4.6MPa、1.49MPa，而 TPU/EPDM 共混比为 90/10 和 70/30 时，共混物的拉伸强度和 100%定伸应力依次为 38.35MPa、4.75MPa 和 27.07MPa、4.02MPa。扫描电镜观察发现，EPDM 在 TPU 中形成了网状结构，这种网状结构使共混体系的力学性能得到了较好的体现。在 TPU/EPDM 共混体系中加入少量（1～5 份）的相容剂聚烯烃弹性体接枝马来酸酐共聚物（POE-g-MAH），可以进一步改善共混体系的相态结构和力学性能。在 TPU 加工过程中，较小的温度波动就可能导致黏度较大的变化，一定量的 EPDM 加入还可以在一定程度上减少温度波动对 TPU 加工性的影响[28]。

顺丁橡胶（BR）混入 TPU 中，提高了 TPU 的玻璃化转变温度，二者能够相容，而且促进了聚氨酯内晶区的形成，在 BR 加入一定量的范围内可提高共聚物的力学性能，同时降低了 TPU 的成本，但在 BR 的量为 7.5 %时，共混物流动性最差[29]。

Siriporn 等[30]制备了 TPU 和聚二甲基硅氧烷（PDMS）的共混物，研究了化学腐蚀对共混物拉伸性质和形态的影响。能与 TPU 共混的 PDMS 的量不超过 1%，PDMS 用量在 0.6%～0.8%，拉断伸长率增加 30%，弹性模量增加 40%，拉伸强度和断裂能分别下降 20%和 10%；SEM 表明 PDMS 分散在 TPU 基体中；碱液对 TPU 和共混物拉伸性质的影响比酸液大，在碱液中浸泡后，共混物的拉伸性能的变化与浸泡前类似。

TPU 具有优秀的力学性能，但耐热性能存在不足。硅橡胶耐热性能好，但力学性能差，限制其更广泛的应用。通过简单共混制备所要求性能的共混材料，是一种经济适用方法。提高两者相容性是共混材料的关键因素，而其中加入相容剂是最常用的方法之一。在转矩流变仪中采用动态硫化方法制备 TPU/硅橡胶（VSR）热塑性弹性体。硅烷改性聚氨酯（Si-PU）和乙烯-醋酸乙烯酯接枝乙烯基三乙氧基硅烷共聚物（EVA-A151）均能改善 TPU/VSR 二元简单共混物的力学性能，尤其 Si-PU 改善效果更佳。SEM 表明 Si-PU 相容剂能使 VSR 均匀分散在 TPU 中，降低了 VSR 分散颗粒的尺寸[31]。

低硬度 TPU 的力学性能不佳，不适合于工程应用；另外，与传统橡胶相比 TPU 的滞后性强。考虑到相容性、耐油及耐热性，采用环氧化天然橡胶（epoxidized natural rubber，ENR）与 TPU 共混，通过动态硫化技术得到 TPU/ENR 共混物。ENR 的引入降低了 TPU 的弹性模量、硬度（小于 70SHOREA）以及滞后性质及永久变形（小于 20%）。但是 ENR 的引入同时降低了拉伸强度和拉断伸长率，不过共混物的指标仍在工业应用范围之内[32]。

TPU与氯化聚乙烯橡胶（CPE）的共混研究表明，TPU与CPE有良好的相容性；二者共混可以扩大TPU的加工温度；二者在热稳定性上有协同效应，CPE可以延缓聚氨酯干燥炭化形成；聚酯型TPU1570和聚醚型8180与CPE的共混研究表明，聚醚型与CPE有更好的综合力学性能。以PVC作为第三组分时，聚合物高的PVC效果较好；共混比为75/25共混物的重复加工性较好[33]。

5.3 TPU填充及增强改性

与传统橡胶不同，TPU无需补强即可使用，但为了降低成本或改善制品的某些性能，填充及增强也是TPU常用的改性方法。通常是向TPU中加入适量的填充材料，为方便起见，将填料分为常规填料和纳米填料进行论述。

填充改性可以改变聚合物的力学性能，或者同时赋予TPU特殊的功能性，如阻燃、抗静电等。本节主要叙述前者。另外，具有增强效果的填充改性称为增强改性，所选用的增强材料有玻璃纤维、各种合成纤维、晶须等，为方便叙述，将增强改性归入本节中。

5.3.1 常规填料填充改性TPU

TPU中可以加入炭黑、白炭黑、高岭土、云母、碳酸钙等填料，填料可以提高TPU的模量、硬度和撕裂强度，但是拉伸强度和伸长率下降。例如TPU中加入25份炭黑与不加炭黑比较：300%定伸应力由6.87MPa上升到17.9MPa，撕裂强度由73.6kN/m上升到112.8kN/m，拉伸强度和伸长率则由35.7MPa、630%下降为22.7MPa、470%。在TPU中加入炭黑，还可以显著改善耐天候老化的能力，其主要原因是它对紫外线的屏蔽作用。此外，TPU品种、添加剂和混炼工艺对炭黑填充TPU性能都有影响。采用开炼机混炼可制得性能良好的炭黑填充TPU；制备炭黑填充TPU最好不要使用适宜混炼温度超过160℃的TPU品种；否则炭黑很难在TPU中分散均匀，甚至根本无法填充进去。加炭黑前一定要先加入适量的润滑剂（如硬脂酸和硬脂酸钙），这样可以明显改善TPU的混炼工艺性能，大大降低设备的负荷；混炼时间对炭黑填充TPU的力学性能有重要影响。一般情况下，炭黑填充TPU的混炼时间不要超过25min[34]。

用改性白炭黑适当补强后的TPU/CPE共混物表面光滑，不粘辊，拉伸强度有不同程度提高，撕裂强度和硬度明显增加，拉断伸长率下降，用量为30份时较好[33]。

在共混过程中，碳酸钙颗粒能够填充并扩散到TPU/PVC共混物分子链间隙中，使二者接触面增大。此外，PVC碳酸钙又有很好的相容性，二者的黏附力较大，碳酸钙在一定范围内加入共混，可以使共混物的缺口冲击强度随碳酸钙用量增加而增大，这表明碳酸钙在TPU/PVC共混二元体系中有增韧作用。同样，碳酸钙使体系的表观黏度下降，超过一定量后，体系的黏度上升。

混入5～30份云母提高TPU的拉伸强度，云母最佳用量为20份。为改善阻燃性而加入的氢氧化铝导致胶料的拉伸强度、耐磨性显著降低，硬度略有降低。TPU中同时加入云母和氢氧化铝，不能明显改善胶料的力学性能，但是混入云母既改善了工艺性能，又不损害热性能，同时还降低了产品成本[35]。

TPU具有较高的强度、弹性和拉断伸长率。若加入短纤维制成复合材料，就可将TPU的高弹性与纤维的高刚性有机地结合起来，使复合材料不仅保持一定的弹性，而且显著提高模量，并可使复合材料制品具有高强度、高模量、耐高温、耐撕裂等特性。更重要的是，可采用传统的注射、挤出和压延等方法加工成型。近年来，国外对其结构与性能的关系进行了较多的研究，德国一些制造商已采用SF-TPU复合材料制造摩托车、汽车的零部件。

贺建芸等[36]研究了经硅烷偶联剂处理的玻璃短纤维对TPU力学性能的影响。采用的是邵尔A硬度为85～90的聚酯型TPU，添加0.5份（TPU为100份）硬脂酸作为润滑剂。炼胶工艺为：TPU在开炼机上塑炼2min，然后加入短纤维及硬脂酸，混炼4～6min，再将混炼均匀的混炼胶在炼塑机的冷辊上以一定的辊距（辊距为0.5mm）和一定的挡板宽度一次出片，并叠合成厚度为2mm的胶片，在180℃下模压6min，并迅速冷压3min，沿压延方向及垂直于压延方向在胶片上冲切试样。研究结果表明，玻璃短纤维-TPU复合材料在进行混炼时，纤维会断裂，且随着纤维长度的增大，短纤维长度的分散性提高，平均长度与初始长度差值增大；随着短纤维用量的增大，复合材料刚性明显增加，应力-应变曲线从典型的黏弹性曲线逐渐变为弹性特性曲线；复合材料的拉伸强度在短纤维用量为11份时最低，超过此用量（在67份范围内）则随短纤维用量的增大而增大；复合材料的纵向撕裂强度随短纤维用量的增大而增大，而横向撕裂强度则在短纤维用量低于43份时随短纤维用量的增大而减小，之后有所回升，横向撕裂强度远低于纵向撕裂强度，表现出明显的各向异性。

Suresha[37]将玻璃短纤维（SGF）加入到TPU中，采用注塑成型的方法制备了TPU/SGF复合材料，结果显示，复合材料的摩擦系数和磨耗率随SGF添加量的增加而降低，当SGF的填充料为40%（质量分数）时达到最低值。

在用作汽车如保险杠之类的材料时，玻纤增强TPU要求高的抗冲击性能。随着玻纤含量的增加和邵尔硬度的提高，玻纤增强TPU的冲击强度下降，在低温条件下尤为明显，所以正确选择玻纤含量和硬度大小是获得高抗冲玻纤增强TPU的关键[38]。

Akbarian等[39]研究了短芳纶纤维增强TPU复合材料，纤维含量在0～30%之间。短芳纶纤维在布氏混合器中、180℃条件下熔融共混制得复合材料。形态研究表明，熔融加工过程使短纤维出现严重的轴向劈开、再纤维化以及断裂现象。TPU/短纤维复合材料的密度随纤维含量的增加而变大、拉伸强度在纤维含量为20%以上时增加，但同时拉断伸长率降低；纤维的存在明显增大了TPU的表观熔体黏度，这种现象在低剪切速率时更明显；短纤维降低了TPU的耐磨性。

硅藻土是在海洋或湖泊中生长的硅藻类的残骸在水底沉积、经自然环境作用而逐渐形成的一种非金属矿物，属硅酸盐类物质，具有天然的空洞结构。填充少量的硅藻土，对聚合物起增强作用。室温下，在硅烷偶联剂改性硅藻土中加入TPU溶剂，超声分散，随后再加入TPU，搅拌，待TPU完全溶解后在500～800r/min下超声搅拌1～2h，最后在80～110℃下将溶剂蒸发得到TPU/硅藻土复合材料。该方法能耗低、周期短、加工成型方便，适宜大规模生产；所制备的TPU/硅藻土复合材料力学性能和耐热性有了较大提高；TPU的拉伸强度增幅达62.24%[40]。

陈建国等[41]研究了硫酸钡填充改性聚醚型TPU和聚酯型TPU，并考察了TPU/$BaSO_4$复合体系的力学性能和热性能。结果表明，随着硫酸钡的加入，体系的拉伸强度，拉断伸长率均增加，加工性能得以改善，但其热稳定性下降。

5.3.2 纳米填料改性TPU

5.3.2.1 TPU/CNTs复合材料

在力学性能方面，CNTs具有极高的强度、韧性和弹性模量，用CNTs增强的塑料，不仅力学性能优良，而且抗疲劳、抗蠕变、材料尺寸稳定；又由于摩擦系数小，故滑动性能好，与金属相比振动衰减性好。碳纳米管与聚合物的复合可以实现二者的优势互补，有效地利用CNTs独特的结构，优异的力学性能、热稳定性与导电性能。

为增加多壁CNTs的分散性，首先对多壁CNTs进行酸化处理，获得羧基化CNTs；然后将质量分别为TPU质量0.1%～5%的羧基化CNTs加入DMF/THF混合溶剂中超声分散0.5～2h，其中溶剂质量为TPU质量的2～2.2倍；再加入TPU继续超声搅拌1～2h获得均一的CNTs/TPU复合溶液，并通过静电纺丝的方法得到膜状物。该方法使TPU薄膜复合材料的特定力学性能可以有明显提高。添加0.1%～5%的多壁CNTs可以明显地增强其弹性模量以及与纺丝方向平行的拉伸强度[42]。

以四氢呋喃为溶剂，采用溶液浇注法，得到单壁碳纳米管（SWNT）在聚合物中自发排列的纳米复合材料。极性溶剂THF渗透于TPU内部，影响硬段的三维氢键结构，在溶剂挥发TPU固化阶段，被束缚的链段松弛，这被认为是纳米管在聚合物中自发取向的推动力。如图5.5所示复合薄膜材料冷冻脆断样的SEM照片（含有0.5% SWNT）。从照片中可以看出SWNT在薄膜内部良好的取向。然而，复合材料拉伸性能的变化并不显著。SWNTs含量为0.5%的TPU复合材料弹性模量仅比纯TPU增加1.9倍；SWNTS对TPU的滞后性及永久变形的影响也不大。原因可能在于填料与基体之间的相互作用及填料对复合材料微相分离结构的影响[43]。

熔融共混是制备纳米复合材料的常用方法。江枫丹[44]采用开炼机熔融共混法制备了高填充的多壁CNTs/TPU纳米复合材料，SEM形态观察如图5.6所示，

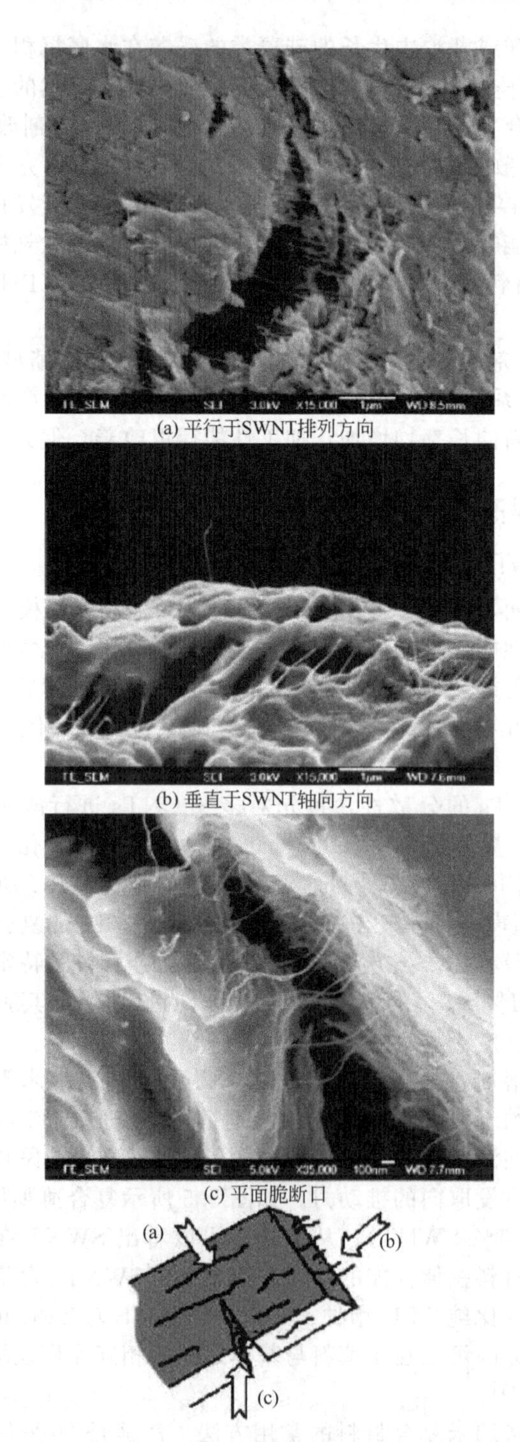

(a) 平行于SWNT排列方向

(b) 垂直于SWNT轴向方向

(c) 平面脆断口

图 5.5　TPU/SWNT 复合材料薄膜条带示意图

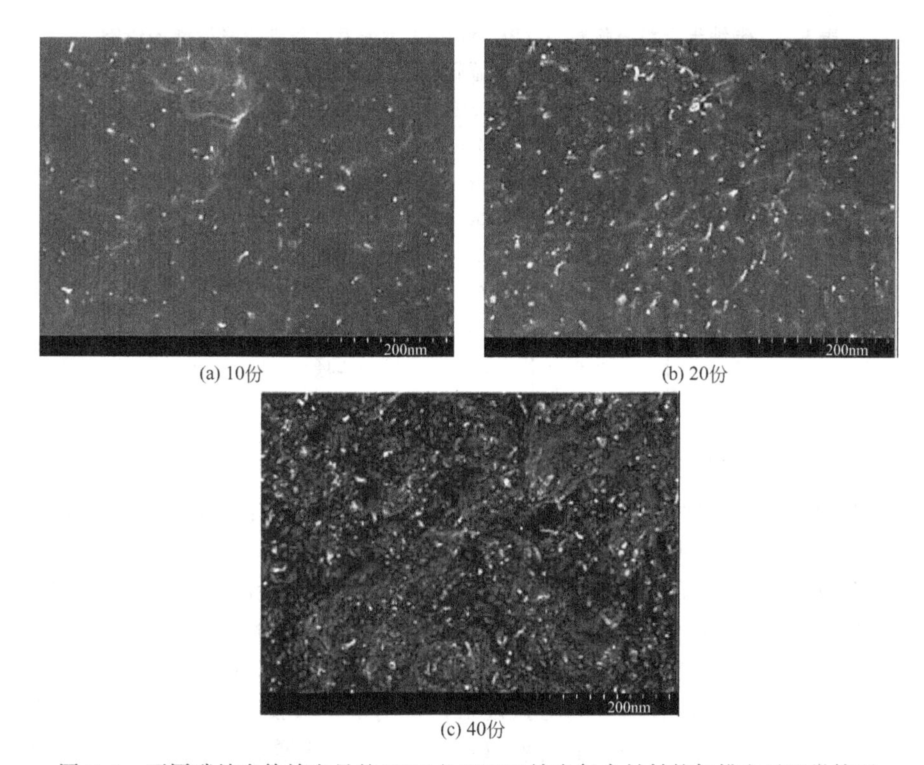

(a) 10份
(b) 20份
(c) 40份

图 5.6 不同碳纳米管填充量的 TPU/MWNT 纳米复合材料的扫描电子显微镜图

即使在高填充碳纳米管的 TPU/MWNT 纳米复合材料中也没有产生微米级的团聚。这有可能是由于聚氨酯分子中含有大量的如—CONH—，—CH_2—O—等极性基团，改善了 TPU 与碳纳米管之间相容性，使碳纳米管在 TPU 基体中分散均匀。除此之外，在熔融共混过程中，双辊的强烈剪切力可能破坏了碳纳米管聚集体的缠结，同时高温也弱化了碳纳米管之间的相互作用，这都有利于碳纳米管在 TPU 基体中的分散。表 5.2 总结了碳纳米管填充份数对 TPU/MWNT 纳米复合材料力学性能的影响。可知，随着碳纳米管用量的增加，复合材料的硬度、100%定伸应力逐渐提高；撕裂强度先提高然后保持一个平台区；拉伸强度先迅速降低然后降低缓慢；拉断伸长率逐步降低。TPU 由于具有独特的软硬段嵌段结构，软段和硬段可以分别充当橡胶相和塑料相的作用，从原理上讲，TPU 可以作为一种纳米硬相增强软相的复合材料。少量碳纳米管的加入导致了杂质效应并扰乱了 TPU 所特有的软-硬相自增强行为，使得复合材料的拉伸强度迅速降低。然而当碳纳米管的用量达到 15 份时，由于碳纳米管-碳纳米管网络结构的形成使得应力由 TPU 基体传递到这种连续的网络结构，抵消了碳纳米管的杂质效应，抑制了拉伸强度的降低。但是复合材料的最终拉伸强度能否超过纯 TPU，这都与碳纳米管的取向、长径比、碳纳米管与 TPU 的界面作用等诸多因素有关。

表 5.2 碳纳米管填充份数对 TPU/MWNT 纳米复合材料力学性能的影响

碳纳米管份数/份	邵尔 A 硬度	撕裂强度/(kN/m)	拉伸强度/MPa	拉断伸长率/%	100%定伸应力/MPa	永久变形/%
0	84	77.7	42.6	558	5.2	36
1	85	91.3	36.1	570	5.9	60
3	87	99.2	30.6	616	6.5	76
5	87	115.4	26.4	598	7.2	76
10	91	152.6	23.6	574	9.9	88
15	91	143.4	22.6	334	17.7	20
20	91	142.6	21.1	234	19.7	28
30	95	134.3	24.8	160	24.4	28
40	96	122.6	23.6	203	19.3	52

XRD 和 DSC 分析结果表明，对于 TPU/碳纳米管复合体系，碳纳米管的加入只是稍微改变了聚氨酯的微相分离结构。通过力学性能、动态力学热分析、功能性能的测试，发现 TPU/碳纳米管纳米复合材料的力学性能与碳纳米管用量的关系与短纤维/橡胶复合材料的力学性能表现规律是相似的，碳纳米管的加入对 TPU 在高温环境下（120℃）的力学性能是有增强作用的；碳纳米管的加入对复合材料的动态储能模量有明显的增强效果，特别是在橡胶态下，纳米复合材料的动态模量比纯 TPU 大幅度提高；随着碳纳米管用量的增加，所得复合材料的模量逐渐提高，而且橡胶态到黏流态的转变温度升高，碳纳米管的加入改善了 TPU 的耐热性；复合材料的导电性能提高，还具有摩擦系数降低，磨损性能提高以及一定的导热性能。为了保证复合材料有良好的导电性能，同时为了保证复合材料良好的综合性能，碳纳米管的添加量不宜过高，以 20 份为宜。

5.3.2.2 TPU/黏土纳米复合材料

与传统的纳米材料制备技术相比，纳米黏土的制备具有原料丰富、工艺简单、成本低廉等特点。因此，纳米黏土的研究成为材料科学研究的一个热点。纳米黏土包括的种类很多，除了蒙脱石外，还有高岭石、海泡石、蛭石、坡缕石、累托石等。

纳米黏土的研究最先涉及的黏土是蒙脱土，且由于其本身的特性，对纳米蒙脱土的研究最为广泛且最为深入，目前已投入工业化生产阶段。因此在许多参考文献中，纳米黏土指的就是纳米蒙脱土。

Qianping Ran 等[45]开炼机熔融共混制备出 TPU/蒙脱土纳米复合材料，如表 5.3 所示，经十二烷基三甲基溴化铵（CTBA）改性的有机土复合材料的力学性能明显高于纯 TPU，而未经改性的 TPU/蒙脱土复合材料的性能不如纯 TPU。同时研究还发现，相同的有机土含量，共混 15min 的复合材料力学性能不如共混 10min 的，可能是 TPU 热降解所致。

表 5.3　TPU/MMT 纳米复合材料的力学性能

试样	拉伸强度/MPa	撕裂强度/(kN/m)
TPU	51.9	102.3
TPU/MMT(97/3)	51.5	99.8
TPU/MMT(95/5)	51.1	99.6
TPU/MMT(93/7)	50.5	98.4
TPU/CTAB-MMT(97/3)	55.1	111.6
TPU/CTAB-MMT(95/5)	56.8	119.2
TPU/CTAB-MMT(93/7)	55.9	119.7

Barick 等[46]利用 HAAKE 转矩流变仪熔融插层制备了 TPU/有机纳米黏土复合材料，共混温度 185℃、转速 100r/min、时间 6min。图 5.7 给出的是 TPU/有机纳米黏土复合材料的 TEM 照片，可见黏土以插层或部分剥离的形式均匀地分散在 TPU 基体中。由于 OMMT 纳米片层的屏障效应，复合材料的热分解温度显著提高，TPU 软段的玻璃转化温度有所增加。此外，复合材料的力学性能（模量、拉断伸长率和撕裂性能）和比纯 TPU 高，并随有机土含量的增加而增大，当有机土含量为 5%时达到最大值。

尹明明等[47]以 Gemini 双阳离子表面活性剂插层钠基蒙脱土制备了具有不同层间距的有机蒙脱土（OMMT）并用于热塑性聚氨酯（TPU）的改性，考察了 OMMT 的层间距及用量对该纳米复合材料的热性能和力学性能的影响。DSC 结

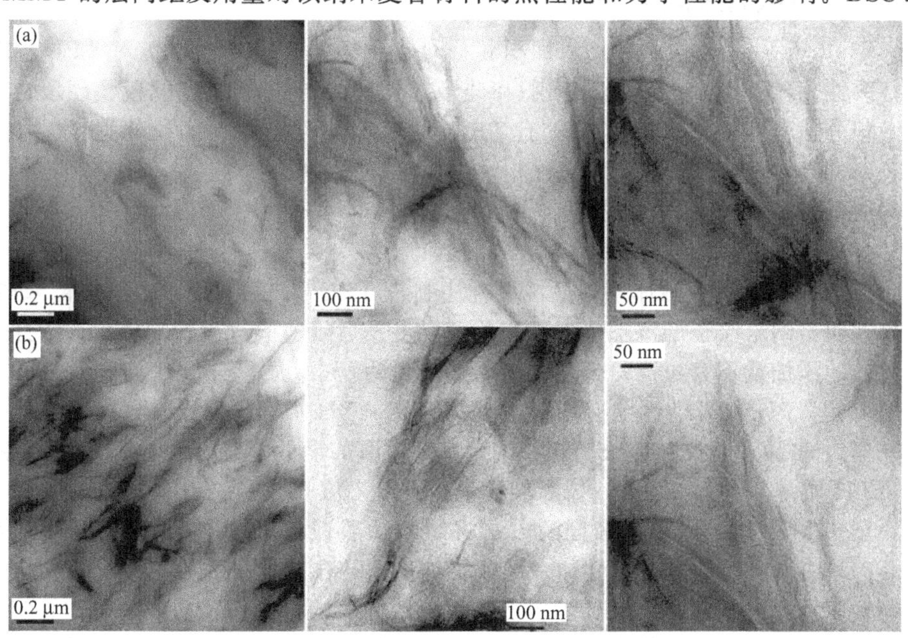

图 5.7　TPU/纳米黏土复合材料的 TEM 照片（从左至右为不同的放大倍数）

(a) 黏土含量为 3%；(b) 黏土含量为 5%

果表明，随着 OMMT 层间距的增大，软段 T_g 升高，硬段 T_g 降低。力学性能结果表明，OMMT 的层间距越大，力学性能越好，当 OMMT 质量分数为 3%时，OMMT/TPU 纳米复合材料的力学性能最好。

马晓燕等[48]以十二烷基季铵盐与累托石（REC）进行阳离子交换得到有机黏土（OREC），以 OREC 与 TPU 采用熔融挤出共混法制备了 OREC/TPUE 纳米复合材料。结果表明，累托石黏土在聚氨酯热塑性弹性体中以纳米尺寸分散，纳米复合材料具有较高的动态热力学性能，其储能模量最大可提高 7 倍多，损耗模量最大可提高 4 倍多。复合材料的其他性能均有不同程度的提高，特别是 OREC 添加量为 2%时，复合材料 TG、耐油性及耐空气老化性能最高。其初始分解温度提高 15℃，在 40# 机油中浸泡 168h 后拉伸强度保持率达到 86.14%，120℃热空气老化箱中老化 72h 后拉伸强度保持率达到 87.10%。

文强等[49]利用升温红外分析和动态力学分析研究了纳米凹凸棒土改性 TPU 复合体系的氧键作用，探讨了复合体系中氢键的温度依赖性，求出了复合体系的氢键化程度、氢键解离能和解离熵。结果表明，纳米凹凸棒土改性 TPU 后，TPU 中原本没形成氢键的自由羰基与纳米凹凸棒土表面富集的硅羟基形成了氢键，并且一定范围内羰基的氢键化程度、氢键解离能随着纳米凹凸棒土含量的提高而提高。复合体系氢键化程度随温度的升高急剧下降。

5.3.2.3 TPU/其他纳米复合材料

Baudrit 等[50]采用不同比表面积和不同硅羟基含量的纳米 SiO_2 对 TPU 材料进行改性。随着纳米 SiO_2 比表面积和硅羟基含量的增加，TPU 软段、硬段之间的微相分离程度增强，从而提高了 TPU/纳米 SiO_2 复合材料的拉伸强度、拉断伸长率和黏弹性。当纳米 SiO_2 的比表面积大于 $200m^2/g$，硅羟基含量大于 0.60mmol/g 时，复合材料的性能改善不明显。

付青存等[51]以 TPU 为基体，纳米 ATH 作为主要改性剂，采用溶液-凝胶法制备 ATH/聚醚分散体系，原位聚合法制备 TPU/ATH 纳米复合材料。研究结果表明：纳米粒子的添加量对预聚物的黏度及后续实验过程影响较大，因此纳米粒子的添加量不宜过高，选用的最大添加量为 5%（质量分数）；纳米 ATH 的添加可使 TPU 的力学性能有明显的提高，在 ATH 质量分数为 4%时，拉伸强度增幅为 60%，而拉断伸长率随着纳米 ATH 添加量的增加，存在极大值现象，在 ATH 质量分数为 3%时，拉断伸长率达到最大值 645%。

黄伟生[52]通过原位共聚合的方法将纳米钛酸钡掺入 TPU 中，制备了一系列 TPU/纳米钛酸钡复合弹性体。考察了纳米颗粒在基体中的分布情况，结合压缩模量以及介电常数，电致伸缩应变，对电致伸缩的机制作了初步的探索。实验发现在聚氨酯弹性体中掺入纳米钛酸钡，复合弹性体的硬度、介电常数随着纳米钛酸钡含量的增加而增加；而压缩模量在加入量达到 24%后才有所增加；复合弹性体的玻璃化转变温度与纯聚氨酯弹性体相比有所降低，并且随着钛酸钡含量的增加而逐渐出现较明显的晶相转变吸热峰；聚氨酯弹性体和纳米钛酸钡/聚氨酯弹性体复合材料在外加高电场的作用下，随着高压电源的开合，其应变呈现出相应的收缩与回复；掺入纳米钛酸钡后，随着其含量的增加，聚氨酯弹性体的电致伸缩系数出现先增加后降低的趋势。

5.4 TPU的阻燃改性

TPU以其优异的性能广泛应用于各个领域，但与大多数高聚物一样，TPU具有易燃性，其极限氧指数（LOI）仅为18%左右，且燃烧时不易扑灭，同时具有严重的熔滴滴淌现象，并释放出大量黑烟和有毒气体。近几十年来，聚氨酯材料的火灾事故频繁发生，因此其阻燃备受重视，目前许多科学家致力于聚氨酯阻燃改性研究。

5.4.1 卤系阻燃剂阻燃TPU

目前溴系阻燃剂在阻燃效果上仍具有无可争辩的优胜机能，与各种高聚物的分解温度相匹配，因此能在最佳时刻于气相及凝结相同时起到阻燃作用，有添加量最小，效果最好的美称。

专利CN 101977995 A[53]公开了一种热塑性聚氨酯的阻燃配方，采用氯代或溴代化合物，三氧化二锑或五氧化二锑，以及滑石粉，复合后LOI至少可达30%，UL94测试为V-0级。

5.4.2 磷系阻燃剂阻燃TPU

最普遍使用的含磷阻燃剂主要有以聚磷酸铵（APP）为基的，以有机磷化合物（OP）为基的和以红磷为基的。

目前有机磷阻燃剂应用于聚氨酯阻燃的较多，因为它与聚氨酯具有好的相容性与稳定性，有的还可以作为聚氨酯材料的增塑剂。聚氨酯所用有机磷阻燃剂多为液态和固态的磷酸酯及磷酸酯，它们具有阻燃效率高、载度低、相容性好、热稳定性适中和抗“焦化”等优点[54]。

有机磷阻燃剂的分解温度对TPU阻燃性能影响较大。卢经扬[55]研究了磷酸三(β-氯乙基）酯磷酸和三(2,3-二溴丙基）酯对TPU的阻燃效果。如表5.4所示。可见，虽然两种阻燃剂结构相似，成分相近，但阻燃效果相差很大。从阻燃机理分析可知，阻燃剂中的阻燃成分只有在低于或接近聚合物初始分解温度时释放出来，阻燃效果才最理想。如果分解温度太低，聚合物还没有充分燃烧时阻燃剂已分解殆尽，有些甚至在热加工过程中已损失许多，当然得不到理想的阻燃效果。反之，分解温度过高，聚合物燃烧时，有效阻燃成分没有能充分释放出来，同样得不到理想的阻燃效果。试验用的阻燃剂中，磷酸三(β-氯乙基）酯的

表 5.4 不同阻燃剂的阻燃效果

组分	配比/质量份						
热塑性 PU 弹性体	100	100	100	100	100	100	100
磷酸三(β-氯乙基)酯	3	6	9	12	—	—	—
磷酸三(2,3-二溴丙基)酯	—	—	—	—	5	10	15
氧指数/%	23	24	25.5	25.5	28.5	32	34

热分解温度为 240～280℃，磷酸三(2,3-二溴丙基）酯的热分解温度＞300℃，聚氨酯的热分解温度为 400℃。磷酸三(2,3-二溴丙基）酯的分解温度更接近于聚氨酯的分解温度，相对而言和聚合物的分解温度更加匹配，因此阻燃效果较磷酸三(β-氯乙基）酯的阻燃效果好。

双磷酸酯类化合物也可作为聚氨酯材料的阻燃剂。连接两个磷酸酯的基团可以是亚烷基、亚芳基、亚烷亚芳基，也可以是其他二价的连接基团，如—SO—、—S—、—SO_2—等。然而这些阻燃剂带来的问题是在 100℃以上的环境条件下，阻燃剂本身或者存在的杂质可从聚氨酯材料挥发出来，在玻璃表面形成雾，在汽车工业中这个问题尤为严重，可采用多聚磷酸酯解决这个问题。一般在每 100 份聚氨酯材料中加 0.5～50 份的带有 10 个磷酸酯基团的多聚磷酸酯阻燃剂可以使聚氨酯材料即具有良好的阻燃性能又可以防止在高温下阻燃剂的挥发，减少雾的形成。

大多数阻燃剂在聚氨酯材料中可产生迁移、挥发而影响材料性能的稳定性。阻燃剂分子中引入带有羟基的化合物，可以和聚氨酯材料中的异氰酸酯反应形成化学键，阻止了阻燃剂分子的迁移和挥发。这类阻燃剂可以是双聚磷酸酯，也可以是带有多达 10 个磷酸酯基团的多聚磷酸酯。双聚或多聚磷酸酯分子上带有至少两个或两个以上可以与异氰酸酯反应的羟基基团，这类化合物具有高效阻燃性能，并具有很高的抗迁移性能。在每 100 份聚氨酯材料中加入 50 份这样的阻燃剂，按 FMVSS302 标准评价可以达到 SE 级（具有自熄性）[54]。

有机磷系阻燃剂的另一个发展方向是膨胀型阻燃剂。它是应用磷-氮协同、不燃气体发泡、多元醇和酯脱水炭化形成阻燃碳化层等多种阻燃机理共同作用而起到阻燃效果的磷化物。阻燃机理是能消耗聚合物燃烧时的分解气体，促进不易燃烧的炭化物生成，阻止氧化反应的进行，从而抑制燃烧的进行。上海化工研究院[56]用 APP、甲醛、蜜胺和蜜胺-甲醛预聚体复配了新型磷氮体系无卤膨胀型阻燃剂（ANTI-2），利用 ANTI-2 对 TPU 进行阻燃，并对其氧指数、UL94 燃烧级数、拉伸强度、伸长率、硬度做了测试，结果表明 ANTI-2 阻燃剂是一种有效的 TPU 弹性体阻燃剂，当 ANTI-2 用量增加到 35%以上时，燃烧级数达到 V-0 级；但随着阻燃剂 ANTI-2 用量的增加，阻燃改性 TPU 的硬度增加，拉伸强度下降，伸长率却变化不明显。

含磷阻燃剂还可以与其他阻燃剂发挥协同阻燃的作用。如表 5.5 所示，

表 5.5 阻燃剂的协同作用效果

组分	配比/质量份	
热塑性聚氨酯弹性体	100	100
磷酸三(β-氯乙基)酯	9	9
十溴二苯醚	10	10
导电炭黑	—	适量
自熄时间/s	3.3、2.5、3.0、2.8、2.6、2.2	1.4、1.6、1.4、1.8、1.7、1.2

TPU 中，磷、溴具有良好的阻燃协同作用，在磷酸酯中加入一定比例的溴系阻燃剂，可使热塑性 PU 基本达到抗烈焰灼烧要求。导电炭黑可以抑制灼烧时 PU 的熔融、流淌，进一步提高阻燃效果，从而得到理想的抗烈焰灼烧的阻燃热塑性 PU 材料。

林沫[54]将 MgO、MnO_2、Fe_2O_3、Ni_2O_3、CuO、ZnO、Sb_2O_3、La_2O_3和Y_2O_3分别加入到三嗪系成炭发泡剂（CFA）/聚磷酸铵（APP)(IFR）复配出的膨胀阻燃剂中，用于 TPU 体系的阻燃。膨胀阻燃剂中 APP 与 CFA 的最佳比例为 6：1 时，在纯 TPU 中加入 40 份时阻燃材料的 LOI 值能提高到 35.3%，但是单纯的 IFR 体系不能很好地解决 TPU 燃烧时熔滴的问题，添加 40%的 TPU-IFR 体系垂直燃烧仅能通过 UL94 的 V-2 级别，分别加入了以上九种金属氧化物进行协效后，发现在添加 35 份膨胀阻燃剂，其中金属氧化物占 IFR 总质量 5%的时候，添加 MgO、MnO_2、Fe_2O_3、Ni_2O_3和 CuO 的 TPU-IFR 体系均可以通过垂直燃烧 V-0 级测试，材料的拉伸强度和拉断伸长率都有所提高。

将 TPU-IFR 体系中 IFR 的含量降低到 30%时，只有 MgO 依然能够通过垂直燃烧 V-0 级测试。进一步研究发现在 30 份的 IFR 中添加 7%的 MgO 时，在通过垂直燃烧 V-0 的基础上，体系的氧指数最大，力学性能最好。继续降低 IFR 的添加量或者增加 MgO 的添加份数，TPU-IFR 体系将不能通过垂直燃烧 V-0 级别。由此可见，在九种金属氧化物中，MgO 对 TPU-IFR 体系的阻燃性和力学性能影响都最大，协效作用尤为明显。

另外，锥形量热仪研究表明，MgO 在降低 TPU-IFR 体系的热释放上表现出了优良的性质，它进一步降低并延迟了体系 PHRR，减少了 THR，并且在几种金属氧化物中最大程度地减少了 PCOP。而 CuO 则表现出了优良的抑烟性质，大大降低了体系的 PS 及 TSP，延后并降低了体系的 PCOP。扫描电镜图片显示，加入 35%IFR 的 TPU 燃烧后的残炭表面变得规整而致密，材料表面只有略微的小洞，而加入了 MgO 和 Ni_2O_3的 TPU-IFR 的炭层则像山脊一样致密、紧凑、无孔洞的残炭表面，其中又以添加 MgO 协效的炭层形态最好。

从以上研究看到，磷酸盐化合物作为聚合物的添加剂起到阻燃作用，已得到广泛的接受。磷酸酯作为聚氨酯的阻燃剂是目前研究的热点，除考虑磷酸酯的阻燃效果以外，它在应用时它易通过蒸发，溶剂的作用而失去、降低了阻燃效果，所以阻燃剂在聚氨酯中的增塑性能、稳定性、抗迁移性也是阻燃聚氨酯材料重点考虑的问题。研究现状也揭示了复合阻燃剂是重点关注的方向之一。

5.4.3 氮系阻燃剂阻燃 TPU

含氮阻燃剂主要包括 3 大类：三聚氰胺、双氰胺、胍盐（碳酸胍、磷酸胍、缩合磷酸胍和氨基磺酸胍）及它们的衍生物，特别是磷酸盐类衍生物。通常认为氮系阻燃剂受热分解后，易放出氨气、氮气、深度氮氧化物、水蒸气等不燃性气体。不燃性气体的生成和阻燃剂分解吸热（包括一部分阻燃剂的升华吸热）带走大部分热量，极大地降低聚合物的表面温度。不燃气体，如氮气，不仅起到了稀释空气中的氧气和高聚物受热分解产生可燃性气体的浓度的作用，还能与空气中氧气反应生成氮气、水及深度的氧化物，在消耗材料表面氧气的同时，达到良好的阻燃效果。

大量以三聚氰胺脲酸盐为 TPU 阻燃剂的专利发布，如日本专利 54-85242 公开了树脂组合物，该组合物含有 3%～33.3%（质量分数，下同）的三聚氰胺脲酸盐；中国专利 1639245A 用三聚氰胺氰脲酸酯作为 TPU 的阻燃剂，用量优选为 35%～45%，含量低于 28%达不到要求的阻燃性，含量高于 50%往往降低物理性能。为达到阻燃性而要求的三聚氰胺氰脲酸酯的含量也受 TPU 类型的影响，聚醚型 TPU 通常比聚酯型 TPU 需要更少的三聚氰胺氰脲酸酯；美国专利 5837760 公开了单独使用有机磷酸酯或使用其与三聚氰胺脲酸盐的混合物作为 TPU 的阻燃剂，该混合物含有 35%～80%的 TPU，3%～15%的有机磷酸酯，0～50%的三聚氰胺衍生物，阻燃效果良好，等等[57]。

5.4.4 无机阻燃剂阻燃 TPU[58]

由于受到原料成本、技术发展、使用条件等方面的限制，目前大规模应用的矿物阻燃剂主要为氢氧化铝阻燃剂、氢氧化镁（水镁石）阻燃剂。氢氧化铝是世界上用量最大和应用最广的矿物阻燃剂，约占阻燃剂总用量的 45%，国内外市场上阻燃剂用氢氧化铝主要是 α-三水合氧化铝（ATH，α-$Al_2O_3 \cdot 3H_2O$）。氢氧化镁是继氢氧化铝之后的又一大环保型阻燃剂，美国是氢氧化镁阻燃剂产量最大、品种最多的国家，我国具有丰富的氢氧化镁资源，但氢氧化镁阻燃剂研究较晚，产量、规模、品种和质量一直明显落后于国际水平。

对无机阻燃剂而言，为达到高的阻燃效果，必须加大阻燃剂的添加量，而无机物通常与高分子基体相容性差，大量加入对 TPU 材料的力学、热学性能又会造成很多不良的影响。为改善相容性，对无机阻燃剂进行适当的表面处理是必要的。

Pint 等[59]将云母和 ATH 一起作为添加剂加入到聚氨酯材料中，ATH 的阻燃效果明显，但却降低了材料的拉伸强度和硬度；云母有很好的绝热效应，和 ATH 复配后，可以部分弥补因 ATH 的引入对 TPU 材料力学性能的负面影响，是三水合铝的有益补充。

黏土矿物通常以纳米尺度均匀分散在聚合物中，黏土矿物的纳米片层在二维方向对聚合物燃烧产生的小分子、可燃蒸气和放出的热量起到了阻隔作用，对聚合物凝聚相的降解燃烧产生重大影响，黏土片层在二维方向也能阻碍气相燃烧产生的热量向凝聚相的反馈，从而提高了聚合物的阻燃性能。纳米尺寸分散的黏土片层对聚合物大分子链的活动性具有明显的限制作用，从而使大分子链在受热分解时比完全自由的分子链具有更高的分解温度。

利用国产氮磷阻燃剂FRs与有机黏土对聚酯型TPU进行阻燃。当FRs添加量为18%时，UL94达V-0级，LOI达32.8%；拉伸强度、拉断伸长率和撕裂强度分别降低了52.%、44.0%和12.3%，邵尔A硬度值增加5。与纯TPU相比，当FRs的添加量为18%、黏土的添加量为1%时，其拉伸强度、拉断伸长率和撕裂强度分别降低了48.7%、39.4%和11.1%；而阻燃性能达UL94 V-0级，LOI达32.8%[60]。

可膨胀石墨（EG）是由天然鳞片石墨经化学处理而形成的特殊的石墨层间化合物。石墨具有层状结构，碱金属、强氧化性含氧酸等可嵌入层间，形成层间化合物，在200℃左右时通过层间化合物的分解、气化、膨胀而开始膨胀，900℃左右达到最大值，膨胀幅度可达280倍[8]，膨胀后的石墨由鳞片状变成密度很低的“蠕虫”状，以交联网络形式增强了炭化层的稳定性，防止炭化层脱落，可在材料表面形成高效绝热、隔氧层，能够阻断热量向材料表面的传递及材料内部分解产生的小分子可燃气体向材料表面燃烧区的扩散，防止聚合物的进一步降解，从而阻断了燃烧链，起到高效防火阻燃的作用。

石墨与聚氨酯不发生化学反应，但石墨在200～300℃间可形成一种虫洞般结构层包覆处于分解中的聚氨酯，在高温时比较稳定，阻止了热量由热源传到内层，物质由内层传到热源，从而提高了材料的热稳定性。

5.5　TPU的抗静电改性

一般聚氨酯弹性体的体积电阻率介于10^{13}～$10^{15}\Omega\cdot cm$之间，具有良好的电绝缘性，在使用过程中经摩擦容易产生静电，静电积聚、静电放电以及电磁波干扰可引起一系列灾害。国内外许多研究学者采用添加抗静电剂，填充导电炭黑、金属材料或粉末和与亲水性聚合物或本征导电高分子的共混物等手段制备抗静电的聚氨酯弹性体。以此来增加聚氨酯在电子、医疗、汽车、包装等对抗静电要求比较高的行业。

巴斯夫欧洲公司用乙基甲基咪唑硫酸乙酯做TPU的抗静电剂，加入优选量在0.1%～5%（质量分数）。测得的体积电阻率小于$10^{10}\Omega\cdot cm$[61]。

目前炭黑是应用最广、消耗量最大的导电填料。研究表明，当添加5%的导电炭黑时，TPU/PA6共混合金的体积电阻率降到了$10^{10}\Omega\cdot cm$以下，具备了抗静电性能。随着导电炭黑添加量的增多，共混合金的体积电阻继续大幅度降低。导电炭黑对共混合金材料的力学性能没有太大的影响。但随着导电炭黑添加量的逐渐增大，共混物的流动性降低，影响了混合合金的加工性能，必须加大冲模压力或是提高注塑温度弥补共混物流动性的降低，而且制品的外观只能局限于黑色[25]。因此需要综合平衡各种性能添加合适用量的炭黑。

对热塑性弹性体而言，添加碳纳米管可能是取代炭黑并同时实现纳米复合材料更好性能平衡的方法。抗静电或导电行为所需要的低配合量碳纳米管，可使得复合材料与炭黑相比加工性提高，表面光洁度更好，甚至还可提升热塑性聚氨酯的力学性能。

对于抗静电或导电复合材料之类工业用途，即电缆、管材、皮带、鞋、外壳等，熔融加工通常是首选的方法。用熔融法把不同种类的多壁碳纳米管（MWNT）添加入德国巴斯夫公司的 TPU 产品 Elastollan1185 A 中。为便于对比使用了两种炭黑。研究的焦点集中在体积电阻率和拉伸试验行为的变化上。可以表明，碳纳米管是能使 TPU 获得抗静电性或导电性的高效率填料。采用小型的熔融混合，挤出线材的电渗透阈可达到低至 1.5%的浓度。以 2%的配合量添加工业品级的 Nanocyl7000 材料时开始获得导电性复合材料，这种碳纳米管材料具有优良的分散性。与含 15%MWNT 的预制母料相比，直接掺入 MWNT 表现出更低的电阻率值，而这可能跟 MWNT 的分散更均匀有关。炭黑呈现出高得多的渗流阈值，Vulcan XC72 高达 17.5 %，PrintexXE2 则为 7.5 %[62]。

填充金属材料或金属粉末会使材料的密度大大提高。相比之下，通过与亲水性聚合物共混来达到抗静电能力的方法可制备耐用性能好、永久性抗静电聚氨酯材料。日本 Bridgestone 公司研制了在聚氨酯树脂中均匀分布的亲水性聚合物，使聚氨酯材料具有均匀而较高的抗静电性，其体积电阻率为 $8\times10^{9}\Omega\cdot cm$，表面电阻为 $1.4\times10^{9}\Omega$。

Kini 等[63]采用三种不同的方法（溶液共混法、熔融共混法、原位聚合法）制备了 TPU/石墨烯导电复合材料，研究表明，溶液共混法制备的 TPU 复合材料，石墨烯片层在 TPU 基体中的分散性最好，所制得的复合材料综合性能最佳。

5.6 TPU 发泡改性[64,65]

Ito 等[66]将 TPU 放入高压釜中，在一定的温度和压力下，将超临界二氧化碳溶解在 TPU 中，溶解平衡后开釜泄压，把样品放入油浴中快速升温发泡，制备出了热塑性微孔聚氨酯弹性体。

将 100 份 TPU 粒子（单个粒子重 2mg）、250 份水、20 份丁烷放入高压釜中，加热到 110～130℃，搅拌一定时间，快速卸压即得到发泡粒子。为了维持恒定的压力，可以通入氮气、空气、二氧化碳等其他发泡剂，泡沫密度最低可到 $0.12g/cm^3$。在高压釜中溶解平衡后，迅速降低温度获得可发性 TPU 粒子，这些粒子可以在100～130℃下模塑成型，用1～4bar（1bar＝0.1MPa）的水蒸气加热模具即可。

近年来，国外一些公司开发了可膨胀微球作为发泡剂的发泡法。可膨胀微球的外壳采用聚合单体和交联性单体聚合而成的气体阻隔性能优异的聚合物。微球内部为低沸点的有机溶剂如丙烷、正丁烷、正戊烷、庚烷等。当温度升高时，微球外壳软化，内部的液体膨胀发泡。可膨胀微球已经有商业产品如EXPANCEL（由AkzoNobel注册的商标）。采用可膨胀微球作为发泡剂在常规的仪器上就可以得到低密度的微孔聚氨酯弹性体。

专利CN 200480015783用可膨胀微球作为发泡剂，采用挤出或注射工艺得到发泡制品，克服了采用化学发泡剂导致的泡孔粗大，容易出现空化结构的问题。CN 200480015783采用混合热塑性聚氨酯和合适的可膨胀微球，显著扩大了加工温度范围，所得制品泡孔细小均匀，没有空化且不形成凹陷。专利CN00803101公布了TPU发泡的方法，发明人发现采用可膨胀微球注塑发泡可以进一步降低材料的密度，同时又能保持或者改善表皮质量和脱模时间。BASF公司使用可膨胀微球作发泡剂，开发出了密度为0.659g/cm^{3}的TPU材料，密度降低到原来的一半，用于垫材、吸声、垫圈等聚氨酯泡沫领域，可节省可观的TPU原料。

空心玻璃微珠（HGB）是一种新型的轻质无机非金属材料，中空的球体，内部为N_2或CO_2等惰性气体，具有低密度、低热导率、高填充量、无应力高度集中等优点。将HGB添加到聚合物泡沫中，制得具有复合泡孔的泡沫材料，不仅能够降低成本，同时能在一定程度上对发泡材料起到增强作用。

林佩洁[67]采用化学发泡法，将经KH550改性后的HGB填充TPU，通过挤出发泡工艺和模压发泡工艺制备HGB/TPU复合发泡材料。SEM和FT1R测试结果表明，先经NaOH洗涤再经硅烷偶联剂处理的HGB表面被偶联剂均匀包覆，且出现了KH550的特征吸收峰，改性后的HGB与TPU基体界面结合良好，说明对HGB的表面改性是成功的。

配方为：TPU含量为97份，HGB含量为3份，AC含量为1.5份；工艺参数为：口模温度为180℃，螺杆转速为35r/min，冷却条件为空气自然冷却时，得到的发泡试样内部泡孔大小均一（约56μm）、分布均匀，泡孔密度最大，表观密度达到最低值0.644g/cm^3，发泡倍率为1.86，拉伸强度为8.21MPa，发泡性能优异。

配方为：TPU含量为97份，HGB含量为3份，AC含量为1份；工艺参数为：模压温度为200℃，压力为5MPa，发泡时间为5min时，得到的发泡试样内部泡孔分布均匀，孔径大小均一（约70μm），泡孔密度最大，表观密度达到最小值0.436g/cm^3，发泡倍率为2.75，拉伸强度为4.08MPa，压缩强度为16.38MPa，硬度为邵尔A48，综合性能最好。

在模压发泡过程中，压缩强度随着HGB含量的增加呈现出先上升后下降的趋势，添加 3 份 HGB 时试样的压缩强度达到最大值 16.38MPa，比未添加 HGB 时的压缩强度提高了 43.9%，这是良好的泡孔结构与 HGB 共同作用的结果，在受到外力作用时，可以均匀平缓地吸收能量。

5.7 改性 TPU 的应用[68,69]

TPU 作为一种新型原材料，应用时需加工成各种制品或配成溶液。TPU 制品概括起来可分为 3 类，即模塑的杂品、管材和棒材、薄膜和片材。TPU 溶液主要用于黏合剂和涂料、合成革和纤维。

5.7.1 在汽车方面的应用[38,70]

在现代科学技术的飞速发展下，使得人们对于汽车轻量化、节能、美观、汽车速度更快、更安全、更舒适、环保等提出了更高的要求。而高分子材料制品由于具有良好的性能、低廉的价格、简单的加工工艺，在汽车工业中扮演着愈来愈重要的角色。在汽车工业领域大量使用高分子材料制品，以代替各种昂贵的有色金属和合金材料，不仅提高了汽车造型的美观与设计的灵活性，降低了零部件加工、装配与维修的费用，而且还可以降低汽车的能耗。据有关测试，汽车的重量每下降 1kg，1L 汽油可多跑 1.1m。自 20 世纪 90 年代中后期开始，随着我国轿车工业的进步，汽车用高分子材料制品也开始全面发展。在我国石油化工迅猛发展和加快轿车材料国产化进程的带动下，我国汽车高分子材料制品的用量迅速增长。目前，我国汽车消费的各种塑料制品的总量为 45 万～50 万吨/年。

在应用于现代汽车的所有塑料中，聚氨酯是用量比较大的一个品种，而且其应用范围也是广泛的：从车箱到外部件，从软质到硬质，从轻型到致密型，一直到高强度的玻纤增强制品，随处可见聚氨酯的应用。TPU 可用来制作弹簧护套、弹性零件、板簧隔垫、齿条罩、车门部件、保险杠护板、衬、车窗件、装饰护条、传送皮带、软管、轴衬、轴瓦、轴套、车后窗等。汽车用的液压橡胶件中有不少是使用 TPU 材料。

用于汽车方面的 TPU 材料应具有优良的综合性能，主要包括 TPU 塑料合金、TPU 橡胶共混物以及 TPU 与无机材料的复合材料。TPU 塑料合金包含 TPU/PVC、TPU/ABS、TPU/聚甲醛、TPU/PA（尼龙）、TPU/PC（聚碳酸酯）等。TPU 橡胶共混物，如 TPU 与多种橡胶构成的合成材料。还有 TPU 与玻璃纤维、玻璃中空微球、碳纳米管形成的复合材料。

玻璃纤维增强 TPU 简称 R-TPU，它的开发始于 20 世纪 80 年代初期。1985 年，两个著名的德国汽车厂开始采用该材料制作车门护板和挡泥板。在美国，通用汽车公司因为采用该类材料而赢得美国塑料工程协会颁发的“汽车用塑料创新采用”奖。表 5.6 列出了 R-TPU 和几种主要塑料的冲击强度的指标。可以看出，R-TPU 具有优越的冲击性能，它比一般塑料的冲击强度高 2～4 倍。

表 5.6 R-TPU和几种主要塑料的冲击强度

材料	冲击强度/(kJ/m²)	材料	冲击强度/(kJ/m²)
PP	20	PA	50～60
PBTP	30～40	R-TPU	120

注：PP：聚丙烯；PBTP：聚对苯二甲酸丁二醇酯；PA：尼龙。

国内外正在开发针对汽车应用的TPU/PP/玻纤/三元复合材料和TPU基TPV动态硫化热塑性弹性体。此类TPU复合材料具有质轻、性价比优良、可回收等优点，可望广泛用做汽车内外饰件和结构件等。特别是在聚氨酯弹性体中加入反应性成分，在热塑成型之后通过“熟成”而形成不完全IPN（聚氨酯-丙烯酸酯互穿网络聚合物），大大增加了聚氨酯弹性体的物理机械性能，此外聚氨酯弹性体/PC共混型合金等都大大提高了汽车保险杠的安全性能

利用TPU的高强度和高承载能力，美国固特异公司开发出第二代TPU，商品名为Estaloc。该产品保持了第一代TPU的特性，并采用中空玻璃球作填料，使光泽度提高15%以上，可用于制造汽车边板和减震垫等。

美国Crompton公司最近开发的由聚醚三元醇和聚酯三元醇类物质等为原料制备的聚氨酯弹性体，耐磨性能比普通TPU高5～10倍，主要用于刹车片、驱动轮胎、轧辊等方面。

拜耳公司开发的牌号TexinDP7-3007的脂肪族TPU属于结晶透明挤出品级，曾用于生产宝马ZSROadster款轿车的浅色后窗。这种透明TPU材料的无定形结构部分与普通的TPU材料有所不同，它具有很高蠕变性即自愈合能力。这种后窗较普通后窗有很强的抗刮伤能力，并可经受自动洗车时的冲击。高抗挠曲性和耐折性并不影响车窗的透明性，与玻璃相比还可减重。

为发展TPU共混技术，德国PTS公司与拜耳公司联合开发了DESMOPAN系列TPU产品，其中不少系列可用于生产汽车用品，如图5.8是用DESMOPAN 192

图 5.8 DESMOPAN 192生产的汽车换挡器球头

图 5.9 DESMOPAN 1485A 生产的汽车风管产品

生产的汽车换挡器球头，图 5.9 用 DESMOPAN 1485A 生产的汽车风管，具有优异的耐油脂和耐磨性。

汽车防滑链是为了在冰雪路面上保证汽车安全行驶一个重要工具，以前大多采用铁链，质重、噪声大、易损轮胎和路面等。非金属防滑链采用耐低温及耐磨 TPU 混合色料制作而成，如图 5.10 所示。具有重量轻、耐低温、耐磨损以及较强的抗拉断能力等物理性能。设计采用防滑性能最好的网状结构，触地面预埋高硬度合金钉，360°全方位防滑，具有起步不打滑，刹车不跑偏，破冰雪不损路面，无震动等优良性能，汽车驱动轮安装即可。TPU 母料及合金更适合生产便于车辆在雪上行驶的用品，比防滑链和雪地轮胎更好。巴斯夫就与 Felex-Trax 公司开发了一种叫做“雪爪（SnowClaws）”的新产品，以解决雪上驾驶的老问题。雪爪与防滑链不同的是它不损坏路面和车辆，安装简单，尺寸可根据车轮大小进行调节，并能自清洁，有助于防止堵塞而降低牵引力。

图 5.10 TPU 汽车防滑链

5.7.2 在工业方面的应用

5.7.2.1 电线电缆护套、插头和连接

经化学交联或辐射交联的 TPU，特别是具有阻燃功能的 TPU，广泛应用于

电子电气、轨道交通、汽车和新能源领域，替代PVC和氯丁橡胶产品。PVC和氯丁橡胶在燃烧中会大量释放刺激性有毒有害气体，随着环保和公共安全意识的提高，电子电器行业将全面无卤化。阻燃改性TPU可用于光缆、油井电缆、船用电缆、电源线、数据线等领域。图5.11为PTS公司牌号为DESMOPAN 9385A的TPU经辐射交联制作的电线护套。

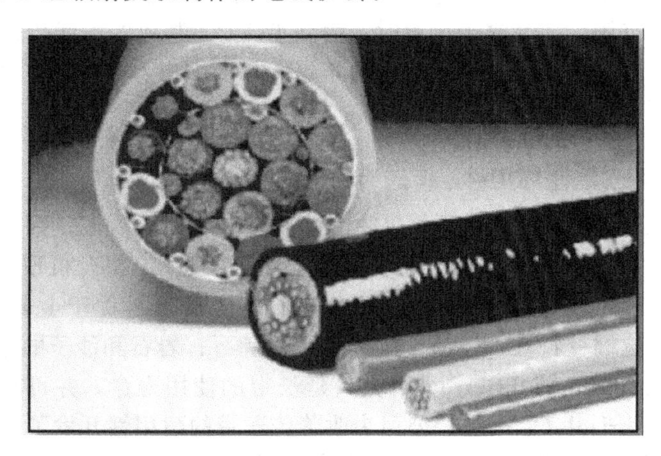

图5.11 德国PTS交联型TPU电线护套

与无卤低烟聚烯烃护套料相比，阻燃型TPU的工艺和力学性能近乎完美，从而成为备受追捧的新型电缆无卤低烟阻燃护套材料。阻燃型TPU的拉伸强度和耐磨性远远超过其他护套料，撕裂强度和耐低温屈挠、耐油、耐老化性能等也非常突出。用TPU管保护敏感的电缆线束，保证探测器测量准确，这种管透明、耐海水和微生物侵蚀；TPU制的端子和配件，结合紧密且防水，耐冲击并耐磨。阻燃型TPU与其他常用电缆护套材料主要性能比较见表5.7。由表可知，

表5.7 阻燃型TPU与其他常用电缆护套材料主要性能比较

项目名称	无卤低烟阻燃TPU	PVC	天然橡胶	氯丁橡胶	无卤低烟阻燃聚烯烃
使用温度/℃	−65～90	−40～80	−60～80	−50～90	−25～70
拉伸强度/MPa	20～50	12～18	7～25	10～28	10～15
拉断伸长率/%	300～700	150～300	300～700	300～800	150～300
体积电阻率/Ω·cm	10^{12}	10^{12}	10^{13}	10^{13}	10^{12}
耐磨性	优	一般	一般	良	差
耐油性	优	一般	一般	良	差
耐高能辐射	优	优	一般	一般	一般
耐撕裂性	优	一般	一般	良	差
耐臭氧性	优	优	一般	良	一般
耐低温屈挠性	优	差	优	良	差
其他特性	无卤	有卤	无卤	有卤	无卤

阻燃型 TPU 的综合性能明显优于其他常用的电缆护套材料。另外，TPU 减少了橡胶生产必需的硫化工序，大大缩短工艺流程，减少人力、电力成本，生产过程更加环保；无需投入连硫生产设备、提高挤出机利用率；护套可修复性强；废料能回收再利用[68]。

2008 年年底，用于电线电缆、特别是数据通信线缆的 Estane 阻燃性非卤素级别材料亮相市场。当暴露于火源时，由新型 TPU 制成的电线会烧焦，但不会渗漏。可渗透湿气的透气性产品也在同年年底首度上市。这种新产品用于多层结构并能防止气味外泄[69]。

5.7.2.2 矿用耐磨阻燃构件、传送带、运输带

由于 TPU 具有优异的耐磨和耐冲击性能，广泛用于磷矿、铜矿、煤矿等矿用过滤器材，如流料槽的衬垫、耐磨条、耐磨板、楔子、提升机顶部配件等。还用于矿用粗眼筛网构件，TPU 筛网筛分矿石，经济效益优于金属。TPU 传送带，不仅具有抗蠕变特性，还易于熔接。运输矿石、岩石和沙子的输送带，只要涂以 0.075～0.5mm 的 TPU，即可大大延长带的使用寿命，并可在现场修理或翻新。美国 Lubrizol（原诺誉）公司为改善传送带的耐用性开发了 Estane X1222 型 TPU，加速老化试验显示它的预期寿命和时间-断裂破坏寿命有明显改善，是其他 TPU 基传送带的 3 倍。

5.7.2.3 管材

TPU 可制成许多不同类型的管材。聚醚酯型和聚醚型 TPU 具有高伸长率、良好的耐水解和耐微生物性、优异的力学性能（拉伸强度和抗撕裂强度）等一系列优点，因而适用于消防水管的内衬。这种消防管比传统消防管轻，更便于操作使用，如图 5.12 所示。

图 5.12 TPU 消防管材

新型 TPU DESMOPAN DP5530 具有高的透明度、硬度以及良好的可挤出性，邵尔 D 硬度为 50，抗爆压力大于 2.53MPa，特别适用于包括燃料和润滑油软管、压力控制系统和化学品输送管等管材应用。

Lubrizol 公司设计了一种新型 TPU，邵尔 A 硬度为 80，可与软质 PVC 共混，用以增加其拉伸及撕裂强度，提高耐磨性，可直接采用这种混合材料在挤出机上生产出真空吸尘器管之类的产品，并且在覆盖、污泥和液体传送等用的软管行业中也有极大的应用前景。

上海塑料研究所成功开发的 TPU 挤出管材及由 PET 丝编织的增强复合软管，特别适合高压输气和输油管。

5.7.2.4 各种工具配件及把手

TPU 母料是 TPU 新的产品形式，其价格与常规 TPU 相差不大，但其运输方便，加工工艺简单，适合挤出、注塑和涂覆等工艺。目前，仅有少数公司能生产 TPU 母料。如美国 GLS 公司开发和生产的两种 TPU 母料手感与橡胶相似，耐油和耐化学介质性能好，拉伸强度高，适于制作手工工具和电动工具、园林修剪设备配件、袖珍电子设备配件、运动器材把手和休闲运动产品。该合金可与 PC，ABS 和 PC/ABS 共混物重叠注塑。

5.7.3 在包装材料方面的应用

TPU（或其复合材料）包装容器具有柔性，可折叠，耐燃料和油脂，耐强刺穿；透气性低，与低密度聚乙烯比较，渗透空气为聚乙烯的 0.8%，渗透氧气为 4.7%。适于包装润滑脂、油类和溶剂等产品。贮罐的防潮层、钻机护套、各种石油机械的配件及各种软管等都可用 TPU 加工制造。

TPU 用于箱包和衣料一般是通过制成人造发泡革或合成假皮的形式实现的，其 TPU 厚度为 0.125～0.2mm。这些革类可制成外衣、雨衣、手提包、皮箱、球类、鞋类等。TPU 发泡革主要使用在一些高档手袋方面，它具有环保、弹性好、耐褶皱、抗曲折等优点。特别是在发达国家当中非常受欢迎。TPU 发泡革在装饰行业中使用也比较广泛，可以使装修的房子更加高档，而且 TPU 革使用时间比较长，颜色比较多选择，正是因为有这么多的优点，所以 TPU 革在装饰行业中慢慢被使用。

5.7.4 TPU 密封复合材料

TPU 密封复合材料主要用途制作充气囊体。充气囊体已广泛用于国防军工和民用领域，此种材料是由 TPU 与纤维织物复合而成。该材料比普通橡胶和 PVC 具有无可比拟的拉伸强度。优良的力学性能如：抗撕裂、耐磨和耐低温屈挠性能。还具有良好的耐油、耐老化性能，是一种环保型材料。表 5.8 为 TPU 复

表 5.8 TPU 复合材料与其他橡胶复合材料性能比较

性能	TPU	天然橡胶	丁基橡胶	氯丁橡胶	氯磺化聚乙烯	PVC
邵尔硬度	30A～80D	30～95A	20～90A	20～90A	50～95A	40～90A
密度/(g/cm^3)	1.1～1.25	0.9～1.5	0.91～0.93	1.23	1.1	1.3～1.4
拉伸强度/MPa	29.4～55.0	6.9～27.6	6.9～20.7	6.9～27.6	6.9～19.3	9.8～10.6
伸长率/%	300～800	100～700	100～700	100～700	100～500	200～400
耐磨性	优	一般	良	一般	良	一般
耐低温屈挠性	优	优	良	良	差	差
耐油性	优	差	差	良	良	良
耐水性	良	良	优	良	良	良
耐天候性	优	差	优	优	优	一般
可高频焊接性	可	否	否	否	否	否

合材料与其他橡胶复合材料的性能。由表 5.8 可知，TPU 密封复合材料综合性能明显优于其他橡胶。

TPU 密封复合材料的主要应用领域：①充气床垫和医疗褥疮床垫。②按摩椅囊体材料：该领域此种材料应用已普及。③海上作业用橡皮船和充气艇囊体材料：该领域已逐步取代 PVC 和氯丁橡胶。④起重气囊材料：TPU 材料的拉伸强度为橡胶材料的 3 倍左右；耐磨性是橡胶的 3～10 倍，所以用此种材料做的起重气囊，可承受更高的重量和压力，具有很大的实用价值。⑤军用和民用飞艇囊体材料：选择高性能 TPU 组成的囊体材料，对飞艇的性能和生命力具有十分重要的作用。

TPU 密封复合材料还可做成防水、透湿面料服装，软体储运容器材料，工业防护服装和工业运输皮带等。TPU 密封复合材料，在国内一些领域已得到应用。在军用领域有较大的发展前途。

TPU 熔融贴合尼龙纤维布制作救生筏和充气船（图 5.13），具有良好的耐水解、耐磨和耐久性，而且比橡胶薄得多。TPU 薄膜热贴合在尼龙布上制作救生衣，黏合性好，薄膜厚度只有 2 5μm，质量极轻，用时充气，不用时便于存放。

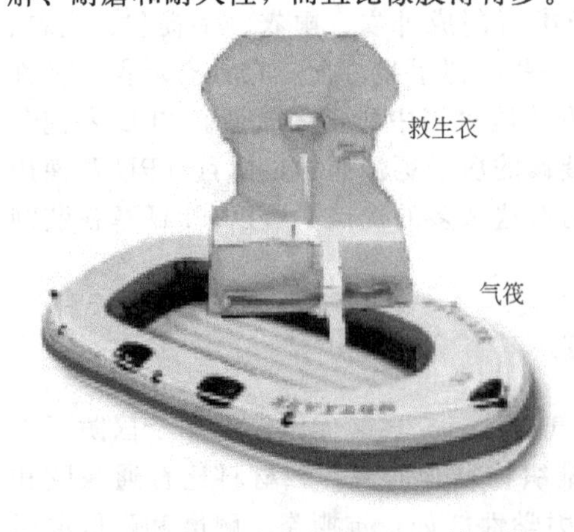

图 5.13 TPU 制作的救生衣和救生筏

5.7.5 在医用方面的应用[70]

聚氨酯首次应用于骨折修复材料，后来又成功用于血管外科手术缝合用补充涂层。20 世纪 70 年代开始聚氨酯作为一种医用材料已受到重视。到了 80 年代初，用聚氨酯弹性体制作人工心脏移植手术获得成功，使聚氨酯材料在生物医学上的应用得到进一步的发展。

人工心脏辅助装置用于人工心脏隔

膜及包囊的弹性体，要求具有良好的生物和血液相容性，以及优异的机械强度特别是耐屈挠性能。心脏的搏动若按每分钟 70 次计算，则植入人体的心脏每年要耐屈挠 4 千万次，按植入 10 年计算，则需耐 4 亿次屈挠。20 世纪 60 年代研制人工心脏，开始用硅橡胶和天然橡胶制作人工心脏气囊，虽然有较好的生物相容性，但在耐屈挠性能方面却不能满足要求。80 年代初研制成功的聚氨酯弹性囊，经试验，其耐屈挠超过 5 亿次，应用于人工心脏获得成功。故世界各国研制人工心脏及其辅助装置的材料，都倾向于使用聚氨酯材料。人工心脏上用的聚氨酯弹性体隔膜材料，为聚醚型 TPU，其组成成分一般是聚四呋喃醚二醇(PTMEG)-MDI(或 HDI)-BD 或乙二胺，溶液浇注或注射成型。为利用硅橡胶的优异生物相容性，也有采用聚氨酯-硅烷嵌段共聚物。

医用胶管 TPU 具有优异的机械强度、柔韧性、耐磨性以及生物相容性，特别是经表面改性后，可用于各种医用胶管管材，如输液管、导液管、导尿管。无毒的软质 PVC 大量应用于医用胶管，采用医用级 PVC 管时，因此必须使用无毒的稳定剂和增塑剂。而采用 TPU 和软质 PVC 共混树脂，成为一种新型的热塑性弹性体材料用于气动软管中，聚氨酯用于气动软管中具有优异的物理性能和极好的生物相容性，已在医学领域获得了广泛的应用，可用于人工心脏和心脏的辅助装置、人造软骨、医用分离膜等；也可制成各种医用特殊输液和输血装置，将 TPU 与 PVC 共混，以 TPU 取代 DOP 等体增塑剂，制成软质聚氯乙烯气动软管制品，可避免液体增塑剂的迁移。

选用与 PVC 共混的 TPU 气动软管时，应首先考虑 TPU 与 PVC 的相容性。此外，制气动软管的软段与硬段比例的适当调整，对调节共混物的力学性能，以及改善气动软管加工性能都是有作用的。

TPU 本身具有良好的生物相容性，但为了提高其血液相容性，减少出现血栓的机会，还可通过对弹性体及弹性体表面进行改性，例如在聚氨酯分子中引入亲水性的离子基团和亲水性链段，进行接枝聚合；与有机硅等进行嵌段聚合，以提高弹性体制品表面的生物相容性和血液相容性。

医用级 TPU 具有出色的耐化学药品性，良好的耐磨性使其能在伤口敷料剂、试管、医用导管、包装薄膜及轻质扶手等领域得到应用。

胃镜软管是光学纤维胃镜的重要配件之一。要求其具有足够的柔软性、弹性、无毒；另外在制作工艺上要求管径均匀无弯曲变形，对管子表面的光洁度也有很高的要求，现在采用 TPU 挤出成型制作胃镜软管，工艺简单，加工方便，柔软性和弹性都较好，符合医用要求，国外已普遍采用。80 年代初北京市塑料研究所曾采用 TPU 挤塑成型制造胃镜软管。山西省化工研究所 1992 年研制成功了用于气管切开患者的聚氨酯气管套管，由圆弧形内外套管等组成，较金属套管舒适，柔韧性好，可用常规方法灭菌。

TPU 薄膜制品能够通过溶液浇注成型或挤塑、吹塑成型制成薄而韧的薄膜。这种薄膜具有较高的强度和弹性，例如美国 JPS 弹性体公司 Stevens 聚氨酯薄膜拉伸强度高达41.2～54.9MPa，能伸长8倍，并回到原来的尺寸而无明显的形变。它们不含增塑剂，能长期并在较宽温度范围保持其柔韧性，还具有良好的透气性、耐药品性、耐微生物、耐辐射性能，可用于多种医疗卫生用途，如灼伤覆盖层、伤口包扎材料和取代缝线的外科手术用拉伸薄膜、用于病人退烧的冷敷冰袋、一次性给药软袋、填充液体的义乳、避孕套、医院床垫及床套等。

TPU薄膜能有效地作为阻隔细菌的屏障，用于医院病床罩垫能使病人的汗容易挥发，手感舒适，能进行消毒处理，Bayer（美国）公司开发的吹塑聚氨酯薄膜DureflexPS2010S及PS2020S，24h湿气透过率为600g/m^2，撕裂强度为525N/cm。在1994年，伦敦国际集团（LIG）公司开发了世界上第一种聚氨酯避孕套并开始生产，商品牌号为Durex-Avanti，已得到美国食品药物管理局（FDA）的认可。它采用牌号为Duron的TPU制造，强度为乳胶的1倍，可做得更薄（厚度仅50μm），提高敏感性。此新型避孕套透明、无气味、耐油质润滑剂，可防止性传播疾病，特别适于对乳胶过敏的人。以聚氨酯薄膜为囊避材料、采用液体填充而成的义乳，手感柔软，与皮肤接触无异物感，放入高档胸罩中，适合于乳房手术者及女性乳房偏小者佩戴，效果逼真，国内已有生产。

假肢采用共聚醚型聚氨酯-脲弹性体或聚醚型聚氨酯制作的人体假肢，和人体组织有很好的相容性。聚酯-MDI发泡所制得的PU泡沫弹性体可制作假脚。水发泡PU弹性体可制作假肢护套，其表面模仿人的真正皮肤，很容易洗涤，这种护套有很好的物理和力学性能。特别是在耐磨性能方面超过乳胶护套。20世纪80年代初我国北京假肢厂进行了PU假肢的研究。江苏省化工研究所在80年代中后期开展了微孔聚氨酯弹性体假肢包覆材料的研究，上肢肢体采用聚醚多元醇和TDI一步法制成微孔弹性体，而要求耐磨及耐屈挠的手掌和手指部分以聚酯多元醇和MDI为主要原料采用半预聚法制备。用PU材料替代原来包覆PVC的乳胶手套材料，消除了电动假手的大部分噪声，并省电。

弹性绷带骨折病人一般用石膏绷带固定，但石膏质重、强度低、透气性差，特别在夏天，病人感到不舒服，而且石膏的透X射线能力差，固定后也不便检查复位情况。国内外研究人员致力于更理想的合成材料矫形材料的研究，其中用聚氨酯材料制作的绷带，操作简便、使用卫生、固化速率快、质轻层薄、坚而韧，不易使皮肤发炎，是一种较为理想的新型矫形材料。

医用人造皮采用弹性较好的PU软泡沫可制作人造皮。PU人造皮的优点是透气性好，能促使表皮加速生长，可防止伤口水分和无机盐的流失，以及阻止外界细菌进入，可防止感染。一种PU人造皮是用两种泡孔不同的厚度为0.5～0.6mm软质PU薄片，通过特殊技术层压而成。孔径小的一片与外界空气接触，孔径大的一片与伤口创面接触。聚氨酯人造皮可适用于三度烧伤病人，在治疗过程中，先将烧坏的表皮剪去，然后盖上聚氨酯人造皮。这种聚氨酯人造皮在制造后用钴-60照射杀菌或蒸汽消毒，密封在纸塑复合袋中可长期保存。

由于价格等原因，在医用合成材料中，PU只占一小部分份额。美国等国家的医用PU材料早已商业化，新材料、新用途仍在开发之中，医疗用品对合成材料的性能有严格的要求，研究中需相关医疗单位的支持配合。国内不少单位从事过或正在从事医用PU的研究，如山西省化工研究所、中山大学、上海橡胶工业制品研究所、江苏省化工研究所等，但推广应用不够，影响不大，与发达国家水平相比差距较大，有些材料如PU薄膜目前主要依赖进口。由于PU弹性体的特殊而可靠的性能，具有高附加值，国内应加强研究和推广应用。

弹性较好的PU微孔泡沫体可制作人造皮。其优点是透气性好，能促使表皮加速生长，可防止伤口水分和无机盐的流失，以及阻止外界细菌介入，防止感染。有一种PU人造皮是用两种泡孔不同的厚度为0.15～0.16mm软质PU薄片，通过特殊技术层压而成。孔径小的一片与外界空气接触，孔径大的一片与伤口创面接触。PU人造皮可适用于三度烧伤病人，在治疗过程中，先将烧坏的表皮剪去，然后盖上PU人造皮。这种PU人造皮在制造后用钴60照射杀菌或蒸汽消毒，密封在纸塑复合袋中可长期保存[71]。

5.7.6 在体育用品方面的应用

TPU具有透明性、耐磨性、柔软性、低温柔性和缓冲性能等，比较适于制作体育用品。主要有3类，即运动鞋类、运动器材类和其他类。

TPU可用于不同要求的运动鞋，与EVA鞋底材料相比，具有良好的舒适度、卓越的减震性以及出色的弹性。如用TPU可制作高透明的运动鞋底（图5.14）、足球鞋底和高尔夫球鞋底，可在很宽温度范围保持柔软性，且耐磨，设计可多样化。空气垫跑鞋采用TPU空气垫，能满足特殊减震要求。TPU制作的攀登鞋不仅柔软，耐磨，而且具有不打滑的性能。TPU制作鞋后跟底部，可耐磨、耐撕裂和耐油脂。滑雪板长靴则在低温下柔软且耐冲击。

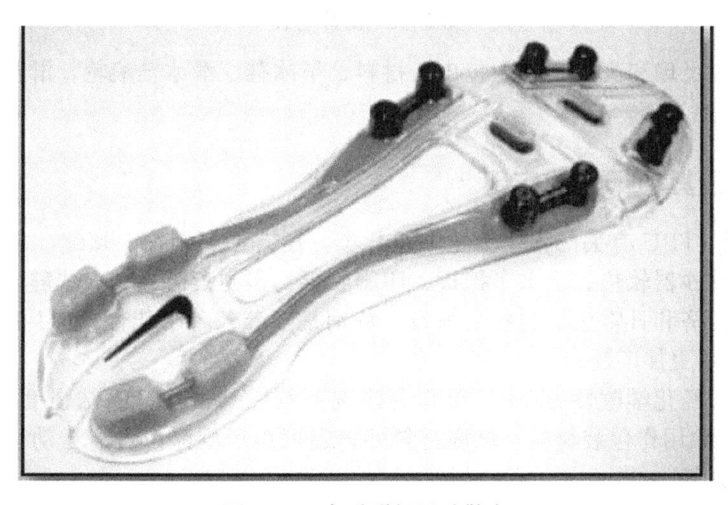

图5.14　高透明级运动鞋底

但TPU鞋底也有一些缺点，比如重量大，硬度高，减震性能差等方面，TPU发泡材料的出现解决了上述问题。TPU发泡材料具有质轻和高抗冲性，耐弯曲、耐磨及抗老化，优良的染色性，在制鞋行业主要用于高档鞋底的制作。除此之外，TPU发泡材料与各种橡胶、塑料兼容性极高，可依配方基材的不同，调配出不同特性及功能的产品，这也是现有发泡材料所欠缺的主要优势之一。

经抗静电改性的TPU可制作抗静电鞋，如图5.15，是把身体上因摩擦所产生的静电，透过鞋子导入地下，不会产生火花或因带静电而沾上灰尘。防静电鞋是电子半导体器件、电子计算机、电子通讯设备和集成电路等微电子工业的生产车间和高级试验室为减少或消除静电危害而穿着的一种工作鞋。防静电鞋可以将静电从人体导向大地，从而消除人体静电，同时还有效地抑制了人员在无尘室中的走动所产生的灰尘。

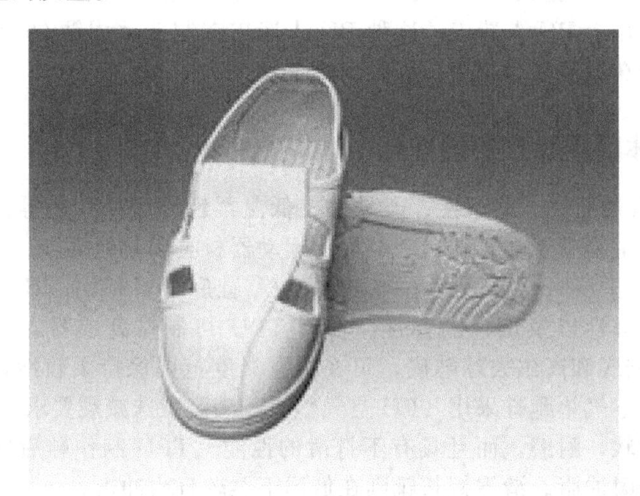

图5.15　防静电鞋

此外，足球和高尔夫球的包皮、衬料，旱冰鞋、滑冰鞋滚轮，滑板滚轮等均可用TPU制造。

5.7.7　在其他行业的应用[72]

与应用TPU有关的行业不止上述几类，还有沥青铺面、堵缝、软锤头、无声齿轮、喷沙器软垫、洒水车挡板、印刷胶辊、印刷滚筒、空气减震器等，几乎涉及国民经济和日常生活的各个领域。特别是随着各种功能性TPU的出现，使TPU的应用更加广泛。

例如，经化学改性后TPU可作为溶剂型胶黏剂使用，黏结强度明显提高。发泡TPU除用作包装材料、鞋底材料外，还可用于漂浮设备、运动设备、汽车坐垫、家具等。

拜耳开发了碳纳米管/PU弹性体复合材料，代替环氧树脂复合材料，用于制造风力发电机扇叶片，该叶片具有质量更轻、强度更大、功率更强等优点，尤其适用于高功率、超高空和气候条件恶劣环境下作业的风能发电机组。

利用耐光型TPU制成的新型薄膜可以用作太阳能电池原料替代传统的EVA薄膜，大大提高了太阳能电池的发电效率。这种耐光TPU薄膜具有很好的透明性，透光性，熔点高，在制作太阳能电池时不必进行交联，可加快太阳能电池的生产过程，减少生产周期，同时还能提高太阳能电池的发电效率和利用率。

在TPU中加入荧光物质制成的飞机飞行地面阻拦网可在夜间发光，各项性能均优于锦纶编织网，该阻拦网还可作高速公路或盘山公路危险防护装置。

抗静电TPU是以TPU原料为基料，添加炭黑/金属纤维/永久性抗静电母粒等混炼而成，可达到抗静电、静电消散、导电和电磁波干扰（EMI）屏蔽等功能。导电防静电TPU具有硬度变化范围比较宽、拉断伸长率高、高回弹性、吸震性、耐磨性、耐撕裂、耐低温性、耐油、耐非极性和弱极性溶剂性能好、耐化学腐蚀、耐辐射、耐臭氧和氧性、耐紫外线、可长期于户外使用等性能。抗静电TPU增加聚氨酯在电子、医疗、汽车、包装等对抗静电要求比较高的行业的应用。其中透明级抗静电TPU用于输送粉末状物的透明软管、透明薄片和透明电缆的制备。

目前全球高阻尼材料品种很多，其中研究最多的就是高阻尼聚氨酯弹性体。美国科研人员开发的聚氨酯-聚苯乙烯-二乙烯苯同时互穿的聚合物网络高阻尼材料在高温下阻尼性能优异。在汽车、国防、军工等领域对高阻尼材料性能要求和数量需求越来越高，性能优良的高阻尼聚氨酯弹性体成为今后聚氨酯弹性体材料开发的热点和重点。

BASF公司新推出的3种TPU具有优异的耐磨性和滑爽感，可以与ABS、PC、ABS/PC合金、PET、PA及多种其他热塑性塑料共混，产品成功应用于微机机壳、手提电话、电动工具夹头等；青岛科技大学开发的微孔聚氨酯弹性体是介于弹性体和泡沫材料之间的一种新材料，适用于减震材料、制鞋、实心轮胎等方面。

参考文献

[1] Hsu S H,Chen W C. Improved cell adhesion by plasma-induced grafting of L-lactide onto polyurethane surface. Biomaterials,2000,21(4):359-367.

[2] 郭锦棠,刘 冰．热塑性聚氨酯生物材料的合成及表面改性进展．高分子通报,2005,(6):43-50.

[3] Chen K Y,Kuo J F,Chen C Y. Synthesis,characterization and platelet adhesion studies of novel ion-containing aliphatic polyurethanes. Biomaterials,2000,21(2):161-171.

[4] 董理,刘光烨．热塑性聚氨酯弹性体共混改性材料研究进展．塑料,1999,1:23-28.

[5] 朱岩,陈璐璐,石瑞．MCDEA嵌段改性TPU的制备及其拉伸性能．武汉工程大学学报,2011,33(4):12-16.

[6] Sanchez-Adsuar M S,Papon E,Villenave J J. Properties of thermoplastic polyurethane elastomers

chemically modified by rosin. Journal of Applied Poymer Science,2001,82(14) :3402-3408.
[7] 张永成,赵雨花,康茂青,等. TPU弹性体中化学交联对其形态影响的动态力学分析. 高分子材料科学与工程,2004,20(6):166-168.
[8] K. Ueno,The radiation ion crosslinking process and new productsRadiat Phys. Chem,1990,35(1-3):126-131.
[9] 叶成兵,张军. 热塑性聚氨酯共混改性研究进展. 合成材料老化与应用,2004,33(4):40-46.
[10] McCloskey C B,Yip C M,Santerre J P. Effect of Fluorinated Surface-Modifying Macromolecules on the Molecular Surface Structure of a Polyether Poly(urethane urea). Macromolecules,2002,35(3),924-933.
[11] 叶成兵,张 军. 热塑性聚氨酯与聚氯乙烯共混研究进展. 中国塑料,2003,17(10):1-7.
[12] 赵永仙,潘炯玺,潘东开, 等. TPU/PVC弹性材料性能的研究. 塑料科技,1999,(1):7-10.
[13] 郑昌仁,祝云龙,殷敬华. HPVC/TPU共混物的相容性的研究. 高分子材料与工程,1998,14(5):78-80.
[14] 叶成兵. 热塑性聚氨酯预聚氯乙烯共混研究[D]. 南京:南京工业大学,2004.
[15] 邬素华. TPU与CPE,PVC共混体系的研究. 天津轻工业学院学报,2001,39(4):11-13.
[16] 杨秀英,王晓轩,初荣长,等. 再生热塑性聚氨酯/聚氯乙烯共混材料性能的研究. 塑料科技,1999,(1):10-12.
[17] 邬素华,高留意. TPU与CPE,HPVC共混物的研究. 中国塑料,2001,15(5):36-38.
[18] Myrick,Ronald E. Property Enhancement of Melt Proces sible Rubber by Blending with Thermoplastics. Rubber World,1995,213(1):37-40.
[19] Bajsic E G,Smit I,Leskovac M. Blends of thermoplastic polyurethane and polypropylene. IN. Mechanical and phase behavior[J]. Journal of applied polymer science. 2007. 104(6):3980-3985.
[20] Lu Q W.,Macosko C W. Comparing the compatibility of various function -nalized polypropylenes with thermoplastic polyurethane (TPU). Polymer,2004,45(6):1981-1991.
[21] 李淑燕,唐小真,徐祥铭. 高相容热塑性聚氨酯/聚(苯乙烯-丙烯酸)离聚体体系(Ⅰ)离子键对体系相容性的影响. 高分子材料科学与工程,1998,14(3):112-114.
[22] 王新峰. 防水透湿型热塑性聚氨酯共混改性及其清洁层压复合用薄膜的制备与性能的研究[D]. 北京:北京化工大学,2005.
[23] Li Wanli,Liu Jinli,Hao Chaowei,et al. Interaction of Thermoplastic Polyurethane With Polyamide 1212 and Its Influence on the Thermal and Mechanical Properties of TPU/PA1212 Blends. Polymer Engineering and Science,2008,48(2):249-256.
[24] Pesetskii S S,Fedorov V D,Jurkowski,et. al. Blends of Thermoplastic Polyurethanes and Polyamie12:Structure, Molecular Interaction, Relaxation, and Mechanical Properties. Journal of Applied Polymer Science,1999,74(5):1054-1070.
[25] 汪涛. 热塑性聚氨酯弹性体/尼龙6共混相容性研究[D]. 广州:华南理工大学,2011.
[26] 陈江宁,张峻峰,陈东深,等. 热塑性聚氨酯-聚酰亚胺合金的制备及其性质研究. 南京大学学报:自然科学,2001,37(1):131-134.
[27] Chen,Jiangning,Zhang,Junfeng,Zhu,Tongyang,et. al. Blends of thermoplastic polyurethane and polyether-polyimide:Preparation and properties. Polymer,2000,42(4):1493-1500.
[28] 罗欣,苏玉峰,武德珍,等. TPU/EPDM共混体系相态与力学性能的研究. 中国塑料,2003,17(2):39-42.
[29] 许晓秋,许鑫华,田晓明,等. 聚氨酯/顺丁橡胶共混物结构与性能的研究. 中国塑料,1999,13(9):46-51.
[30] Damrongsakkul S,Sinweeruthai R,Higgins J S. Processability and Chemical Resistance of the Polymer Blend of Thermoplastic Polymer and Polydimethylsiloxane,Macromol. Macromolecular Symposia. 2003,198(1),411-419.

[31] 李善良．聚氨酯/硅橡胶动态硫化热塑体的制备及性能研究 [D]．广州:广东工业大学,2011.

[32] Pichaiyut S, Nakason C, Kummerlöwe C, et. al. Thermoplastic elastomer based on epoxidized natural rubber/thermoplastic polyurethane blends: influence of blending technique. Polymers for Advanced Technologies, 2012, 23(6): 1011-1019.

[33] 姜彩云．热塑性聚氨酯预氯化聚乙烯橡胶结构与性能及共混技术的研究 [D]．山东:青岛科技大学,2009.

[34] 鹿海军,马晓燕,梁国正,等．炭黑填充热塑性聚氨酯弹性体混炼工艺的研究．橡胶工业,2002,49(11): 685-688.

[35] 王象民．含云母和氢氧化铝的热塑性聚氨酯弹性体的机械性能．橡胶参考资料．2002,32 (2) :7-8.

[36] 贺建芸，张立群，程源．玻璃短纤维-热塑性聚氨酯复合材料的性能研究．橡胶工业，1999，46 (1)：3-7.

[37] SureshaB. Friction and dry slide wear of short glass fiber reinforced thermoplastic polyurethane composites. Journal of Reinforced Plastics and Composites, 2010, 29: 1055-1061.

[38] 周文．玻璃纤维增强热可塑聚氨酯的技术进展．玻璃纤维，1992，(6) :34-35

[39] Polym. Adv. Technol. 2008; 19: 1894～1900 Short Twaron aramid fiber reinforced thermoplastic polyurethane M. Akbarian1* ,S. Hassanzadeh1 and M. Moghri. M.

[40] 李耀刚,陈莹,王新威,等．热塑性聚氨酯 (TPU) /硅藻土的制备方法．CN 102181147A. 2011-09-14.

[41] 陈建国，姜宏伟．硫酸钡填充热塑性聚氨酯弹性体的热性能研究．中国塑料，2006,20(12): 39-43.

[42] 佟履冰,尹桂,薛伟．一种负载多壁碳纳米管的热塑性聚氨酯薄膜．CN 101724981 A. 2010-06-09.

[43] Chen Wei, Tao Xiaoming. Self-Organizing Alignment of Carbon Nanotubes in hermoplastic Polyurethane. Macromolecular Rapid Communications, 2005, 26 (22) :1763-1767.

[44] 江枫丹．聚氨酯/碳纳米管纳米复合材料的制备及结构与性能的研究 [D]．北京:北京化工大学，2009.

[45] Ran Qianping, Zou Hua, Wu Shishan, et. Al. Study on Thermoplastic Polyurethane/ Montmorillonite Nanocomposites. Polymer Composites, 2008, 29 (4) :119-124.

[46] Barick A K. Tripathy D K. Preparation and Characterization of Thermoplastic Polyurethane/Organoclay Nanocomposites by melt intercalation technique: Effect of nanoclay on morphology, mechanical, thermal, and rheological properties. Journal of Applied Polymer Science, 2010, 117 (2)：639-654.

[47] 尹明明,贾凤,李相彪,等．有机蒙脱土/热塑性聚氨酯的制备及对性能的影响．聚氨酯工业,2011,3 (26) :5-8.

[48] 马晓燕,梁国正,鹿海军,等．累托石粘土/热塑性聚氨酯弹性体纳米复合材料的热性能研究．高分子学报,2005,5:655-660.

[49] 文强，廖云．陈大俊．热塑性聚氨酯/凹凸棒土复合体系的氢键作用．聚氨酯工业，2010，25(5): 9-12.

[50] Baudrit J V, Ballestero M S. Vazquez P. et al. Properties of thermoplastic polyurethane adhesive containing with different specific surface area and silanol content. InternationalJournal of Adhesion & Adhesives, 2007, 27: 469-479.

[51] 付青存,陈晓峰,宋文生．热塑性聚氨酯弹性体/氢氧化铝纳米复合材料制备与性能．弹性体,2008,18 (2) :12-15.

[52] 黄伟生．热塑性聚氨酯及其钛酸钡复合弹性体的制备与性能 [D]．南京:东南大学,2006.

[53] S K 斯哈德马里．卤素阻燃热塑性聚氨酯．CN 101977995 A,2011-02-16.

[54] 林沫．金属氧化物对膨胀阻燃热塑性生聚氨酯体系的影响 [D]．哈尔滨：东北林业大学,2011.

[55] 卢经扬．抗烈焰灼烧的热塑性聚氨酯弹性体,化工新型材料， 2007,35 (6) :72-73.

[56] 郝冬梅,刘彦明,林倬仕,等．无卤膨胀性阻燃剂 ANTI-2 阻燃聚氨酯弹性体的研究．阻燃材料与技术,2008,(2):1-3.

[57] 艾克斯坦 Y,赫维特 L E,富达拉 B B. 含三聚氰胺氰脲酸酯的阻燃热塑性聚氨酯 . CN 1639245A,2005-07-13.
[58] 张安振,张以河 . 矿物阻燃剂在聚氨酯阻燃泡沫材料中的应用进展 . 工程塑料应用,2011,39(12): 93-96.
[59] Pinto U A, Visconte L L Y, Nunes R C R. Mechanical properties of thermoplastic olyurethane elastomers with mica and aluminum trihadrate. European Polymer Journal,2001,37:1935-1937.
[60] 孙晓丽,袁志敏,尹国杰,等 . 磷氮复合阻燃剂/有机黏土阻燃聚酯型 TPU. 塑料,2010,39 (6) :69-71.
[61] 巴斯夫欧洲公司 . 具有抗静电性的热塑性聚氨酯 . CN 101743262 A,2010-06-16.
[62] 朱永康 . 适于抗静电与导电用途的碳纳米管填充热塑性聚氨酯 . 橡胶参考资料,2008,38 (4) :7-12.
[63] KimH. Miura Y, Macosko C W. Graphene Polyurethane nanocoinposites for improved gas barrier and electrical conductivity. Chemistry of Materials,2010, 22:3441 -3450.
[64] 何继敏 . 新型聚合物发泡材料及技术 . 北京:化学工业出版社,2008.
[65] 张振江,石雅琳,苏丽丽等 . 热塑性聚氨酯微孔弹性体发泡工艺综述 . 洛阳师范学院学报,2011,30 (11):42-45.
[66] Ito S ,Matsunaga K ,Tajima M ,et. al. Generation of Microcellular Polyurethane with Supercriti-cal Carbon Dioxide. Journal of Applied Polymer Science,2007,106 (6) :3581-3586.
[67] 林佩洁 . HGB/TPU 复合泡沫材料的制备及性能研究 [D] . 南京： 东华大学，2013.
[68] 朱长春,谷金河 . 热塑性聚氨酯的生产、加工与应用 . 化学推进剂与高分子材料,2005,3(2):40-45.
[69] TPU-聚氨酯热塑性弹性体 . 聚氨酯, 2009,(84):56-57.
[70] 韩宝乐,于文杰,徐归德 . 聚氨酯在现代汽车工业中的应用 . 化学推进剂与高分子材料,2007,1 (5) : 1-6.
[71] 胡玮， 岳红涛 . 热塑性聚氨酯弹性体在电缆护套上的应用 . 电线电缆，2010，(6):28-30.
[72] http://info. plas. hc360. com/2009/01/07110252326-3. shtml.
[73] 环球聚氨酯网 . 医疗用 TPU 分类及主要用途 . 聚氨酯:PU 技术,2011,1:68-71.
[74] http://www. finlumen. com/news/news60. html.
[75] 梁诚 . 热塑性弹性体生产现状与发展趋势 . 石油化工技术经济，2005，（1）：35-40.

第 6 章

热塑性聚酯弹性体的改性与应用

TPEE是一类含有聚酯硬段（结晶相，提供强度）和聚醚软段（连续相）的嵌段线型共聚物。TPEE硬段的刚性、极性和结晶性使其具有突出的强度和较好的耐高温性、耐蠕变性、抗溶剂性及抗冲性；软段聚醚的低玻璃化转变温度和饱和性使其具有优良的耐低温性和抗老化性。TPEE和其他热塑性树脂一样，加工性能优良。其制品既具有橡胶的柔软性、弹性，又有工程塑料的刚性，是优良的工程型弹性体。近年来通过改良，原先存在的硬度高、柔性低的不足也得以明显改善，因此用途日益广泛。TPEE主要用于制造高韧性、抗屈挠以及中等耐热性和中等耐化学品性的模塑产品。但TPEE的结构决定了其熔体具有较高的流动性和低强度，这一特性难以满足吹塑加工大型特殊构件工艺的要求，因此提高熔体强度是TPEE的改性内容之一。

随着TPEE应用领域的拓展，对其他特殊功能的要求也越来越高。尤其是TPEE在汽车电气系统、电子电器、自动化设备及通讯设备等领域的应用，对其阻燃性要求越来越高，TPEE的阻燃改性受到广泛关注，其阻燃专用料已商品化。

另外，随着高速铁路与城市轨道交通的发展，对减振降噪的要求越来越高，在保证舒适、安全、高速的前提下，降低轮轨动力效应、降低噪声就成了轨道交通方面研究的重要课题。国际上对高速铁路轨道系统中轨枕下弹性减震垫板的制作主要有两种思路，一种是通用橡胶的改性垫板，另一种是微发泡弹性垫板。由于通用橡胶的改性垫板是不发泡的弹性材料，其体积具有不可压缩性，而垂直方向上的变形必须通过水平方向的变形来实现，而发泡的弹性材料则具有这种垂直变形的能力，因此，发泡的弹性减震材料在高速铁路轨道的建设中作用非常明显。而TPEE发泡材料兼具TPEE高强度、弹性以及发泡材料特有的吸收应力、缓冲震动等性能，能够有效吸收列车行驶时产生的冲击和挤压能量。因此，TPEE的发泡研究成为TPEE改性中的一个热点[1]。

6.1 TPEE的改性

6.1.1 化学改性

挤出或注塑级的TPEE不适用于吹塑成型，这是由于它们的熔体黏度、熔体强度以及模口膨胀都较低的缘故。为解决这一问题，可采用在 TPEE 分子链上引入特殊链段的方法。而通过反应性挤出对 TPEE 进行扩链是其常见的改性工艺。

Lee 等[2] 采用聚四氢呋喃醚（PTMG）作为软段、对苯二甲酸二甲酯（DMT）和 1,4-丁二醇(1,4-BD）作为硬段、丙三醇为接枝剂合成出羟基接枝型 TPEE，其结构式如图 6.1 所示。但这种接枝型 TPEE 因黏度过低而不适用于吹塑成型。将这种羟基接枝 TPEE［96%（质量分数，下同)］和二苯甲烷二异氰酸酯（MDI)(0.5%～2.0%)、热稳定剂、抗氧剂及润滑剂（共 4%）通过双螺杆反应性熔融挤出，挤出机温度范围为 170～240℃，转速 150r/min。经过 MDI 适当扩链后可提高 TPEE 的熔体黏度和强度，以适合 TPEE 的吹塑加工过程。表 6.1 为用不同含量 MDI 扩链后 TPEE 的力学性能。可以看出，MDI 的引入对 TPEE 的力学性能影响非常明显，当 TDI 含量为 2%时，TPEE 的拉伸强度从未改性前的 18.1MPa 增加到 32.7MPa，拉伸断裂伸长率和撕裂强度也显著增加。图 6.2 为扩链后 TPEE 的储能模量随 MDI 含量的变化曲线。很明显，储能模量随 MDI 用量的增加而增加，储能模量与聚合物熔体弹性有关。低频时与未扩链的 TPEE 相比，扩链后 TPEE 的储能模量增加 10～100 倍。这与接枝 TPEE 上的羟基与 MDI 上的异氰酸酯发生的化学反应有关，化学反应引起 TPEE 的扩链或接枝。

晨光化工研究院也研制出了吹塑级 TPEE[3]。他们采用对苯二甲酸二甲酯（DMT)、聚四氢呋喃聚醚（PTMG)、1,4-丁二醇及其他助剂先合成出 TPEE，切粒后加入扩链剂，在双螺杆挤出机中反应挤出造粒，即获得高熔体强度、高黏度的 TPEE 树脂 H605B。表 6.2 给出的是 H605B 和杜邦 Hytrel 4275 型 TPEE 的性能测试结果。可以看出，二者综合性能接近。

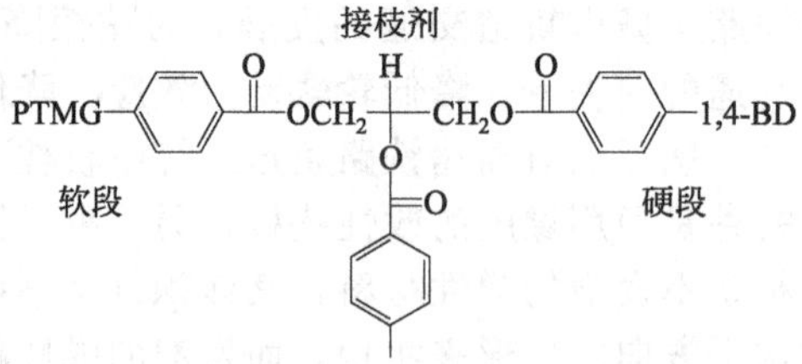

图 6.1 接枝型 TPEE 的结构式

表 6.1 经 MDI 扩链后 TPEE 的力学性能

MDI 含量(质量分数)/%	邵尔 D 硬度	拉伸强度/MPa	拉断伸长率/%	撕裂强度/(kgf/cm)
无	41	18.1	840	117
0.5	39	25.4	620	139
1.0	40	28.8	690	148
1.5	41	27.1	820	146
2.0	40	32.7	800	149

注：1kgf=9.8N。

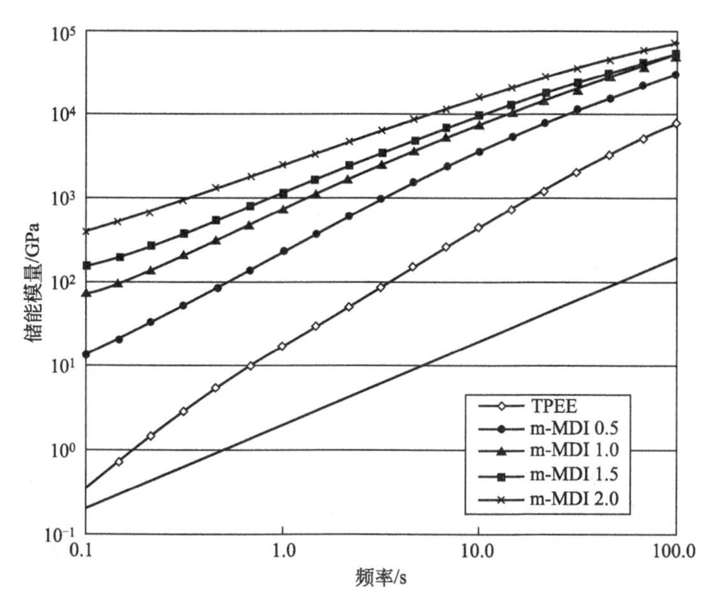

图 6.2 不同用量 MDI 扩链后 TPEE 的储能模量与频率的关系曲线

表 6.2 H605B 和杜邦 Hytrel 4275 型 TPEE 的性能

性能	H605 B	Hytrel 4275	备注
拉伸强度/MPa	24.6	26.2	注射样条厚度 2mm、测试牵引速度:50mm/min
拉断伸长率/%	295	350	
弯曲强度/MPa	6.30	6.70	
硬度/(HD)	53	54	
熔点/℃	190	194	
脆化温度/℃	<−76	<−75	

添加少量多官能环氧化化合物或含大量环氧基团的聚合物，如乙烯或丙烯酸乙酯与甲基缩水甘油酯的共聚物也能改善 TPEE 的熔体黏度。环氧基团和 TPEE 的端羧基反应可得到高黏度和高韧性的材料，若有必要，该反应还可用如酚钠或叔胺等催化剂来催化。另外，与离聚体如乙烯-丙烯酸共聚物共混也能增加 TPEE 的黏度。

TPEE 的熔体稳定性相当不错，可以在通常的加工条件下进行加工，但如果加工温度过高、时间过长，例如用熔体浇注法填充大模具时，需加入少量带环氧基团的聚合物来提高熔体稳定性，至少有一部分环氧基团可以与 TPEE 的端羧基以及在降解过程中形成的羧酸进行反应[4]。

TPEE 在汽车、铁路、航空航天等领域中的应用越来越广泛。而现阶段 TPEE 的综合性能还不能满足某些特殊需求，例如高耐热性能、抗辐射能力以及抗疲劳、永久变形等。通过使 TPEE 交联从而提高其拉伸强度是目前常用的一种改善热塑性 TPEE 性能的方法。常用的方法是在 TPEE 挤出或注射时加入交联剂、助剂等辅助材料实现交联，由于在交联的过程中引入了新的物质，以至于不能得到纯净的交联 TPEE。

电子束辐照也能使 TPEE 发生交联反应。实验表明[5]，TPEE 被辐照交联后，力学性能得到改善，最佳的辐照剂量范围为 100～200kGy 之间。TPEE 在这个辐照剂量范围内交联度大于 50%；拉伸强度提高比较明显，大于 20MPa；拉断伸长率略有降低，但均大于 800%。电子束辐照 TPEE 的剂量可根据需要在这个最佳的剂量范围内自主选取。

6.1.2 共混和填充改性

聚对苯二甲酸丁二醇酯与大量较软或中等硬度的 TPEE（对苯二甲酸丁二醇酯-四氢呋喃嵌段共聚物）共混制得的共混物，室温下的强度以及低温下的柔韧性和抗冲击性能都比较高。不同硬度的 TPEE 并用可制得高韧性材料，这种材料在非常低的温度下保持高韧性，可以制作滑雪靴等冬季运动制品。

褚文娟[6]尝试用聚醚型 TPU 和聚酯型 TPU 与 TPEE 熔融共混。表 6.3 为 TPU 含量对 TPEE/聚醚型 TPU 共混物力学性能的影响。可以看出，在 TPEE 基体中，随聚醚型 TPU 添加量的增加，共混体系的拉伸强度呈现先增加后降低的趋势，最大增加幅度为 28.4%，最终共混物的拉伸强度比纯 TPEE 强度提高 6.5MPa，显示出良好的协同效应，这表明聚醚型 TPU 的加入对 TPEE 的拉伸强度有一定的贡献。随聚醚型 TPU 添加质量分数的增加，共混物的拉断伸长率同拉伸强度的变化趋势基本相同，在添加质量分数为 20%时达到最大，增加幅度达到 62.9%，而低温冲击强度只是略有增加。

表 6.4 为 TPU 含量对 TPEE/聚酯型 TPU 共混物力学性能的影响。TPEE/聚酯型 TPU 共混物的力学性能同 TPEE/聚醚型 TPU 共混物力学性能随 TPU 添加含量的变化趋势略有不同。聚酯型 TPU 添加质量份数为 50 份时，拉伸强度和拉断伸长率同步达到了最大值，分别为 45.1MPa 和 615%。

表 6.3 聚醚型 TPU 含量 TPEE/聚醚型 TPU 共混物力学性能的影响

性能	0	10%	20%	30%	40%	50%
拉伸强度/MPa	33.1	40.8	42.5	41.1	40.5	39.6
低温冲击强度/(kJ/m²)	17.4	16.3	18.0	14.0	19.0	19.3
拉断伸长率/%	406	473	621	606	596	593
弹性模量/MPa	525	581	447	461	435	401
邵尔 D 硬度	65	63	60	57	55	52

注：1. 纯 TPU 拉伸强度为 21MPa，低温冲击强度为 33kJ/m²。

2. 含量均为质量分数。

表 6.4　TPU 含量 TPEE/聚酯型 TPU 共混物力学性能的影响

TPU 含量	0	10%	20%	30%	40%	50%
拉伸强度/MPa	33.1	32.3	30.9	38.1	36.6	45.1
低温冲击强度/(kJ/m^2)	17.4	19.6	17.4	15.8	14.3	14.0
拉断伸长率/%	406	343	364	565	521	615
弹性模量/MPa	525	371	392	555	550	626
邵尔 D 硬度	65	65	66	66	67	66

最终研究结果表明，TPEE 和 TPU 的共混能够发挥协同效应，实现了拉伸强度和拉断伸长率的大幅提高，并且降低了材料的成本，同时改善了聚合物的加工流动性，具有重要的现实意义，可以作为高性能工程级热塑性弹性体应用于结构部件，拓展了材料的使用范围。

褚文娟等[7]采用熔融共混工艺制备了 TPEE/羧基丁腈胶粉（XNBR）共混物，研究了共混物的相态结构、拉伸性能及动态流变性能。扫描电子显微镜（SEM）观察表明，羧基丁腈胶粉用量不超过 5%时能在 TPEE 基体中分散成纳米尺寸，含量高时则出现团聚现象。少量羧基丁腈胶粉可以实现对 TPEE 的增强增韧，强度可提高 13.6%。动态流变性能测试表明，加有羧基丁腈胶粉的共混体系复数黏度都比纯 TPEE 有大幅提高；低含量羧基丁腈胶粉的共混体系储能模量和损耗模量同纯 TPEE 相差不大。

对 Hytrel 4056 型 TPEE 和增塑 PVC 组成的共混物的研究结果表明，随着 TPEE 比例的增加，共混物力学性能如模量、拉断伸长率、硬度、撕裂强度及拉伸强度等都得到提高。当共混物中 TPEE 的含量为 75%时，共混物的形态是 TPEE 粒子分散在 PVC 连续相中；当 TPEE 含量为 85%时，共混物的形态为两相共连续结构。共混物有两个结晶相，即聚对苯二甲酸丁二醇酯结晶相和 PVC 结晶相，但玻璃化转变温度只有一个[4]。

另有研究发现[8]，采用纳米二氧化钛和 BT-PTMG 型 TPEE 熔融共混，粒子在基体中填充分数为 1.3%～4.9%（体积分数）。二氧化钛纳米颗粒的引入提高了 TPEE 的玻璃化转变温度、熔融温度和热稳定性。材料的拉伸强度和模量也得以提高。原因在于金属氧化物能与聚合物上的酸性官能团发生作用，而 PTEE 上含有大量的羧酸酯，可以与二氧化钛发生配位作用，如图 6.3 所示。

经过玻璃纤维增强的弹性体材料，可以用作耐高冲击的工程塑料，这些材料特别适合汽车的大型外壳部件，如底板缓冲器和护栏等。Shonaike[9] 研究了

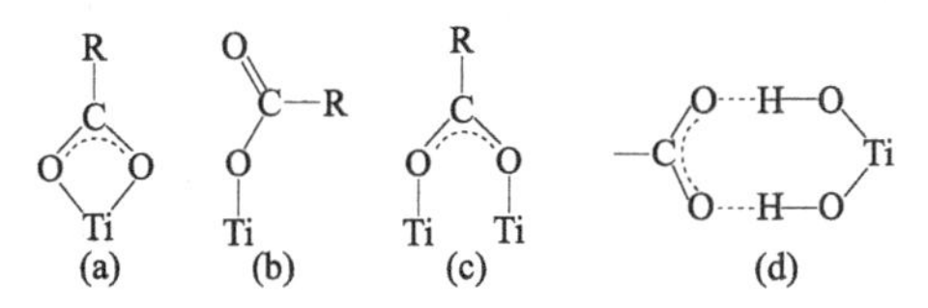

图 6.3　二氧化钛表面与羧酸酯的作用模式

TPEE浸渍玻纤时间及冷却条件对玻纤增强TPEE复合材料拉伸强度的影响。研究表明，30min内浸渍可以完全；浸渍时间从5～30min范围内，复合材料的拉伸强度随时间增加而增加；迅速冷却和逐步冷却对复合材料拉伸强度影响差别不大。

6.1.3 TPEE的阻燃改性[10]

阻燃剂可以分成含卤阻燃剂和无卤阻燃剂，二者各有优劣：含卤阻燃剂添加量少，阻燃效果好，对材料性能影响相对较小，价格相对便宜，但燃烧时产生的烟密度较大，对环境有一定的影响：无卤阻燃剂价格较高，添加量相对较多，对材料性能影响相对较大，但较环保。随着人们环保意识增强，阻燃剂正向无卤、低烟、低毒方向发展。

尽管从20世纪80年代起，含卤阻燃剂遇到了环保方面的巨大压力（特别是在西欧），但也有人认为，溴系阻燃剂及其阻燃高聚物产生有毒的多溴代二苯并呋喃及溴代二苯并二噁烷的特定环境较少，产生的量也十分有限，且并非所有的溴系阻燃剂都会产生这两种毒物，所以卤系阻燃剂及其阻燃高聚物仍在采用。加之卤系阻燃剂相对较便宜，且添加量小，阻燃效果显著。从长远发展来看，阻燃材料的无卤化将是一个漫长的过程。基于以上的原因，湖北化学研究院根据用户的需要生产出了有卤阻燃TPEE，它完全符合欧盟的ROSH标准。其性能见表6.5。

表6.5 不同有卤阻燃剂含量对弹性体性能的影响

牌号	TPEE用量/%	有卤阻燃剂用量/%		助剂用量/%	拉伸强度/MPa	伸长率/%	阻燃性UL-94	表面光滑度
		D	E					
WRT-7	90	10	—	1	24	350	V-1	光滑
WRT-8	85	15	—	1	21	280	V-0	光滑
WRT-9	75	25	—	1	17	150	V-0	光滑
WRT-10	90	—	10	1	26	380	V-1	光滑
WRT-11	85	—	15	1	22	300	V-0	光滑
WRT-12	75	—	25	1	18	200	V-0	光滑

注：助剂用量是TPEE和阻燃剂之和的质量分数。

另外，湖北化学研究院采用自产的TPEE，添加一定比例的氮磷无卤阻燃剂和其他助剂共混挤出造粒，可达到V-0级阻燃，由表6.6可知，要达到V-0级阻燃，同时满足加工性能和其他性能的要求，只有WRT-5的综合性能最好。

表6.6 不同无卤阻燃剂含量对弹性体性能的影响

牌号	TPEE用量/%	无卤阻燃剂用量/%		助剂用量/%	拉伸强度/MPa	伸长率/%	阻燃性UL-94	表面光滑度
		A	B					
WRT-1	80	25	—	1	18	200	V-2	光滑
WRT-2	70	35	—	1	14	150	V-1	光滑
WRT-3	60	45	—	1	10	100	V-0	不光滑
WRT-4	80	—	25	1	19	190	V-1	光滑
WRT-5	70	—	35	1	15	150	V-0	光滑
WRT-6	60	—	45	1	10	100	V-0	不光滑

注：助剂用量是TPEE和阻燃剂之和的质量分数。

章园红发明了一种低烟无卤阻燃热塑性聚酯弹性体及其制备方法[11]。该低烟无卤阻燃 TPEE 包括以下组分（质量份）：TPEE 70～80 份，阻燃剂 15～22 份，阻燃协效剂 5～8 份，抗氧剂 0.3～1 份，抗水解剂 0.3～0.5 份，抗滴落剂 0.5～1 份，加工助剂 0.3～0.5 份。其中 TPEE 为聚醚型 TPEE，邵尔 D 硬度在 25～72 之间；阻燃剂为双酚 A 双（二苯基磷酸酯）、磷酸三苯酯、缩聚型多聚磷酸酯中的一种或几种；阻燃协效剂为三聚氰胺氰尿酸盐或改性三聚氰胺氰尿酸盐（GPMC）；抗氧剂为 1010、1098、168 或 619F 中的一种或几种；抗水解剂为碳化二亚胺、双碳化二亚胺或聚碳化二亚胺中的一种或几种；抗滴落剂为抗滴落剂 PTFETN3500（安特洛普化学）、抗滴落剂 PTFE（安特洛普化学）或抗滴落剂泰良氟聚合物（3M）中的一种或几种；加工助剂为硬脂酸钙、硬脂酸锌、亚乙基硬脂酰胺（EBS）或硅酮粉中的一种或几种。

制备方法是：①按上述比例，将 TPEE、阻燃剂、阻燃协效剂加入到高速混合机中，在 25～40℃下混合 15～20min；②依次加入抗氧剂、抗水解剂、抗滴落剂及加工助剂，在 25～40℃下混合 15～30min，经熔融、挤出造粒得到低烟无卤阻燃 TPEE。挤出机一区至六区各段温度分别为 190～200℃、210～230℃、215～235℃、215～235℃、215～235℃、215～235℃，机头温度 210～230℃。所得 TPEE 阻燃性能达到 UL94V-0 级，同时力学性能、耐热性能、耐热老化性能、耐水性良好。

专利 CN 102477212 A [12]公开了一种热塑性聚酯弹性体组合物及其制备方法，其配方为：PTEE100 份，阻燃剂 10～40 份，环氧聚合物 0.5～8 份，抗滴落剂 0.1～2 份，抗氧剂 0.1～2 份，润滑剂 0.1～2 份，其中阻燃剂为氮磷系或三嗪类阻燃剂中的一种，如三聚氰胺尿酸盐或三聚氰胺焦磷酸盐等，环氧化合物为含环氧活性端基的聚合物，如苯乙烯类 TPE 与环氧官能团共聚的弹性体；抗滴落剂为黏土、高岭土等，再加上抗氧剂（磷酸酯类）、润滑剂（硬脂酸及其盐类、石蜡类等）等。制备方法如下：首先将阻燃剂和抗滴落剂放置在高速搅拌机内，高速搅拌 2～10min，然后加入 TPEE、环氧聚合物、抗氧剂和润滑剂，再高速搅拌 2～10min，最后熔融挤出造粒。阻燃性达到 UL94 V-2 级，适合挤出成型管材。

根据膨胀阻燃理论，设计合成的阻燃剂 DP-FR 是具有如图 6.4 所示结构的膦酸酯化合物。其具有季戊四醇的碳骨架，兼具六元螺环结构，预期它将有较高的热稳定性和较好的成炭性，它的磷含量也较高（理论值为 24.19%）。根据磷的阻燃、催化成炭机理，该化合物将具有较好的阻燃性。将 TPEE 在 100℃真空干燥 3h，与 DP-FR 和三聚氰胺（MEL）按一定比例混合均匀，用双螺杆挤出机挤出造粒，TPEE 阻燃配方见表 6.7。所得粒子在 100℃真空干燥 3h，经注塑机注塑标准样条用于氧指数测试。热失重分析发现，在 DP-FR 阻燃 TPEE 的热氧降解过程中，由于 DP-FR 的首先分解，降低了阻燃材料起始分解温度，但对最

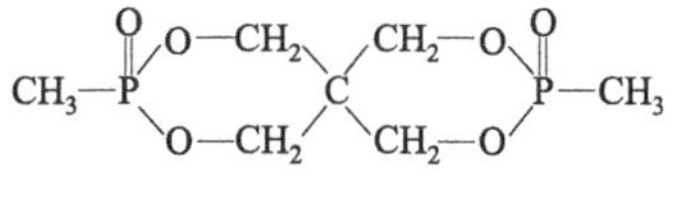

图 6.4　DP-FR 的化学结构

表 6.7 TPEE 阻燃配方

编号	TPEE/g	MEL/g	DP-FR/g
1#	2000	0	0
2#	2000	150	100
3#	2000	100	150

表 6.8 FR-TPEE 氧指数和升温速率 20℃/min 的 TG 数据

编号	氧指数/%	$T_{20\%}$/℃	$T_{50\%}$/℃	T_{max}/℃	$T_{70\%}$/℃
1#	20.6	377.90	400.45	404.34	410.90
2#	28.2	369.68	398.94	401.70	411.07
3#	28.6	369.43	398.27	400.00	410.81

注：$T_{20\%}$，$T_{50\%}$，$T_{70\%}$分别为转化率 20%，50%，70%时的温度。

大降解温度没有明显的影响，同时由于添加了 DP-FR 而提高了 TPEE 热降解后的质量保留率和阻燃性（极限氧指数提高），热失重与极限氧指数树脂见表 6.8[13]。

6.1.4 TPEE 的发泡

目前 TPEE 通常采用的发泡方法包括化学发泡剂发泡、微胶囊发泡剂发泡和气体注入发泡。

AC 是目前橡胶和塑料泡沫材料应用最广的有机发泡剂之一，在通用的有机发泡剂中发气量最大（为 250～300mL/g），且具有分解温度高（与 TPEE 熔融温度较匹配）、分解速度快、突发性强、分散性好、释放氮气为主又不易从泡体中逸出等优点。为使 AC 在基体中混合均匀，常先制得 AC 发泡母料。但由于 AC 分解的气体在 TPEE 熔体中溶解度有限，单纯使用 AC 母粒使发泡材料时容易超出生成聚合物/气体单相熔体的临界条件，所得垫板泡体结构不均匀，常有大气泡生成。表 6.9 给出了加入含有 AC 的 EVA 母料用量对发泡制品孔径、静刚度及动静刚度比的影响。可见，随着 AC 用量的增加，发气量增加；当其他条件未变时，泡孔孔径有增大的趋势，但由于孔径的分散度较大，结构趋于不均匀；虽然可以达到较低的静刚度，但动态损耗增加，动静刚度比逐渐增大。且 AC 用量过大会产生游离气体，使制品内部及外观产生较大缺陷。

表 6.9 AC 母粒用量对发泡制品的影响

AC 母粒用量/份	孔径/mm	静刚度/(kN/mm)	动静刚度比
0.8	0.05	24.72	1.32
1.3	0.11	24.13	1.33
1.7	0.13	23.68	1.36
2.0	0.20	22.36	1.40

近年来以无机发泡剂为主（如二氧化碳、碳酸氢钠、叠氮化物等）的吸热型化学发泡剂已成为热门课题，其往往兼具成核功能，能缩短成型周期约 20%。单纯使用碳酸氢钠时，发泡 PTEE 性能如表 6.10 所示，泡孔直径明显变大[14]。

表 6.10 $NaHCO_3$ 用量对发泡制品的影响

$NaHCO_3$ 用量/份	孔径/mm	静刚度/(kN/mm)	动静刚度比
0.3	0.12	23.56	1.32
0.6	0.28	23.01	1.29
0.9	0.59	22.36	1.27

当未达到熔融温度时，TPEE 树脂的流动性很差；而在挤出发泡温度下，TPEE 材料的熔体强度会大幅度降低，所形成的气泡壁强度随之降低，引起串孔、泡孔塌陷和破裂等现象的大量发生，对发泡过程的控制极为不利。为了获得良好的发泡效果，必须通过一定技术手段改善 TPEE 材料的熔体强度。

李明昆等[15]自制的 SEBS-MAH 与 TPEE 共混来改善其熔体强度。如图 6.5 所示，随着接枝物含量的增加，TPEE 发泡制品的拉伸强度和表观密度同步地先下降再上升，然后继续下降至趋于稳定。当未加入接枝物的时候的拉伸强度和表观密度都较大，分别为 8.1MPa 和 0.83g/cm^3。这是由于未加入接枝物时的熔体强度比较低，高温熔融状态下无法束缚住气体，造成大量气体从熔体中溢出，通过喂料口和模具口脱离机筒，只在制品表面形成一部分不规则的泡孔，而制品内部并未形成泡孔。从而使得发泡材料的拉伸强度和表观密度都较高。随着接枝物的加入，TPEE 的拉伸强度和表观密度开始下降，在加入 2 份接枝物后到达最低点。当接枝物的含量达到 3 份时，随着熔体强度的进一步增强，分解产生的大部

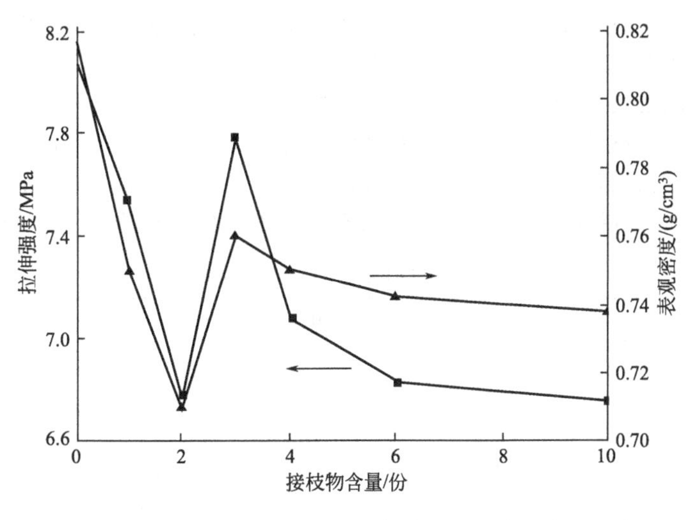

图 6.5 接枝物含量对发泡 TPEE 拉伸强度和表观密度的影响

分气体被包覆住，只有少部分气体从模具口溢出，内部开始形成闭孔结构，泡孔大小不均一，且数量不太多导致其表观密度升高。由于内部泡孔较少有较多的树脂连续相，其力学性能也随着升高。随着接枝物含量的继续升高，TPEE 树脂的熔体强度继续加大，发泡过程中气泡周围 TPEE 树脂的熔体强度和气泡内的压力已趋于平衡，发泡过程中发泡剂分解产生的所有气体基本都被熔体包覆住，TPEE 内部形成的大量的闭孔结构，泡孔小且分布较为均一，其拉伸强度和表观密度开始下降，并逐渐趋于一个稳定值。

另外，TPEE 发泡制品的压缩永久形变和拉断伸长率都随着接枝物 SEBS-g-MAH 用量的增多而降低，当接枝物用量达到 6 份后，发泡片材的压缩永久形变和拉断伸长率开始在一定范围内都趋于稳定，发泡效果很好。

单一发泡剂往往很难满足多种聚合物及同一聚合物的多种加工制品性能的要求。复合两种以上发泡剂并用，配合其他助剂，可更好地开发 TPEE 高弹性发泡材料。例如，当 AC 母粒用量为 1.7 份、$NaHCO_3$ 0.9 份、950DU0.5 份（其中 950DU 是以 EVA 为壳，内部含有异戊烷的微球发泡剂）时，制得的 TPEE 发泡制品静刚度及动静刚度比均较低；注塑温度在一定范围内升高可降低制品静刚度及动静刚度比；成型后退火处理有助于降低动静刚度比[14]。

李鑫等[16]采用复合发泡剂，通过单螺杆熔融挤出制备了热塑性聚酯弹性体（TPEE）发泡片材。当 AC/$NaHCO_3$/柠檬酸质量比为 15/5/5 时，TPEE 发泡材料的表观密度较低，泡孔直径比较均一。TPEE 发泡材料的表观密度随着发泡剂包覆体熔体强度的增大而下降，丙烯酸酯包覆体制成发泡材料的表观密度和拉伸强度较高，且泡孔分布比较集中，直径 40～120μm 的泡孔约占恒定面积内总泡孔数量的 75%。TPEE 发泡材料的压缩永久形变量随交联剂含量的增加先降低后增加，当环氧交联剂和异氰酸酯交联剂的用量分别为 0.8 份和 1 份时，TPEE 发泡材料的压缩永久形变最小，对比分析，异氰酸酯交联剂作用下的发泡材料的压缩永久形变更小，发泡效果更好。

微球发泡剂是一种物理发泡剂，壳体为聚合物，内部含有异戊烷。微球受热后，壳体变软，戊烷气化，泡内压力增高，使微球体积增大，且微球在加工过程中球的壳体不会破坏，无气体逸出，故无需寻找生成聚合物/气体单相熔体的临界条件。表 6.11 给出了 950DU 对 TPEE 发泡制品性能的影响。单独使用物理发

表 6.11　950DU 用量对发泡制品的影响

950DU 用量/份	孔径/mm	静刚度/(kN/mm)	动静刚度比
0.5	0.21	22.67	1.41
1.0	0.15	23.53	1.35
1.3	0.14	23.78	1.33
1.6	0.10	24.80	1.30
2.0	0.15	25.91	1.26

泡剂注塑发泡，泡体结构很好，动态性能指标包括疲劳性能较佳，但由于其壳体本身有一定的硬度，很难达到较低的静刚度。随着物理发泡剂用量增加，泡孔更加均匀、孔径更小，动静刚度比也随之降低。然而由于发泡剂壳体含量也相对增多，导致静刚度升高，从而影响减振性能。

王丹等[17]采用注射成型工艺制备了 TPEE 发泡材料。研究了微胶囊发泡剂用量、发泡温度以及注射压力对 TPEE 发泡材料性能的影响。使用微胶囊发泡剂制备 TPEE 发泡材料，可以通过调整发泡剂的用量制备各种密度的发泡材料，而发泡材料的性能与发泡剂用量之间为非线性关系。TPEE/微胶囊发泡体系中，TPEE 用量为 100 份、发泡剂用量为 4.5 份时，发泡材料的泡孔分布均匀，如图 6.6 所示的 TPEE 发泡材料的 SEM 照片，力学性能比较理想。在各工艺参数中，注射温度对发泡材料的性能影响最大。适当的注射温度可以制备相应密度的发泡材料。注射压力、注射速度也对发泡材料的性能有一定的影响，但是归根到底，这些因素均导致注射过程中 TPEE 熔体温度提高，从而影响发泡剂的发泡效果。在试验范围内，在注射温度 185℃，合模时间 200s，注射压力 40MPa，注射速度为 30g/s 的条件下，能够得到综合性能比较理想的发泡材料。

20 世纪 80 年代初期，美国麻省理工大学的学者 J. E Martini、J Colton 以及 N P Suh 等以 CO_2、N_2 等惰性气体为发泡剂研制出泡孔直径为微米级的泡沫塑料，并将泡孔直径为 1～50μm，泡孔密度为 10^9～10^{12}孔（cells）/cm^3 的泡沫塑料定义为微孔泡沫塑料，俗称微发泡塑料[18]。微孔泡沫塑料的泡孔数量庞大，且泡孔非常小，泡孔尺寸小于塑料内部原有的缺陷，使得塑料内部原有的裂纹尖端钝化，阻止裂纹在应力作用下的扩展，从而改善泡沫塑料的力学性能，避免了常规方法制备的泡沫塑料因具有较大的泡孔，在承受外力时泡体容易成为塑料裂纹的起始点，从而使塑料强度降低的缺陷。因此，微孔泡沫塑料不仅具有一般泡沫塑料质轻、隔音、隔热、能吸收冲击载荷等优点，而且具有良好的力学性能，应用前景广阔，尤其作为结构材料在飞机、汽车等各种交通运输器材领域具有特殊的应用价值。

采用发泡母料法可制得具有良好铁路减震功能的 TPEE 闭孔微发泡材料。其配方如下[19]：

TPEE 70～80 份
钛白粉 3～7 份
抗氧剂 1010 0.3～0.7 份
黏度调节剂 15～25 份
EVA 发泡母粒 13～20 份

钛白粉作为填料加入，既作着色剂，又具有补强、防老化、填充作用。制品中加入钛白粉，在日光照射下，耐日晒，不开裂、不变色，伸展率大及耐酸碱性能提高。抗氧剂 1010 是一种多元受阻酚抗氧剂，它的加入可弥补 TPEE 本身在

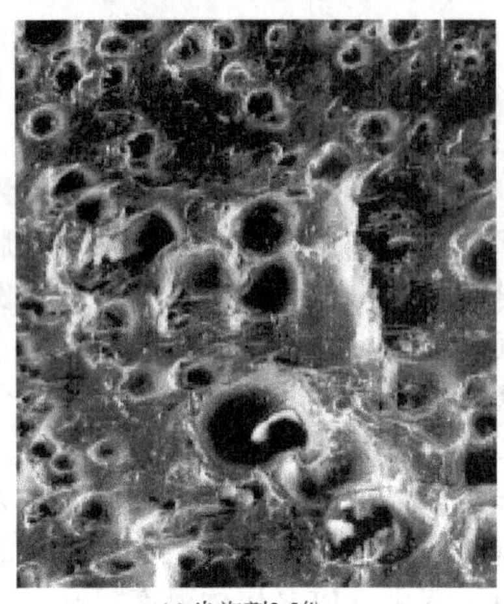
(a) 发泡剂3.5份

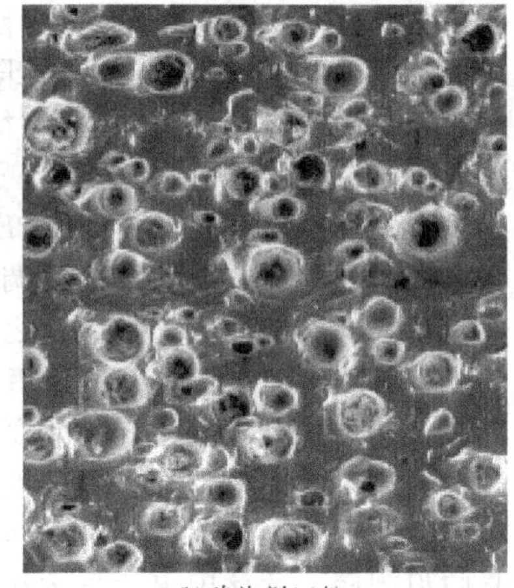
(b) 发泡剂4.0份

图 6.6　TPEE 发泡材料的 SEM 照片

光热下易变色老化的不足，使所合成的材料具有良好的光热下防变色、抗老化性能。乙烯-醋酸乙烯酯共聚物（EVA）、粘接型热塑性聚氨酯树脂（TPU）、聚氯乙烯（PVC）、低密度聚乙烯（LDPE）、线型低密度聚乙烯（LLDPE）、茂金属线型低密度聚乙烯（MLLDPE）、丙烯腈-丁二烯-苯乙烯三元共聚物（ABS）树脂在本配方中作为黏度调节剂，用于提高聚合物熔体强度。EVA 发泡母粒可以起到发泡剂的作用。

具体制备方法如下。

① 制备基料　将 60kgTPEE、7kg 钛白粉、0.7kg 抗氧剂 1010、25kg 黏度调节剂 EVA 加入搅拌机中，高速搅拌下混合 3～8min 然后加入到双螺杆挤出机进行造粒。双螺杆挤出机直径 63mm，长径比 40，转速 200r/min，温度设定为 160～180℃，水冷拉条切粒成基料。

② 发泡　取上步所得基料再配 3kgEVA 发泡母粒，混合加入到注射机料斗注塑发泡得产品。其中：注射机干燥温度 80℃，注射压力 60MPa，注射时间 1.5s，机筒温度分别是 180℃、180℃、160℃，喷嘴温度 180℃；注射体积量按照产品体积乘以发泡倍率 1.2～1.5 计算。所制得产品规格为 200mm×160mm×10mm，重 307g，发泡倍率 1.25。所得产品性能如表 6.12 所示。

该 TPEE 闭孔微发泡材料用于加工铁路用枕木垫片、枕木垫板。实验证明：所制枕木垫片寿命周期大致相当于 4 个橡胶垫、3 个 EVA 垫或 2 个 TPU 垫，可见其与橡胶垫、EVA 垫、TPU 垫相比，减震效果更佳；用闭孔微发泡 TPEE 复合材料制作的高速铁路减震垫板具有更好的减震效果，即使在火车高速运行的状态下旅客也不会有震动感。

表 6.12 发泡 TPEE 的性能

检测项目	测试方法	技术指标	实测值
拉伸强度/MPa	GB/T 1040	老化前 ≥4	14
拉伸强度/MPa	GB/T 1040	老化后 ≥3	13
拉断伸长率/%	GT/T 1040	老化前 ≥200	230
		老化后 ≥170	210
压缩永久变形/%	—	≤20	≤17
工作电阻/Ω	—	$\geq 10^9$	3×10^9
耐油性,体积膨胀率(46 号机油,72h 后)/%	GB/T 1690	≤5	4.2
表面 TABER 磨耗/mg	GB/T 5478	≤12	10.0
低温(−50℃下 2h)冲击强度/(kJ/m^2)	GB/T 1043	≥30	35
静刚度 A 类/(kN/m)	—	35±5	36
静刚度 B 类/(kN/m)	—	23±3	26

传统的发泡方法是在塑料中加入物理发泡剂和热分解型化学发泡剂。常用物理发泡剂有氟里昂（CFC_S）和烷烃等低沸点液体或者气体。CFC_S 具有作为发泡剂所需要的理想性能，即低分子量、沸点接近室温、低毒性、不易燃、优异的化学和热稳定性以及低成本，并且在聚合物中具有较高的溶解度和扩散速率，使得 CFC_S 成为大部分聚合物首选的的发泡剂。但是 CFC_S 类气体对大气臭氧层有严重破坏作用，它的使用受到了国际蒙特利尔协议的限制。烷烃类发泡剂的缺点是易燃，而聚合物的加工温度一般都比较高，因而烷烃类发泡剂具有严重的安全隐患。通过化学发泡剂受热分解产生的气体来制备发泡塑料。这种方法由于气体分散不均且很难控制气体的释放，制备的发泡塑料泡孔分布不均匀，泡孔过大，且在聚合物基体内容易有分解物残留，不适宜用来制备微发泡塑料。超临界流体技术是制备微发泡塑料的一种有效途径。由于超临界流体不仅在聚合物中的溶解度大且分布均匀，可以与聚合物形成均相体系，而且很容易控制气体的释放，可以实现快速降压过程且压降幅度非常大，因此，采用超临界流体作为发泡剂制备微发泡塑料时泡孔成核速率非常大，形成的泡孔分布均匀且泡孔密度大。常用的超临界流体有超临界 N_2 流体和超临界 CO_2 流体等，具有来源广、无毒、不燃烧、在聚合物中溶解度大、扩散能力强，并且溶解度可以简单地通过改变温度、压力来控制的优点。微发泡方法主要包括间歇发泡法、连续挤出法或注塑成型发泡法，利用超临界流体制备微发泡塑料的超临界微发泡方法也相应地可分为超临界流体间歇发泡法、超临界流体连续挤出法或超临界流体注塑成型发泡法。超临界流体间歇发泡法是指在高压釜中使超临界流体溶胀聚合物，然后通过快速降压或升温的方式使聚合物发泡的方法，是目前常用的微发泡方法[20]。超临界微孔发泡技术不仅可以大幅度降低 TPEE 制品的密度，节约成本，而且可以提高其

减震、耐冲击性能，进一步拓宽其应用领域。目前，微发泡热塑性弹性体作为高速铁路轨下垫板已经广泛使用。

卢军等[20]在带毛细通孔的成型模具中填充TPEE，放入高压容器，向容器内注入氮气或二氧化碳置换高压容器内空气，调控高压容器的温度为160～220℃，压力为8～30MPa，并在恒温恒压下保持10～50min，然后将高压容器的压力以200～700MPa/s的降压速率降至大气压，取出成型模具，冷却后去除成型模具，制得TPEE闭孔微发泡制品，泡孔密度可达10^8～10^{12} cells/cm^3。该方法工艺简单，便于操作控制，并且能够得到泡孔尺寸更小，泡孔密度更高，泡孔结构更加均匀，减震耐冲击性能更优的PTEE制品。

6.2 改性TPEE的应用[21,22]

TPEE具有橡胶的弹性和工程塑料的强度，与橡胶相比，它具有更好的加工性能和更长的使用寿命；与工程塑料相比，同样具有强度高的特点，柔韧性和动态力学性能更好。TPEE硬度范围大，结构强度高，弹性好，耐冲击，耐屈挠。TPEE易于加工，熔融流动性好，熔融状态稳定，收缩率低，结晶速度快。由于优异的性能，TPEE在汽车制件、液压软管、电缆电线、电子电器、工业制品、文体用品、生物材料等领域得到了广泛的应用，其中在汽车工业中的应用最广，占70%以上。对大多数用途来说，TPEE可以直接使用。但随着TPEE在汽车、铁路、航空航天等领域中的广泛应用，TPEE的综合性能还不能满足某些特殊需求，进行适当改性后可以满足要求。

国内外目前有10多家知名的生产企业在TPEE改良增强型品种、高性能及高功能化品种、高附加值品种，合金化品种等研发方面颇有成效，如高熔点柔软型、高黏度型、高耐久型、高耐候型、超耐热型、耐热阻燃型，以及耐水解型、生物降解型、易加工型、玻纤增强型及半导电型等品种。根据加工方法和聚合物类型的不同，在177～260℃之间均可加工。典型应用于汽车的安全气囊盖板、防尘罩，电子电气行业电缆护套、电器弹性按键、手机天线、工业部件的低噪声齿轮、光纤紧套管、体育用品中滑雪鞋等领域。

6.2.1 汽车领域

TPEE具有优异的耐热油性、优异的高低温屈挠疲劳性能、耐磨耗、高强高韧。用TPEE制作的汽车的各类弹性体制件具有比橡胶制件更优异的综合性能，其耐温等级更高，低温特性更优，特别是TPEE的疲劳性能是其他弹性体所无法比拟的。特别是经化学改性后的吹塑级TPEE特有的高黏度和高熔体强度特性满足挤出、吹塑加工工艺要求，应用于耐压软管，电线电缆护套挤出成型；可吹塑加工汽车零部件，如发动机进气风管、转向器护套、等速联节器护套、金属嵌件进气管等制件。经过玻璃纤维增强的弹性体材料，可以用作耐高冲击的工程塑料，这些材料特别适合汽车的大型外壳部件，如底板缓冲器和护栏等。还有与PA、PC类共混的聚合物合金、超耐热的TPEE和耐天候的TPEE等，主要用于汽车的外板以及外装部件。如图6.7为采用四川晨光生产的高性能TPEE制作的安全气囊盖板。

图6.7 TPEE制作的安全气囊盖板

用TPEE材料制作的防尘罩，质量比氯丁橡胶（CR）防尘罩少一半，使用寿命延长了一倍。通常情况下，在一辆轿车的使用年限中无须更换传动轴防尘罩。目前，中高档和高档防尘罩均采用TPEE生产。在国内，天津环宇公司已采用进口生产设备进行大批量生产。四川晨光开发的产品也已在奇瑞、上海大众等汽车品牌上使用。

国内采用聚甲醛（POM）制造汽车球头销座已有多年，但POM存在因磨损而使汽车转向系运动不平稳、平均使用寿命低等问题。而TPEE具有极好的强度、韧性和耐磨损性能，生产的产品体积小、质量轻，更适宜制造汽车球头销座。

阻燃TPEE代替传统的绝缘材料用于汽车内线缆，改进了线缆绝缘的柔软性、拉伸强度、耐挤压性能、耐磨性能和耐化学品性能，并提高了额定连续温度。

6.2.2 电线电缆和光缆护套

随着TPEE应用领域的拓展，对其他特殊功能的要求也越来越高，尤其是在汽车电气系统、电子电器、自动化设备及通讯设备等领域的应用，对其阻燃性要求越来越高。经阻燃改性后，可用于电话线护套，光缆护套。例如杜邦Hytrel® HTR8068是一种矿物填充阻燃TPEE，符合UL94V-0要求，邵尔D硬度44主要用于电缆护套、管道、流延膜、软管、电线电缆等。HZ-8660是一种可辐照交联的耐油、阻燃聚酯弹性体电缆料，具有良好的力学性能、加工性能及阻燃性能，电线垂直燃烧符合UL VW-1的要求。可用于125℃的耐油机车线、油井线、传感器线及装备线的护套。

6.2.3 薄膜与软管

新改进的 TPEE 有以聚己内酯为软段的聚酯-醚共聚物，可以提高其耐水解性、耐寒性，进一步改进耐热、耐天候性和机械强度。利用 TPEE 中软段的化学特性，可制成防水和透气优良的薄膜。这种薄膜是完整的，没有微孔。第一次大规模商业化应用的范例是 Sympatex 聚酯透气性薄膜，主要应用于带有弹性和透气性的衣物内衬上。

6.2.4 移动电话

在移动电话领域，与现用硅橡胶材料相比，TPEE 生产周期短、重量较小，可应用于手机键盘、手机天线壳体和密封件等。日本 Shuehiro 公司看中 TPEE 的这一特点，将遥控器的按键从传统的硅橡胶改用 TPEE 来制作，效果相当理想。如果此技术得到推广则 TPEE 的用量将大大增加。

6.2.5 生物材料

PEG-PBT 嵌段共聚物性能优良可调，具有降解产物酸性低，生物相容性好，不易引起受体组织炎症反应，价廉易得等优点，在制备组织工程支架材料中备受青睐。现已初步证实，PEG-PBT 可应用于承重与非承重骨的置换、人工鼓膜、伤口修复、人工皮肤、药物缓释体等。

6.2.6 文体用品

TPEE 在制鞋业中，作耐磨鞋底，使用寿命是尼龙的 2 倍，ABS 的 3 倍。采用 TPEE 与 PC 的二次注塑成型工艺制作的滑雪板固定器，表观非常漂亮。之所以选用 TPEE 是因为它在寒冷气候中仍具有优异的耐冲击性能和柔韧性，PC 则对固定器起了加固作用。不同硬度的 TPEE 并用以制得高韧性材料，这种材料在非常低的温度下保持高韧性，可以制作滑雪靴等冬季运动制品。

在运动鞋中，聚酯弹性体主要用来制作鞋底的柔软嵌入物、环状绑带和可透气的内衬，同时也可用于冬季体育用品中。高尔夫球也会用到聚酯弹性体。紧贴着高尔夫球表层下的内层常常以这种材料制作，充分利用了聚酯弹性体优异的能量吸收性能。该领域的其他应用还有轻击棒和球杆把手等。另外，寝具也可使用聚酯弹性体制成。用 TPEE 制成的床垫弹簧，在产品使用周期内富有弹性而且无需担心变形问题，聚酯弹性体的模量范围可以根据个人身形的不同而使床垫弹簧形成不同的弯曲程度，令消费者更舒适。

6.2.7 抗震缓冲材料

目前，随着铁路系统的大幅提速，对各种减震产品提出了更高的要求，而

TPEE 发泡材料兼具 TPEE 高强度、弹性以及发泡材料吸收应力、缓冲震动等性能，能够有效吸收列车行驶时产生的冲击和挤压能量。TPEE 发泡材料将发泡材料缓冲减震、吸收交变应力等优良性能以及 TPEE 的高弹性、高强度集于一体，可以长时间有效地吸收材料因受到外力挤压和冲击而产生的能量。TPEE 发泡垫板可以有效地解决交通提速对轨道和公路桥梁造成的损害。微发泡 TPEE 高铁枕木垫，位于铁轨和铁路枕木之间，承受过往火车的每一个车轮在枕木垫和枕木上移动时产生的冲击和挤压载荷，有效地降低和缓冲了火车高速通过铁轨时所产生噪声、热量、冲击和震动，保护路基和轨枕。

日本东洋纺织公司与日本道路公团研究所合作开发成功小型、轻量、能量吸收能力大的抗震缓冲材料。用这种材料制成的缓冲件安装于公路桥和铁路桥，能缓和与吸收地震时的振荡和冲击，防止发生桥梁坍塌事故。在试验机构进行的大冲力冲击试验中确证这种缓冲件具有设计预定的性能。是采用弯曲模量比橡胶高10 倍以上的高性能 TPEE 制成的蜂窝状或筒状的特殊中空体。蜂窝型件安装在桥桁之间或桥桁与桥墩、桥座间，一个这样的缓冲件所具有的冲击能量吸收能力能绰绰有余地停住以 1m/s 的速度运动的 80t 重物的运动。这种能力相当于同一形状的橡胶成型缓冲件的 10 倍以上。

6.2.8 塑料改性剂

TPEE 的熔体稳定性高、熔体黏度低，可用于聚合物的共混，尤其是可以提高聚合物的低温抗冲击强度、提供弹性特性、增加共混体系的相容性。与 PET 、PBT 共混，能够增韧、促进结晶、改善熔体流动性；与 PC 共混，可以改善低温抗冲、减少应力开裂；与软质 PVC 共混，能提高室温柔顺性、改善低温性；与 PP 共混，能增韧、改善表面极性，提高与涂料的结合力等。

参考文献

[1] 李鑫．热塑性聚酯弹性体 TPEE 挤出发泡性能研究．北京化工大学，2011.

[2] Tae-young Lee,Chol-han Lee,Sunghwan Cho etal. Enhancement of physical properties of thermo-plastic polyether-ester elastomer by reactive extrusion with chain extender. Polym. Bull. ,2011,66: 979-990.

[3] 张志平，彭树清，文彦飞，等．吹塑级热塑性聚酯弹性体（TPEE）的研制．塑料工业，2000，28（2）：51-52.

[4] G. 霍尔登,N. R. 莱格,R. 夸克等主编．热塑性弹性体．傅志峰等译．北京:化学工业出版社,2000.

[5] 王强，斯琴图雅，张玉宝等．电子束辐照交联热塑性聚酯弹性体(TPEE)的研究．中国新技术新产品，2010，（3）：19-20.

[6] 褚文娟．高强 TPEE_TPU 塑料合金的制备及结构与性能研究［D］. 北京：北京化工大学，2010.

[7] 褚文娟，丁雪佳，张德强等．羧基丁腈胶粉改性热塑性聚酯弹性体的性能．化工进展，2010，29（11）：2130-2133.

[8] Rui-Juan Zhou,Thomas Burkhart. Thermal and mechanical properties of poly (ether ester)-based

thermoplastic elastomer composites filled with TiO_2 nanoparticles. J Mater Sci, 2011, 46: 2281-2287.
[9] Gabriel Shonaike, T. Matsuo. Fabrication and mechanical properties of glass fibre reinforced thermoplastic elastomer composite. Composite Structures, 1995, 32 :445-451.
[10] 何晓东．阻燃型热塑性聚酯弹性体在紧套光纤中的应用．粘接，2011，(1): 80-82.
[11] 章园红．一种低烟无卤阻燃热塑性聚酯弹性体及其制备方法．CN 102757622A，2012-10-31.
[12] 吕励耘，陈学年，孙利明．一种热塑性聚酯弹性体组合物及其制备方法．CN 102477212 A，2012-05-30.
[13] 朱新军，彭治汉，李文刚等．阻燃 TPEE 飞等温热氧降解动力学．东华大学学报（自然科学版），2009,35（1）:17-21.
[14] 杨楠，史春敏，杨秉新．热塑性聚酯弹性体减振材料注塑发泡研究．塑料工业，2012，40（1）：44-47.
[15] 李明昆，苑会林，王新星．马来酸酐接枝 SEBS 聚酯弹性体发泡性能的影响．中国塑料，2012，6（4）：72-76.
[16] 李鑫，苑会林，刘长维等．热塑性聚酯弹性体 TPEE 挤出发泡研究．塑料工业，2011，39（5）：104-109.
[17] 王丹，李庄．微胶囊发泡剂/热塑性聚酯弹性体注射发泡成型工艺研究．塑料工业，2012，40（4）：64-66.
[18] Matuana, L. M. , Park, C. B. , Balatinecz, J. J. Structures and Mechanical Properties of Microcellular Foamed Polyvinyl Chloride. Cellular Polymers ,1998,17(1):1-16 .
[19] 苑会林，韩钢，韩继红．热塑性聚酯弹性体闭孔微发泡材料及其制备．CN 101550267A，2009-10-07.
[20] 卢军，黄志杰，刘艳涛．一种热塑性聚酯弹性体闭孔微发泡制品的成型方法．CN 101935405 A，2011-01-05.
[21] 刘丽华，张晓静．热塑性聚酯弹性体的发展现状和应用．纺织导报，2011,（3）：59-60.
[22] 钱伯章．国内外热塑性弹性体市场与产品开发进展．化工新型材料，2011，39（8）：61-75.

第 7 章

热塑性聚酰胺弹性体的改性及应用

热塑性聚酰胺弹性体（TPAE）为尼龙型的 TPE，可分为嵌段共聚物型和动态硫化型两大种类。与 TPS、TPO、TPU 及 TPEE 类 TPE 相比，TPAE 是最近开发出来的一类弹性体，其使用温度高、耐热老化、耐化学品和加工性佳的热塑性弹性体，有望填补 TPU 与有机硅弹性体之间的空白，在汽车工业和电线电缆工业作为耐高温绝缘护套等方面有很大的潜在市场。与 TPU 弹性体相似，它们在较宽的温度范围内坚韧抗磨，而 TPAE 的耐磨性更高。

总体而言，TPAE 的优点是既具有橡胶的弹性，又保留着尼龙树脂的强韧性及耐磨性，缺点是耐强酸、强碱性和耐热水性较差，而且价格昂贵。

嵌段共聚型 TPAE 由高熔点、结晶性的聚酰胺硬段和非结晶性的聚酯或聚醚软段组成。嵌段共聚物型 TPAE 尽管有诸多优点，但由于它在高温时强度性能较差、永久变形大，且价格昂贵，使其应用受到限制。动态硫化是制备新型热塑性弹性体的一种新方法，由于这种方法制得的热塑性弹性体具有良好的性能，甚至在某些性能上优于嵌段共混型热塑性弹性体，如高温下永久变形、耐热和耐油性等均有较大改善。研究最多并得到广泛应用的是烯烃类 TPV，但烯烃的耐热变形性能不佳，为拓宽 TPV 的应用范围，多选择性能优异的工程塑料 PA 作为塑料基体与橡胶进行动态硫化，制得性能优异的共混型 PA 类热塑性弹性体。动态硫化型 TPAE 既具有的较高的强度、韧性和耐磨性等优良的物理性能以及优异的加工性能，还兼具橡胶良好的回弹性等。目前，PA 与橡胶共混制得的 TPV 中，商品化且应用较多有 PA/NBR、PA/EPDM 和 PA/丁基橡胶（IIR）TPV。

7.1 嵌段型 TPAE[1,2]

美国 Dow 化学公司生产的以半芳香酰胺为硬段，分别以脂族聚酯、脂族聚醚、脂族聚碳酸酯为软段的聚酯酰胺（PEA）、聚醚酯酰胺（PEEA）、聚碳酸酯-酯酰胺（PCEA）和法国 Atochem 公司生产的以酯族酰胺为硬段、聚醚为软段的聚醚-b-酰胺（PE-b-A）等，其中有的使用温度可达 175℃，并具有优异的耐热老化性能和耐化学品性，耐腐蚀性以及良好的加工性，常被用来代替硅橡胶和氟橡胶。

Dow 化学公司还开发成功以改性聚酯为软段的 TPAE，商品名为 PESA，并为此开发了以异氰酸酯技术为基础的 PESA 专利生产技术。作为软链段的聚酯，与聚氨酯中软链段聚酯不同，其端基为羧基而不是羟基，并且在聚合物骨架引入芳烃结构，因而耐热性能显著提高，并具有优异耐紫外线辐射性能。

在 TPAE 合成过程中，往往加入包括胺类、酚类和络合盐等稳定剂以防止共聚物在反应时发生降解，可提高产品的物理机械性能。美国 Upjohn 公司研制开发的以芳香族聚酰胺为硬段、聚醚为软段的 Estamind 系列 TPAE 产品，具有高强度、高耐热性、耐磨耗和耐水性优异等特点。

日本富士化成公司研究开发出 TPAE 产品，其化学结构式为：

$$HO\!\left(CO-PA_1-PA_2-NH\right)_a\!\left(CO-PE-O\right)_bH$$

式中，PA_1，PA_2是两种高纯度聚合脂肪酸或聚合酯环酸系聚酰胺硬链段，这是该产品区别于一般热塑性弹性体只有一个硬链段成分的重要方面；PE 是聚酯或聚酯软链段。硬链段与软链段比为（60～95）：（40～5)，通过硬链段和软链段以及硬链段两成分间的配合和配方的变化，开发出了结晶度各异的系列化 TPAE 产品。

另外，值得注意的是，尼龙 12 系作为 TPAE 的代表，与最新开发的各种特殊品级 TPAE 一起，被定位为一种高档次高价格的产品。实际上，中低档 TPAE 也具有巨大的发展潜力。比如尼龙 6 系 TPAE，虽然其合成难度大的问题有待解决，但其综合性能优异，价格低于 TPU，加工性能与 TPEE 一样优良，而且具有透明性。因此它是集 TPU、TPEE 优点为一身的产品。事实上，尼龙 6 系 TPAE 已经引起了许多公司和研究者的注意，已有多家公司申请了他们的专利技术并已开发出产品。市面上的尼龙 6 系 TPAE 有法国 Ato 生产的 Pebax 中的 5512MNOO、日本宇都生产的 PAE600、601 等少数几种。其中 5512MNOO 由尼龙 6 与 PPG 共聚而成。

7.2 动态硫化型 TPAE[3]

7.2.1 PA/NBR TPV

PA 具有易加工、制品尺寸稳定性和综合物理性能好的特点，其热分解温度高于 350℃。NBR 具有优异的耐油、耐老化和耐磨性能。NBR 和 PA 经动态硫化工艺制备的 TPV 具有较高的拉伸强度、较好的耐磨性能以及比 PP/EPDM TPV 优异的耐油性能，广泛用于汽车的密封系统和发动机系统。但交联的 NBR 难以合适的粒径均匀分散在 PA 相中，导致 PA/NBR TPV 压缩永久变形偏大、物理性能波动较大。为解决此类问题，人们开展了许多研究。例如，采用不同羧基含量的羧基丁腈橡胶（XNBR）分别与三元 PA 和 PA6 动态硫化制备热塑性弹性体，因在熔融状态下，XNBR 的羧基与 PA 的氨基能够发生反应，在两者的界面上就地生成嵌段共聚物，共聚物的生成增大了橡胶和尼龙的界面作用力，故而硫化胶粒径减小，硫化胶性能提高。

加工工艺对 PA/NBR 体系性能影响很大。马翔[4]采用 3 种工艺制备了 PA/NBR TPV。其中采用开炼机预混、哈克流变仪混炼的工艺，混炼温度为 200 ℃，转速为 80～100r/min，可制得相态结构均匀、分散相粒径较小、物理性能和耐溶剂性能较好的 PA/NBR TPV。在 PA/NBR TPV 中，NBR 可诱发 PA 结晶；PA 连续相结晶结构分布的均匀性和相界面之间的相互作用是提高 PA/NBR TPV 耐溶剂性能的主要因素。

赵素合等[5]研究了橡塑预混法、二步法和母炼胶法 3 种工艺对 PA/NBR TPV 相态结构、流变性能、物理性能和耐溶剂性能的影响。结果表明，NBR 与 PA 在高温、高剪切作用下，两相界面间可发生微化学反应，但并不影响动态硫化时两相之间的相态反转过程；采用橡塑预混法可制得分散相粒径小且分布均匀的 TPV，该 TPV 的 100%定伸应力大，压缩永久变形小，耐溶剂性能不佳，表观黏度略大，但挤出物外观光滑。在保证物料能充分塑化的前提下，热成型温度越低，TPV 熔融焓越高，耐溶剂性能越好；TPV 最佳成型条件为 170℃ × 12min，加工过程中快速冷却，可得到使 PA 相结晶结构更完整的 α 晶体，从而显著提高 YPV 的耐溶剂性。

7.2.2 PA/IIR TPV

PA/IIR TPV 兼具 IIR 优良的气密性、耐热性和 PA 优良的加工性能和物理性能，广泛应用于电冰箱软管、轮胎气密层等对气密性要求高的领域。但 PA 与 IIR 相容性较差，界面黏合力小，通过加入适量相容剂或对 IIR 进行适当改性，可以改进两相间的界面相容性，制备性能优异的 PA/IIR TPV。

实际上，PA 和 IIR 在高温高剪切环境中混合时两者之间有相互作用，两个看上去不相容的体系在没有硫化剂的情况下混合产生了少量的接枝或嵌段共聚物并且发生了交联；使用电子束照射共混物，交联加强，但尼龙出现一定程度的降解。

采用双螺杆挤出机进行动态硫化，当 PA12/CIIR 共混比为（35∶65）～（40∶60）、N,N'-间亚苯基双马来酰胺亚胺用量为 2 份、相容剂马来酸酐接枝聚丙烯用量为 5 份时，PA12/CIIR TPV 的物理性能、流变性能和气密性较好[6]。

黄桂青[7]研究发现，以 CIIR 为基体制备的 TPV 各项物理性能优于以 BIIR 为基体制备的 TPV，CIIR 和 PA 具有更好的相容性。在哈克动态硫化工艺和开炼机动态硫化工艺对 TPV 性能影响的研究中发现，当转子转速为 50r/min、温度为 200℃时，动态硫化 10min 制备的 TPV 性能较优。

7.2.3 PA/EPDM TPV

与 PA/EPDM TPV 相比，PA/EPDM TPV 具好更好的物理性能和耐热、耐油性能，但 PA 与 EPDM 的相容性不佳，共混时必须加入相容剂，其有效相容剂有马来酸酐（MAH）接枝 EPDM（MAH-*g*-EPDM）、MAH 接枝 EPR（MAH-g-EPR）和氯化聚乙烯（CPE）等。采用 13 份 CPE 作相容剂时该共混体系的增容效果为佳；硫黄硫化体系是 PA/EPDM TPV 的最佳硫化剂，当硫黄用量为 2 份时，既保证了该 TPV 中橡胶相能充分交联，又可避免过硫化对胶料性能造成负面影响；PA 用量为 35 份的 PA/EPDM TPV 具有良好的物理性能、耐溶剂性能和耐热老化性能；EPDM 以平均粒径为 2～5μm 的粒子形态均匀分布于 PA 连续相中[8]。

当采用加入 MAH-g-EPDM 做相容剂时，用量 20 份时复合材料的综合物理性能好，且相容剂对复合材料性能的影响比共混工艺大。

7.2.4 PA/硫化橡胶粉末 TPV

张晓红等[9]利用橡塑加工中通常的共混法，将平均粒径为 0.02～1μm 的具有交联结构的新型全硫化粉末橡胶与聚酰胺通过熔融共混造粒而制得全硫化聚酰胺热塑性弹性体。粉末橡胶与聚酰胺塑料的质量比优选为（50 : 50）～（75 : 25）。在制备过程中，物料的共混温度即为聚酰胺的通用加工温度，在既保证聚酰胺完全熔融又不会使其分解的范围内选择。此外，根据加工需要，可在共混物料中适量加入塑料加工的常规助剂和增容剂。

这种全硫化聚酰胺热塑性弹性体的橡胶相粒径比传统动态硫化方法所制得的全硫化聚酰胺热塑性弹性体的橡胶相粒径要小得多，具有良好的力学性能。

7.3 TPAE 的改性

目前，国外针对 TPAE 的价格较高，正致力于 TPAE 改良型品种、高性能化和高功能化技术以及新用途的研究开发。通过加入无机填料如白垩土、陶土、滑石粉、石英粉、云母、玻璃纤维和石棉等改善其性能，同时降低成本。与其他聚合物共混，选用芳香族聚酰胺作硬链段或在聚酯软链段中引入芳烃结构，也是 TPAE 高性能化和高功能化的主要研究开发方向。

贡瑞华[10]提出一种化学共混法 TPAE 的基本配方，如下所示：

原辅料名称	质量份(配比范围)
a. 聚酰胺(PA)	38(30～45)
b. 三元乙丙橡胶(EPDM)	26(20～35)
c. 丁腈橡胶(NBR)	22(15～30)
d. 酚醛树脂(PF)	4(3～5)
e. 硫化活性剂	1.5
f. 配合剂 A,B	7(5～9)
g. 抗氧剂(防老剂)	1.5
合计：	100

在并用组分中，PA 是综合性能良好的工程塑料，与同样耐油性能优异的 NBR 有较好的相容性，而 EPDM 又卓越的耐水性和低温柔性。生产中，EPDM 在熔融共混中首先与酚醛树脂（PF）“就地”生成了反应型增容物，能与 PA 链端的氨基发生化学反应，起到降低界面能、促进分散、稳定形态结构的作用，使非极性的 EPDM 与强极性的 PA、NBR 有良好的相容性。此外，由于酚醛树脂链端的羟甲基是橡胶大分子发生交联反应的反应性基团，它对 EPDM、NBR 等都有较好的共硫化性。生产中，机械的高剪切又不断将硫化橡胶的交联网络粉碎成微细颗粒，高度分散于熔融的 PA 树脂相中，从而得到化学共混法 TPAE。化学共混法 TPAE 的生产工艺流程图见图 7-1。

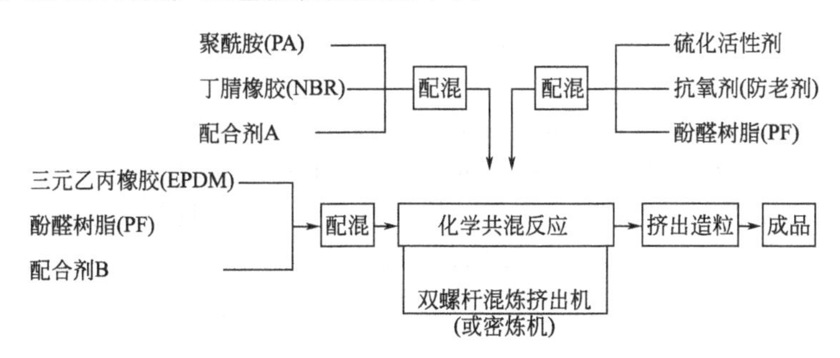

图 7.1　TPAE 生产工艺流程

用反应型挤出技术，使多官能团环氧化合物与 TPAE 在挤出机内进行反应并在其分子链间进行交联，可改善 TPAE 的压缩永久变形。例如[11]采用法国 Atohem 公司生产的由聚酰胺和聚醚嵌段聚合而成的 PEBAX 3533，交联剂为对苯二酸二环丙酯（DGT）和间苯二酸二环氧丙酯（DGI）以及异三聚氰酸三环氧丙酯（TGI）。研究表明，在 TPAE 中，添加少量的交联剂（0.2～1.4 份）和碱性催化剂（0.2 份无水碳酸钾）进行反应性挤出，很容易得到压缩永久变形较小的改性材料；并且 TPAE 的强度、耐热性、耐药品性等也有提高。三种交联剂中，三官能团的 TGI 效果最好。

在 PA/NBR 中可以加入增塑剂，以使其软化，改善加工性能。理论上，加入增塑剂后，尼龙的熔点和结晶度都应下降，但实际上也有可能上升。这是由于增塑剂的加入降低了尼龙的黏度，从而有利于结晶，并且晶格更完善。在某些情况下，上述两种作用相互抵消，尼龙的熔点和结晶度保持不变。增塑剂对最大伸长率的影响也与上面相同，加入增塑剂后，最大伸长率有可能上升，也有可能下降。加入增塑剂后，一般拉伸强度下降。

在 PA/NBR 中加入少量黏土对硬度、刚性和强度没有什么影响，但伸长率和弹性模量下降。这是由于填料存在于橡胶相中，使橡胶相的刚性增加，但同时也使橡胶相的体积增大，两者的效应相互抵消。填料的加入会大大降低共混物的热塑性，使加工性能降低[12]。

法国 Ato 公司研制开发出添加炭黑的导电品级 Pebax 1295、1300 和 1337 三个品种，表面电阻可达 $10^3\Omega$，邵尔 D 硬度为 50～60，伸长率分别可达 250%、310%和 380%。该公司还研制出 Pebax MX1074 TPAE 产品，该产品可以12%～20%添加到各种聚合物中，使之抗静电性长久，表面电阻达 $10^8\Omega$，稳定性好，易着色。可用于电子设备壳体、空调装置、室内清洁设备等。日本东丽公司和 Ato 公司用合金化技术开发的 MX1000 系列 TPA E，改善了 Pebax 的耐油性、耐热性、耐磨耗性及阻燃性。Pebax 的特殊品级 4033S N 70BL K，表面电阻为 10^3～$10^4\Omega$；Pebax MX1057、1058、1059 和 1060 四个品级，具有耐化学药品性、耐热性、耐磨耗性优异，低温领域使用范围大，软化温度为 63～152℃，可加工轻量薄壁化产品，加工工艺简单。20% 玻纤增强品级 Pebax MX1500、1501、1052 和 1053 四个品级，尺寸稳定性好，耐冲击性、耐热性显著提高。

瑞士 Ems-chemic AG 公司研究开发了不含氯及磷的自熄性 TPAE 产品；Emser 公司开发出以尼龙 6 为基材的 Grilon ELY20NZ 和以尼龙 12 为基材的 Grilamid E LX23 NZ 的 TPAE 产品，低温回弹性和韧性优异，耐氯烃等化学药品、耐油和耐润滑脂性优良，吸水性小，尺寸稳定性好，且不含增塑剂，可注塑和挤出加工，可用超声波和热板法焊接，主要用作汽车或电子零部件以及体育用品。

日本宇部兴产公司已开发出近似橡胶的 TPAE。该 TPAE 是由聚酰胺和30%～50%的聚醚、聚酯等软化剂组成。其弯曲弹性模量为 49～294MPa，拉伸强度为 20～29 MPa，熔点为 150～170℃，使用温度范围宽，具有耐磨、耐寒和耐化学药品性好等特点。该公司还开发出 UBE-PAE 系列 TPAE 产品，该系列有四种型号：AE600、601、1200 和 1201，均为聚酰胺和聚醚的嵌段共聚物。前两种为聚己内酰胺系列，后两种为聚十二内酰胺系列。UBE-PAE 系列 TPAE 具有橡胶和工程塑料的优点，可广泛用于制作汽车零件、机械、电器、电气精密仪器的功能部件、体育用品、软管和机带等。

TPAE 由于比 TPEE 的价格贵、用途受到限制，目前消耗量还比较低，估计全球在 2 万吨以上。我国尚无 TPAE 生产厂家，市场全部依赖于进口[13]。生产厂家也较少。进一步降低 TPAE 的成本、进行 TPAE 改良型品种，高性能比和高功能化技术及新用途的开发研究是 TPAE 今后重要的发展方向。

7.4 TPAE 的应用

TPAE 的诸多物理、化学性能优异，使其消费量逐年增加，目前正以每年3%的速度增长。

热塑性聚酰胺弹性体可用于软管、导线、电缆、汽车、电器等行业，也可用于热熔性黏结剂，还可作为金属的粉末涂层和热塑性工程塑料的抗冲改性剂。

同 TPEE 一样，主要用于汽车、机械等方面的消声齿轮，还有高压软管以及运动、登山靴、滑雪板等体育用品。

尼龙6系TPAE透明且加工性能和力学性能优良，硬度范围宽（60A～65D），因此在许多领域可与TPU、TPEE展开竞争，如体育用品、密封材料、电器部件、汽车零部件、管材、片材、护套及弹性纤维等。此外，它还能在一些特殊领域得到应用，如尼龙6-EG型TPAE具有水溶性，可用于石油开采及制造透气制品，尼龙6-CL型TPAE具有生物降解性，可作为生物降解材料，等等。

参考文献

[1] 肖勤，莎罗毅．聚酰胺系热塑性弹性体合成橡胶工业,1998,21(6)：372-375.

[2] 汪卫斌．聚酰胺6热塑性弹性体的合成与性能研究［D］．长沙：湖南大学，2004.

[3] 邱贤亮，游德军，岑兰等．聚酰胺类热塑性弹性体的研究进展．橡胶工业，2012，59（3）：187-191.

[4] 马翔．高阻隔NBR/二元PA TPV的制备、结构与性能［D］．北京：北京化工大学，2005.

[5] 赵素合，贺春江．丁腈橡胶/聚酰胺热塑性硫化胶的制备．合成橡胶工业，2004，27(5):305-308.

[6] 刘丛丛，伍社毛，张立群．CIIR/PA12 TPV的制备与性能研究．橡胶工业，2009，56（11）：645-649.

[7] 黄桂青．动态硫化IIR/PA TPV热塑性硫化胶的制备与研究［D］．北京：北京化工大学，2008.

[8] 谢志赟，郜奇，刘欣．动态硫化法制备三元乙丙橡胶/聚酰胺热塑性弹性体．合成橡胶工业，2004，27（2）：82-86.

[9] 张晓红，刘轶群，乔金梁 等．一种全硫化聚酰胺热塑性弹性体及其制备方法．CN1381529，2002-11-27.

[10] 贡瑞华．一种聚酰胺热塑性弹性体的化学共混法．CN 101643577A,2010-02-10.

[11] 仓持 智宏 等译．采用反应挤出技术对聚酰胺类热塑性弹性体进行改性．橡胶参考资料，1995,26（4）:15-21.

[12] G. 霍尔登,N. R. 莱格,R. 夸克等主编．热塑性弹性体．傅志峰等译．北京:化学工业出版社，2000,164.

[13] 佘庆彦，田洪池，韩吉彬．热塑性弹性体的研究与产业化进展．中国材料进展，2012，31（2）：24-32.

第 8 章

其他类型的热塑性弹性体

热塑性硅、氟以及丙烯酸酯类弹性体均属性能优异、价格昂贵、目前使用量较少的热塑性弹性体。与常用的热塑性弹性体类似，从制备方法上讲，它们也分为化学合成的嵌段共聚物和采用动态硫化技术制备的橡胶和热塑性塑料的均匀共混物。

8.1 热塑性硅弹性体

热塑性硅弹性体是 20 世纪 60 年代末和 70 年代初出现的一类新的有机硅弹性体，它们可以不加填料，也可以不用硫化剂进行化学交联，只要用热压、挤出或浇注，即能制出胶片或弹性薄膜。这种热塑性的有机硅弹性体的问世，给有机硅橡胶的发展开辟了一条崭新的道路。

8.1.1 热塑性硅弹性体的结构[1]

作为嵌段共聚物的热塑性硅弹性体，是由硬质（刚性）链段和软质（柔性）链段相互共聚而成，其共聚结构可为 BAB 或 $(AB)_n$ 型。B 为聚硅氧烷链，是柔性链段，A 可以为聚苯乙烯链、聚 α-甲基苯乙烯、聚甲基丙烯酸甲酯、聚砜、聚碳酸酯、聚酯、聚氨酯、聚脲等等，是刚性链段。上述结构决定了这类聚合物具有微相分离形态，有两个玻璃化温度。柔性部分显示了弹性体的作用，刚性部分显示了填料的作用，它们有如高度分散的补强“填料”粒子，均匀地分散在连续的聚硅氧烷链中，起到物理交联作用，这种交联作用是热可逆的。

采用动态硫化共混技术而得的共混型热塑性硅弹性体，TPSiV 是其典型的代表，TPSiV 是道康宁公司采用动态硫化交联技术将充分硫化的硅橡胶微粒，均匀分散在热塑性材料的连续相中所形成的一种稳定的 TPV。其产品有尼龙基体、TPU 基体和聚烯烃基体，通过将它们分别与不同类型的硅橡胶粒子、增容剂等组合，形成了多系列、性能各异的产品。

8.1.2 热塑性硅弹性体的性能[2]

8.1.2.1 水解稳定性

嵌段共聚物中的有机链段和硅氧烷链段都是由 Si-O-C 键连接起来的，这种键接在“非嵌段”共聚物中是不稳定的，而在这种交替的嵌段共聚物中则显示卓越的水解稳定性。聚砜-聚二甲基硅氧烷嵌段共聚物对沸水稳定性比聚氨酯好得多。聚环丁碳酸酯-聚二甲基硅氧烷嵌段共聚物显示出类似耐水解行为。它在沸水中煮3周，其力学性能或分子量均无变化。之所以如此耐水解，部分原因可能是来自它们的疏水本性；然而，这些嵌段共聚物的溶液也显示良好的水解稳定性，即使在含水的四氢呋喃溶液中回流3天，其分子量也几乎没有变化。

8.1.2.2 热稳定性和热氧化稳定性

总体来讲，热塑性硅弹性体的热稳定性和热氧化稳定性都是很好的。从在空气中和在氮气中所进行的热失重分析来看（以开始失重温度为基准），它们的热稳定性和热氧化稳定性按下列顺序降低：聚砜＞聚对苯二甲酸双酚A酯≈聚对苯二甲酸四甲基双酚A酯＞聚四甲基环丁二醇碳酸酯。聚砜—聚二甲基硅氧烷嵌段共聚物在170℃的空气循环炉中老化14d或在170℃使用1000h，其薄膜还是易溶的，并保持其最初比浓黏度的90%。它们具有较宽的应用温度范围，这个特点是由聚硅氧烷的低温性质和有机硬质部分的高温性质所赋予的。

8.1.2.3 力学性能

具有有机硅的柔韧和高强度；与一般热塑性弹性体TPE、TPV、TPU合金等相比，有机硅弹性体TPSiV具有更好的拉伸和撕裂强度，更好的耐磨性，高温下更好的压缩弹性形变，更好的抗UV性能和耐热性能。

8.1.2.4 其他特性

与通常的热塑性弹性体相比，热塑性硅弹性体还具有如下特性：①配方中不含有溶剂油和增塑剂等易导致黄变的添加剂，可以根据需求染成各种颜色；②表面不易吸附灰尘；③抗油性和抗化学性好，不易污染；④与许多热塑性工程塑料如PC、PC/ABS、ABS、PA、PVC等具有优异的粘接性，可用于共挤和双色注塑成型；⑤150℃热空气或150℃高温老化后依然可以保持较高的机械强度；⑥可用于丝印、移印、喷漆等二次加工。

8.1.3 热塑性硅弹性体产品及应用

德国Wacker Chemie公司研制出商品名为Geniomer的热塑性硅弹性体新材料，是由二甲基硅氧烷和尿素发生共聚反应得到的，分子链化学组成为有机硅氧烷软链段和有机脲硬链段。类似于TPU，熔体冷却时硬段中氢键相互作用增强，形成物理交联点，而重新加热时交联点“解冻”，从而实现热可塑性。

Geniomer是非常透明的材料，如图8.1所示，其透明度可适于用作汽车玻璃层压片材的隔音材料；不含催化剂、不含挥发性硅成分、填料或增塑剂；其化学纯净度可适于医疗应用；具有有机硅的柔韧、强度高、热稳定性及热塑性树脂

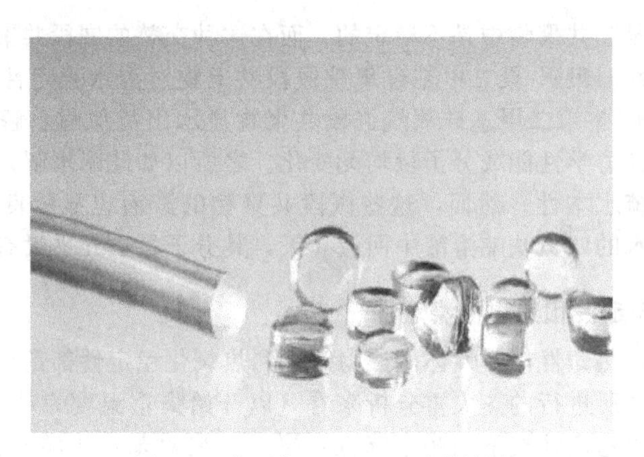

图 8.1　典型的 Geniomer 透明材料

的易加工性等诸多优点。同时还具备良好的涂装性、成膜性、疏水性及拉伸强度高、无挥发性、透明度好等特点，是医疗界理想的纯洁材料。

Geniomer 现已进入实际工业化应用，用于电子工业中散热片材料和作为汽车远程传感元件的阻尼材料，还可用于生产共挤出聚烯烃剥离膜（release film）。现在商业化供应的 Geniomer 牌号硬度范围为邵尔 A40～55，价格比液体硅氧烷（LSR）略贵，耐 UV（紫外）辐照，有一定的透气性，并有良好的弹性回复能力和滑爽性，能与许多其他热塑性材料相容，如 0.1%～0.2%的 Geniomer 可作为聚丙烯加工助剂，改进和提高聚丙烯制品表面平滑性和低温弹性。

以尼龙为基体的 TPSiV 如 1180 系列产品等具有较高的硬度（邵尔 D40～60）、良好的熔体强度和拉伸性能，优良的高温抗化学性和抗油性，宽广的温度使用范围（－45～150℃），能够在 140℃的高温下持续使用，可用于汽车刹车软管、CVJ 制管、制动软管套管以及耐化学工业制管等挤塑成型产品。

TPU 基 TPSiV 融合了 TPU 和有机硅两种材料各自的性能优点，具有卓越的耐磨性，丝滑的触感，低于 TPU 的表面摩擦系数，与 PC、PC/ABS、ABS 等具有优异的粘接性，热空气老化后依然可以保持较高的物理机械性能，易于挤出和注塑成型。目前，TPU 基 TPSiV 涵盖了邵尔 A45～90 的硬度范围。其中，具有较高的流动性、优异的耐磨性和丝滑的触感的产品，广泛应用于手机、笔记本电脑、蓝牙耳机等薄壁产品的注射成型（如图 8.2 所示的由 TPSiV 生产 Motorola 手机的手持部分）。

图 8.2　由 TPSiV 生产 Motorola 手机的手持部分

聚烯烃基体 TPSiV 产品具有良好的柔韧性、抗低温性和抗 UV 稳定性，优良的物理机械性能，良好的PP包覆性，易于染色和回收。其中5520系列产品具有出色的低温性能表现，－40℃下拉断伸长率可以达到450％；5300系列产品具有丝滑的触感，适合挤出和注塑成型，广泛应用于日常消费品、化妆品、饮用水铅制品软管、运动器材等。

由于TPSiV卓越的粘接性能，优异的抗化学性和抗UV性，出色的抗刮擦能力和独特的丝滑触感，将之包覆在Mg-Al或Mg-Zn等金属合金表面，可降低金属重量、节约成本以及免喷涂和减少环境污染。

一般而言，热塑性弹性体由于内部结构的缘故，很难进行表面镭射光雕。与之不同，通过专利技术优化内部结构和性能改进，TPSiV在满足丝网印刷的同时，完全可以进行表面镭射光雕，获得各种绚丽的图案，从而达到美观的效果。

8.2　热塑性氟弹性体

氟橡胶或氟弹性体是指主链或侧链的碳原子上接有氟原子的一种合成高分子弹性体，该类新型高分子材料具有耐热、耐油耐溶剂、耐强氧化剂等特性，并具有良好的物理机械性能，成为现代工业尤其是高技术领域中不可缺少和替代的基础材料，广泛应用于国防、军工、航空航天、汽车、石油化工等诸多领域，目前世界氟橡胶产量60％以上用于汽车工业[3]。

相对于其他类热塑性弹性体及硫化氟橡胶，有关氟热塑性弹性体的研究报道较少。即便如此，从少有的文献报道仍然可以了解，同聚烯烃热塑性弹性体类似，氟系热塑性弹性体可分为嵌段共聚和共混型两种。

20世纪80年代，日本先后推出两种化学合成的氟热塑性弹性体，其中大金公司的“Dail Thermoplastic”属于含氟嵌段共聚物，而“セントうル”硝子公司的“セフうルソトフ”属于含氟接枝共聚物，它们的共同点是共聚物中具有含氟橡胶（FKM,）弹性相（偏氟乙烯、六氟丙烯及四氟乙烯）和氟树脂（乙烯、偏氟乙烯、六氟丙烯），通过氟树脂（硬段）结晶性产生物理交联。这种氟热塑性弹性体具有优越的透明性，优越的耐药品性，萃取、洗涤的污染小，可以重复利用，可用于医疗卫生行业品。但由于生产成本高，没有价格优势，所以在汽车上没有明显的应用。

为了兼具交联FKM的弹性、氟树脂的低渗透性和热塑性加工性，已开发出了FKM与氟树脂共混全动态硫化的热塑性弹性体，目前主要产品有美国的FKM/聚偏氟乙烯树脂型TPV和日本的氟橡胶/乙烯-四氟乙烯（ETFE）共聚树脂型共混全硫化含氟热塑弹性体。

与氟橡胶相比，动态硫化型热塑性氟弹性体（FTPV）具有以下特点。

① 燃油渗透量小。FTPV与FKM和ETFE物理性能和燃油渗透量对比数据如表8.1所示，无论是26型还是246型FKM，随着与之共混的ETFE树脂量的增加，FTPV的硬度、拉伸强度、压缩永久变形增加，拉断伸长率下降，熔体

表 8.1 FTPV、FKM 与 ETFE 物理性能和燃油渗透量对比

项目	ETFE	26 型 FKM①	FTPV					
			26 型 FKM/ETFE①			246 型 FKM/ETFE②		
26 型 FKM 用量/份		100	65	50	40			
246 型 FKM 用量/份						60	50	40
ETFE 用量/份	100		35	50	60	40	50	60
JISA 硬度		60	90	94	95	85	90	94
拉伸强度/MPa	20	8	12	16	20	11	15	18
拉断伸长率/%	300	270	240	290	280	225	267	253
压缩永久变形③/%			37	48	60			
交联 FKM 粒径×10^6/m			8	9	9	5	5	6
熔体流动速率/(g/min)	3		0.15	0.47	1.50	0.23	0.73	2.03
燃油渗透率④/[g·mm/(m^2·d)]	0.9	67	8.7	4.7	3.2	4.8	3.2	1.9

①和②硫化体系分别为 2,2-双（4-羟基苯基）全氟丙烷（双酚 AF）苄基三苯基氯化膦（BPP）和双酚 AF/8-苄基-1,8-重氮双环(5,4,7) -7-十一烯氯化物（DBU-B）；③试验条件为 150℃×22h；④试验溶剂为体积比为 45/45/10 的甲苯/异辛烷/乙醇，试验温度为 40℃，按 JIS 20208 杯法测定。

流动速率增加。FTPV 的燃油渗透量大于 ETFE，但却比 FKM 小得多。

② 拉伸强度高于 FKM。

③ 与 FKM 具有相同的耐化学药品性，若施行辐射交联，会使耐热性和耐化学药品性进一步提高。

FTPV 主要用作汽车燃油管隔离层。目前，汽车燃油软管主要是 2 层结构，FKM（内层）/NBR（外层）或 FKM（内层）/ECO（外层）。新产品是 3 层结构：内层是 FKM，中间层（隔离层）是 FTPV，外层是 NBR。FTPV 处于中间层，可防止燃料蒸发。现有的 FKM/NBR 燃油管燃油渗透量为 0.017～0.030g/d，而 FKM/FTPV/NBR 燃油管燃油渗透量为 0.0008g/d，二者相差近 20 倍。因此，作为汽车领域的一项环保措施，FTPV 在燃油软管中应用大有前途[4]。

8.3 丙烯酸类热塑性弹性体

丙烯酸酯类热塑性弹性体是指至少含有一种柔性丙烯酸酯链段或以聚丙烯酸酯作弹性相、并可进行热塑加工的一类新型热塑性弹性体。实际上它是将热固性丙烯酸酯橡胶（ACM）转化成可热塑加工成型的热塑性丙烯酸酯“硫化胶”。ACM 是以丙烯酸酯为主要单体、以含活性氯或含环氧基等硫化点为辅助单体经乳液或溶液共聚制得的无规共聚橡胶。由于丙烯酸酯为柔性链段，其主链为饱和结构、侧基为极性酯基，因而其硫化胶在具备弹性的同时，兼具耐热、耐臭氧老

化、耐油，且在燃烧时不产生烟雾和刺激性气体等特性。目前它已取代丁腈橡胶广泛用作汽车的高温耐油密封件，特殊环境中的高温耐油电缆、管、带、箱及脆性树脂增韧改性剂等。而其价格仅为 HNBR 的 1/5、MVQ 的 1/3、FKM 的 1/12。与传统的通用橡胶一样，ACM 必须经过硫化才能获得良好的物理机械性能。但是由于 ACM 为饱和主链，硫化必须选用与硫化点官能团相匹配的硫化体系并附加高温（180℃，2～4h）二次硫化才能获得综合性能好的硫化制品。工序多、能耗高、产效低，而且边角料也不能回收再用，因此随着现代聚合技术的发展，用丙烯酸酯类单体合成嵌段共聚物弹性体的研究成了热点。

与苯乙烯类弹性体相比，丙烯酸酯在制备嵌段（或星型）共聚物方面具有独特的优越性：①由于聚丙烯酸酯的玻璃化转变温度（T_g）可调范围宽，从而有可能利用同一类单体制备软、硬嵌段的全丙烯酸酯型嵌段共聚物，例如高全同立构的聚甲基丙烯酸甲酯的 T_g 高达 130℃（作为硬段），而以聚丙烯酸酯作弹性软段的 T_g 可以从聚丙烯酸乙酯（PEA）的－15℃直到聚丙烯酸 2-乙基己酯（PEHA）－65℃的低温区调节；②如果能用饱和主链的丙烯酸酯软段来取代 SBS 中的 1,4-聚丁二烯链段，就可赋予相应 TPE 以耐油、耐氧化及透明特性[5]。

1965 年利用阴离子活性聚合制备的苯乙烯类热塑性弹性体商品化，研究者一直尝试用类似的方法合成丙烯酸酯类 TPE。然而直到 1990 年，采用阴离子活性聚合法制取丙烯酸酯类 TPE 的研究均告失败，1990 年以来才出现阴离子合成的丙烯酸酯嵌段共聚物的报道。其主要原因是由于阴离子引发剂（如 n-C H Li）优先选择进攻丙烯酸酯基（单体或增长链端）上的羰基，导致链增长中断而丧失活性，其结果不是产物分子质量很低，就是得到混杂结构（丙烯酸酯与 α，β-不饱和酮）的共聚物以及由于增长链端的环化使聚合终止而形成低聚物。后来，发现采用活性较低的阴离子引发剂（如 1,1-二苯基己基锂）、立体阻碍较大的丙烯酸叔丁酯（t-BA），于－78℃在四氢呋喃溶剂中添加无机盐（如 LiCl），可以有效抑制阴离子与羰基加成反应的发生，从而实现了甲基丙烯酸甲酯（MMA）与 t-BA 的活性嵌段共聚合，不仅引发效率和单体转化率高，而且活性和结构均有较好的可控性。

最近，日本可乐丽（Kuraray）公司用有机碱金属化合物作为引发剂，在有机铝化合物存在下进行阴离子聚合，效果较好。三嵌段聚合物的合成方法是在氮气保护下加入甲苯、1,2-二甲氧基乙烷、异丁基二(2,6-二叔丁基-4-甲基苯氧基)铝的甲苯溶液，再加入含有仲丁基锂的环己烷和正己烷的混合溶液，加入 MMA，1h 后溶液颜色由黄色变成无色；将聚合液温度冷却至－30℃，用 2h 滴加 BA，滴加结束后在－30℃下搅拌 5min，再向其中加入 MMA，在室温下搅拌一夜后，添加少量甲醇停止聚合反应。经测定每次单体的转化率均在 99.9%以上，由此可以得到 P（MMA-BA-MMA）。此外，用这种方法合成的 PMMA 嵌段的有规立构性较高，为 70%左右。而立体有规性有利于生成可控的嵌段结构并影响嵌段的玻璃化转变温度。例如，使用活性聚合技术合成的间同立构 PM-

MA，其 T_g 比常规（非活性或准活性）聚合技术合成的 PMMA 高 20～25℃[6]。

目前，日本可乐丽公司已建成并投产丙烯酸类热塑性弹性体，采用可乐丽公司的专利技术生产的就是甲基丙烯酸甲酯和丙烯酸丁酯嵌段共聚物，其商品名为 Kurarity，英文名称 LA-polymer，该产品是一种具有良好的弹性、粘接性、透明度和耐候性的工程弹性体，目前牌号有 LA4285、LA2140e 和 LA2250 三种。图 8.3 为该产品的化学结构式。其中硬段 PMMA 的 T_g 为 100～120℃，软段 PnBA 的 T_g 为－50～－40℃。通过调节软硬段的比例可获得不同硬度的丙烯酸类弹性体。图 8.4 为典型 LA-polymer 的 TEM 照片（重均分子量为 117000，MMA 含量为 25.7%，浇注成膜样），可以看出其相态呈现出典型的微相分离结构，黑色纳米颗粒为 PMMA 硬相，白色部分为 PnBA 软相基体。

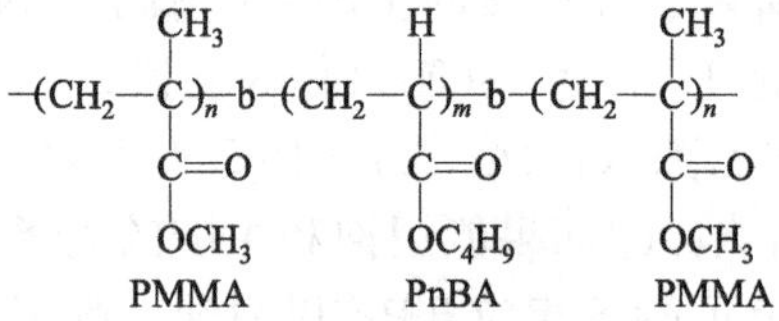

$$-\!\left(CH_2-\underset{\underset{OCH_3}{|}}{\underset{C=O}{|}}{\overset{CH_3}{\overset{|}{C}}}\right)_n\!-b-\!\left(CH_2-\underset{\underset{OC_4H_9}{|}}{\underset{C=O}{|}}{\overset{H}{\overset{|}{C}}}\right)_m\!-b-\!\left(CH_2-\underset{\underset{OCH_3}{|}}{\underset{C=O}{|}}{\overset{CH_3}{\overset{|}{C}}}\right)_n\!-$$

PMMA　　PnBA　　PMMA

图 8.3　LA-polymer 的化学结构式

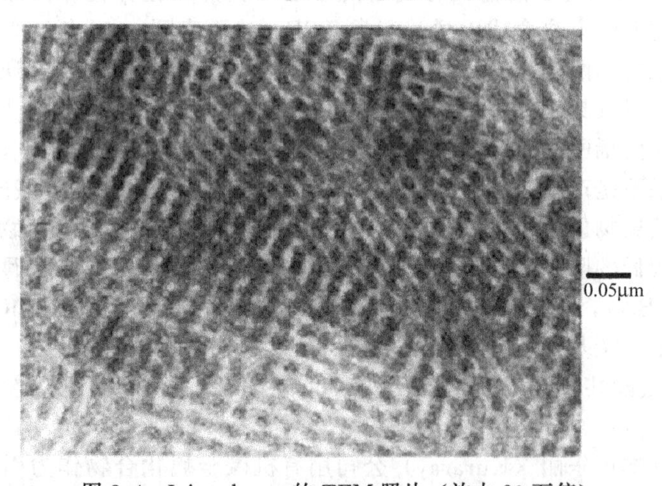

图 8.4　LA-polymer 的 TEM 照片（放大 20 万倍）

这种精细相态结构使 LA-polymer 具有优异的透明性与透光性，如图 8.5 所示的 PMMA 含量为 30%（质量分数）的 LA-polymer 与 PMMA、PC 及 PS 透光率曲线。可以看出，其透光率为 91，透明度与 PMMA 相当，并且高过于 PC 和 PS，透明度在透明材料中也属于高端产品。

由于是饱和主链，丙烯酸类 TPE 具有优良的热稳定性和耐候性，如图 8.6 所示，LA-polymer 的在空气和氮气气氛下的热失重（TG）曲线。空气气氛下初始失重温度大于 250℃，氮气气氛下初始失重温度接近 300℃。其抗黄变能力非常强，可在日光下暴露。

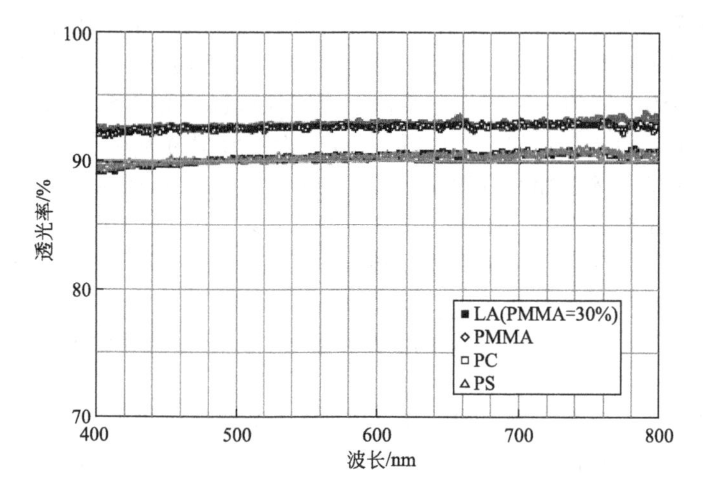

图 8.5 LA-polymer 与其他透光树脂透光性对比曲线

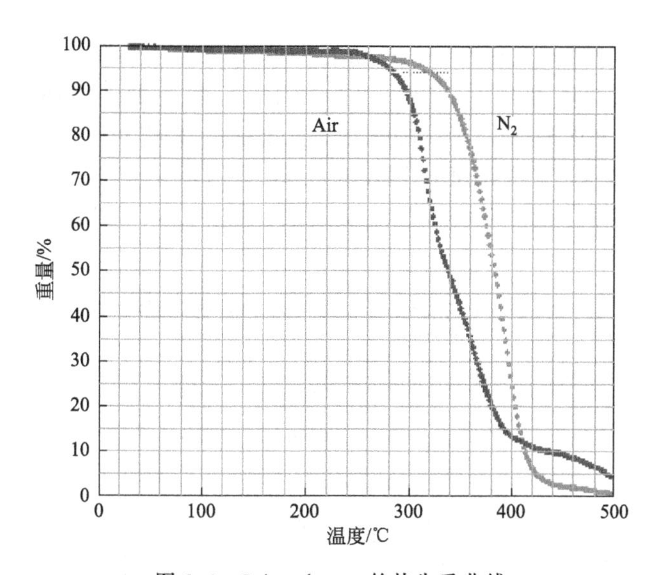

图 8.6 LA-polymer 的热失重曲线

这种丙烯酸类 TPE 还具有良好的可加工性，其熔体黏度非常低，无需添加增塑剂，可直接注塑或者挤出。如表 8.2 所示的 LA-polymer 和 SEBS 熔体流动速率对比结果。

表 8.2 硬段含量相当的丙烯酸类 TPE 与 SEBS 的 MFR

名称	化学结构		邵尔 A 硬度	熔体流动速率/(g/10min)	
	M_w	硬段含量(质量)		190℃,2.16kg	230℃,2.16kg
LA-polymer	77000	30%	60	7.0	110
SEBS	80000	30%	80	0.04	0.46

嵌段型丙烯酸类 TPE 填补了 SEBS 类弹性体及 EPDM 类弹性体的空缺，不同牌号（硬度不同）的产品共混后仍然保持良好的透明性。这也是连接 PMMA 同 SEBS 弹性体之间的一种产品。其初始应用领域包括黏合剂、光学薄膜和光导元件（应用于光导产品，如 LED 照明）以及模塑成型材料等[7]。

除了嵌段型丙烯酸酯类 TPE，美国 Zeon 化学品公司研制出的 ACM/PA 全动态硫化共混型热塑性弹性体（ACM TPV），具有良好的耐热性和耐化学性，在 150℃下与流动燃油、传动装置流体和润滑油接触 1500h 后仍保持极好的物性，硬度仍维持在邵尔 A70～90 的范围内，该产品容易成型，可以用注塑、挤出和吹塑法加工，可生产包括汽车用轴承密封、传动装置密封元件、各种套管、护罩、行李箱和空气导管等产品。

ACM TPV 与其他几种 TPV 和 TPE 的高温拉伸强度对比数据如表 8.3 所示。从表 8.3 可以看出，与其他 TPV 相比，ACM TPV 具有较高的高温拉伸强度，在 100～150℃温度范围内，其拉伸强度保持率最大（100℃的 EPDM/PP TPV 除外）。

ACM TPV 与其他几种 TPV 及 TPE 的热老化性能和高温耐油性能对比数据如表 8.4 所示。从表 8.4 可以看出，经 150℃的各种油介质浸泡后，ACM TPV 的耐油性能均较好，而 COPE 发生降解；在经对橡胶侵蚀性较小的 ASTM1# 油浸泡后，EPDM/PP TPV 的体积变化率大于 50%，但 ACM TPV 的体积变化率较小；经 IRM903# 油浸泡后，除 ACM TPV 外，其余 TPV 和 TPE 均被破坏。

表 8.3 ACM TPV 与其他几种 TPV 和 TPE 的高温拉伸强度对比

项目	A	B	C	D	E
邵尔 A 硬度	78	79	82	73	76
拉伸强度(23℃)/MPa	9.0	14.4	6.1	5.6	9.9
100℃试验					
拉伸强度/MPa	3.8	2.6	4.4	2.3	2.6
拉伸强度保持率/%	42.2	18.6	72.1	41.1	26.3
125℃试验					
拉伸强度/MPa	3.3	1.6	2.9		
拉伸强度保持率/%	36.7	11.4	52.5		
150℃试验					
拉伸强度/MPa	2.8	0.4	1.5	1.6	0.8
拉伸强度保持率/%	31.1	2.9	24.6	28.6	8.1

注：A—ACM TPV，商品名 Zeotherm；B—TPEE，商品名 Hytrel；C—EPDM/PP TPV，商品名 Santoprene；D—NBR/PP TPV，商品名 Geolast；E—MPR，预交联的乙烯-醋酸乙烯橡胶（EVM）与聚偏氯乙烯（PVDC）共混的热塑性弹性体，商品名为 Alcryn。

表 8.4 ACM TPV 与其他几种 TPV 和 TPE 的热老化性能和耐油性能对比

项目	A	B	C	D	E
热空气老化后					
拉伸强度变化率/%	−30.2	破坏	+19.4	破坏	+51.3
拉断伸长率变化率/%	−34.6	破坏	−28.4	破坏	−95.4
ASTM 1# 油浸泡后					
拉伸强度变化率/%	−30.5	−77.3	−1.6	+17.6	−33.3
拉断伸长率变化率/%	−60.8	−81.3	−38.1	−43.7	−86.2
体积变化率/%	−10.5		+66.4		
IRM 903# 油浸泡后					
拉伸强度变化率/%	−29.9	破坏	破坏	破坏	破坏
拉断伸长率变化率/%	−29.8	破坏	破坏	破坏	破坏
体积变化率/%	+7.6	破坏	破坏	破坏	破坏

注：同表 8.3，老化温度和时间：150℃×336h。

另外一种与丙烯酸酯弹性体有关的 TPV 是最近由杜邦公司研制的，硫化的丙烯酸弹性体分散在 TPEE 基体中，邵尔 A 硬度范围 60～90。丙烯酸酯/TPEE TPV 具有高耐热性、耐油性、硬度低、耐蠕变性以及耐水解性。

8.4 EVA 热塑性弹性体

8.4.1 EVA 化学改性

虽然 EVA 中固有的 VAc 基团使其成为极性弹性体，然而 EVA 与极性聚合物和无机填料相容性仍有待改善。通过极性单体或非极性单体对 EVA 的接枝反应，可以在 EVA 分子链上引入更多基团，改进 EVA 的性能，使其成为聚烯烃与其他极性聚合物或无机填料的增容剂。

进行接枝的单体可以分为极性官能团单体和非极性官能团单体。极性接枝单体有羧酸或其酯类、羧酸酐等，如马来酸酐（MAH）、丙烯酸（AA）及甲基丙烯酸甲酯（MMA）等。除了将极性单体接枝到聚烯烃分子链上改善其极性，实现其功能化之外，还可以将苯乙烯等非极性单体接枝到聚烯烃分子链上，改善其性能。

熔融接枝是 EVA 接枝的常用方法，特别是当接枝接枝单体为马来酸酐时，在升温条件下将熔融高分子、接枝单体和引发剂加入螺杆挤出机或密炼机中进行反应。熔融反应不仅适用于极性单体，同样适用于非极性单体，如苯乙烯等[8]。

8.4.2 EVA 阻燃改性

EVA 同大多数聚合物一样，容易燃烧，放热量大、发烟量大，并释放出有毒气体，从而大大限制了其应用。时下，EVA 阻燃体系主要采用卤素/三氧化二锑体系，卤素阻燃剂燃烧时容易产生有毒和有腐蚀性的气体及大量烟雾，容易造成二次危害。随着人们对环保和健康要求的提高以及相关规定的出台，无卤环保型阻燃高分子材料的研究与开发已成为当今的热点和趋势。

添加膨胀型阻燃剂聚磷酸三聚氰胺（MPP）/季戊四醇（PER）体系的聚合物燃烧时，会在其表面形成一层均匀的膨胀炭层，该层具有较好的隔热、隔氧、抑烟和防熔滴等功能。近年来，水滑石（LDH）的阻燃作用逐渐为人们所认识，LDH 燃烧或受热时失去层间水以及碳酸根与羟基，此过程中大量吸热，起到阻燃作用；另外，固体分解产物有很大的比表面积和较强碱性，能及时吸收热分解时释放出的酸性气体和烟雾，起到抑烟、消烟作用。水滑石与膨胀型阻燃剂并用改性 EVA 热塑性弹性体，利用两者的协同作用提高 EVA 的阻燃性能，制备出高效、价廉、低毒、低烟和无环境污染的绿色阻燃材料。

王婷婷等[9]采用熔融共混法制备出 EVA/MPP/PER/LDH 复合材料，并对其阻燃性能进行了研究。结果表明，MPP/PER 和 LDH 体系具有协同阻燃效应，有利于形成连续致密的炭层，可提高 EVA 热分解残留率；当 EVA/MPP/PER/LDH 质量比为 60/20/10/10 时，复合材料阻燃级别达到 UL94V-0，极限氧指数为 30.6%。

三(1-氧代-1-磷杂-2,6,7-三氧杂双环[2.2.2]辛烷-4-亚甲基）磷酸酯（Trimer，结构式见图 8.7）是一种新型 IFR-双环笼状磷酸酯，其特点是结构对称，磷的质量分数高达 21%，且热稳定性极高。在热失重分析中，初始分解温度为 316℃，DSC 曲线上最高放热峰温为 360℃，比现有的 IFR 分解温度高出约 50～100℃，能满足几乎所有工程塑料的加工要求。同时，Timer 不溶于水和绝大多数有机溶剂，不存在常用 IFR 吸湿的缺点。因此，Trimer 可用于高新电子-电气工业的阻燃塑料及合金。欧育湘等[10]制出了这种新型 Trimer，并与聚磷酸铵（APP）和三聚氰胺（MA）复配组成膨胀型阻燃混合物阻燃 EVA，阻燃剂质量配比为 Trimer∶APP∶MA＝100∶32∶49。当混合阻燃剂用量为 30%（质量分数）时，阻燃体系的 LOI 可达 30%左右，阻燃性为 UL94V-0 级；阻燃 EVA 与纯 EVA 相比，HRR、THR 及 MLR 分别降低 50%～70%、30%～40%及 50%，具有良好的阻燃效果。此外，燃烧时生成均匀而致密的闭孔结构炭层，孔径在 5～30μm 之间，孔壁为 6～9μm，燃烧残炭呈片层结构且燃烧过程中有类石墨结构炭生成。

徐亚新等[11]采用气相 SiO_2 协效硅烷偶联剂 KH550 改性氢氧化镁（KH550-MH）制备了无卤阻燃 EVA 复合材料，对比了不同 SiO_2 含量对复合材料体系力学性能、加工性能、燃烧性能的影响。结果表明：当 KH550-MH 占体系的 47%、SiO_2 占体系的 8%时，体系的阻燃等级为 V-0 级，拉断伸长率达到 168%。

8.4.3 EVA 发泡材料

EVA 发泡材料在制鞋、汽车领域应用广泛，在我国 EVA 第一大消费领域是发泡制品。使用VA含量一般在15%～30%的EVA基体可以制造发泡倍率较高的发泡材料，其密度较轻，弹性大，可用于制造高倍率独立气泡型室温泡沫塑料，其密度小，弹性大，耐屈挠性优良，具有高度的减震、隔音、隔热性能，因此广泛应用于运动器材、防护扳、隔音板、汽车密封型材、保温材料等领域，特别是在运动鞋、箱包衬垫等方面的应用最为广泛，成为轻质材料研究的热点。

常用于EVA发泡的是化学发泡剂AC。AC呈粉状，易产生粉尘污染，同时会因为分散不良导致发泡制品泡孔不均匀。因此，提高AC分散性，降低粉尘污染等改良技术继续受到发泡剂生产和使用厂家的重视。通常在工业生产中，常用的是将AC母料化。一般发泡剂AC母料配方包括3个组成部分：AC粉体、加工助剂和载体。粉体是母粒的有效成分，一般为总质量的50%～80%；加工助剂起分散及润滑作用；载体决定了相容性和储存性，同时又要求载体具有高填充性和良好的加工性能。目前，常用的载体有SBR、EPDM、EVA、BR、NBR等。李垂祥等[12]采用EVA为载体，研制了发泡剂AC母粒，并在EVA发泡制品中加以应用。结果表明：AC母料配合的EVA发泡材料的拉伸强度、撕裂强度及弹性，均好于AC粉料配合的EVA发泡材料。AC母料化有利于制取泡孔细密均匀且为闭孔结构、强度高、弹性好的发泡材料。

张婕等[13]研究了加工条件对EVA发泡材料性能的影响，采用的实验配方为（质量份）：EVA 100份，AC 10份，HSt 2.5份，ZnO 2份，DCP 1份，$CaCO_3$ 10份。研究表明，模压温度和模压时间对EVA基体的黏度和气泡的形成影响显著。模压时间越充分越有利于气泡的生长，泡孔大小均匀致密，但模压时间过长，也易造成泡孔的破裂。当形成的泡孔大小均匀时，其力学性能优异。EVA泡沫材料的最佳加工条件为模压温度为160℃，模压时间为14min。

由于EVA主链分子上引入了极性的VA作为侧基，使得其拉伸强度、硬度、熔融点和电绝缘性比普通的PE要低。普通EVA发泡材料的抗撕裂性及柔性不够好，材料变形较大，并且机械强度不高，从而它的应用领域受到限制。引入改性剂是EVA发泡材料配方设计中的一条重要途径，其中热塑性聚合物及无机/有机粉体是其常用的改性剂。例如在EVA中添加SBS可提高EVA材料的耐磨性和耐折性；添加EPDM可显著增加EVA的弹性和抗老化作用。

连荣炳等[14]讨论了发泡剂AC、橡胶及填料超细碳酸钙的用量对LDPE/EVA发泡材料性能的影响。研究结果表明AC用量为6份时，发泡材料密度达0.078g/cm^3；EPDM能有效地改善发泡材料的强度。当EPDM加入量为15份时，可以得到较好的密度和物性性能；超细碳酸钙可以提高LDPE/EVA/NBR发泡材料的强度，当超细碳酸钙用量为30份时，获得的发泡材料性能较好。

韩利志等[15]将SEBS加入到EVA发泡材料中。随着SEBS的加入，发泡材料的密度和硬度下降明显，泡孔尺寸增大，熔体的黏性和模量下降，体系的交联度明显下降，发泡材料的泡孔变大，生长充分，分布也更均匀。陈文韬等[16]发现将热塑性弹性体SIS加入到EVA中，能够有效地提高发泡材料的弹性。SIS

的用量宜控制在55～60份，发泡剂的用量控制在2.8～3.0份，交联剂的用量控制在0.75～0.90份，温度控制在165～170℃、时间为800～900s，可得回弹率在50%以上的高弹EVA发泡材料。

Zheng Run Xu等[17]采用熔融插层法制备了EVA/OMMT的纳米复合发泡材料，发现加入OMMT可以明显提高发泡材料的发泡倍率。M. Riahinezhad等[18]通过熔融混合制备了LDPE/EVA/蒙脱土复合材料，并对其进行模压发泡。发现发泡材料的储存模量和剪切黏度随着蒙脱土的增加而增加。段洲洋[19]将高强度、高模量的芳纶纤维（AF）引入EVA发泡体系用于增强复合发泡材料，研究了AF表面基团及形貌对AF/EVA复合发泡材料性能的影响。结果表明，改性后的AF与EVA基体相互作用，复合发泡材料的拉伸强度、拉断伸长率、撕裂强度和剥离强度有较为明显的提高。

周建等[20]研究了天然可降解高分子材料木质素与LDPE-EVA的共混性能及进一步制备发泡材料的力学性能。研究结果表明，在增容剂LDPE-g-MAH的作用下，木质素能够均匀地分散于LDPE-EVA基体中，形成了明显的过渡层，且两者具有较好的相容性。10份LDPE-g-MAH增容20份含量的木质素与100份55/45的LDPE/EVA配以0.5份交联剂在130℃下共混具有较好的共混性能。

郑玉婴[21]等以EVA为主要原料，以植物纤维粉末和无机粉料为辅料，制备出EVA/植物纤维高发泡复合鞋用材料。采用该方法制备的产品其密度低、耐屈挠、弹性好、不易压缩变形。

张由芳等[22]采用熔融共混的方法制备了淀粉/EVA复合发泡鞋底材料，并设计正交实验考察了弹性体POE（8003树脂）、增容剂乙烯-丙烯酸共聚物(EAA)、滑石粉及增塑剂甘油对复合鞋底材料力学性能的影响。结果表明，滑石粉和8003树脂对共混物的拉伸强度、延伸率及回弹性有显著的影响，当8003树脂为20份、EAA为30份、滑石粉为0份、甘油为8份时，共混物的综合力学性能最好；EAA的加入能大大增加淀粉和EVA的相容性，达到增容的效果。他们[23]还通过对可溶性淀粉湿法接枝VAc制备改性淀粉，并将改性淀粉用于EVA鞋底发泡材料中以制备环境友好型复合发泡材料。湿法接枝改性淀粉/EVA鞋底发泡材料的密度低于传统EVA鞋底发泡材料的密度，当改性淀粉含量为40份时，密度最小为0.085g/cm^3。

邱凡珠等[24]以载银磷酸锆为抗菌剂，铝酸酯偶联剂为改性剂，EVA为原料，制备了抗菌EVA发泡材料。其研究结果表明：铝酸酯在载银磷酸锆表面形成了包覆层，能够改善载银磷酸锆在EVA发泡材料里的分散性，显著提高了EVA发泡材料的力学性能；含质量分数为1%载银磷酸锆（经铝酸酯处理）的EVA发泡材料具有优良的抗菌性和持效性，其对大肠杆菌、金黄色葡萄球菌的抗菌率分别为99.95%和98.26%，并在自来水中浸泡30天后，抗菌率仍在90%以上。

8.4.4 EVA的应用[25]

EVA具有优良的弹性、柔韧性、透明性、黏着性、低温屈挠性、耐候性、耐化学药品腐蚀性及与填料和色母料的相容性，可进行发泡、吹塑等一系列成型加工，也可用于聚氯乙烯及工业橡胶制品改性，广泛应用于制鞋、农膜、电缆、太阳能等领域。

根据薄膜用途不同，用于制备薄膜的EVA产品的VAc含量在10%～20%（质量分数）之间变化。所制得的薄膜具有韧性好、抗冲性能优良、透明度高、不易降解、无毒无害和收缩率低等特点，广泛用于食品包装领域。近几年来，EVA皂化或部分皂化产物在包装材料中得到应用，由于其绝佳的气体阻隔性，大幅提高了食品等相关产品的保存期限。该产品将来还会大量应用于软包装、硬包装以及化学品、医药和农药等领域。

采用EVA薄膜制备农用棚膜，其保温性好、弹性高、耐环境应力开裂性强。还可根据农膜的不同应用需要，对EVA进行改性。例如：在EVA基料中添加防滴剂，可有效改善农膜的流滴性和热熔黏抑制性，制得无雾农膜；在EVA基料中添加光稳定剂，可制得抗紫外线膜，作为温室农膜被覆材料，可有效保温，提高温室作物的产量；此外，将EVA与聚乙烯共混制得的农膜，性能得到显著改善，制造成本大幅降低，增强了EVA在农膜应用领域的竞争力。

EVA发泡材料在汽车、制鞋领域应用广泛，但该材料存在不耐穿刺、打滑和低温变硬等特点，对EVA进行共混改性发泡，可显著改善EVA产品的性能。将SBS/SIS与EVA共混发泡，所得产物具有优良的力学性能，综合性能较传统EVA发泡材料明显改善。VAc含量在12%～24%的EVA树脂，由于具有优良的抗断裂和易交联等特性，可广泛用于电线、电缆等绝缘材料，制备热收缩性绝缘材料、阻燃绝缘材料和半导体绝缘材料等，采用EVA制备的新型硅烷交联电缆和无卤阻燃电缆均取得了较为可观的经济效益。EVA在玩具制造、箱包、油墨等领域均有广泛应用。

参考文献

[1] 杜作栋．嵌段共聚有机硅高聚物-热塑性弹性体．工程塑料应用，1980，（1）:14-22.
[2] G. 霍尔登,N. R. 莱格,R. 夸克等主编．热塑性弹性体．傅志峰等译．北京:化学工业出版社,2000.
[3] 秦伟程．氟橡胶生产、应用现状与发展趋势．化学推进剂与高分子材料，2005，3（4）：25-28.
[4] 谢忠麟. 高性能TPV，橡胶工业，2010，57（12）：753-761.
[5] 焦书科等．丙烯酸酯类热塑性弹性体．合成橡胶工业，2003,26(3):129-143.
[6] 武鹏,齐暑华,刘乃亮等．全丙烯酸酯嵌段共聚物热塑性弹性体合成研究进展．粘接，2010，（5）：56-59.
[7] Kazushige ISHIURA. Novel all(meth)acrylic TPE-Characteristics and Applic- ations. MOSCOW : IISRP's 49th Annual General Meeting,2008,5,12-15.

[8] 尹骏,张军．乙烯-醋酸乙烯酯共聚物的化学接枝改性．中国塑料，2001,15（5）:23-29.
[9] 王婷婷,黄国波,徐丹丹．聚磷酸三聚氰胺/季戊四醇/水滑石阻燃体系改性 EVA 热塑性弹性体的研究．特种橡胶制品，2011,32（3）:5-8.
[10] 李昕，欧育湘．膨胀型双环笼状磷酸酯阻燃乙烯-醋酸乙烯酯共聚物的研究．北京理工大学学报，2002，22（5）:650-654.
[11] 徐亚新，虞鑫海，李四新．气相二氧化硅协效氢氧化镁阻燃乙烯-醋酸乙烯酯共聚物的性能研究．绝缘材料，2012，45(1)：45-48.
[12] 李垂祥，杨雷，姜曙光等．发泡剂 ADC 母料在 EVA 发泡制品中的应用．塑料助剂，2013，（4）：35-38.
[13] 张婕，史翎，张军营．加工条件对 EVA 发泡材料性能的影响研究．塑料工业，2013,41（8）：85-88.
[14] 连荣炳，张卫勤，叶盛京，等．LDPE/EVA 鞋底发泡材料的研究．塑料工业，2005，33(5)：56-58.
[15] 韩利志，周涛，李飞，等．SEBS 对 EVA 发泡材料性能影响的研究．塑料工业，2008，36(3)：39-42.
[16] 陈文韬．高弹 EVA 发泡材料的研制．福建轻纺，2005(11)：9-13.
[17] Xu Z,Park H,Kim H,et al. Effects of Modified MMT on Mechanical Properties of EVA/MMT Nanocomposites and Their Foams. Macromolecular Symposia,2008,264(1):18-25.
[18] Amon M,Costel D. An Investigation on the Correlation Between Rheology and Morphology of Nanocomposite Foams Based on Low-Density Polyethylene and Ethylene Vinyl Acetate Blends. Polymer Composites,2010,10(3):1809-1816.
[19] 段洲洋．芳纶纤维/EVA 复合发泡材料的制备及性能研究［D］．西安：陕西科技大学,2013.
[20] 周建，罗学刚．木质素/LDPE-EVA 复合材料及其发泡材料的制备．化工学报，2007，58(7)：1834-1839.
[21] 郑玉婴．EVA/植物纤维发泡复合鞋用材料的制备方法．CN1865334，2008-02-20.
[22] 张由芳,郑玉婴,周 谦．淀粉/EVA 复合发泡鞋底材料的配方设计及表征．高分子材料科学与工程，2013,29（2）：116-119.
[23] 张由芳，郑玉婴，刘艺．湿法接枝改性淀粉在 EVA 鞋底发泡材料中应用的初步探讨．功能材料，2013，15（44）:2253-2257.
[24] 邱凡珠，张华集，张雯，等．铝酸酯改性载银磷酸锆/EVA 发泡材料的研究．现代塑料加工应用，2008，20(1)：37-40.
[25] 徐青．乙烯-醋酸乙烯酯共聚物的生产技术与展望．石油化工，2013,42（3）：346-351.